L'ART NAVAL

A L'EXPOSITION UNIVERSELLE DE LONDRES

EN 1862

Paris. — Imprimé par E. THUNOT et Cᵉ, rue Racine, 2⁶.

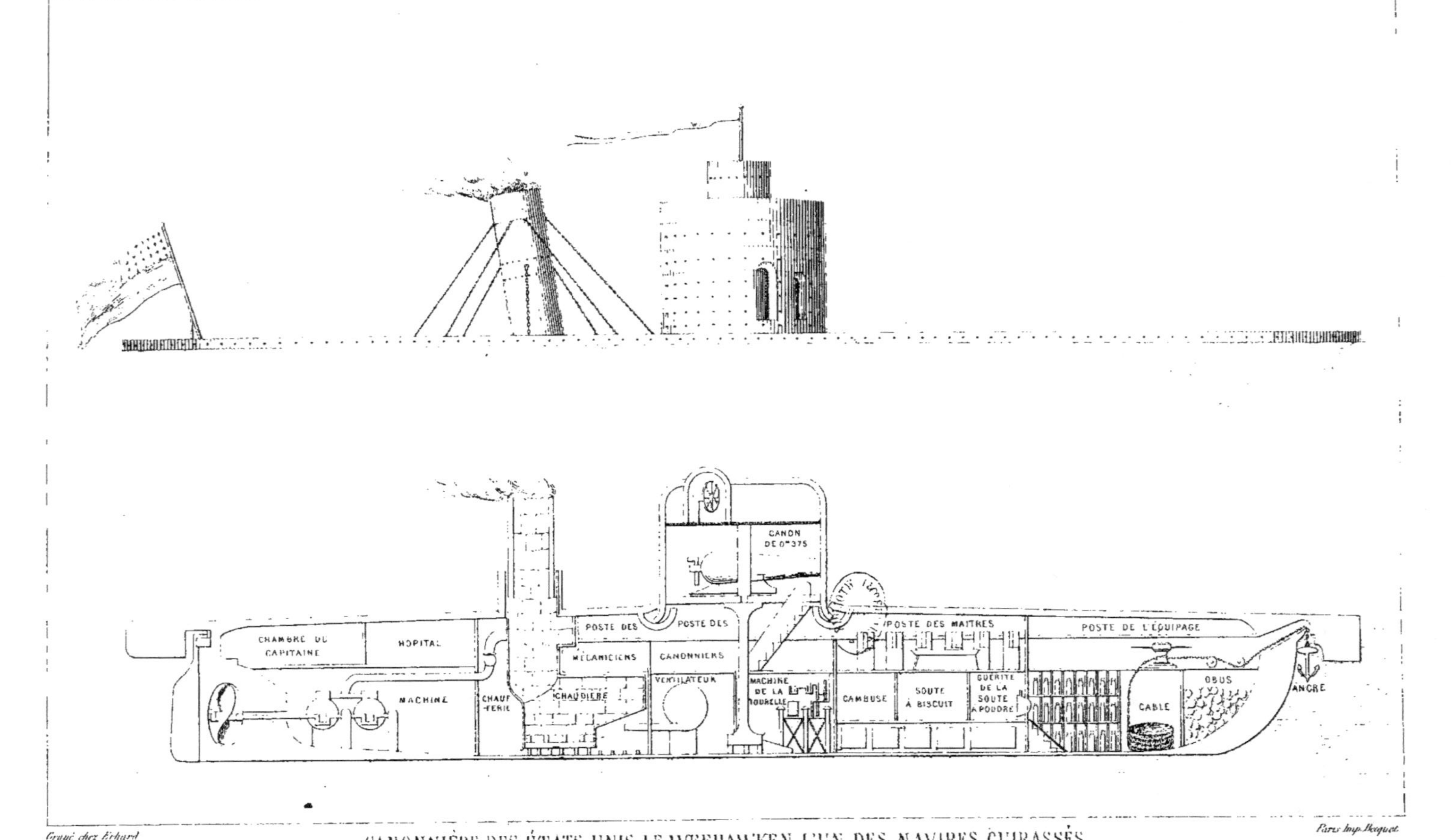

CANONNIÈRE DES ÉTATS-UNIS LE WEEHAWKEN L'UN DES NAVIRES CUIRASSÉS
ENGAGÉS DANS LE BOMBARDEMENT DE CHARLESTON.

L'ART NAVAL

A L'EXPOSITION UNIVERSELLE DE LONDRES

DE 1862

PAR

M. LE CONTRE-AMIRAL PÂRIS

MEMBRE DU JURY INTERNATIONAL

NAVIRES CUIRASSÉS — BLINDAGES — PAQUEBOTS — EMBARCATIONS.

VOILURES, DÉTAILS DIVERS

DOCKS — MACHINES MARINES — PROPULSEURS

PARIS

ARTHUS BERTRAND, ÉDITEUR,

LIBRAIRIE MARITIME ET SCIENTIFIQUE,

21, RUE HAUTEFEUILLE.

1863

PRÉFACE.

L'activité moderne produit des inventions si remarquables que les Expositions universelles sont devenues nécessaires pour réunir périodiquement les idées et les résultats, afin que tout le monde en profite. Aussi, dans ces immenses galeries pleines des produits les plus variés des arts et de l'industrie, chacun trouvait les objets de ses études ou de sa profession, et la marine, quoique imparfaitement représentée par des modèles, montrait aussi les nouveautés les plus importantes pour la navigation comme pour la guerre.

Il était aussi curieux qu'instructif d'examiner les modèles des navires qui depuis peu ont changé les anciennes conditions des voyages sur mer ; d'étudier ces paquebots qui ont dépassé ce qui semblait être les limites du possible, et dont les vitesses sont aussi étonnantes que celles des locomotives volant sur les rails. Les dimensions de beaucoup de navires ont également été au delà de ce qu'on trouvait gigantesque il y a peu de temps, et le *Great-Eastern* semble être, par sa grandeur, la réalisation de ce vaisseau, paradis des matelots, qui mettait cinq ans à virer de bord, et dont les merveilles remplissaient les contes nocturnes des gens de quart.

La salle réservée à la douzième Classe contenait les exemples des changements radicaux dans les proportions générales qui, d'une longueur égale à quatre fois la largeur, se sont élevées à la proportion de huit et de dix fois le bau, en produisant des paquebots à vapeur qui traversent les vagues comme des flèches, pour porter leurs dépêches. La matière elle-même a été changée, et le bois employé depuis tant de siècles à construire les navires s'est vu en peu d'années remplacé par le fer.

Jamais époque maritime n'a été témoin de telles transformations, sous l'influence de l'échange rapide des idées et surtout de la puissance de la machine à vapeur, qui elle aussi grandit toujours; à peine croit-on ses limites posées qu'elle les dépasse, et elle recule ainsi celles des constructions maritimes en permettant de les mouvoir. Elle seule peut faire couper l'eau à un bâtiment qui pèse près de 30 millions de kilogrammes; jamais les hommes, devenus encore plus pygmées que sur un vaisseau à trois ponts, n'auraient osé rêver de maîtriser et de diriger la voilure d'un tel navire.

L'Exposition de 1862 réunissait donc les modèles si ce n'est les réalités, de merveilles maritimes plus remarquables que les produits de la plupart des autres branches industrielles.

Il est naturel d'avoir cherché à les faire connaître surtout aux marins qui réclament de tels travaux, en ce que dispersés dans les diverses parties du monde, il faut que les nouveautés de leur profession aillent les chercher, puisqu'ils sont privés de les visiter eux-mêmes. Il est donc utile que l'un de ceux qui se trouvent à terre cherche à les faire profiter des nouvelles idées qui apparaissent si fréquemment. C'est le but de cet ouvrage.

Cette observation s'applique surtout aux navires cuirassés qui, nés depuis peu de l'initiative hardie de la France, changent subitement les conditions de la guerre et de la navigation, déjà modifiées par la vapeur, et d'un seul coup, suppriment toutes les constructions en bois de la longue liste des bâtiments de guerre, pour en faire des transports. Cette lourde protection bouleverse nos anciens vaisseaux; elle place sur leurs flancs les poids situés autrefois vers le haut, modifie leur assiette et leurs qualités. Elle rend insuffisantes une partie des anciennes ressources accumulées dans les arsenaux, notamment les bassins de radoub. Elle ajoute une valeur pécuniaire énorme à chaque unité de la force maritime, puisque des navires de 34 canons coûtent plus que deux anciens vaisseaux de 120, et que ces proportions vont être dépassées. Par la manière dont cette cuirasse fera combattre, elle supprime les voiles, ramène à l'idée de l'ancien rostre et réduit le navire à son combustible; six jours à toute vitesse! Elle localise donc la guerre maritime, tandis qu'au contraire les chemins de fer étendent le rayon des armées de terre. En chargeant outre mesure les navires, cette cuirasse a forcé de les abaisser au point de rendre leur navigation dangereuse dans les coups de vent, comme l'a prouvé le *Monitor*. Ces changements ne se sont pas produits avec la lenteur de ceux qui les ont précédés : que de temps, depuis les premiers essais de Fulton jusqu'à l'adoption réelle des machines à vapeur sur mer! Cette fois, c'est en peu de mois et sans études préalables ni expérience du passé, que chaque nation a produit une nouvelle force, sans avoir le temps d'analyser ce qu'elle faisait, ni peut-être de calculer ce qu'elle dépenserait. Jamais époque

maritime ne se montra plus extraordinaire et surtout n'apparut plus brusquement.

Encore si ce qui a été fait avait des bases certaines! Mais il n'en est pas
ainsi ; car tandis que d'un côté on fait plier les vaisseaux sous leur cuirasse, de l'autre on invente des canons qui percent ces plaques de plus en
plus épaisses, et qui rendront le navire cuirassé de mer presque impossible, s'ils réussissent en pratique comme dans leurs courtes expériences.

Il a donc été intéressant, pour la marine, de réunir et de discuter tout
ce que l'on sait sur ces nouvelles questions ; et de consacrer la plus
grande partie de ces pages au premier chapitre destiné aux navires cuirassés. Le second s'occupe des paquebots et cite les plus remarquables,
en les détaillant assez pour les faire apprécier. Le troisième est destiné
aux embarcations et à l'examen de divers accessoires représentés à l'Exposition. Le Chapitre IV s'occupe des docks pour mettre les navires à sec
et les réparer. Ces quatre chapitres constituent la première partie, celle qui
donne l'idée des objets livrés à l'examen de la Classe XII du Jury international.

Mais c'eût été laisser le travail incomplet que d'oublier, parce qu'il était
dévolu à la Classe VIII, le moteur mécanique qui joue maintenant un si
grand rôle sur mer. Un compte détaillé des machines à vapeur marines,
accompagné de planches, a donc formé le Chapitre V, afin d'exposer
l'état actuel de cette grande industrie. Il sert surtout à faire connaître l'application sur les navires des appareils du système de Woolf, pour réaliser
des économies de combustible si importantes sur mer au point de vue de
la dépense comme du rayon d'action des bâtiments à vapeur. Enfin les propulseurs forment un dernier Chapitre pour compléter tout ce qui regarde
la marine.

En parcourant les planches et les pages de ce compte rendu, on re-
marquera sans doute combien il y est moins parlé des produits maritimes français que de ceux de l'Angleterre ; la cause de cette apparente
omission vient naturellement de ce qu'il s'agit de l'Exposition de Londres
et surtout de ce que la France n'a pas envoyé un seul modèle de navire,
mais seulement des cordages, quelques accessoires et deux machines.
Il en résulte que les considérations générales ont seules entraîné à parler
de ce qui a été exécuté chez nous.

Puisse ce travail être de quelque utilité aux marins en les tenant au
courant des nombreuses modifications de leurs navires. Cette tâche a été
rendue facile par les relations que le rôle de Juré a permis à l'auteur d'é-

tablir avec des personnes distinguées dont les noms sont connus de ceux qui s'intéressent à la marine. Cette mission lui a fait connaître M. Robert Napier, le vénérable président de la Classe XII, auquel on doit les plus beaux paquebots de grande navigation, tels que le *Persia* et l'*Arabia*; M. d'Aguilar-Samuda, qui a construit le *Leinster*; MM. Watts et Abethel, qui ont exécuté de grands travaux pour l'Amirauté. A côté de ces constructeurs étaient des marins aussi connus que l'Amiral Washington, Directeur de l'Hydrographie anglaise; l'Amiral Fizroy, qui, à ses anciens travaux du détroit de Madagascar, ajoute maintenant ceux sur les variations de l'atmosphère recueillies chaque jour par le télégraphe électrique, et qui, par des comparaisons, permettent déjà de prédire les coups de vent. La Classe XII possédait aussi l'Amiral Lizianski de la marine russe; sir Snow Harris, qui a fait adopter les conducteurs intérieurs pour les paratonnerres des navires; le capitaine Cunningham, dont la méthode de réduire mécaniquement la surface des voiles épargne des dangers aux matelots, enfin M. Evans chargé de la correction des boussoles.

D'après ce court exposé, il est facile d'apprécier l'intérêt d'une Exposition maritime soigneusement examinée avec de tels collaborateurs, quels souvenirs il en reste, et combien il est utile de propager l'instruction qu'elle a permis d'acquérir.

L'ART NAVAL

A

L'EXPOSITION UNIVERSELLE DE LONDRES DE 1862.

CHAPITRE PREMIER.

NAVIRES CUIRASSÉS.

De toutes les branches de l'industrie moderne qui se trouvaient dans les galeries de l'Exposition de 1862, la Marine est celle qui a peut-être le moins frappé le public et qui cependant présentait les nouveautés les plus remarquables, car nulle autre industrie n'a éprouvé une transformation aussi complète et aussi radicale que celle produite par l'apparition du navire cuirassé. D'un seul coup il change les conditions de la guerre, celles de la navigation et même les ressources des vastes arsenaux de toutes les marines.

Les vaisseaux mal représentés par des modèles.

Le peu d'attention apportée aux objets maritimes vient d'une cause inévitable et toute naturelle : ce qu'ils ont de plus intéressant est trop gigantesque pour être transporté sous des galeries. Ces grands navires, fruits de la hardiesse et de l'expérience, aussi bien que de la science et du travail industriel, ne sont que très-imparfaitement remplacés par de petits modèles qui, malgré les chiffres de leurs dimensions écrits à côté, ne donnent pas l'idée des colosses qu'ils représentent; ils ne peuvent être appréciés que dans les chantiers. Ce n'est même point là qu'un navire est réellement jugé : on y voit une grande construction en bois ou en fer d'une forme différente des autres édifices et d'une solidité inusitée à terre. Mais ce n'est encore qu'une construction et non cet être animé d'une vie factice, soit par son feu intérieur, soit par ses immenses voiles, et qui n'est vraiment dans sa grandeur et sa beauté que lorsqu'il affronte les tempêtes en déployant toutes les qualités réunies en lui par les constructeurs et utilisées par le marin. C'est à la mer seulement qu'un vaisseau est connu ; ce n'est qu'en passant par toutes les chances de la navigation, et en marchant sous toutes les allures, pendant des tempêtes comme sur une belle mer. Sans cela il est comme un cheval vu à l'écurie ou essayé sur les allées sablées d'un parc : on ignore s'il aura le pied sûr dans les sentiers pierreux ; encore peut-on éviter de l'y conduire, tandis que du moment que le navire est hors du port, il doit être prêt à tout, sous peine de courir des dangers sérieux. Ce fut peu d'heures après la sortie que l'Escadre de l'amiral Hugon et bien d'autres aussi, reçurent des coups de vent qui les dispersèrent, et que de fois nous avons pris la cape presqu'en vue des terres que nous quittions !

Telles sont les causes qui entraînent tout le monde à passer avec indifférence près d'un modèle, et pour attirer l'attention, il faut qu'un nom célèbre vienne apprendre que la réalité représentée par ce morceau de bois poli a fait ses preuves sur mer, ou a étonné par sa marche ou sa nouveauté. On voit un long modèle qui n'attache les yeux sur lui que parce qu'il se nomme *le Great-Eastern;* plus loin est le nom du *Persia,* ceux de *l'Himalaya,* du *Connaught* ou du *Leinster* si connus par leur marche. Sans ces souvenirs de ce qu'il ont eu de remarquable, rien n'exciterait la curiosité, et l'homme du métier essayerait seul d'apprécier par analogie les qualités de tous ces navires, depuis le majestueux trois-ponts avec toute sa voilure, jusqu'aux plus laids navires blindés.

La France n'a rien exposé.

Cependant quoiqu'une exposition maritime ne puisse être réelle comme celles des autres industries, il n'est pas moins à regretter que la France n'ait rien envoyé et qu'elle n'ait pas fait figurer les modèles de ses navires remarquables ; ceux du temps de Louis XVI, de l'époque où Coulomb, Ollivier, Forfait, Vial, Groignard et plus tard Sané construisaient leurs vaisseaux, auraient représenté ces époques, comme la nôtre l'eût été par *le Napoléon* de M. Dupuy de Lôme et par le premier navire blindé rapide qui ait paru sur mer, *la Gloire,* dont le tracé est dû au même Ingénieur.

Quant à la marine commerciale, elle aurait pu envoyer le plan du *Phocéen* de M. Vence, et du *Napoléon* de la poste, de M. Normand, dont les dates auraient montré qu'en 1835 et 1840 nous avions appliqué déjà le principe des lignes très-fines dans le haut et celui du maximum de largeur vers l'arrière, que beaucoup d'Ingénieurs ont adoptés depuis. A côté de ces constructions auraient figuré celles de Moissard, telles que *le Faon* pour le service des postes, et celles plus récentes des *Messageries Impériales*, sous la direction de M. de Lacour, Ingénieur de la marine.

Exposition de l'Amirauté anglaise.

Ce qui précède fait voir que s'il a été difficile de juger du progrès par le simple aspect des choses, il n'en est que plus important d'être guidé par un examen sérieux, afin de suivre les phases et de connaître les résultats des changements éprouvés par la marine depuis une trentaine d'années ; la série des modèles exposés par l'Amirauté anglaise en montre clairement les différences et les caractères principaux. Ainsi un vieux vaisseau, le *Great-Harry*, construit en 1488, étale ses ornements entassés en étages jusqu'à sa dunette, et son élégante poulaine avec sa statue colossale ; il rappelle le temps des vaisseaux du grand roi Louis XIV et les splendeurs de la marine de Louis XVI, dont les qualités et l'élégance ont produit des types qu'on admire encore et dont les noms, tels que celui du *Soleil-d'Or* et plus tard du *Royal-Louis*, sont venus jusqu'à nous. A côté sont les vaisseaux, plus marins peut-être, sur lesquels nous avons navigué dans notre jeunesse, mais qui ne montrent cependant plus cette richesse d'ornements, ni même cette élégance de formes qu'on remarquait dans les frégates de Sané, ainsi que dans son vaisseau de 80 et dans son *Océan* de 120 canons. Les poulaines fermées, les murailles de plus en plus droites par la diminution et plus tard par l'absence de rentrée, les arrières larges et plats ou lourdement arrondis remplacent les statues des poulaines et le château arrière couvert de sculptures. Les mâtures sont plus élevées, plus solides, les voiles mieux installées et plus vastes ; on voit des navires disposés pour le combat et la navigation, mais dont le grand parallélipipède noir et coupé par les lignes blanches des batteries ne présente plus des sujets dignes du pinceau d'un Vernet. On dirait que la précision mathématique qui en perfectionnant beaucoup d'objets, leur a donné partout de la froideur et du roide, est venue exercer son influence sur la Construction navale comme sur les édifices. On le voit en contem-

plant le *Howe*, qui de même que notre majestueuse *Bretagne* termine noblement ce qu'on peut appeler déjà l'ancien temps, et dont une cheminée,
s'élevant jusqu'au pont, rappelle cependant que 4.000 chevaux viennent
d'être ajoutés à l'ancienne voilure et de faire atteindre des vitesses d'expérience de près de 13 nœuds, 24ᵏ par heure.

PREMIÈRE PÉRIODE.

ANCIENNE MARINE MODIFIÉE.

C'est depuis la paix de 1815 que cette transformation, plus apparente
que réelle, s'est opérée, car on s'est presque toujours basé sur d'anciennes
carènes, et les écarts qui ont été faits ne se sont pas montrés heureux ;
aussi quoiqu'on eût construit une marine toute neuve, elle était par le
fait, peu nouvelle. Les proportions de longueur et de largeur, ainsi que
de creux, restèrent invariables ; la rentrée seule fut abandonnée pour
avoir des ponts plus vastes et plus propres à la manœuvre, et aussi peut-
être, par l'idée de favoriser l'abordage, auquel on croyait avoir dû des
succès à l'époque où l'artillerie encore imparfaite permettait ces manœuvres audacieuses. L'augmentation du tonnage, relativement au nombre des pièces de canon, fut une des modifications importantes de la marine française ; nous lui dûmes des vaisseaux et des frégates prenant
jusqu'à neuf mois de vivres et cent jours d'eau qui, remplacée par la distillation, aurait permis d'aller à seize ou dix-huit mois de vivres, et par
conséquent de suppléer au manque de Colonies pour porter la guerre dans
toutes les mers.

DEUXIÈME PÉRIODE.

NAVIRES A ROUES A AUBES.

Nous en étions arrivés là, et la marine était sortie de ses désastres pour
montrer un matériel nouveau et approprié aux conditions de la France,
lorsque vers 1830 les bateaux à vapeur, usités depuis plusieurs années
par le commerce étranger et sur les grands fleuves d'Amérique, commencèrent à paraître dans les marines militaires et à nous prouver leur utilité
pendant l'expédition d'Alger. Ils furent tous à roues et d'une petite puissance, de 120 et 160 chevaux, avec un armement très-faible et une vitesse
de seulement 7 à 8 nœuds, 13 à 15ᵏ par heure. Ils produisirent un changement dans les proportions, en ce que, pour diviser l'eau plus facilement

tout en portant le même poids, on augmenta leur longueur, jusqu'à devenir
égale à 6 fois la largeur, au lieu de 3 3/4 et 4 fois, qu'on n'avait jamais
dépassé. Vers 1835, la puissance fut portée à 220 et 320 chevaux; peu après,
les Anglais osèrent traverser l'Atlantique à la vapeur, et pour les imiter on fit
des machines de 450, qui nous étonnèrent par l'énormité de leurs pièces
de fer forgé et la grandeur de leur charpente gothique en fonte. Les paquebots atteignirent des vitesses de 11 nœuds, 20ᵏ, comme ceux qu'on venait d'établir en service régulier entre les deux continents. Plusieurs grands
navires, décorés du nom de frégates à vapeur, et dix grands paquebots,
destinés alors à ce genre de service, sont devenus depuis nos transports
les plus utiles et les plus sûrs. Mais ces soi-disant frégates ne furent jamais
des navires de combat, non plus que ceux de plus petite dimension ; leurs
énormes roues prenaient la meilleure place des canons et offraient une
vaste surface aussi vulnérable que les appareils et leurs chaudières. On
s'évertua en vain à leur mettre des pièces à pivot pour tirer par l'avant et
par l'arrière, prenant ainsi forcément les positions regardées jadis comme
les plus dangereuses, et n'ayant qu'une très-petite force pour des navires
aussi grands. Aussi ne fallut-il les considérer que comme des auxiliaires
utiles destinés à conduire des vaisseaux au feu, en s'abritant derrière leur
masse, ou plutôt à transporter des troupes avec une célérité et une exactitude inconnues à l'époque des voiles et dont de nombreuses expéditions
militaires ont montré l'importance : sans navires à vapeur la guerre
de Crimée était tout à fait impossible. Ce fut la seconde période de la
marine; elle n'était représentée à l'Exposition que par un très-beau modèle du yacht de la reine d'Angleterre, par ceux de quelques paquebots,
notamment du *Connaught*, et d'un très-grand bateau du Danube. Cette
sorte de marine additionnelle ne fut, à bien dire, qu'un excellent train
des équipages, qui s'est montré souvent plus utile que les fourgons, mais
elle ne diminua pas la valeur des vaisseaux à voiles et vint seulement
mettre ses roues à côté d'eux pour les aider. Cependant si elle ne jouait
pas encore un rôle vraiment militaire, elle produisit chez nous la
grande industrie des machines marines, et l'on vit naître soudain les
ateliers de Cavé, de Halette, de Gengembre et surtout celui du Creuzot,
sous la direction de M. Bourdon. Ils n'auraient jamais pris un tel accroissement sans l'impulsion du Ministère de la marine, puisque nulle
part en France il n'y avait à produire des machines de 450 chevaux pour
le commerce. Notre marine fut donc forcée de prendre les devants en
faisant créer par l'industrie ce qui manquait entièrement à ses arse-

naux, tandis qu'en Angleterre le gouvernement n'eut qu'à suivre l'activité et la hardiesse d'un commerce intelligent et riche.

TROISIÈME PÉRIODE.

NAVIRES A HÉLICE.

Vers 1840, l'hélice propulsive, plusieurs fois essayée sans succès, venait de montrer ses propriétés remarquables à bord du *Robert Stokton* d'Erickson et du navire anglais *l'Archimède*, de Smith ; on commençait à comprendre qu'elle s'alliait mieux à l'usage des voiles et devenait plus propre aux navires de guerre que les roues, autant parcé qu'elle dégageait les flancs pour y placer des canons, que par sa position sous-marine, qui la rendait invulnérable et permettait de disposer tout l'appareil moteur sous l'eau. On ne l'appliqua que sur de petits navires, et le premier d'entre eux, construit par les ordres de M. Humann, Ministre des finances, pour le service des postes, montra, sous le nom de *Napoléon*, un type de construction des plus remarquables, dû à M. Normand, Ingénieur au Havre. En 1841, elle fut appliquée au plus grand navire de l'époque, *le Great-Britain*, de M. Brunel, et l'on construisit ensuite les frégates *la Pomone* en France et *l'Amphion* en Angleterre, mais en leur conservant plutôt leur qualité de voiliers, puisque leur puissance n'était pas assez forte pour dépasser $7'.5$, près de 14^k.

Anciens vaisseaux transformés.

En Angleterre, on mit des machines à d'anciens vaisseaux qui, sous le nom de *Guard-Ships* : *le Blenheim*, *le Hogue*, et *le Sans-Pareil*, n'eurent que des résultats médiocres. Aussi on peut dire que le premier vaisseau-vapeur digue de ce nom fut *le Charlemagne*, ancien 90, dont l'arrière seul fut modifié à Toulon. On ne sacrifia que la moitié de ses vivres et de son eau, et en conservant toute sa force militaire et son ancienne voilure, on obtint cependant une vitesse à la vapeur de plus de 10 nœuds, $18^k,5$, sous l'impulsion d'une machine de 400 chevaux nominaux, construite par l'Ingénieur anglais M. Barnes, à l'usine de la Ciotat.

On paraissait donc arrivé au seul but désirable, et l'on avait résolu le grand problème de la possibilité de mettre des machines à vapeur sur d'anciens vaisseaux, sans trop les modifier, et de doter ainsi tout le matériel existant d'un moteur propre, qualité reconnue nécessaire à tout navire de guerre moderne. Ce fut le point de départ d'une transformation générale, et l'on mit des appareils de 600 chevaux sur tous les vaisseaux de 100, qui formèrent le type *Duquesne, Tourville, Fleurus* et autres. Après un long séjour sur les chantiers, ils apparurent soudain lors de la guerre de Russie et nous mirent un moment en avance sur les autres nations, en formant un matériel qui eût été des plus puissants si l'adoption des cuirasses n'était venue le déprécier. Les Anglais montrèrent presque en même temps les types *Agamemnon, Saint-Jean-d'Acre* et autres, de 101 canons et 600 chevaux, et *Revenge*, 91 canons avec 800 chevaux, ou *Duncan*, de 101 canons et 800 chevaux.

Vaisseau à hélice rapide.

Cependant les vitesses acquises par les paquebots et l'avantage si précieux de pouvoir éviter le fort pour courir sus au faible étaient très-vivement sentis, surtout dans la marine française ; car elle est forcée d'être moins nombreuse que celle d'Angleterre, par la quotité de son budget toujours diminué par la nécessité de porter les ressources du pays vers d'autres buts, notamment vers une grande armée. Depuis peu de temps quelques officiers professaient avec raison qu'ils préféreraient le navire *ingagnable* avec peu de canons à un lourd vaisseau avec sa nombreuse artillerie. Un habile Ingénieur, M. Dupuy de Lôme, sut résoudre ce problème en construisant le beau vaisseau *le Napoléon* ; il en augmenta un peu la longueur relativement à celle des autres vaisseaux, et obtint ainsi un tonnage suffisant pour embarquer une machine d'une puissance inconnue jusqu'alors, 900 chevaux nominaux, qui dans les expériences de 1851, en développèrent 2.400 de 75^{km} et imprimèrent au vaisseau une vitesse inespérée de 12 nœuds, 22^k 1/4, regardée comme impossible pour un navire de 90 canons, complétement gréé. A ces qualités remarquables ces constructions ajoutèrent celle d'une belle marche à la voile, considérée alors comme très-précieuse pour économiser un approvisionnement de combustible borné à six jours, à toute vitesse.

Le Napoléon fut le plus grand progrès en fait de marine militaire qu'on eût vu apparaître sur les mers depuis nombre d'années, et il se montra d'autant plus remarquable qu'il ne fut pas accompagné des mécomptes ordinaires d'une conception nouvelle. Cette réussite fit aussitôt construire des navires du même type : *l'Arcole, l'Impérial, le Redoutable* et *l'Algésiras*, qui reçut de M. Dupuy de Lôme une machine directe, dont l'économie de combustible fut remarquable pour son époque. En Angleterre, le même élan fut bientôt imprimé, et en quelques années on y vit apparaître une flotte transformée, en modifiant l'ancien matériel qui se trouvait sur les chantiers, en assortissant les arrières à l'hélice, en allongeant souvent par le milieu et affinant quelquefois l'avant. On construisit quelques nouveaux types rapides, tels que le *Renown*, et des frégates d'une grande vitesse, telles que l'*Orlando* et la *Mersey*, de 1.000 chevaux pour seulement 40 canons, et l'*Ariadne* de 800 chevaux pour 26 canons : de sorte qu'il en résulta une variété de navires que l'inégalité des puissances relatives accrut encore. On voyait à l'Exposition des modèles des coques de ces différents types, tels que ceux de *Duncan*, *Victoria*, *Howe*, vaisseaux à trois ponts de 121 canons et 1.000 chevaux de force, et des frégates de diverses sortes. En 1854 et 1855, les deux pays qui venaient de s'allier contre la Russie semblèrent rivaliser de célérité en opérant ces transformations radicales et l'Angleterre construisit dans dix-huit mois 160 canonnières, dont les plus grandes filent 11 nœuds (20^k), et rendent de bons services sous le nom de *Despatch boats*. C'est un type se rapprochant des formes effilées des paquebots, qui n'existe pas chez nous, où la canonnière a été faite pour porter le plus possible de grosses pièces plutôt que pour bien marcher. Il fallut toute l'activité de l'industrie actuelle pour produire assez promptement les nombreuses machines nécessitées par ces changements ; et en France, ce fut l'impulsion partie du Ministère qui entraîna dans une nouvelle voie le peu d'établissements assez grands pour confectionner de si fortes machines. M. Ducos, Ministre de la marine à cette époque, opéra cette transformation de l'Escadre avec une célérité qui étonna les nations étrangères, qui doutaient alors de nos ressources industrielles, tant elles étaient récentes et avaient encore peu fait leurs preuves sur une aussi vaste échelle.

Vaisseaux rapides à la voile comme à la vapeur.

Ce fut le complément de la troisième période ; elle produisit des vaisseaux aussi bons voiliers que rapides marcheurs avec leur hélice ; et quoique leurs vivres fussent réduits à trois mois, ils eurent un assez grand rayon d'action, leur combustible permettant cinq à six jours de marche à toute volée, et plus du double en marchant doucement, ce qui permettait de parcourir toute la Méditerranée. Ce résultat si désirable eût été obtenu, si toutes les machines avaient été aussi économiques que celle de l'*Algésiras* ; mais malheureusement il ne s'en est trouvé aucune de pareille sous ce rapport au milieu de la variété de formes et des complications inutiles qui ont été adoptées.

La voilure dangereuse dans un combat.

La qualité de voilier fut encore regardée comme très-précieuse, et elle l'est en effet, pour économiser le combustible au point de pouvoir faire de grandes navigations. Quoiqu'on en convienne encore à peine, il faut cependant reconnaître que puisqu'elle entraîne à une mâture et à un gréement compliqués, elle présente inévitablement une cause de dangers très-graves dans un combat; car, par la nature de son action et par la puissance énorme qui la fait tourner, l'hélice à laquelle la masse entière du navire résiste, produit à l'arrière un tourbillon qui entraîne tout ce qui tombe à l'eau. Il est facile de s'en faire une idée en songeant que ces ailes de moulin à vent en métal sont entraînées par une force de 2.000 à 3.000 et bientôt 4.000 chevaux, et qu'elles poussent des navires qui pèsent jusqu'à 6.500.000 kil. Il en résulte que toute corde tombée dans un combat serait entortillée autour des ailes qui font 45 à 50 tours à la minute, aussi vite que celles qu'un accident fait pendre le long du bord, et attirerait avec elle les voiles et les vergues flottant à la traîne, au point de briser le propulseur ou de le rendre impuissant. On l'a vu plusieurs fois quand on a cassé des bouts-dehors de bonnettes, et sur des navires qui, entraînés à la côte, ont coupé leurs mâts pour présenter moins de résistance au vent, et ont été aussitôt perdus par cette cause. Il faut donc établir que la voilure, si bien assortie à l'hélice pour la navigation, devrait disparaître avant de commencer le feu, et en presque aussi peu de temps qu'il en faut pour démarrer les canons; ce qui amènerait à la réduire tellement pour être assez maniable, qu'elle deviendrait insignifiante comme moteur.

Perfectionnements de l'artillerie.

Nous venons de voir les changements éprouvés par les navires; ils n'étaient pas les seuls, et d'autres aussi importants se montraient dans la seule arme qui ait été réellement celle des vaisseaux, c'est-à-dire le canon. Les idées du Colonel Paixhans, publiées dès 1822 sous le titre de *Nouvelle force maritime*, avaient reçu leur exécution et des perfectionnements successifs; l'usage des obus était devenu général, leur tir était aussi certain que celui des boulets; à leur explosion on avait ajouté des matières inflammables ou asphyxiantes : les uns éclatent en atteignant le but, d'autres à une distance déterminée par une échelle graduée; il y en a qui sont remplis de fonte en fusion. Les navires ont été installés pour en contenir sans danger un grand nombre et les faire circuler jusqu'aux pièces, et plus tard, celles-ci ont été rayées pour porter leur projectile à 5,000^m de distance. Ils ont reçu chaque jour une foule de perfectionnements de détails qui les ont rendus plus praticables et plus terribles. Leur degré de perfection est arrivé au point qu'on admet que quelques obus suffiraient pour couler ou enflammer, suivant leur position, un vaisseau de 120 canons avec ses 1.100 hommes d'équipage. Le sanglant épisode de Sinope l'avait prouvé dès l'ouverture de la guerre de Russie, et récemment l'affaire du *Cumberland* donnait en quelques minutes une nouvelle preuve de l'effet des obus sur des hommes accumulés dans une batterie de vaisseau : le *Merrimac* fit alors voir une seconde fois toute la puissance des navires cuirassés, et prouva qu'ils ne craignent que leurs semblables. On peut donc établir qu'avec ces inventions la guerre maritime serait devenue une boucherie inutile, en ce que les vaisseaux également armés et manœuvrés se seraient détruits avant d'avoir pu vider les questions politiques dont ils sont les champions.

Influence des projectiles explosibles. — La marine plus faible, la terre plus forte.

D'un autre côté ces effets destructeurs présentaient un grand avantage pour la défense des ports et du littoral, en ce que les batteries de terre ne redoutaient pas plus ces projectiles que les anciens, tandis que les vaisseaux en bois devaient en souffrir beaucoup. Il en résultait un grand changement dans leur force relative, et l'attaque par mer était tellement affaiblie, qu'un petit nombre de pièces pouvait arrêter et même détruire des vaisseaux, malgré la machine invulnérable qui rendait leurs mouvements indépendants du vent. La rapidité de la destruction pouvait même les empêcher d'arriver à leur but, tandis que le boulet plein n'aurait pas empêché des vaisseaux à vapeur de pénétrer dans les rades et de s'approcher des villes ; parce qu'on peut dire qu'il faisait beaucoup moins de mal à la fois et dans le même temps. Par conséquent si la vapeur permettait, au moyen de l'hélice, d'attaquer et de forcer des passes regardées jadis comme infranchissables à la voile, les obus venaient lui opposer un obstacle et remettre les choses à peu près sur l'ancien pied entre la terre et la marine. On en a eu plusieurs preuves, notamment devant Sébastopol, où deux belles Escadres presque entièrement à vapeur ont fait moins de mal qu'elles n'en ont reçu : et si jadis on disait qu'un canon à terre en valait dix à flot, la proportion avait été beaucoup augmentée depuis, parce que le vaisseau, déjà si vulnérable depuis le sommet de ses mâts jusqu'au-dessous de l'eau, avait à craindre les explosions au milieu d'hommes accumulés dans les batteries, et surtout les incendies.

Attaque mobile, défense immobile.

Toutefois il y a lieu de remarquer que les avantages de la mobilité de l'attaque existaient encore, c'est-à-dire la faculté de grouper autant de force qu'on en a vers une localité, tandis que la défense étant toujours immobile et disséminée se trouve plus faible sur chaque point. Quand on voit les positions des batteries de côte, leur distance, la manière dont leur rôle est limité à un but unique, et malgré tout cela quand on compte le nombre d'hommes, on est étonné du peu d'obstacle qu'opposeraient toutes ces forces. On voit que dans une attaque plus des trois quarts des canonniers resteraient les bras croisés, et que ceux des passes tireraient à peine quelques coups sur des navires qui parcourent, quand ils le veulent, plus de 370 mètres par minute. Les effets des projectiles sur les coques en bois compensaient et au delà ces désavantages, et l'on peut dire que la période dont il est question a été la plus avantageuse à la terre et par suite à toutes les puissances secondaires en marine; car sur la surface unie des mers on a rarement vu dominer deux maîtres à la fois.

QUATRIÈME PÉRIODE.

NAVIRES CUIRASSÉS.

Les questions maritimes en étaient là et trois transformations du matériel venaient de peser sur les budgets, lorsque la guerre de Russie fit reconnaître l'impuissance des navires en bois contre des batteries de terre, servies cette fois par des canonniers exercés, et dissipa les erreurs sur la force relative des vaisseaux, née de plusieurs affaires insignifiantes contre des ennemis ignorants. On vit qu'il fallait être aussi invulnérable que des terrassements pour espérer les réduire au silence, et quoique ainsi on ne fît que préparer les résultats que des débarquements seuls peuvent obtenir, on sentit qu'il fallait de nouveaux moyens d'attaque. On revint donc à l'idée des navires blindés qui, souvent proposés, n'avaient jamais été exécutés à cause de leurs difficultés et surtout parce qu'aucune circonstance n'était encore venue en imposer la dispendieuse nécessité. En effet, cette idée n'est pas nouvelle; en 1782 le général d'Arçon disposa sur des navires des terrassements de sable et des murailles épaisses pour attaquer Gibraltar, mais il n'en mit que d'un seul bord et ne réussit pas. On songea ensuite à utiliser le charbon des soutes, et des expériences montrèrent qu'à 10^m de distance le boulet de 30 charge 1/3, c'est-à-dire 10 livres, perçait une muraille en bois de frégate et une épaisseur de 3^m,50 à 3^m,70 de charbon en roche. La tôle des soutes résista peu, les vis qui la tenaient furent arrachées, même quand le boulet restait dans le charbon.

Expériences de tir sur des tôles.

Les expériences commencées à Gâvres en 1835 et 1836 sur les dégâts exercés par les obus dans le bois furent dirigées en 1844 sur ce qu'éprouvaient les tôles par le choc des projectiles. On y reconnut dès lors plusieurs principes généraux vérifiés depuis en Angleterre : c'est que presque tous les obus se brisent avant d'éclater lorsqu'ils rencontrent des tôles de 12 à 15^{mm}; mais s'il n'existe pas d'obstacle au delà, leurs éclats passent en agissant comme ceux d'un boulet plein qui, s'il est en fonte, se brise généralement aussi sur la même épaisseur de fer. Il en résulte que sur 0^m,015 on peut dire que les boulets deviennent des obus et que les obus agissent comme des boulets, puisque l'explosion de leur poudre n'a pas lieu au delà. Les projectiles à fusée agissent comme s'ils étaient à percussion quand ils rencontrent du bois ; sur du fer ils se brisent, et leur poudre se répand avant de s'enflammer, comme les expériences anglaises l'ont prouvé de nouveau en tirant sur la batterie flottante le *Trusty ;* au contraire le bois placé en dehors de la tôle empêche souvent les obus de se briser et les laisse pénétrer pour éclater au delà. Les essais sur des tôles garnies de cornières, telles que celles qui forment les navires en fer, furent de nature à faire regarder ces constructions comme impropres à la guerre, et cette opinion, longtemps admise par l'Amirauté anglaise, n'a été combattue que dans ces derniers temps. Aussi est-il assez difficile de se faire une idée arrêtée au sujet des constructions en tôle comparées à celles en bois, parce que si les boulets font peu de dégâts dans la tôle, lorsqu'ils la frappent perpendiculairement, ils la découpent sans se dévier, cassent les cornières et arrachent les rivets, lorsque la direction du tir est oblique.

Aussi en admettant un navire en fer tirant à obus sur un navire en bois et ce dernier à boulet sur celui en fer, on ne saurait déterminer d'une manière précise de quel côté seraient les bonnes ou les mauvaises chances ; on peut seulement assurer qu'elles seraient désastreuses dans les deux cas. Enfin ce fut en 1844 qu'on reconnut qu'il faut jusqu'à 12 feuilles de 12^{mm} pour résister complétement au boulet de 50 chargé au tiers et lancé à 10^m de distance ; ce qui peut être admis comme une chance exceptionnelle et à laquelle il ne faut pas sacrifier d'autres conditions en exagérant le poids dejà si considérable des cuirasses. Du reste, tout ce qui vient d'être dit n'a trait qu'aux pièces d'artillerie existantes ; car les inventions se multiplient tellement, qu'il serait imprudent de croire que ce qui est vrai aujourd'hui le sera demain.

Premières batteries flottantes.

Telles étaient à peu près les données possédées en 1854, lorsque l'Empereur fit construire des batteries flottantes, dont les plans communiqués à l'Amirauté anglaise parurent avoir été exécutés à regret, et par cela même avec exactitude. Le problème était difficile à résoudre parce qu'on ne voulait enfoncer dans l'eau que de $2^m,60$ et cependant être blindé de toutes parts. M. Guyesse, Ingénieur de la marine, leur donna 51^m de longueur, $13^m,04$ de largueur hors blindage, 1.625^T de déplacement et le tirant d'eau précité. La machine à haute pression de 375 chevaux de 75^{km} ne parvint à imprimer que $2',5$ (1) ou $4^k,6$ à l'heure de calme, et le moindre vent arrêtait la marche, parce qu'au lieu d'employer deux hélices comme sur les canaux et les rivières, on n'en avait mis qu'une, pour ne pas découper la membrure. Le propulseur se trouvait ainsi accolé à la tranche plate de l'arrière, puisque pour avoir assez de déplacement sans trop enfoncer, il avait fallu se résigner à la forme d'une grande caisse arrondie sur les angles et aussi peu disposée pour la marche que pour la navigation. Tout fut caché sous le fer, le gouvernail et sa barre ; la chaîne de l'ancre sortait par un écubier inférieur ; le pont, formé de madriers croisés, était à l'abri de la bombe lancée à petite distance : de loin la petitesse et la mobilité du but était une garantie suffisante. Les écoutilles elles-mêmes étaient bouchées, et la cheminée, dont le diamètre était de $0^m,30$, présentait le

(1) Sur mer la vitesse des navires est mesurée en nœuds, qui expriment chacun une minute de méridien parcourue dans une heure et qui équivalent à 1853^m par heure ; pour plus de clarté on l'a toujours traduite à côté en kilomètres.

seul passage à la chute d'un projectile, ainsi que les sabords des canons, auxquels on avait alors donné une largeur trouvée exagérée depuis, du moins pour des navires blindés. Ces trois tortues flottantes débarrassées de leurs mâts, et plus redoutables que celle formée par les soldats romains avec leurs boucliers, s'avancèrent lentement vers le Fort de Kil-Bouroun, sans s'inquiéter de ses coups, et quand elles ouvrirent le feu de leurs canons de 50, elles le réduisirent bientôt au silence.

Batteries flottantes en fer préférables.

Quant à leur construction, il y a lieu d'observer que la nécessité de les avoir prêtes dans un très-court délai força de les exécuter en bois, et il eût été préférable d'employer le fer, comme on l'a fait depuis en Angleterre et récemment en France; car si de tels navires conviennent très-bien à la défense comme à l'attaque des ports peu éloignés, à cause de leur faible tirant d'eau, ils ne sauraient aller d'eux-mêmes au loin et il faudra toujours les traîner pendant la belle saison. Un coup de vent leur serait funeste, et *la Lave* qui passa l'hiver en pleine côte eut le bonheur de ne pas avoir de grosse mer. Il en résulte qu'ils ne servent à rien en temps de paix et que dès lors il serait très-préférable de les construire en fer pour les tenir à sec et rendre leur durée indéfinie, ainsi que celle de la machine et de la chaudière. C'est ce que je proposai en 1855, après les avoir eus six mois sous mes ordres, et c'est seulement ainsi que, sans se ruiner en renouvellements continuels, on formera une défense flottante formidable, en consacrant chaque année à l'augmenter ce qu'on sera bientôt forcé de dépenser fréquemment pour en renouveler un petit nombre. Il eût même été utile de consacrer leur coque en bois, construite à la hâte et déjà pourrie en Angleterre, à faire des bâtiments de servitude utiles dans les ports et de reporter sur des coques en fer les machines, les chaudières, les ponts et surtout les plaques, seules parties de ces constructions qui eussent de la valeur. Avec de telles formes et un poids aussi peu considérable, le halage sur des cales inutiles ne serait pas une difficulté; on doit même ajouter que, comme on sait que de tels navires n'auront pas de marche ni de qualités nautiques, on les laisserait sur la cale, où on les aurait construits, sans se donner la peine de les essayer pour les hâler ensuite. L'emploi du fer permettrait de modifier les arrières pour mettre l'hélice plus loin de l'arrière, afin d'agir dans une eau naturellement renouvelée, et, puisqu'il s'agit de grands bateaux plats, il serait préférable de mettre deux hélices comme sur les canaux et les rivières; c'est je crois, ce qui a déjà été fait en Angleterre et pour la Russie. Les premières batteries employées devant Kil-Bouroun furent *la Lave*, *la Dévastation*, et *la Tonnante*, dont les noms doivent être conservés, comme celui du *Rocket* de Stephenson qui, dans un but plus utile et surtout plus pacifique, ouvrit triomphalement l'ère des locomotives et des chemins de fer.

Batteries flottantes étrangères.

D'autres nations ont fait des batteries flottantes; les Russes leur ont donné des côtés très-obliques, de même que les Anglais, qui ont postérieurement construit en fer le *Thunderbolt*, l'*Erebus* et la *Terror*, dont les fonds sont complétement plats, l'angle des côtés peu arrondi, et dont la muraille fait avec la verticale un angle de 25°. Elles ont 2000^{T} de jauge, portent 30 gros canons, ont 200 chevaux nominaux (1) de force, et sont blindées tout autour jusqu'à $0^{m},61$ sous l'eau, avec des plaques de $0^{m},10$ établies sur $0^{m},15$ de bois de teck; elles n'enfoncent dans l'eau que de $2^{m},60$; il paraît qu'elles gouvernent bien. Elles ont été construites dans moins de quatre mois dans le but d'attaquer Cronstadt; mais la paix a empêché de les essayer.

Quoique les Sardes n'aient pas exposé les constructions intermédiaires entre ces batteries et *la Gloire*, qu'ils ont fait exécuter en 1860 par M. Verlaque, Directeur des travaux des forges-chantiers de la Méditerranée à la Seyne, il est intéressant d'en dire quelques mots. Ce sont des navires en fer très-plats, mais aigus aux extrémités; leur longueur est 65^{m}, la largeur sous le blindage $13^{m},60$. Rapport : 1 : 4,4; le creux sur quille $8^{m},25$. Le tirant d'eau est $5^{m},20$ et $5^{m},70$; la surface du maître couple immergé $60^{mq},84$; le déplacement total, 2.725^{T}; la voilure 500^{mq}, établie sur trois mâts, celui de l'avant a seul des petites voiles carrées. L'armement est de 24 canons de 40, piémontais, équivalant à peu près à

(1) Il existe un grand désordre dans l'appréciation de la force des machines en chevaux. La vraie unité de force, appelée ainsi par Watt, est 33.000 livres anglaises élevées d'un pied par minute, ce que nous avons traduit par 76^{k} élevés d'un mètre par seconde, et ce qui s'exprime par les lettres ^{km}. C'est le cheval nominal, et il est toujours vrai avec les pressions adoptées par Watt, mais on emploie des tensions plus fortes et on en est venu à ce que la force réelle en chevaux de 76^{km} est généralement égale à la puissance nominale multipliée par trois ou quatre, ainsi 900 chevaux nominaux font de 2 700 à 3.600 chevaux de 76^{km}. C'est toujours ainsi qu'il faudra considérer la force nominale dans le cours de cet ouvrage à moins qu'on ne désigne le nombre de kilogrammètres du cheval employé comme mesure.

notre 30, et 6 canons de 80, piémontais. Toutes ces pièces sont rayées ; le poids total de l'artillerie, approvisionnée de 150 coups par pièce, est 220ᵀ. L'hélice est à quatre branches et la puissance des machines est 400 chevaux de 225^{km} ; elle a produit une vitesse de près de 11 nœuds (20ᵏ,3). Le caractère principal de ces navires est d'avoir leur muraille en fer et verticale et le bois ainsi que le blindage en saillie en dehors et soutenu par un renflement en tôle, comme une console, dont la section est une équerre remplie de bois. Cette saillie est de 0ᵐ,42, de sorte que le bau à cette partie et jusqu'en haut est 14ᵐ,44, ce qui probablement contribue à faire beaucoup rouler. Le bois du blindage est formé de madriers placés verticalement sur ce renflement en tôle, tenus ainsi que les plaques, par des boulons qui percent tout et sont écroués en dedans sur la tôle du bordé. L'avant est tronqué obliquement sur le pont et blindé de manière à mettre deux canons en chasse ; le plat-bord est à jour comme sur un paquebot. Cette batterie rapide est assortie à la Méditerranée pour la belle saison, mais elle roule beaucoup. Elle présente une bonne combinaison de force et de vitesse pour d'aussi petites dimensions, et en comparant les déplacements, pour baser l'évaluation de leur prix relativement à celui de nos batteries flottantes, on verrait que par rapport au nombre de canons, les Sardes ont obtenu, sans une grande augmentation de dépenses, 11 nœuds (20ᵏ,3) de vitesse au lieu de 2,6, (3ᵏ,6). Cette vitesse n'est par le fait payée qu'au prix d'un pont qui n'est plus à l'abri de la bombe et de 3ᵐ,10 de tirant d'eau de plus, ce qui, dans beaucoup de localités, a peu d'importance. Car les navires blindés de mer auront toujours des tirants d'eau bien supérieurs ; par suite ceux de défense conserveraient encore une partie de l'avantage de pouvoir se retirer sur des petits fonds avec 5ᵐ,70 comme avec 2ᵐ,60 suivant les sondes des côtes. Ils auraient ainsi une marche assez rapide pour se porter en peu de temps vers des points menacés et servir même au besoin de navires d'attaque pendans la belle saison. Pendant l'hiver, et avec si peu d'élévation sur l'eau relativement au poids, il ne faudrait pas un coup de vent exceptionnel pour compromettre leur existence, s'ils s'aventuraient au large surtout dans les mers du Nord. Mais si leur rôle est borné à ne pas s'éloigner des côtes, ils forment, je crois, un très-beau type de navire blindé, très-fort pour son prix et suffisamment rapide. Aussi l'amélioration de ce type, surtout sous le rapport des mouvements, est une question des plus intéressantes et probablement des plus difficiles à cause des conditions de chargement et de tirant d'eau qu'un tel navire impose par sa nature.

Défense mobile.

Les détails précédents amènent à conclure que les Batteries flottantes changent les moyens de défense, parce qu'elles ont changé ceux d'attaque et que probablement elles conviennent aux deux rôles. Ainsi on les a faites assez solides pour attaquer corps à corps des Batteries de terre ; on les a donc rendues presque aussi fortes que ces dernières, qui, à leur imitation, vont être aussi garnies de plaques épaisses. Elles peuvent aussi être consolidées pour se mettre en garde contre les progrès de l'artillerie, parce qu'on a moins à craindre de charger de poids un navire de défense, que celui qui est destiné à courir les chances de la navigation du large. Les plus gros canons leur sont aussi assortis qu'aux Batteries de terre, et les moyens mécaniques mis à l'abri par la cuirasse, de manière à ne courir aucun risque de rupture, permettent d'économiser le nombre d'hommes. Par suite ils n'en exigent pas plus qu'aux Batteries de côte avec leurs affûts à coulisse, dont l'usage serait peut-être possible sur de tels navires. On verra plus loin que les Américains ont prouvé ces principes généraux par leurs inventions récentes. D'après tout cela, il y a lieu de croire qu'on doit les regarder comme de vrais Forts flottants, qui à la plus grande partie des avantages des Forts permanents, ajoutent celui de la mobilité, qui permet de se porter aux points attaqués et d'y grouper les forces. Aussi je pense que si les cales inutiles des Arsenaux étaient couvertes de Batteries flottantes en fer, plus durables que des terrassements ou des murs, les Ports militaires et du commerce seraient mieux défendus qu'avec des Forts, au large desquels il est si facile de passer et des Batteries situées souvent à la racine d'un banc, c'est-à-dire destinées à être toujours éloignées du passage, ce qui avec les cuirasses frappe leurs canons d'une inutilité complète. Les bas-fonds, au contraire, sont une retraite naturelle pour des Batteries flottantes parce que les navires blindés de mer seront toujours forcés d'avoir un très-grand tirant d'eau. De plus, Toulon pourrait venir au secours de Marseille, Brest de Lorient, de Nantes ; car pendant la nuit il serait bien difficile de voir passer ces radeaux noirs et silencieux marchant le long de la côte. Ce n'est qu'en les plaçant en avant qu'on peut maintenant espérer de tenir un peu éloignés les bâtiments cuirassés qui seraient tentés de détruire une ville du littoral. Je crois donc que la nation qui accumulerait peu à peu sur des cales ou dans des bassins naturels et peu dispendieux un grand nombre de ces navires impérissables à sec, pourrait se considérer, au bout de quelque temps, comme possédant une force permanente respectable, dont la dépense serait aussi petite que possible et peut-être inférieure à celle de beaucoup de fortifications immobiles. Il y a des localités, telles que la Hollande et surtout le Danemark, qui semblent tout à fait assorties à ces principes généraux.

Age de fer de la marine.

La prise de Kil-Bouroun par l'amiral Bruat fut l'ouverture de la quatrième période de la marine, qu'on peut nommer en toute vérité son âge de fer; car non-seulement elle n'est plus en bois comme depuis tant de générations, mais surtout, elle est dépouillée à jamais de la poésie de la navigation, que l'adoption de la vapeur avait déjà beaucoup diminuée. Quelle différence avec ces majestueux vaisseaux à quatre étages de canons, surmontés d'une voilure plus vaste que le profil d'une cathédrale, qui, fiers de leur force, ne cachaient rien à l'ennemi! C'était l'adresse seule de leurs matelots qui parvenait à les manœuvrer, de ces hommes relativement si petits et qui pourtant faisaient suivre toutes les variations du vent à leur vaste voilure, pour profiter du moindre souffle, comme pour résister aux ouragans. Ces vaisseaux étaient le triomphe de l'adresse individuelle dirigée vers un même but et à leur bord chaque homme avait sa valeur. Quel talent il fallait alors aux Officiers pour diriger cette voilure et conduire ces navires vers le but, sans savoir d'où les chances feraient souffler le vent! C'était un grand et beau métier, plus beau, certes, que celui de conduire en ligne droite un bâtiment poussé par une machine qui, tout admirable qu'elle est, ne frappe ni l'œil ni l'imagination et qui abaisse l'homme de mer de tout ce qu'elle a gagné en importance! Mais rien ne complète plus tristement cette suite de changements que cet être bas, noir et informe, qu'on voit glisser sur l'eau, couronné de fumée, et qui terrible en réalité, ressemble à un reptile, tandis que l'ancien vaisseau était l'image d'un superbe guerrier : aussi les Anglais avaient eu raison de l'appeler *a Man of war* : un homme de guerre. Jamais ils n'oseront qualifier ainsi un navire cuirassé; ils l'ont nommé *iron clad ship* (navire habillé de fer), et quoique l'ancien chevalier le fût également, personne n'établira de comparaison entre l'aspect de cette sorte d'être, laid et sournois, et ce que les temps passés nous ont laissé comme type de l'élégance et de la poésie. Pourtant il faut se résigner, et si jadis les armes à feu ont forcé à quitter l'armure de toutes pièces, devenue inutile, maintenant leur terrible perfection force à y revenir sur mer. C'est bien là une nouvelle Marine, et elle va exiger autant de savoir et d'expérience, pour être assortie à ses nouvelles conditions, qu'il en a fallu jadis à plusieurs générations pour amener l'ancienne à la perfection que nous lui reconnaissons encore. C'est donc vers ces nouveaux navires qu'il faut diriger toutes les pensées et toutes les études, puisqu'on ne peut plus s'en passer. Ils sont devenus une nécesssité de l'époque ; on ne saurait pas plus les repousser, qu'on ne l'a fait pour les armes à feu, qui avaient aussi beaucoup diminué la valeur individuelle. Puisqu'il y a des navires blindés, cherchons à en tirer le meilleur parti possible, et pour cela essayons de nous en faire une idée exacte, en suivant les nouvelles phases par lesquelles ils viennent de passer.

Navire cuirassé rapide.

Comme on vient de le dire, l'affaire de Kil-Bouroun fit voir à tous les marins que les cuirasses étaient une innovation à laquelle il fallait se soumettre, qu'elles seules résistaient aux obus et permettaient d'attaquer de front des fortifications défendues par des Européens. Un seul de ces navires informes braverait les attaques d'une Escadre et sortirait certainement vainqueur de la lutte en s'entourant de débris flottants. Si dans sa première imperfection il était presque incapable de se mouvoir, il présentait déjà une force de résistance contre laquelle les plus gros vaisseaux en bois viendraient échouer. Cependant l'Angleterre resta longtemps sans admettre les résultats de Kil-Bouroun ; elle continua des expériences qui éclairèrent très-peu la question et se laissa devancer dans la nouvelle voie. Car si les cuirasses étaient nécessaires, il devenait évident que leur rôle ne pouvait se borner à des chalands, qu'au contraire il fallait les placer sur des navires rapides et capables d'aller en mer. Ce fut encore en France que ce nouveau problème fut étudié et bientôt résolu par M. Dupuy de Lôme. Prenant le type *Napoléon* et lui conservant sa carène et sa machine ainsi que son hélice, c'est-à-dire sa vitesse, il le rasa comme jadis on avait eu la fâcheuse idée de le faire pour transformer des vaisseaux en frégates. Mais cette fois les poids du pont supérieur, des canons de la deuxième batterie et de celle des gaillards, de presque toute la mâture avec ses voiles et agrès, et la diminution de l'équipage de 913 hommes à 550, ainsi que celle des vivres et de l'eau, firent un poids total à peu près égal à celui d'une cuirasse. Par conséquent l'adoption de cette dernière plaçait dans les conditions de tirant d'eau et de marche à la vapeur que possédaient les vaisseaux du type *Napoléon*. Cette idée, qui par sa simplicité est celle d'un homme d'État, fut aussitôt exécutée, et comme les ressources de nos Arsenaux excluaient l'usage du fer, il fut décidé que ces nouvelles frégates auraient des coques en bois. Tout cela était parfaitement vrai en admettant une mer toujours calme ; mais nous verrons plus loin que dès que les vagues impriment des mouvements à un navire, le changement de position des poids exerce une grande influence sur ses qualités essentielles et même sur sa sécurité ; il en résulte des mouvements capables d'annuler son artillerie et de le mettre en danger. Cependant la solution adoptée eut alors l'avantage de rester dans des limites pratiques, et sans discuter s'il convenait ou non d'adopter le bois ou le fer, on put exécuter très-promptement la nouvelle marine, sans que nos ressources en bassins de radoubs devinssent insuffisantes pour le moment. Ce fut à ce genre de solution, et à l'initiative hardie du Ministre de la Marine, que nous dûmes de prendre une avance très-considérable sur les autres nations, et si nous avons fait une marine beaucoup moins durable que celle en fer, nous l'avons produite plus vite.

Comparaison de la Gloire et du Warrior.

Quoique le modèle de *la Gloire* n'ait point paru dans les galeries de Kensington, son rôle a été si important, elle a été tellement le point de départ général, que tout en destinant ces lignes à rendre compte de l'Exposition, il est nécessaire de relater au moins ce qui a été publié sur la première frégate cuirassée. C'est l'ordre chronologique de la nouvelle marine, elle doit en ouvrir l'ère, et pour montrer ses différences av c le *Warrior*, que l'Angleterre a fait construire, nous empruntons les Planches I et II à un ouvrage anglais, afin de faire voir d'un coup d'œil la manière dont chacune des deux nations a considéré le problème. Aussi pour compléter la comparaison, nous plaçons les dimensions et les différents chiffres en regard l'un de l'autre :

	GLOIRE.	WARRIOR.
Longueur.	77^m,90	112^m
Largeur.	16^m,77	17^m,70
Rapport des deux dimensions.	1 : 4,5	1 : 6
Déplacement (approché).	5.600^t	9.000^t
Tirant d'eau à l'arrière.	8^m,50	7^m,93
Nature de la coque.	en bois	en fer
Partie blindée.	Totalité.	Moitié de la longueur.
Poids de la cuirasse.	810^t	1.200^t
La cuirasse descend sous l'eau de.	2^m	1^m,525
Hauteur de la cuirasse.	5^m,40	6^m,405

	GLOIRE.	WARRIOR.
Artillerie protégée.	34 canons de 50 (1)	28 de 68
Artillerie non protégée.	2 canons de 50	22 de 68
Nombre de kilog. de fer d'une bordée. .	425^k	431.64
Valeur présumée.	6.000.000^f	8.750.000^f
Valeur par canon protégé.	176.471^f	312.500^f
Valeur de 1 kil. de fer lancé dans une bordée.	14.117^f	20.226^f
Machine.	à bielle en retour des forges et chantiers.	à fourreau de M. Penn.
Puissance nominale.	900	1.200
Vitesse aux essais.	12 nœuds	14,3 (2)

Mode de construction de la Gloire.

La Gloire est un navire en bois solidement construit et bien lié dans ses parties ; elle ne présente aucune particularité dans sa charpente ; ses fonds sont ceux adoptés depuis quelques années ; ainsi les différences avec les autres constructions commencent seulement au-dessus de l'eau. M. Dupuy de Lôme a eu l'heureuse idée de renoncer à la poulaine, dont la lourde saillie n'avait d'utilité que sur le navire court, que la nécessité d'avoir une grande surface de voiles, forçait à porter cette charpente ; elle était alors indispensable pour servir d'appui au beaupré, qui soutient toute la mâture et permet de ne pas dépasser au ras de l'eau, le peu de longueur regardé comme nécessaire aux évolutions. Mais si les clippers, qui ont beaucoup de voilure, ont abandonné cet appendice en s'allongeant et en affinant leur extrémité, à plus forte raison un navire blindé n'avait pas besoin de porter ces poids devenus inutiles. L'avant est donc droit et un peu rentrant, de sorte que si le navire était employé comme bélier, la partie située au ras de l'eau porterait la première et servirait d'éperon. Cet avant est tronqué dans le sens horizontal pour permettre le tir de deux canons de chasse, situés sur le pont, c'est-à-dire dans la partie vulnérable ; mais comme de la sorte il n'était qu'à 5^m,40 au-dessus de l'eau, on a changé les sabords de chasse en les perçant dans les côtés obliques pour élever le sommet de l'étrave à 8^m au-dessus de la flottaison. L'arrière est modifié d'une manière très-rationnelle en ce qu'il est pointu et presque sans saillie ou quête, de manière à employer le moins de matières pos-

(1) Le 50 français vaut le 54 anglais.

(2) Il y a lieu d'observer que les vitesses de *la Gloire* ont été mesurées sur de longues bases, tandis que celles du *Warrior* sont déduites du *measured mile* qui est parcouru en quatre minutes et demie ; aussi a-t-on trouvé 1,35 nœuds de plus pour *la Normandie* en mesurant sur la moitié de la digue de Cherbourg, c'est-à-dire à peu près 1 mille.

sible, et à peser comparativement moins qu'en conservant les anciennes
formes larges et plates ou arrondies, qui eussent en outre jeté dans
de grandes difficultés pour courber les plaques. La gravure de la Planche I
donne une idée exacte de son aspect. A l'intérieur tout est comme sur
nos vaisseaux, et l'on a profité du dégagement procuré par une partie
du chargement transporté en dehors sous forme de plaques. Il est impossible de voir un navire mieux disposé pour le combat, tout y est dégagé ; il porte la plus grande force possible pour sa longueur, il n'a pas de
parties vulnérables, sa mâture ne peut le gêner, et ses mâts de l'arrière
sont assez petits pour être installés à bascule ; car ces navires ne commen-
ceront à se faire du mal qu'à quelques dizaines de mètres, et il n'y a pas à
espérer qu'ils puissent conserver leurs mâts hauts et leurs cordes tendues,
quelles que soient la petitesse et la simplicité de leur gréement. *La Gloire*
évolue très-bien, qualité nécessaire pour diriger le feu à de petites distances et aborder ou éviter le choc, si ce moyen arrive à être usité.
Comme on le voit, sa description est courte, suite naturelle de sa simplicité, et c'est en général un bel éloge pour une conception nouvelle.

Cuirasse de la Gloire.

La cuirasse de *la Gloire* est formée de plaques dont la Planche I présente
la disposition extérieure, et les deux rangées de celles qu'on voit être plus
étroites jouent le rôle des anciennes préceintes, et sont unies entre elles
par des clefs en double queue d'aronde, de manière à être roides d'un bout
à l'autre et à soutenir les extrémités par le chevillage qui les unit au
bordé du navire. Le blindage descend à 2^m sous la flottaison, et pour
tâcher de s'opposer à l'effet galvanique d'une surface de plus de
1.000^{mq} de cuivre rouge, on a laissé entre les deux métaux un intervalle rempli de mastic à la partie où le bordé devenu plus épais
vient affleurer et soutenir les plaques de fer. Un block-house est établi
sur le pont pour abriter la roue du gouvernail et les boussoles, ainsi que
pour servir de retraite au Capitaine ; il est de forme ovale, en charpente
solide et recouvert de plaques. Ce réduit est indispensable, et sur les batteries blindées où il eût été trop pesant, on l'avait remplacé par un tron-
çon de mât couvert de grosses tôles, et ces abris reçurent plusieurs boulets. Aussi l'amiral Lyons répondait à un Capitaine qui s'étonnait de ces
précautions, qu'elles étaient nécessaires sur de tels navires, à moins
d'embarquer au moins une demi-douzaine de Capitaines de rechange.

Frégate cuirassée anglaise, le Warrior.

Le *Warrior*, auquel on a depuis ajouté le *Black-Prince*, est tout différent de *la Gloire*. Il a pu être apprécié à l'Exposition par de très-beaux
modèles d'ensemble et de détails, envoyés par l'Amirauté et par M. Marc
son constructeur. C'est un grand paquebot dont une partie a été recouverte de fer et percée de sabords : il suffit pour s'en convaincre d'examiner
la Planche II, ainsi que les détails des Figures 1 et 2 (Pl. V), et de lire plus
haut ses dimensions. Il a une poulaine élancée, un large arrière évasé,
comme les autres navires de l'Amirauté. Il a un beaupré aussi fort que
celui d'un ancien vaisseau, lorsque tous les mâts dépendaient de ce gros
arc-boutant. Sa mâture est celle des plus grands vaisseaux, et pour en
donner une idée, les basses vergues que je crois en fer, ont 32^m de
long, les vergues de hune 22^m, et d'après cela il est probable que la
surface de voilure excède les 3.000^{mq} de toile que nos trois ponts déploient encore quelquefois dans les airs. C'est donc à l'extérieur un
très-grand clipper auquel sa voilure suffirait complétement, s'il n'y
avait pas de machine, et c'est la suite de l'idée formulée il y a plusieurs
années, en proclamant que le navire à hélice devait avoir *full power of
sails and full power of steam :* toute puissance de voilure et toute puissance
de vapeur. Ce programme a été suivi en Angleterre et en France où il
a été précédé par *le Napoléon;* mais, de notre côté de la Manche, nous
croyons maintenant que ce principe n'est pas applicable aux vaisseaux de
guerre, surtout s'ils sont cuirassés. Le gréement est en fil de fer, mais
le poids de ses débris lui donnera-t-il moins de chance d'être pris par les
ailes ? C'est très-douteux, quand on songe à la rapidité du sillage et à la
profondeur où se trouve l'hélice ; et une fois enroulées il serait plus impossible de couper de telles cordes que celles en chanvre.

Extrémités vulnérables.

Ce qui frappe le plus en considérant *le Warrior*, c'est de voir ses extrémités vulnérables ; il n'a de cuirasse qu'au milieu, comme le montre
la Figure. Tout le reste est construit comme un navire ordinaire en tôle,
avec une membrure à cornières ; seulement comme le boulet et même
l'obus pénétreraient facilement dans toutes ses parties, on a garanti les
canonniers par des murailles blindées transversales à la fin de celles éta-

blies à l'extérieur, et des portes de communication sont fermées par de lourds battants aussi épais que le blindage. On a cherché à éviter que les voies d'eau ne se répandissent dans tout le navire, en établissant de nombreuses cloisons étanches, les unes verticales, les autres horizontales, distantes de seulement deux ou trois mètres, dont le travail a dû coûter fort cher. Il diminue cependant la solidité de l'extérieur, par les traînées de trous des rivets nécessaires, et rend une grande partie de la cale inutile pour les provisions, à cause de l'air stagnant et humide de ces nombreuses cellules. De plus, tous ces moyens seraient probablement trouvés insuffisants, tant il est difficile de rendre les joints étanches quand ils sont établis perpendiculairement à des cornières et tant il y aurait de chances pour que le boulet qui a percé une tôle en perçât deux ou trois autres. Il eût été bien difficile de connaître le poids de tous ces détails dispendieux, mais en les voyant ainsi que l'avant et l'arrière, avec leur élancement jadis nécessaire pour augmenter la voilure, et maintenant inutile, j'ai pensé que l'application des formes de *la Gloire* à l'extérieur, et la suppression de toutes ces précautions intérieures, auraient probablement donné un poids suffisant pour blinder au moins la flottaison de bout en bout et l'arrière, de façon à mettre les parties vitales à l'abri. La barre, la drosse et la roue ne sont pas protégées, non plus que les habitacles des boussoles; il en est de même du gouvernail, et ce qui est plus grave, de l'étambot et du cadre de l'hélice; car pour mieux lui conserver ses qualités de voilier, on a mis un puits au *Warrior*, afin qu'il puisse hisser son hélice pour marcher à la voile. On voit d'après cela combien les idées ont été différentes des nôtres, et combien le désir d'avoir une marche supérieure a fait négliger des qualités qui nous ont paru plus essentielles.

Les navires longs adoptés quand ils présentent plus de difficultés.

Aussi en comparant le *Warrior* aux navires qui formaient l'ancienne flotte à vapeur, on est frappé d'un contraste singulier. Pour les vaisseaux en bois la marche à la vapeur a d'abord été peu appréciée; la machine n'a été qu'une addition, le vaisseau voilier est resté intact. Il a fallu l'exemple de la France pour sacrifier à la vitesse. On dépassait peu les anciennes proportions de 1 à 4 sauf sur quelques frégates récentes. Pourtant c'était alors que la coque était légère, qu'il y avait profit à l'allonger et à mettre plus de canons sur le même pont au lieu de les entasser en étages. Avec la force en longueur au lieu de l'avoir en hauteur, on arrivait naturellement à obtenir les proportions reconnues les meilleures pour la marche à la vapeur; puisqu'il y a seize ans que M. Robert Napier, le constructeur du *Persia*, déclarait déjà qu'il ne ferait plus de machines pour des paquebots ayant moins de 6 fois leur bau, et que la proportion actuelle est 8 et quelquefois 10. Aussi comme avec le bois, la liaison est le seul obstacle à l'allongement, on a pu par une meilleure charpente arriver à des proportions, dont la frégate russe *le Général-Amiral* construite en Amérique, a montré un beau spécimen. Elle a une force égale à celle de nos vaisseaux, mais répandue sur deux longues batteries, l'une couverte ayant une très-grande hauteur de sabord au-dessus de l'eau et l'autre découverte (1). Il est donc remarquable de voir que lorsqu'il était si facile d'adopter les formes des Paquebots on ne l'a pas fait ou que du moins on ne s'y est décidé que très-tard; tandis que maintenant que chaque mètre courant d'un navire pèse environ 70 à 80ᵀ on a adopté le rapport de 1 à 6. Encore l'avant ne renferme rien d'important; pourvu que l'eau n'entre pas quand des boulets percent sous la flottaison, peu importe ce qui lui arrive; là les cloisons étanches ont quelque raison d'être, et la légèreté de cette partie a autant d'importance pour se mieux élever à la lame, que son acuité pour séparer facilement l'eau.

La Gloire et le Warrior comparés.

En comparant les deux navires on voit clairement quels seraient les avantages de *la Gloire*, qui plus courte, très-manœuvrante et de toutes parts invulnérable, ne craindrait pas de s'approcher et recevrait les coups pour n'adresser tous les siens qu'à l'arrière du *Warrior*. Il est clair que dans l'état actuel ce dernier serait bientôt désemparé. C'est maintenant une vérité reconnue et il est probable que le *Warrior*, le *Black-Prince*, la *Défense* et *la Résistance* sont les premiers et les derniers de leur espèce.

Il est difficile de démêler ce qui est préférable au milieu de conditions contradictoires qui en marine se présentent à chaque instant; il n'y a guère de qualité qui ne soit contre balancée par un défaut ou par un sacrifice. Ainsi le désir d'avoir une belle marche a fait renoncer aux sabords de chasse, qui pendant si longtemps ont retardé notre sillage par les formes

(1) Il se trouvait à l'Exposition des modèles de Frégates russes dont les proportions étaient : longueur, 91ᵐ,5; largeur, 15ᵐ,25. Rapport 1 : 6; tirant d'eau 6ᵐ,76 et 7ᵐ,32, déplacement 5274ᵗ, surface du maître couple 84 mètres carrés. A côté se trouvait une corvette du même genre.

qu'ils nécessitaient et qui par suite nous ont fait tanguer si durement. Depuis on a été naturellement frappé des beaux résultats des Paquebots à extrémités aiguës et l'Amirauté a acheté l'*Hymalaya* qui fait un service régulier d'une distance de 5.000 milles avec la vitesse d'un porteur de dépêches. On a donc voulu l'imiter, puisqu'il est admis avec raison que la vitesse est une force, et comme avec de telles proportions on eût perdu les 9 pieds, 2^m,74 de hauteur de batterie, on s'est décidé à faire les extrémités vulnérables. Comme palliatif on a cherché à obvier aux dangers des voies d'eau par les cloisons et en calculant que le milieu porterait encore les deux bouts s'ils étaient pleins d'eau; mais qu'adviendrait-il si une des extrémités était seule pleine? On a été amené ainsi par des raisons spécieuses à un navire qui, quoique beaucoup plus cher, ne pourrait se mesurer avec *la Gloire*, puisque celle-ci ne souffrirait que de très-près, et qu'alors la certitude de ses coups ferait promptement taire les canons non protégés. On a même été jusqu'à dire que devant une grande frégate en bois présentant 25 canons, le *Warrior* perdrait les avantages de son milieu cuirassé, tant il serait exposé ailleurs. Il faut donc admettre en principe que la protection partielle n'est d'aucune valeur devant celle qui est complète. Si une place forte est faible sur un point, c'est comme si elle l'était partout, l'ennemi ne cherchera jamais que le défaut de la cuirasse. Comme on l'a très-bien observé, comment désignera-t-on les postes des hommes et que leur dira un capitaine avant une affaire, en passant du quadrilatère invulnérable aux parties où la mort est certaine? A la guerre l'égalité des chances est nécessaire, et jamais ce principe n'a été plus violé. Quant aux cloisons, elles ne protégeraient pas contre les obus pleins de fonte en fusion, qui paraissent disposés dans le but d'incendier les ponts des navires en fer, puisque la tôle du bordé brise la coquille pour laisser la fonte libre de se répandre. Cependant on peut dire qu'avec les constructions en fer, il est probable que pourvu que la barre, le gouvernail et tout ce qui les regarde soit abrité, ainsi que la flottaison, la cuirasse partielle a moins d'inconvénients qu'avec le bois, parce que l'incendie n'est presque pas à craindre. Avec ce dernier mode de construction, tout devrait être couvert de fer, car si on a le feu dans une des extrémités du navire ce n'est pas la cuirasse qui en limitera les ravages, puisque toute la construction est inflammable et continue. Il y a encore là une combinaison qui a ses dangers particuliers. Au milieu de ces éléments contradictoires, les discussions remarquables du capitaine Pellew Halsted ont rendu à son pays le service éminent d'éclairer l'opinion et de faire probablement re-

noncer à la cuirasse incomplète, quelles que soient les proportions de longueur et de largeur adoptées.

Affaiblissement du navire résultant d'une cuirasse incomplète.

La protection partielle a aussi le défaut d'avoir dans la construction
des points faibles là où elle cesse ; ainsi après avoir eu le surcroît d'épaisseur du bois, et les plaques que le boulonnage fait un peu participer à la
liaison du navire, on passe aussitôt au bordé simple en tôle. Il est probable qu'à la mer la fatigue se fera sentir à ce point de jonction, quand
le navire tanguera. Quand à l'endroit où la cuirasse cesse dans le sens longitudinal, l'affaiblissement est inverse. Il suffit d'examiner la *fig.* 1,
Planche V, pour voir qu'à l'angle où cessent le bois et les plaques on passe
tout à coup des larges feuilles du bas aux petites cornières du haut. C'est
dans le fond que la grande largeur de la membrure percée de trous ronds
donne le plus de force, et cesse tout à coup par une section d'équerre pour
céder la place aux plaques ainsi qu'à leur bois et devenir la membrure
mince d'un Paquebot, là où il s'agit de porter un poids mort qui sur le
Warrior excède celui de 220 canons. Il y a là comme un trait de scie
dans un mât dont tout le reste est intact. Il est probable que la navigation
éclairera sur cette question, et montrera peut-être que le passage de la
force à la faiblesse est trop brusque. La solidité longitudinale a été assurée
par des carlingues de 1^m,50 de hauteur qui vont de bout en bout ; de
sorte qu'aux points de croisement ce sont les couples en fer qui sont frac-
tionnés. Cela produit une quantité de cornières et de trous de rivets, qui
exposent à obtenir moins de solidité qu'on ne l'espère.

Parmi les reproches adressés à ce navire, l'un des plus graves est de ne
pas bien gouverner ; et après l'avoir attribué à différentes causes, il est
probable que cela est uniquement dû à la petitesse de son gouvernail
qui paraît avoir été plutôt proportionné au bau qu'à la longueur. Il eût
été bien extraordinaire que parce que le maximum de déplacement est
un peu à l'arrière, ce navire ne gouvernât pas avec son hélice, lorsqu'il y
a des Paquebots à roues, et notamment *le Persia*, dont le maître-bau et
les roues sont de l'arrière du milieu, et qui en tout temps entrent et sortent
de ports difficiles et encombrés de navires. On a cru aussi que c'était
parce qu'il n'avait pas de différence, c'est-à-dire qu'il n'enfonçait pas plus
derrière que devant, mais cela lui est commun avec presque tous les paquebots, ainsi que l'absence de quille (voir *fig.* 1, Pl. V), à laquelle

on a voulu suppléer par des quilles latérales pour diminuer le roulis. On a récemment augmenté la surface du safran de gouvernail et le navire gouverne bien mais lentement, suite naturelle de sa longueur et de la finesse de son avant qui, en travers présente un plan très-étendu en ce que la quille est droite. Je crois aussi que le puits de l'hélice gène pour donner un angle suffisant à la barre. On estime que *le Warrior* coûte 8.872.000 fr., sur lesquels la coque est pour 4.291.150 fr., et la machine pour 1.796.375 fr., ce qui met le cheval nominal à 1.330 fr.; et il y a lieu d'observer que l'hélice et tout ce qui la concerne, est compris dans ce prix. La mâture, le gréement et les accessoires sont comptés pour 363.400 fr., les changements opérés pour 320.700, et l'armement pour 325.000 fr.

Frégate blindée, le Black-Prince.

Le Black-Prince, construit à Glascow, par M. R. Napier, est semblable au *Warrior* sauf l'avant dont la poulaine enlevée présente à nu son étrave en fer forgé; mais il a donné des résultats inférieurs en vitesse. Après avoir eu près d'un nœud de moins dans ses expériences, on est arrivé à grande peine à obtenir sur le mille, mesuré avec une machine de Penn de 1.250 chevaux nominaux qui en ont donné plus de 6.000 par l'indicateur, une vitesse de 13′,32 et 13′,58, c'est-à-dire 24^k,7 à l'heure, avec 55 tours de machines par minute. Dans les mêmes circonstances, *le Warrior* avait eu 14,35. Avec 6 chaudières il fait 11′,66, et avec les 0,4 de ses feux, 10′,17. Dans ses essais, il n'avait que 7^m,03 et 6^m,74 de tirant d'eau, la maîtresse section étant alors de 106^{mq},8, et le déplacement de 6.390^t. On dit qu'il fait le tour de l'horizon en 10′5″ sur un bord, et un peu plus sur l'autre, mais qu'il lui faut 12 hommes à la barre et qu'ils ne donnent que 15° 1/2 à celle-ci. Les plaques sont de 0^m,112, et le blindage n'a pas plus d'étendue que sur le *Warrior*, mais est plus fort et pèse 3 à 400^t de plus. On dit que ce dernier a été payé 1,087 fr. le tonneau de fer, et celui du *Black-Prince* 925 fr. Le *Black-Prince* a son arrière aussi peu protégé que l'avant, ses extrémités sont divisées en nombreux compartiments étanches, et une machine spéciale sert à en pomper l'eau ainsi qu'à virer au cabestan; mais ce dernier mécanisme a éprouvé des avaries et ne présente pas encore une question résolue par la pratique. L'armement de ces deux frégates blindées est composé sur le pont de deux canons Armstrong de 110 et à pivot sur les extrémités des gaillards, ainsi que de 4 canons Armstrong de 40 et de deux obusiers de 20 livres pour les embarcations. En batterie couverte il y a 8 canons Armstrong de 110, quatre en avant et quatre en arrière, en dehors de la cuirasse et dans la partie protégée 26 canons ordinaires de 68. La composition de cette artillerie a subi déjà des modifications et les perfectionnements continuels des armes à feu la feront encore changer plusieurs fois.

Erreurs des expériences de vitesse, leurs conséquences fâcheuses.

A propos de ces essais de vitesse mentionnés plus haut, il faut remarquer qu'ils sont opérés sur une base d'un mille, qui avec un sillage de 12 nœuds, c'est-à-dire 22^k 1/4 à l'heure, est parcouru en 5 minutes; que, pendant ce court espace de temps, tout est forcé à outrance : les extractions qui priveraient d'un peu de vapeur sont diminuées; le charbon employé est de la meilleure qualité, tout est neuf à bord. Il existe chez tout le monde un désir ardent de réussite : désir très-naturel chez le fournisseur qui en attend le payement de sa machine et une réputation plus assurée, mais aberration d'esprit de la part du Capitaine, un vrai non-sens; car c'est lui qui plus tard est vraiment responsable, s'il ne maintient pas la rapidité de marche obtenue pendant ces quatre ou cinq minutes, publiée partout, et prise par le public pour la réalité du service ordinaire. Cette courte durée est aussi cause que toutes les chaudières sont insuffisantes dès qu'il s'agit de marcher quelque temps, et que la belle vitesse obtenue perd 1 nœud, et bien souvent plus, dès le lendemain des expériences. Aussi, on admet avec raison qu'il faut retrancher 1 nœud 1/2 pour la vitesse de navigation ordinaire en calme, et au moins 2 pour celle de longue durée à toute vapeur, la carène étant aussi propre que pendant les essais : le *Warrior* ne fait que 12,5 à la mer avec ses fonds propres, et les Paquebots rapides éprouvent aussi ces pertes de marche. Il résulte de ceci, qu'en Angleterre comme en France, ces expériences ne sont propres qu'à fausser l'opinion publique sur la valeur véritable des navires de guerre des deux pays, et à compromettre peut-être un jour l'honneur du Pavillon et celui des Officiers qui commandent les navires poussés par ces machines.

L'Exposition montrait les uns au-dessus des autres une série de modèles à la même échelle, donnant une idée précise des diverses proportions des types de navires blindés adoptés par l'Amirauté. La Planche III, empruntée au *Practical mechanic's Journal*, de Glascow, les représente tous, de sorte que, pour les décrire, il vaudra mieux en suivre l'ordre.

Frégate cuirassée l'Achilles.

Ainsi, on voit que l'*Achilles*, Planche III, *fig.* 2, sera une analogie du *Warrior*, à cela près qu'il est destiné à être blindé de bout en bout à la flottaison, ce qui présente un terme moyen entre *la Gloire* et le *Warrior*, et peut être regardé comme suffisant à l'avant, mais non à l'arrière. Il est en construction dans un bassin de Chatam, et c'est le seul navire en fer qui soit exécuté dans les arsenaux de l'Amirauté. Il a 17^m,75 de bau, 6.080$^\text{T}$ de tonnage d'après ce que les Anglais appellent *Builders measurement;* ce qui fait supposer environ 9.000$^\text{T}$ de déplacement. Du reste, ces données sont peu certaines, car la longueur n'était pas encore déterminée : on pensait qu'elle serait de 116^m. L'avant est droit sans traces de canons de chasse en bas, ni d'éperon additionnel; il est un peu courbe en dedans, de manière à être en saillie sous l'eau. C'est une pièce de forge superbe. La membrure est à cornières doublées, très-solide et serrée; elle est disposée comme celle du *Warrior* représentée Planche V, *fig.* 1 et 2; les fonds ont des tôles de 0^m,031. Ils ne sont pas tout à fait d'après le système tubulaire inventé par M. Brunel pour *le Great-Eastern;* mais un grand tunnel, s'élevant en courbe et formant un double fond, est établi comme garantie des voies d'eau en cas d'échouage; il consolide en même temps dans le sens de la longueur et il porte en partie les machines. Quatorze ou quinze cloisons étanches doivent compléter la sécurité contre les voies d'eau, et par suite de l'impossibilité où l'on se trouvera ainsi de visiter et d'entretenir les fonds par des peintures, il est probable qu'ils seront maçonnés avec des briques et du ciment hydraulique pour préserver de l'eau infecte de la cale, comme sur quelques paquebots et à bord du *Warrior*. Peu de plaques étaient en place : elles étaient tenues, comme sur nos batteries flottantes, par des boulons à tête conique qui percent tout, et dont les écrous sont en dedans. Leur épaisseur est de 4 pouces anglais 1/2 ou 112$^\text{mm}$. Il est probable que vers les extrémités les plaques seront moins fortes, elles ne paraissaient pas encore déterminées définitivement.

Presse hydraulique à courber les plaques.

Près du bassin où l'*Achilles* était en construction on a monté un atelier spécial pour courber et ajuster les plaques de cuirasse. Il se compose d'un four dans lequel les plaques sont recuites pendant plusieurs heures à un feu doux et ne sont portées au rouge brun que pour des courbures exagérées. Une grue les sort du four et les amène sur une presse hydraulique construite par MM. Westwood et Baylie; elle est formée d'une table en fonte bien dressée, sur laquelle on met des équerres en acier pour que la plaque porte à faux et soit gauchie par la pression du piston hydraulique, qui est en dessus et présente une surface arrondie en goutte de suif, qui appuie sur la plaque. Il produit des efforts de près de 1.300 tonneaux avec une pression de 400ᵏ par centimètre carré donnée par des pompes situées à côté. Pour faciliter l'opération, le piston peut se transporter vers un côté ou l'autre par une vis et un chariot, comme pour un porte-outil. en glissant sur une plate-forme en fonte, qui est liée à celle du bas par quatre énormes vis, qui servent à éloigner ou à rapprocher suivant la dimension des pièces. C'est avec une pareille presse qu'on a courbé l'énorme étrave du *Northumberland*. Cette méthode est lente et elle exige de longs tâtonnements, mais elle arrive au résultat remarquable de rendre la surface d'une cuirasse aussi uniforme que celle d'un bordé en tôle : on assure qu'elle ne change en rien la qualité du fer. Autant qu'il m'en souvient le prix d'une pareille presse est de 25,000 fr. Pour compléter, il y a près du bassin où était l'*Achilles*, des hangars avec plusieurs machines à raboter qui planent les faces en regard des plaques et les ajustent avec beaucoup de perfection. Je n'ai pu savoir si ces procédés étaient économiques relativement à la méthode de faire gauchir et tailler les plaques à l'atelier qui les produit et d'après des gabarits envoyés par le port.

Frégates blindées, Défense et Résistance.

Parmi les autres modèles, il y a lieu de remarquer ceux de la *Défense* et de la *Résistance*, Planche III, *fig.* 3, qui, par leurs dimensions, se rapprochent de *la Gloire*, tandis que par leur armure incomplète et ne couvrant que la moitié de leur surface, elles sont du même genre que le *Warrior*. Ce sont des constructions intermédiaires que le prix très-élevé du *Warrior* a engagé à construire et qui n'ont probablement d'autres qualités que leur bas prix relatif. Le premier de ces navires a été construit à Jarrow-upon-Tyne, par M. Palmer, le second par MM. Westwood, Baillie et Cⁱᵉ. Ils sont à peu près semblables : les dimensions sont 89ᵐ de tête en tête, 16ᵐ,47 de bau, le rapport est 1 : 5,4, et 11ᵐ,39 de creux à partir du pont supérieur; et 3.668ᵀ de jauge (*Builders*), ce qui doit être environ 5.000ᵀ de

déplacement. Leur étrave est droite et sans éperon. Les machines sont
de M. Penn ; leur force de 600 chevaux nominaux s'est élevée, dans les
essais, à 2.372 chevaux de 75^{km} par l'indicateur, qui ont, dit-on, imprimé une vitesse de 12′,33 ou 22^k,85 au mille mesuré. Avec la moitié
des chaudières, la vitesse a dépassé 10 milles ou 18^k,5. La *Défense* a eu
un demi-nœud de moins. On a eu l'idée de donner désormais 800 chevaux nominaux à ces frégates, dût-on diminuer la quantité de charbon.
Ces navires sont mâtés à trois mâts barque ; leur mâture est légère et de
la dimension d'une petite frégate. L'un d'eux a des bas mâts et un beaupré en fer, et tous deux un gréement métallique et des huniers prenant
des ris en roulant la vergue par la méthode du Capitaine Cuningham (voir
plus loin chapitre III). Ces navires gouvernent bien et font le tour dans un
cercle de 300^m de diamètre en 6′ 30″ sur un bord et 7′ 6″ sur l'autre ; leur
tirant d'eau en charge est 7^m.725 et 7^m.33. L'armement ne doit être que
de 18 canons, dont 4 sur le pont de 110 livres, d'Armstrong et à pivot.
Sur les 14 canons de la batterie, 8 seulement sont couverts par le blindage, et comme les extrémités ne sont pas protégées, on a cherché à
préserver le navire des dangers imminents du manque de cuirasse au
moyen de 28 cloisons étanches, qui se ferment à volonté, de la chambre
de machine ou de la batterie blindée, au moyen de tringles : ce sont des
cellules humides et sans air dans lesquelles on ne peut rien conserver.
Le navire n'a pas de quille, mais en dedans cinq longues carlingues
creuses et très-solides ; la membrure est très-forte, le pont de la batterie
est en fer couvert de bois, le plus haut est tout en bois, mais porté aussi
par des baux de fer. La cuirasse pèse 700^r pour les deux bords. On
estime leur prix à 4.496.000 fr. ou 1.125 fr. par tonneau.

Corvette à vapeur blindée.

Ce type a été modifié sous le nom de l'*Entreprise* (Pl. III, *fig.* II),
d'après les idées de M. Reed, Secrétaire de l'Institution d'Architecture
navale (Naval architect's Institution). Le navire aura, dit-on, 85^m de long,
10^m,98 de bau, mais la disposition du blindage sera différente, en ce qu'il
n'y aura des plaques de 0^m,112 qu'à la flottaison, tandis qu'au-dessus
l'épaisseur ne sera plus que de 0^m,013, et au lieu de s'étendre de bout
en bout, ne garnira qu'un ou trois châteaux, car les idées ne semblaient
pas encore arrêtées ; ceux des extrémités doivent avoir des canons à
pivot, tandis que celui du milieu serait disposé comme une sorte de châ-

teau rectangulaire; l'intervalle serait en tôle et cornières comme un navire ordinaire et de l'épaisseur de $0^m,045$, reconnue suffisante pour briser les obus. Les logements seraient établis dans ces parties vulnérables. Je n'ai point su la force des machines destinées à ces navires, mais seulement qu'on espère leur faire filer 12 nœuds selon certains dires, seulement 9,5 suivant d'autres, ce qui en navigation ne sera que 8. Le *Zealous*, vaisseau de 90, sera transformé d'après ces idées; mais pour éviter les chances d'incendie le bois ne sera conservé que sous la cuirasse, et partout ailleurs seront des tôles légères destinées seulement à compléter l'extérieur du navire et à couvrir les parties abandonnées pendant le combat. La disposition et le nombre de canons de ce genre de navire étaient peu déterminées, de même que l'étendue du château blindé. Il était même probable qu'on se contenterait d'en avoir un seul au milieu pour ne pas surcharger les extrémités et avoir encore moins de développement de blindage, car pour obtenir l'avantage des pièces de chasse et de retraite, il faut beaucoup plus de plaques, et par suite de poids, que si toutes les pièces sont réunies comme Planche III, *fig.* 10 et 11. En outre l'absence de mâts, auxquels on cherchait jadis à faire des avaries pour diminuer le moteur aérien, et la vitesse et la facilité d'évoluer sont, avec l'hélice, des causes qui ont également diminué l'utilité réelle des pièces de chasse, et qui dans le cas présent les rendraient probablement nuisibles. L'*Entreprise* et la *Favorite* (Pl. V, *fig.* 10 et 11), sont des corvettes en bois modifiées d'après les idées précédentes.

Comme on le voit, on s'occupe de la question des navires cuirassés de petite dimension et cependant susceptibles d'aller à la mer avec une marche rapide; mais comme le poids des plaques est un obstacle à la petitesse, on se trouve forcé de sacrifier certaines parties, et il en est résulté des navires incomplets. Jusqu'à présent, *la Gloire* est le plus petit bâtiment filant réellement 12 nœuds et vraiment cuirassé qu'on ait construit, et c'est un grand mérite, comme on le verra par les difficultés qui assaillent le problème des navires blindés.

Hector et Valiant.

Quant à l'*Hector* et au *Valiant* (Pl. III, *fig.* 4), il est assez difficile de comprendre la disposition de leur cuirasse, qui s'étend jusqu'aux extrémités, tandis qu'elle laisse la flottaison sans défense. J'ignore comment on s'est arrangé à l'intérieur, et il est probable qu'on en viendra à un blindage complet pour éviter les voies d'eau. Le bois sous les plaques ne doit avoir que 0^m,22 d'épaisseur, au lieu de 0^m,45 adoptés sur les autres bâtiments. C'est au second de ces navires qu'est destinée la machine de 800 chevaux exposée dans l'Annexe par M. Maudslay, et d'après cette puissance on espère plus de vitesse que sur la *Résistance* et la *Défense*. On dit que l'avant et l'arrière ressembleront à ceux de *la Gloire*.

Royal Oak.

Le *Royal Oak* (Planche III, *fig.* 6), a été mis à l'eau le 10 Septembre 1862, et sera prêt vers le mois de Septembre 1863; c'est un ancien vaisseau en bois de 90 canons, allongé de 9^m,45, ce qui porte ses dimensions à 84^m,97 de tête en tête, 83^m,76, entre perpendiculaires, 17^m,69 de bau ; le rapport est 1 : 4,7. Il doit avoir une machine de Maudslay de 1,000 chevaux et 34 canons de fort calibre; sur l'avant et l'arrière il en portera un de 100 livres à pivot. On a rasé le vaisseau d'une batterie, mais sans modifier les formes des extrémités qui sont aussi grosses que par le passé, et l'arrière est resté rond, large et vertical. Pour lui donner de la rigidité le pont supérieur est en tôle de 0^m,006, recouverte d'une seconde couche placée en dehors des écoutilles et de 0^m.012 d'épaisseur. Les barrots sont en fer, d'une seule pièce, venue au laminage avec les cornières, comme c'est l'usage pour beaucoup de navires du commerce, et les parties extrêmes qui représentent les courbes, comme on le voit sur la coupe du *Warrior* (Pl. V, *fig.* 1), sont soudées au bau : les deux cornières latérales se courbent, s'appliquent sur le bois du vaigrage et lui sont unies par des boulons. Les plaques sont tenues par des boulons perçant tout et dont les écrous sont en dedans sur une savate en tôle. La mâture de ce navire doit, dit-on, être moindre que celle du *Warrior*. Les plaques ont 4^m,57 de long sur 0^m,96 de large, leur épaisseur est de 4 pouces 1/2 ou 0^m,112, elles sont admirablement ajustées, au point d'empêcher de calfater les joints : leur surface est aussi régulière que celle d'un navire en tôle. Leur poids total est, dit-on, de 1,400^r. Chaque sabord est fortifié en dedans des plaques et sur son contour par des bandes de fer de 0^m,060 en haut et en bas, et de 0^m,087 sur les côtés; elles ont 0^m,305 de large et sont placées comme celles désignées par la lettre *a* sur la *fig.* 2 de la Planche V. On espère que les seuillets de sabords seront à 2^m,74 ou à 3^m,05 au-dessus de l'eau.

Le Royal Oak vient de faire des essais au mille mesuré avant d'avoir son armement complet; son tirant d'eau était 7^m,015 derrière, et 6^m,20 devant, le déplacement était alors de 6.590^r. La moyenne de son parcours a été 12,487 nœuds, c'est-à-dire 23^k à l'heure. C'est un beau résultat lorsqu'on se rappelle que les anciennes formes, et notamment celles de l'avant ont été conservées. Les différences entre les allées et les retours, ont été 10′,909 dans un sens, et 14,229 dans l'autre; les courants qui produisent de telles différences changent à chaque instant avec la marée, et ajoutent leurs erreurs à celles déjà très-fortes produites par les bases trop courtes.

Pendant ces essais le nombre des coups de piston était de 59 à 61, la pression de 1^k,33 à 1^k,47 et le vide 0^k,68. Ces résultats paraissent très-satisfaisants, comparativement surtout à ceux du *Black-Prince*, qui pour 1.250 chevaux nominaux n'a obtenu que 12,209 nœuds ou 22^k,6. Le tour de l'horizon a été effectué en 6′ 38″, dans un espace d'environ 275^m, la machine donnant 54 tours. Il y a peu de différence que la barre soit d'un bord ou de l'autre. On se loue beaucoup d'un ventilateur de M. Baker, qui maintient une température de 18° dans la chambre de chauffe, quand il y en a 12° sur le pont.

Caledonia, Prince consort, Royal-Alfred.

Le Caledonia est dans le même genre, il a 83^m,26 de long, 18^m de large, le rapport est 1 : 4,6; on compte lui mettre 34 canons, un blindage complet en plaques de 0^m,113 et une machine de 1,000 chevaux nominaux. Ces navires sont ceux qui se rapprochent le plus de *la Gloire* par leurs proportions générales et par le choix des matériaux, mais nullement par leurs formes. Ils doivent être doublés avec un alliage de cuivre et d'étain, nommé Muntz, métal employé aussi pour les coussinets, afin de diminuer, si c'est possible, l'effet galvanique si énergique du cuivre rouge, qui dans l'eau de mer, décomposerait promptement la rangée inférieure des plaques. Le *Prince Consort*, le *Royal Alfred*, l'*Ocean triumph* sont d'anciens vaisseaux qui seront transformés dans le même genre que la *Caledonia*, avec 34 canons, 1,000 chevaux nominaux, 0^m,112 d'épaisseur de blindage, longueur présumée 113^m,70, largeur 18^m,19, tonnage, 4,125. Le *Caledonia* devait être dans l'origine une frégate de 90 canons et de 1.000 chevaux de force, et sans l'apparition des cuirasses elle aurait représenté en Europe le type de la force distribuée en longueur, adopté par les Américains et les Russes sur le *Général-Amiral*, au lieu de l'être en hauteur comme sur les vieux vaisseaux. L'*Océan* est un ancien vaisseau de 91 destiné à une transformation semblable, mais avec moins de canons, afin qu'ils soient d'un plus fort calibre. Il en est de même du *Bulwark*.

Nothumberland.

Mais de tous les modèles exposés, le plus remarquable est celui du *Northumberland* construit par M. Mare et qui sert de type pour le *Minotaur* et l'*Agincourt*, dont la longueur est 122 mètres et le bau 18, ce qui les met dans les rapports de 1 : 6,77, c'est-à-dire avec des proportions qui les rapprochent de celles des Paquebots; le tirant d'eau espéré est $7^m,62$ et $8^m,23$, le tonnage porté est 6620^t, ce qui semble au-dessous de ce qui répond à d'aussi grandes dimensions et fait présumer plus de 10.000^t. de déplacement. Ce navire rappelle l'*Hymalaya* construit aussi par M. Mare. Il a un avant rentrant pour servir d'éperon, et sur d'autres modèles, celui du *Minotaur* par exemple, cette partie est courbée de manière à ce que la saillie soit à la flottaison; l'arrière est arrondi sur les côtés mais très-large et en saillie comme sur les frégates en bois de l'Amirauté. Sera-t-il blindé comme le reste de la surface qu'on dit devoir être recouverte de plaques de $0^m,137$ sur une couche de $0^m,225$ de bois de teck, ou bien le centre seul sera-t-il aussi défendu et les extrémités n'auront-elles plus que $0^m,063$? L'hélice est du système Griffith comme toutes celles de l'Amirauté; elle a une grosse boule au centre et se fait surtout remarquer par l'absence du puits et de l'appareil de démontage qui jusqu'à présent se voyait à bord de tous les navires de guerre anglais, quelle que fût leur dimension. L'arbre est en porte-à-faux, c'est-à-dire qu'il n'est porté que par l'étambot avant et ne s'étend pas jusqu'à celui du gouvernail; la partie du cadre qui forme la quille est aplatie et élargie de près d'un mètre pour avoir de la force sans présenter une épaisseur qui forcerait à diminuer l'espace libre du cadre et par suite le diamètre de l'hélice. De même que le *Warrior* et l'*Achilles*, le *Northumberland* n'a pas de quille, et cette pièce importante est remplacée par deux quilles de chaque côté pour diminuer le roulis (Pl. V, *fig.* 1), mais il est très-douteux que ces additions remplissent leur but sur d'aussi grands navires. quoiqu'on prétende que les roulis exagérés des canonnières aient été un peu diminués de la sorte. L'armement sera de 50 canons du plus grand calibre, et comme la batterie n'est percée qu'à 20 sabords de chaque côté, il y a plusieurs pièces sur le pont qui se trouvent sans protection. Celui-ci est disposé comme sur un bâtiment ordinaire, il est, on ne peut plus, dégagé pour la manœuvre des voiles et ne présente ni *blockhouse* blindé pour renfermer la barre et le capitaine, ni les installations habituelles des avants de paquebots pour rejeter en dehors l'eau qui embarquerait à la mer. Les trois mâts du *Northumberland* sont aussi hauts que ceux des plus grands vaisseaux ; le gréement est en fer, les huniers doivent être disposés d'après la méthode de prendre des ris du capitaine Cuningham et le beaupré n'est qu'un petit bâton de foc à cause de l'avant en couteau. Il est difficile de préjuger d'une construction aussi gigantesque, et il est à présumer que pour la marche et le rayon d'action les résultats seront satisfaisants. Nous verrons plus loin par quelles raisons techniques on est fatalement poussé à l'agrandissement exagéré des navires.

Minotaur.

Le *Minotaur* est en construction aux Thames Iron works ; son cadre d'hélice est une pièce de forge remarquable, et pèse, dit-on, 45^{t}. La partie formant la quille est aplatie et a 1^{m},20 de largeur et seulement 0^{m},025 d'épaisseur pour lui donner de la force sans diminuer l'étendue du cadre : les femelots placés à 0^{m}.80 ou 1 mètre de distance, sont venus de forge avec l'étambot et sont découpés et ajustés à froid ; on est étonné des quantités de fer qu'il faut enlever avant de mettre de telles pièces à perfection. L'étrave est énorme, presque aussi grosse que si elle était en bois ; c'est une pièce forgée qui a été rabotée sur toutes les faces, et dans laquelle on a creusé les râblures des tôles et des plaques qui viennent butter contre la rainure de cette pièce pour augmenter sa résistance au choc ; les plaques et les tôles des deux bords seront réunies par des boulons perçant toute cette masse de fer. L'étrave est découpée en triple écart pour se joindre à la pièce faisant l'office de brion, laquelle s'aplatit et s'élargit pour se réunir à la feuille de tôle du fond qui se trouve à la place de la quille. Il y a des parties où cette étrave a 0^{m},45 dans un sens et 0^{m},30 dans l'autre ; elle a été façonnée droite à la machine à raboter, puis mise au four pour lui donner à chaud la courbure voulue au moyen de la presse hydraulique, Il y a là un luxe d'exécution, qui montre qu'on ne recule devant aucune dépense pour rendre ces navires solides. Les tôles des fonds ont 0^{m},025 d'épaisseur, elles sont larges, très-longues et disposées en clins alternés ; celles du long tunnel qui donne de la roideur à toute la construction, est presque aussi épaisse ; dans le haut l'épaisseur des tôles du bordé est 0^{m},015. La membrure est très-forte, ses couples sont à 0^{m},93 l'un de l'autre ; elle est formée d'une tôle de 0ᵐ,29 unie au bordé par deux cornières de 0ᵐ,110 et fortifiée à l'opposé par une autre de 0ᵐ,08 qui est double quelquefois : l'entre-deux des sabords est de 3ᵐ,70, La partie où cesse le blindage est disposée comme sur le *Warrior* (Pl. V, *fig.* 1); mais comme sa membrure est plus solide, le point faible qui se trouve là est moins sensible. Les baux de batterie sont en tôle fortifiée par quatre cornières, ceux du pont sont laminés d'une pièce, la courbe est remplacée par un grand triangle en tôle dont l'hypoténuse est arrondie. Cette pièce est soudée à la tôle ou au plat du bau ; on m'a assuré que cette jonction était facilement opérée par un chauffage au four et qu'elle était très-solide. Les plaques de blindage se font dans l'établissement avec des ferrailles que des femmes et des enfants battent pour faire tomber la rouille ; elles sont entièrement forgées au marteau-pilon et se continuent indéfiniment en ajoutant de nouveau fer et le soudant, puis coupant ce qui convient. Je crois que si le laminoir est employé, ce n'est que pour amincir ou régulariser la surface.

Navires blindés pour l'Espagne, la Russie et la Turquie.

MM. Humphrey et Tennant exposent des dessins de navires blindés qu'ils exécutent pour l'Espagne, la Russie et la Turquie; ils ont des murailles très-obliques à partir de la flottaison, sont blindés jusqu'à près de deux mètres sous l'eau et leurs fonds sont construits d'après le système tubulaire. On en aura une idée exacte en supposant que le navire du Capitaine Coles (Planche V, *fig.* 3) est dégagé de ses côtés additionnels en tôle, de manière à se borner à la partie blindée dans laquelle sont percés des sabords, ce qui entraîne à l'abandon de la cupola. Ces navires doivent avoir des fonds très-plats et tirer peu d'eau, et ne paraissent disposés que pour la défense sur de petits fonds et nullement pour naviguer. Il serait bien curieux de savoir quelle influence cette forme singulière exercera sur le roulis.

Coupoles du capitaine Coles.

Ce que l'Exposition présente ensuite de plus remarquable, ce sont les navires à *cupolas* dont M. le Capitaine Coles eut la première idée après l'affaire de Kil-Bouroun, parce qu'il remarqua que nos sabords ordinaires laissaient trop de passage aux boulets; pour 20 canons, c'est une surface totale de 240 pieds carrés ou 22ᵐ⁹,29. Il combina dès lors ses boucliers qu'il appela ensuite *cupolas* à cause de leur forme, et les proposa définitivement à l'Amirauté en 1859. Il voulut même mettre un canon ainsi protégé sur un radeau de barriques et attaquer de la sorte les forts de Cronstadt. Il fut rappelé de la mer Noire pour expliquer ses plans, que la paix parut faire oublier. Mais depuis il les a érigés en un système complet, dont les exploits du *Monitor* rendent les détails très-curieux à connaître.

La coupole (Pl. V, *fig.* 3) est composée d'une forte charpente en bois, en partie cylindrique, de près de 6ᵐ de diamètre, dont le haut forme un cône recouvert de plaques de 0ᵐ,115 ; son poids total est d'environ 75.000ᵏ. Dans cet espace resserré sont deux canons parallèles, mais très-près l'un de l'autre et qui naturellement doivent se charger par la culasse ; aussi la réussite des cupolas est subordonnée à celle encore douteuse en pratique de ce genre de pièce. Ils sortent par deux trous ovales qui leur permettent peu de tir en hauteur et laissent un très-petit passage à la vue du Chef de pièce. Comme de la sorte, les canons ne peuvent pointer en direction, c'est toute la charpente de la cupola qui tourne sur les rouleaux de son pourtour *bb*, comme une plate-forme de chemin de fer. C'est effectué au moyen d'engrenages tournés par une manivelle intérieure *c*, pour venir chercher la direction indiquée par un homme qui élève la tête au-dessus du sommet de la cupola. L'axe *a* de celle-ci est creux et assez large pour laisser passer les munitions à travers des portes pratiquées dans ses côtés à la hauteur du faux pont. De plus un ventilateur pousse de l'air par cet axe, afin d'expulser la fumée par le trou pratiqué au sommet du cône. Comme on le voit sur la figure, les hommes et leurs pièces sont à l'abri dans toutes les directions.

Plusieurs de ces constructions doivent être établies sur le pont à la suite l'une de l'autre suivant la grandeur du bâtiment (Pl. V, *fig.* 4), et pour qu'elles puissent tirer dans toutes les directions, les côtés du navire sont rasés et descendent obliquement jusqu'à la flottaison comme le talus d'un glacis. Les cupolas des extrémités sont placées obliquement afin de présenter 4 canons de chasse et autant de retraite. Le navire sera garni de plaques de 0.112ᵏᵐ, jusqu'à près de 2 mètres sous l'eau.

Le reste de la construction est en fer et d'après le système tubulaire (voir le détail sur la *fig.* 3, Pl. V), c'est-à-dire formant deux navires l'un dans l'autre, et réunis par des nombreuses cloisons, dont la solidité a été pleinement éprouvée lors du lancement du *Great-Eastern*. Au lieu de la quille ordinaire, il y en a deux latérales pour chercher à s'opposer un peu au roulis et ne pas augmenter le tirant d'eau qui est de près de 8 mètres. Comme un tel navire sera très-pesant, la moindre mer balayerait ses côtés obliques; aussi le Capitaine Coles continue sa construction plus haut, et lui met un plat-bord à rabattre pour ne pas gêner le tir. Il utilise l'espace triangulaire en dessous des ponts pour mettre divers objets, et au moyen de grandes portes pratiquées dans la tôle de la muraille extérieure, il compte y introduire ses embarcations de porte-manteau, afin de les mettre à l'abri des explosions. Il donne de l'air au faux-pont et à la machine par des tuyaux en tôle *d*, qui percent verticalement le pont et le talus blindé. Il observe que sur un navire ordinaire et avec une mer calme, la manœuvre des canons suffit pour produire un roulis capable d'altérer le tir, tandis que ses canons sont immobiles; de plus en se rapportant au ponctué qui représente un bâtiment blindé ordinaire, dont le seuillet de sabord serait à $2^m,40$ de hauteur, il remarque que pour un roulis de 18° de chaque bord, a bouche du canon au sabord serait dans l'eau, quand celle de la coupole serait au-dessus.

Royal Sovereign et Prince-Albert.

Le Capitaine Coles arme de la sorte non-seulement des navires spéciaux de 2.530^{t} (Pl. III, *fig.* 8) comme le *Prince-Albert*, ou ne met que deux coupoles sur un navire de 1.385^{t}, mais il fait raser un vaisseau à trois ponts au niveau de la batterie basse, le *Royal-Sovereign* de 3.765^{t}, blinde ses flancs, afin d'établir 10 coupoles à la place des 1.432^{t} enlevés en rasant le vaisseau, ou même il compte gagner davantage en coupant plus bas. Mais un nombre aussi considérable de coupoles n'est guère possible parce qu'en remarquant la figure 4 de la même Planche, il est facile de voir que le pont supérieur serait découpé de toutes parts pour pratiquer les trous des coupoles et que ce pont est la principale liaison qui reste pour consolider une coque qui par le fait est aussi lourde que l'ancienne. Il en résulte qu'on n'en mettra que quatre ou cinq et que la grande largeur du vaisseau ne permettrait pas de tirer en bas ou exposerait à voir tout dé-truit par l'explosion. Aussi les coupoles seront probablement exhaus-sées à bord des grands navires, et se rapprocheront des tourelles du capitaine Éricsson en Amérique. C'est de la sorte que les majestueux trois ponts éprouvent la triste métamorphose dont la figure 13, Planche V, donne une idée très-exacte. Leur temps est passé! Il y a quoi fermer les yeux d'horreur en contemplant un si triste chan-

gement : jamais la vieillese et la décrépitude n'ont produit rien de si
triste: mais les autres sont très-forts, il n'y a rien à répliquer.

On veut mettre des mâts à ces navires et leur imprimer une vitesse de
12 nœuds, 22^k à l'heure, et l'un et l'autre seront certainement superflus.
Car, ainsi que nous le verrons plus loin, il est impossible de naviguer et de
songer à marcher vite avec la moindre mer, lorsqu'un navire est aussi peu
élevé sur l'eau, relativement à son poids. Mais de mer calme il est évident
que ces canons au ras de l'eau et ces murailles en talus présenteront si peu
de prise aux boulets, ainsi que leur coupole, que si la manœuvre de cette
dernière est aussi facile qu'on l'espère, il n'y aura rien d'aussi résistant et
par suite d'aussi redoutable. Les Batteries flottantes avec leurs murailles
verticales et leurs sabords plus larges, ne seront probablement pas aussi
fortes que ces coupoles; ce sont donc de puissants navires de défense
locale : il reste à savoir à quel prix relatif. Car huit canons sur un trois-
ponts rasé et plus cher qu'avant sa mutilation, c'est probablement un
prix beaucoup plus élevé que toutes les combinaisons de batterie.

Comparaison de la force avant et après la transformation.

Quant à la force du trois-ponts rasé, comparée à ce qu'elle était jadis,
le Capitaine Coles observe qu'il ne lançait dans une bordée de 60 coups de
divers calibres que 768^k de fer, tandis que les 20 canons de 100 en en-
voient 2000^k. C'est en admettant 10 cupolas; mais on a vu qu'on ne
pouvait en mettre que quatre ou cinq, de sorte que c'est 800 à 1.000^k
qu'il convient d'admettre. Le trois-ponts présentait une surface de 943^{mq},
tandis que le navire bouclier, comme l'appelle son inventeur, n'en a que
348, qui en outre sont invulnérables et non inflammables. Il en conclut
qu'un canon de son navire en vaut 10 du trois-ponts et ce n'est certes
pas exagéré quand on songe aux effets des obus. Quant au prix, on
peut admettre que les grandes frégates blindées coûtent 8 millions de
francs pour 18 canons de chaque bord, dont 13 seulement protégés,
tandis qu'un navire bouclier de la même dimension et du même prix en
présente 20. Les canons employés sous les coupoles ont des affûts particuliers qu'on dit avoir été essayés avec un plein succès et qui épargnent
beaucoup de bras, ce qui est très-important dans un espace aussi res-
treint.

Comme on le voit par les Figures, on dispose les coupoles de différentes
manières sur le pont des navires; le *Royal-Sovereign* est un trois-ponts rasé

(Pl. III, *fig.* 7), tandis que le *Prince-Albert* (Pl. III, *fig.* 8) sera un navire construit en fer dans le but spécial de porter six coupoles. On a aussi voulu faire de petits navires d'après ce système, ainsi ceux à deux coupoles (Pl. III, *fig.* 9) ont 56^m,42 de long, 8^m,40 de large, rapport 1 : 4, 4, creux 6^m, tirant d'eau 4^m,88 et 5^m,18. On prétend qu'on veut donner une grande vitesse à tous ces navires, si on y réussit ce ne sera certainement que sur une mer très-unie, et la moindre houle les retiendra au port ou leur fera courir de grands dangers s'ils se laissent surprendre au large; car il faudra toujours des passages pour l'air afin que les hommes puissent vivre et les foyers brûler. Ce sont de grands *Monitor*, qui ne seront pas beaucoup plus élevés au-dessus de l'eau que celui dont la malheureuse fin justifie mieux le nom que ses premiers exploits. Cependant les navires à cupolas seront beaucoup plus lourds et leur grand tirant d'eau les empêchera d'être de vrais navires de défense dans les passes. Il y a bien peu de ports qui ait des abords assez profonds pour permettre de circuler avec un tirant d'eau de 8^m, que nous trouvions exagéré pour nos vaisseaux de mer et qui certes le sera encore plus avec des navires tellement ras sur l'eau qu'ils ne pourront séjourner dehors avec un mauvais temps ; il est donc bien difficile d'établir quel peut être le rôle à venir de ces bâtiments qu'on a décorés, improprement je crois, du nom de navires de mer.

Navires blindés américains.

Quoique les Américains n'aient rien envoyé à l'Exposition, ils viennent de faire de tels efforts pour produire une marine blindée, qu'ils avaient méprisée d'abord et dont leurs canons Dahlgren devaient si facilement venir à bout, qu'il y aurait à se reprocher une omission fâcheuse, si on ne réunissait pas ici tout ce qu'on a pu savoir sur ces navires sortis des ateliers d'une manière si soudaine et si prompte. La destruction du *Cumberland* par le navire à cuirasse improvisée, le *Merrimac*, et les exploits beaucoup trop chantés du *Monitor* ont ouvert aussitôt les yeux et porté tous les soins vers la construction de navires cuirassés de toutes sortes, dont la liste suivante est extraite de la *Revue maritime* et coordonnée de manière à renfermer tous les documents connus actuellement. On a emprunté à la même Publication les gravures de la Planche IV, tirée du *New-York-Herald*, et pour faire apprécier le rapport des dimensions, les dessins ont été ramenés à la même échelle, d'après les chiffres recueillis au sujet de chaque navire. Voici donc ce tableau de la Marine américaine.

Monitor, ce qu'il nous apprend.

Il a été dit tant de choses sur ce bâtiment (Pl. IV, *fig.* 1) que nous ne le mentionnons ici que pour mémoire; on trouvera dans le numéro d'Août 1862 de *la Revue maritime*, tous les détails relatifs à sa construction et à ses dimensions. On en construit beaucoup sur ce modèle; il y en a trois qui ont 51^m,85 de long, 15^m,25 de large et 2^m,745 de creux, ils doivent porter une tour bardée de 0^m,075 de fer et contenir deux canons de 168 : le tirant d'eau ne dépasserait pas 0^m,85 à 1^m,20. Les neuf autres ont 61^m,0 de long, 13^m,72 de large, 3^m,66 de creux; ils portent deux tours et quatre canons; l'armure sera de 0^m,113 à 0^m,126 d'épaisseur, et celle des tours de 0^m,279 d'épaisseur. On en fait quatre autres de 97^m,60 et 103^m,7, qui porteront des tours capables de résister à des boulets de 425 livres (193^k). Ce sont ceux qu'on a nommés *Puritain* et *Dictator*.

On ne peut laisser passer ce nom de *Monitor* sans observer que sa fin est plus assortie à son nom que sa brillante entrée en scène; car ce sont les trois batteries qui sont les *Monitor* du blindage. Mais cette fin nous prévient clairement que sur mer, ce n'est pas impunément qu'on est lourd et bas sur l'eau. Si l'on viole les rapports naturels entre le volume de l'extérieur et le poids, on court de grands dangers et l'on s'expose à des catastrophes, qu'une navigation peu active et les chances de la mer peuvent éloigner pendant longtemps; mais dont les causes naturelles n'existent pas moins, comme on cherchera à le faire comprendre plus loin. Avec ses dimensions, le *Monitor* est un navire qui eût affronté tous les temps et doublé le cap Horn, puisque des goëlettes le font et que nos chasse-marée de 50 à 60^r de jauge supportent les coups de vent du golfe de Gascogne. Ce n'est donc point parce qu'il était petit que le *Monitor* a péri. Ce n'était pas non plus parce que la mer était grosse, puisque le vent venait d'une côte qu'on avait en vue et surtout puisqu'on a mis à la mer des embarcations qui ont pu sauver des naufragés, ce qui serait impraticable avec une brise à prendre le deuxième et le troisième ris à bord d'un vaisseau. Si tout autre navire n'eût pas péri dans de telles circonstances et les eût même regardées comme très-ordinaires, pourquoi le *Monitor* a-t-il succombé si tôt? C'est uniquement parce qu'il était trop peu élevé relativement à son poids, et depuis l'exagération de ce défaut des *Monitor*, si insignifiant sur les rivières, jusqu'à la parfaite sécurité sous ce rapport des navires de mer de toutes dimensions, il y a une série continue de nuances qui attendent chacune que la mer se montre de plus en plus grosse pour prouver leurs conséquences naturelles. Puisse l'avertissement à toutes les marines, donné par la fin du *Monitor*, porter des fruits plus utiles que sa naissance en éclairant sur les conditions de sécurité des navires cuirassés !

La Galena.

Ce navire a été construit sur les dessins de M. J. Patterson et sous la surveillance du célèbre Pook (Pl. IV, *fig. 2*). On le compare à une coquille d'œuf cuirassée.

Voici ses principales dimensions :

Longueur.	63^m,44
Bau.	10^m,98
Creux.	3^m,66
Déplacement.	1.294^t
Tirant d'eau.	3^m,38
Percé pour.	18 canons.

La coque du navire est en chêne blanc de première qualité, et ses diverses parties sont reliées par des bandes de fer. Elle ne diffère pas essentiellement d'un navire ordinaire en bois; mais les murailles sont rentrées et forment avec la perpendiculaire un angle d'environ 30 degrés comme sur le *Merrimac*. L'avant est arrondi et la courbe est disposée de façon qu'on suppose qu'un projectile le toucherait difficilement à angle droit. Le blindage est composé de barres de fer de 0^m,608 de longueur et de 0^m,075 de largeur, qui se recouvrent l'une l'autre sur un tiers de cette largeur, et sont attachées au bois au moyen de boulons à vis; elles sont recouvertes d'un blindage de 0^m,025 d'épaisseur, maintenu par des boulons à vis.

La batterie a environ 2^m,13 de haut, et elle est percée pour 18 canons. Ses sabords se ferment au moyen de portes en fer à balancier. Le pont supérieur est couvert d'une plaque en fer d'un pouce d'épaisseur, et, on le dit, à l'épreuve de la bombe. Les mantelets sont brisés et se meuvent au moyen de leviers; les sabords sont percés juste pour recevoir la bouche d'un canon. La chambre du pilote est de forme circulaire et percée de 7 hublots. Elle est formée par 9 plaques de fer; celles de l'extérieur ont un pouce d'épaisseur et les autres un demi-pouce seulement. Ce navire est un nouveau spécimen d'architecture navale; mais après le combat avec le fort Darling, sur la rivière James, son peu de solidité l'a fait juger incapable de soutenir le tir plongeant des projectiles pleins. Son armement se compose de canons de 0^m,279 et d'un canon de 100.

Nouvel Ironsides.

C'est le plus grand navire blindé de la marine américaine (Pl. IV, *fig.* 3.) Il a été construit à Philadelphie par deux entrepreneurs, savoir : les machines et la cuirasse par MM. Merrick et ses Fils, et la coque par M. Cramp et ses Fils. Son jaugeage est de 3.250 tonneaux, et sa force nominale de 1.000 chevaux. On a quelque peu imité, dans sa construction, la frégate blindée anglaise *Warrior* (La gravure américaine ne présente cependant aucune analogie avec la frégate anglaise).

La coque de l'*Ironsides* est en chêne blanc ; ses murailles ont en haut à peu près 0^m,508 d'épaisseur. Le blindage commence à environ 1^m,22 au-dessous de la ligne d'eau et monte jusqu'au faux pont. La partie du pont qui porte l'artillerie est seule blindée, de sorte qu'à l'avant et à l'arrière une partie du navire reste sans protection ; néanmoins, les cloisons transversales qui se trouvent aux deux extrémités de la batterie sont à l'épreuve de la bombe. Ses plaques de blindage ont 0^m,101 d'épaisseur, 4^m,57 de longueur et 0^m,634 à 0^m,75 de largeur. Les sabords, qui sont au nombre de huit de chaque côté, sont fermés au moyen de deux plaques de fer forgé qui se rejoignent au moment du recul du canon. Les dimensions de l'*Ironsides* sont les suivantes :

Coque en bois.

Longueur de l'avant à l'arrière.	70^m,70
— entre les perpendiculaires.	70^m,15
Bau.	17^m,53
Rapport.	1 : 4,03
Creux.	4^m,18
Jaugeage.	2436^t
Tirant d'eau en charge.	4^m,57
Déplacement.	4120^t
Surface intérieure.	75^{m2},145
Poids de la coque.	2000^t
Poids approximatif de la cuirasse.	750^t

Gréement.

Gréement de trois-mâts, beaupré court et sans bâton de foc.

Batterie.

Seize canons Dahlgren de. . . . . 11 pouces ou   0^m,279

Poids des canons. . . . . 132.380^k

Poids du métal lancé par bordée. { Boulets creux. . : . . . . 498^k

          — pleins. . . . . 680^k

Deux canons rayés Parrott de. 200^{lb} ou   90^k,68

Quatre obusiers d'embarcation, de. . . . . 24 ou   10^k,88

Machines.

Deux machines horizontales à effet direct. . . . .

Diamètre des cylindres. . . . . 1^m,524

Course des pistons. . . . . 0^m,750

Surface de condensation. . . . . 278^{mq}

Diamètre de la pompe à air. . . . . 0^m,317

Course de la pompe à air. . . . . 0^m,750

Chaudières.

Quatre chaudières tubulaires horizontales. . . . .

Surface de chauffe. . . . . 784^{mq},895

    — des grilles. . . . . 32^{mq},974

Consommation approximative de charbon en vingt-quatre heures. . . . . . . 49.100^k

Propulseur.

Hélice composée : nombre d'ailes. 4

Diamètre. . . . . 2^m,02

Pas de l'hélice (15 à 17 pieds) en moyenne. . . . . 4^m,836

Longueur. . . . . 0^m,88

L'*Ironsides* est muni d'un fort éperon. Une chambre de pilote circulaire est placée sur les gaillards, d'où le Commandant peut transmettre directement ses ordres dans la batterie et au gouvernail. Ce navire manque de vitesse.

Roanoke.

La frégate *Roanoke* (Pl. IV, *fig.* 4) a été construite en 1855. Elle est du même type que les navires *Niagara*, *Minnesota*, *Wabash*, *Colorado* et *Merrimac*. Elle a subi les plus dures épreuves : lors de son lancement l'arrière se brisa ; après une courte navigation elle dut rentrer au port pour être réparée ; ces travaux coûtèrent 300.000 dollars (1.500.000 fr.), c'est-à-dire les trois cinquièmes de la valeur primitive du navire. Après une petite croisière on dut la réparer de nouveau et les travaux montèrent à 40.000 dollars (200.000 fr.). Enfin, après une troisième sortie, elle revint dans un tel état, qu'on estima que pour la remettre à flot il faudrait dépenser au delà de 160.000 dollars (800.000 fr.). En désespoir de cause, le Département de la marine résolut de la raser et d'en faire un navire blindé. Cette opération coûtera environ 450.000 dollars (2.250.000 fr.).

Le *Roanoke* a, en conséquence, été coupé au niveau de la batterie, puis on a commencé le blindage. L'usine de *Novelty Iron works* s'est chargée, par contrat, de ce travail qui est exécuté sous la surveillance des agents du gouvernement. La frégate est couverte de plaques de $0^m,027$ à $0^m,113$ d'épaisseur, à partir de 1^m22 au-dessous de la ligne d'eau. Elle aura 3 tours, une à l'avant et deux en arrière du centre du navire, portant 1 ou peut-être 2 canons de $0^m,380$. Ces tours sont construites sur le modèle d'Éricsson; elles auront onze feuilles superposées de $0^m,025$ chacune, et rivées ensemble à joints contrariés. On placera, en outre, un éperon à l'avant, dont les plaques auront $0^m,113$ d'épaisseur et $6^m,10$ de long, ce qui formera sur son étrave un coin ayant $0^m,228$ d'épaisseur totale. Les tours auront $6^m,40$ de diamètre, et le blindage $0^m,279$ d'épaisseur. Chaque plaque des tours a $2^m,74$ de longueur sur $1^m,016$ de largeur; elles sont percées de deux rangées de trous à rivets, et toutes courbées à froid pour éviter les déformations du refroidissement, au moyen d'une puissante presse hydraulique capable de produire 3.000.000 de livres ou $1.360.000^k$ de pression.

Manière de courber les plaques de blindage.

Les plaques des murailles du navire sont courbées d'après des gabarits de façon à s'appliquer exactement sur la coque, opération qui demande beaucoup de temps. Une plaque de $4^m,40$ de long pèse environ 1.922^k; l'éperon a, dit-on, la forme d'une hache composée de deux plaques de $6^m,70$ de long sur $0^m,112$ d'épaisseur, pesant chacune plus de 4 tonnes. Les plaques ressemblent, en arrivant des ateliers, à de grandes planches de fer de $3^m,35$ à $6^m,70$ de long sur $0^m,568$ à $0^m,608$ de $0^m,112$ d'épaisseur; les premières pèsent 1.922^k, les secondes environ 4.000^k. Les feuilles sont chauffées à blanc dans un four et façonnées par une presse à vis semblable à celle pour fouler les draps; le corps supérieur est mobile de haut en bas, mais le sommier où pose la plaque sortant du fourneau est fixe; il est formé d'une série de clés dont chacune s'ajuste par une vis et prend la place convenable pour déterminer la ligne suivant laquelle la plaque doit être courbée. Quand une plaque est chauffée, le couvercle du fourneau est soulevé par des poulies ; la plaque est enlevée par une grue à chariot qui la mène à la presse et la place à la position convenable ; le mouton tombe et retombe jusqu'à ce que la forme soit prise. En une demi-heure l'opération est faite ; la masse de fer est reprise à son moule, les bords rabotés, il ne reste plus qu'à la river aux flancs de la frégate. Le métal employé est de première qualité, mais il se fait attendre. On a conservé les anciennes machines, et on a pu obtenir 10 nœuds de vitesse.

Naugatuck.

C'est M. A. Stevens qu'on regarde en Angleterre et en Amérique comme le principal inventeur des navires blindés, et il a cherché à les rendre encore plus invulnérables en leur donnant la facilité de s'enfoncer dans l'eau de manière à s'en faire une défense comme les glacis d'une place de guerre : il obtient aussi de la sorte de n'être pas forcé de porter toujours une cuirasse d'une grande hauteur, et de pouvoir passer sur des bas-fonds. Après avoir eu à ce sujet de grands projets, qu'il a en partie exécutés plus tard, comme on le verra quelques lignes plus loin, il a d'abord réalisé ses idées d'une manière plus pratique en construisant le petit navire *Naugatuck* (Pl. V, *fig.* 6), qui, pour les formes, ressemble à un ancien bateau à vapeur, et n'a pas les extrémités plus fines, mais qui est poussé par deux hélices placées de chaque côté du gouvernail ; il a 30^m,8 de long et 6^m,10 de large, et 2^m,13 de creux ; il est construit en fer, cale, dit-on, 1^m,68 quand il est lége, et 2^m,75 quand il s'est enfoncé. On pense qu'il fera 11 nœuds (20^k,38) dans le premier cas et 5,5 (10^k,19) dans le second. La machine est à haute pression, ses deux cylindres ont 0^m,354 et 0^m,915 de course, et mènent séparément chacune des hélices. Il paraît que l'action de ces propulseurs fait gouverner avec une rapidité remarquable, au point qu'on dit qu'elles faisaient tourner le navire sur son axe, et on prétend même qu'elles pourraient suppléer le gouvernail. L'armement est un canon de 100 et deux petites pièces de 12 ; le premier est au milieu et se charge en dedans du navire par la bouche qui est abaissée pour cette manœuvre. Cette pièce ne recule que de 6 pouces et réagit sur de nombreux anneaux en caoutchouc. Ce navire est disposé pour les rivières comme tous ceux produits récemment par les États du Nord.

Batterie Stevens.

L'idée de s'élever ou de s'abaisser au moyen d'eau introduite ou expulsée est fort ingénieuse et appartient, dit-on, à M. Stevens ; mais il est très-douteux qu'elle soit applicable sur mer, où la cuirasse ne descend à 2 mètres que pour les émersions dues aux mouvements du navire ou à ceux de la mer. Sur une eau calme on pourrait avoir moins de 2 mètres, et s'il y a la moindre mer l'immersion volontaire, qui préserverait le bas du navire, mettrait en même temps les canons dans l'impuissance de tirer et probablement le navire en danger. Aussi le *Naugatuck* est-il une idée plus pratique que celle d'un navire commencé il y plusieurs années d'après les plans de M. Stevens (Pl. V, *fig.* 5) et dont les dimensions sont 128^m de long, 16^m,16 de bau, 6^m,4 de creux (Rapport 1 : 7,8), ses façons ressemblent à celles d'un transatlantique : il doit avoir un tirant d'eau minimum de 4^m,88, et 6^m,40 lorsqu'il sera plongé, c'est-à-dire prêt pour le combat : on a dit aussi qu'il ne devait s'enfoncer que de 0^m,61. Cette conception de M. Stevens devait avoir 6,000^t de tonnage, et disposer de 913^t d'eau pour s'élever ou s'abaisser. La machine est de 1.000 chevaux nominaux, elle fera cent révolutions et doit, dit-on, produire une puissance effective de 8,000 chevaux de 75^{km}, et avoir 900^t de charbon à bord. Le poids de la machine est 556^t : celui des chaudières, 270^t, de la coque 1.494^t, de la batterie 200^t, du charbon 913^t. Les côtés doivent être inclinées à 30^v avec horizontale et épais de 0^m,15. La hauteur sur l'eau sera très-petite, puisque le navire devait être plongé jusqu'à la bouche de ses canons établis sur des sortes de tourelles avec des chambres blindées pour les charger. L'armement projeté est de 2 canons rayés de 10 pouces, lançant des boulets de 64^k,66 et 5 canons de 15 pouces ou 0^m,380, pesant chacun 25 tonneaux et lançant des boulets de 460 liv. ou 210^k. Les canons rayés ne produisent pas autant d'effet sur les cuirasses qu'on l'avait espéré, et M. Stevens a proposé de les remplacer par deux pièces de 20 pouces ou 0^m,508, lançant des boulets de 1,090 liv. ou 493^k. Les 7 canons tireront à volonté de chaque côté et à l'aide d'un indicateur gradué sur le pont, ils seront tous pointés dans la même direction. Les affûts seront en fer forgé à l'épreuve des plus forts boulets, et ils seront retenus par des ressorts en caoutchouc; ils seront manœuvrés et chargés par un appareil à vapeur; les pièces et les hommes seront complétement à couvert par un abri en fer forgé et les flancs du navire feront dévier les projectiles à quelque ouverture d'angle qu'ils arrivent. On pense que le bâtiment pivotera sur son centre au moyen de deux hélices, ce qui lui permetra de se présenter dans toutes les directions ou d'avancer et de reculer sans perte de temps ni d'espace dans les canaux les plus étroits. On a fait des expériences sur une cible de $1^m,22$ sur $2^m,44$, enfoncée de $0^m,38$ sous l'eau, faisant avec l'horizon un angle de 27° 1/2, comme la muraille destinée à la batterie, et comme le canon était élevé de $3^m,36$, l'angle du choc était 28° 1/2; on a tiré avec un boulet rond de 56^k, charge $4^k,98$, qui n'a produit que des enfoncements de $0^m,030$. La distance du tir était 200^m, les boulets se sont brisés et des éclats ont été projetés, dit-on, à $4,800^m$. Le recul maintenu par des tampons en caoutchouc, n'a pas dépassé $0^m,210$, et la pièce a été instantanément ramenée. On est en train de terminer ce navire après l'avoir condamné, et on estime qu'une fois terminé, il coûtera 7 à 8 millions de francs.

Nouvelles batteries Monitor.

Le Passaïc. — Les succès du *Monitor* ont engagé le département de la marine à passer un marché avec le capitaine Éricsson pour 8 navires blindés du même type. Il a suivi, dans cette construction, ses plans primitifs, sauf quelques améliorations. Dans ces nouveaux *Monitor* (Pl. V, *fig.* 7) la bouche du canon devra rester en dedans de la tour, de façon à mettre la pièce à l'abri des projectiles de l'ennemi. Ils ne portent que 2 canons. Le *Passaïc* est le premier de ces navires qui ait été lancé; voici ses dimensions :

Longueur totale.	61^m
Bau.	$13^m,725$
Creux.	3,66
Tirant d'eau, armé..	$2^m,90$
— — au lancement.	2,36

Ce navire diffère peu du *Monitor* dans ses formes; cependant, comme ses lignes sont plus fines, il doit avoir plus de vitesse et de légèreté. Sa coque est formée de plaques de fer de $0^m,018$, fixées sur un châssis de fer à cornière, de $0^m,152$ de largeur sur $0^m,018$ d'épaisseur. D'un point qui se trouve à $1^m,067$ au-dessous de la ligne d'eau, s'avance un rebord sur lequel repose la boiserie destinée à recevoir les plaques. Cette boiserie est couverte de 5 plaques en fer forgé, chacune de $0^m,025$ d'épaisseur et de

1^m,525 de long sur 1^m,525 de large. Indépendamment de ce blindage, le *Passaïc* est muni de contre-forts en fer de 0^m,101 d'épaisseur, introduits sous les plaques sur un espace de 15^m,25 à partir de l'avant ; de sorte qu'en cet endroit la cuirasse a 0^m,228 d'épaisseur, ce qui donne à ce navire une énorme puissance comme bélier.

Les barrots du pont sont en chêne ; ils ont 0^m,305 d'équarrissage au centre, et 0^m,254 sur 0^m,305 à l'extrémité ; ils sont à 0^m,61 de distance l'un de l'autre. Le pont est recouvert de planches de pin de 0^m,178 de largeur sur 0^m,203 d'épaisseur ; il est bombé dans le milieu. Les cadres d'écoutilles sont en fer forgé ; ils sont bombés comme le pont, pendant le combat on les recouvre de panneaux en fer forgé solidement attachés à l'intérieur. Les faux sabords du pont qui éclairent la batterie basse sont aussi recouverts de panneaux en fer attachés solidement comme ceux des écoutilles.

Le blindage du pont est composé de deux plaques de 0^m,025 d'épaisseur, ce qui le rend à l'épreuve de la bombe. La tour a 6^m,405 de diamètre et 2^m,745 de hauteur. Elle est formée de 11 plaques de fer de 0^m,025 d'épaisseur placées l'une sur l'autre ; elle est percée pour 2 pièces de canon qui sont placées parallèlement dans la tour. La chambre du pilote se trouve au-dessus de la tour ; ses murs ont 0^m,203 d'épaisseur, 1^m,83 de diamètre et 1^m,83 de haut. Elle est percée de huit regards, de sorte que tous les points de l'horizon y sont visibles, chaque hublot embrassant un rayon d'environ 45 degrés.

Au moyen de lourdes pièces de fer, chacune pesant plus de 2.720^k, les sabords sont fermés aussitôt après le recul du canon ; un seul homme peut facilement ouvrir et fermer ces lourds sabords. Quant au mécanisme qui sert à manœuvrer le canon à l'intérieur, on n'en sait que peu de chose ; cependant le *New-York Herald* prétend que chaque pièce dite de 15 pouces (0^m,38) et qui pèse 27.385^k, peut être servie par 3 hommes seulement.

Le sommet de la tour est garni d'épais barreaux en fer forgé, sur lesquels reposent des barres ressemblant à des rails de chemin de fer et qui sont recouvertes de plaques de fer trouées, ce qui permet d'établir une libre circulation d'air frais à l'intérieur.

Deux soufflets, mus par de petites machines, fournissent de l'air au navire, et aux fourneaux lorsqu'ils sont allumés.

Le navire est muni de deux chaudières de Martin, et de deux machines à effet direct, avec cylindres de 1^m,016. La course du piston est de 0^m,61 ; on compte sur une vitesse d'au moins 9 nœuds.

Les bons effets obtenus des canons de quinze pouces ($0^m,38$) ont conduit à en placer deux dans chaque tour.

Le Keokuk.

Le *Keokuk*, ou batterie Whitney, est muni de deux tours armées et peut agir comme bélier. Il est plus petit que les *Monitors* d'Éricsson ; il n'a que $48^m,65$ de longueur totale, y compris l'éperon, qui a $1^m,525$. Le navire est large de $10^m,98$ au bau ; son creux est de $4^m,12$, et son tirant d'eau de $3^m,96$. Les murailles sont rentrantes et forment un angle de 37 degrés pour laisser glisser les projectiles ennemis. Il est construit en fer ; sa cuirasse descend jusqu'à environ $1^m,22$ au-dessous de la ligne d'eau. Ce navire est mû par deux hélices et deux machines de 500 chevaux.

La coque est construite en fer laminé de $0^m,012$ d'épaisseur. Elle a trois carlingues disposées sur toute la longueur du bâtiment ; deux cloisons à l'avant et deux à l'arrière, qui, laissant de chaque bord un espace libre, forment ainsi un compartiment intérieur supposé devoir rester étanche, dans le cas où une voie d'eau se déclarerait dans la coque. Quant à ces cloisons, on peut les remplir en 15 minutes et les vider en 40 minutes. Dans le cas où on emploierait le navire comme bélier, si une voie d'eau se déclarait, le compartiment en question empêcherait le navire de sombrer. Le navire s'enfonce de $0^m,305$ au moyen des réservoirs ci-dessus.

Les tours sont fixes, mais le canon peut être braqué par trois sabords pratiqués dans chaque tour. Ces tours pèsent chacune 40^t ; elles sont construites en plaques de fer laminé, comme la coque, et recouvertes de barres de fer de $0^m,101$ d'épaisseur placées de champ à $0^m,031$ de distance l'une de l'autre. Les intervalles sont remplis avec du bois de pin jaune. Au-dessus de tout cela se trouvent trois plaques ayant chacune $0^m,009$ d'épaisseur, réunies au moyen de boulons de $0^m,003$ enfoncés à tête perdue dans des trous fraisés à $0^m,305$ l'un de l'autre. Ainsi les tours ont $0^m,158$ d'épaisseur. Chaque tour a trois sabords fermés par de lourds mantelets brisés, un de chaque côté et un à l'avant ou à l'arrière ; elle est armée d'un canon de 11 pouces ($0^m,279$), qui peut lancer un boulet de 180 livres ($81^k,61$.)

Ces canons se meuvent sur des plaques tournantes qui reposent sur un plancher placé à $0^m,508$ au-dessous du niveau du pont ; les tours ont ainsi une plus grande élévation à l'extérieur qu'à l'intérieur.

Les tours ont $6^m,10$ de diamètre à la base, et elles sont plus étroites au sommet, ce qui leur donne la forme d'un cône tronqué; leur hauteur est de 4ᵐ,47. Elles reposent en dedans sur des barres de fer de 0ᵐ,126 de long sur 0ᵐ,025 de large, placées de champ, à 0ᵐ38 de distance l'une de l'autre. Les sabords sont assez larges pour qu'on puisse mouvoir les pièces dans un angle vertical de 10 degrés et une amplitude horizontale de 8 degrés. Le gouvernail et les hélices sont protégés par une enveloppe en fer forgé.

Ce petit navire peut porter 100 hommes d'équipage; il a des soutes assez vastes pour renfermer 200 boulets de 11 pouces (0ᵐ,279), 150 obus de même calibre, de la mitraille, des boîtes à balles, de la poudre et des munitions en proportion.

Le *Keokuk* est surtout destiné à la navigation des rivières; il est mû par deux propulseurs.

La partie inférieure des côtés des tours peut être ouverte à un moment donné afin d'amener l'air et la lumière dans l'intérieur, et de chaque côté du navire on a pratiqué un passage pour faire communiquer les tours entre elles; de sorte que la ventilation ne laisse rien à désirer.

Le Benton.

Au commencement de la guerre civile, on improvisa une flottille de canonnières avec les meilleurs matériaux qu'on avait sous la main; un peu plus tard, on convertit quelques-uns des plus grands bateaux à vapeur du Mississipi en navires blindés. Le *Benton* (Pl. V, *fig.* 9) était de ce nombre, et comme il est le type d'autres navires de même provenance; il est important de le décrire pour donner une idée de l'activité apportée dans la formation de la nouvelle marine fédérale. Il consiste en deux coques réunies formant actuellement un navire de 41ᵐ,48 de longueur sur 22ᵐ,57 de largeur. Il est divisé en 40 compartiments étanches. Le navire est recouvert entièrement d'une cuirasse d'un 0ᵐ,012 d'épaisseur; le blindage descend jusqu'à une petite distance au-dessous de la ligne d'eau. Les plaques sont boulonnées à tête perdue, de sorte qu'un projectile ne peut les détacher.

Ce navire tire environ 1ᵐ,22 d'eau. Son avant, outre le blindage, a reçu une garniture qui le met à l'épreuve de la bombe; elle est disposée de telle manière que si l'étrave était enlevée dans un combat acharné, la coque resterait à flot et l'équipage pourrait même continuer son feu. *Le Benton* est pourvu de quatre chaudières, qui, avec ses machines, sont parfaitement abritées sous la batterie. Les roues sont dans l'intérieur de la coque, mais vers l'arrière ; elles sont mises en mouvement par deux machines à cylindres de $0^m,508$ et à pistons de $2^m,135$ de course. Les tambours des roues sont à l'épreuve de la bombe ; ils sont construits en bois très-épais et recouverts d'un lourd blindage. Les murailles du *Benton* sont rentrantes ; elles forment, avec la perpendiculaire, un angle de 45 degrés. L'armement se compose de 18 pièces de $0^m,203$ et de $0^m,258$.

Dans les opérations entreprises sur les rivières occidentales, le *Benton* et les navires de son type ont rendu de très-grands services et n'ont subi que de faibles avaries, bien qu'ils aient souvent été exposés au feu terrible et meurtrier d'ouvrages élevés par les confédérés.

L'Essex.

Ce navire est un des spécimens les plus curieux de la marine moderne. Sa coque a $62^m,52$ de longueur et $18^m,301$ de largeur au bau. Rapport 1 : 3,4 ; son creux est de $1^m,37$. L'*Essex* est presque entièrement immergé ; mais les casemates sont beaucoup plus hautes que dans tout autre navire de rivière : elles ont $5^m,34$ d'élévation. La casemate de l'avant est en bois ; elle est épaisse de $0^m,98$ et est recouverte d'une couche de caoutchouc de $0^m,025$, sur laquelle est superposée une plaque de $0^m,031$ d'épaisseur. Les casemates latérales sont en bois épais de $0^m,406$ et recouvertes de même d'une couche de caoutchouc de $0^m,025$ et d'une plaque de fer de $0^m,018$. Le toit ou le pont est à l'épreuve de la bombe.

La chambre du pilote est aussi en bois de $0^m,457$ d'épaisseur recouvert de caoutchouc ; mais ici la plaque de fer extérieure a $0^m,043$. Ce navire est garni de soufflages ou de faux côtés, qui le mettent à l'abri de toute avarie résultant de coups de bélier, s'il arrivait à être frappé. Il est divisé en 40 compartiments étanches qui l'empêcheraient de sombrer. L'*Essex* a deux machines, dont les cylindres ont $0^m,783$ et les pistons $1^m,83$ de course. Il a trois chaudières de $7^m,93$ de long et de $1^m,067$ de diamètre. Les roues ont $7^m,93$ de diamètre et des aubes de $2^m,44$. L'artillerie du bord se compose de 2 canons Dahlgreen de 9 pouces $(0^m,225)$, d'un obusier de 10 pouces $(0^m,250)$, de 2 canons rayés de 50, d'une longue pièce de 22 et d'un obusier de chaloupe de 34. L'avant de $0^m,75$, de bois, est couvert d'une couche de caoutchouc de $0^m,025$, par-dessus laquelle est une cuirasse de $0^m,043$. Les flancs ont $0^m,406$ et sont blindés avec des tôles de seulement $0^m,018$; le pont est casematé et à l'abri des projectiles courbes ; enfin le navire a de faux bords pour amortir les coups de bélier.

Navires blindés pour le service des rivières.

Ces navires blindés dits de Pittsburg auront une longueur de 53^m,37 ; 15^m,25 de largeur au bau, rapport 1 : 3,4 et 2^m, 1^m,35 de creux. Lorsqu'ils seront achevés ils différeront notablement de tous les autres navires actuellement à flot. Ce sera des navires à fond plat ; la coque sera tout en métal de chaudière, dont les plaques seront réunies par des boulons rivés avec le plus grand soin ; on a l'intention de les blinder avec du fer de 0^m,104 d'épaisseur jusqu'à 0^m,64 au-dessous de la ligne d'eau. Le pont sera en bois recouvert de fer et à l'épreuve de la bombe. La tour sera aussi en fer de 0^m,152 d'épaisseur et portera à son sommet une chambre de pilote parfaitement protégée. Chacun de ces navires sera mû par 4 machines et sera armé de deux pièces du plus fort calibre ; tout armé et prêt pour le combat, il ne tirera pas plus de 1^m,52.

La construction de ces *Iron-Clads*, dit le *New-York-Herald*, a été confiée à MM. Tomlinson, Hartutee et Cie, et elle s'effectue sous la surveillance de M. Easley. Elle doit être terminée le 1er février prochain ; mais il est difficile que les entrepreneurs puissent livrer ces navires à une époque aussi rapprochée. La maison Tomlinson et Cie a en outre passé un marché pour la fourniture d'un troisième *Monitor* qui aura 79^m,3 de longueur, 18^m,3 de largeur au bau et 3^m,35 de creux ; ce sera le plus puissant de tous les navires de ce genre.

Le Dictator.

Le capitaine Éricsson a passé un marché avec le gouvernement pour la construction de deux grands navires blindés et éperonnés. Ces navires auront beaucoup de points de ressemblance avec les *Monitors* ; l'un aura 97^m,6 de longueur et l'autre 104^m ; tous deux 15^m,25 de largeur au bau. Les murailles seront droites, mais recouvertes d'une armure en fer composée de plaques de diverses espèces (*Slabs and plates*) de 0^m,266 d'épaisseur ; elles n'auront pas moins de 1^m,83 d'épaisseur. Quant aux tours, elles seront indestructibles ; le contrat porte qu'elles auront 0^m,64 d'épaisseur ; mais l'entrepreneur pourra réduire cette dimension s'il prouve au gouvernement qu'une épaisseur moindre est suffisante. Elles seront d'ailleurs assez solides pour résister aux boulets de 135^k du canon de 0^m,38.

Ces navires, d'une force propulsive plus grande que celle de tous les autres navires à flot de la marine fédérale, seront munis chacun de deux machines dont les cylindres auront 2^m,54 de diamètre ; les pistons auront 1^m,22 de course et feront 70 tours par minute. La surface de la chaudière sera de 3.951^{mq} et celle des foyers de 111^{mq},6. Les chaudières sont une modification de celles de Martin ; les hélices sont celles d'Éricsson, avec 6^m,417 de diamètre, et 9^m,15 de pas. Le constructeur garantit une vitesse de 16 nœuds (29^k,65) à l'heure ou environ 19 milles.

Ces navires étant destinés à agir comme béliers, recevront à l'avant une armature spéciale ; ainsi au point de jonction des plaques et des contre-forts de la cuirasse à l'avant, il sera formé une saillie en fer qui aura 0^m,53 d'épaisseur à la base et qui se terminera par un bord tranchant. Cet éperon sera soutenu à l'arrière par les plaques et les contre-forts en fer qui auront 0^m,266 d'épaisseur, et 1^m,83 de profondeur et qui s'étendront sur toute la longueur du navire.

Le premier de ces navires se nomme le *Dictator* ; le second sera appelé *Puritan*.

Ononday ou Batterie-Quintard.

Ce navire (Pl. IV, *fig.* 10) est en voie de construction à l'usine continentale de Green-Point, et présente une modification des batteries d'Éricsson ; mais elle est beaucoup plus légère et en même temps plus large que ces navires. L'*Onondaga* aura deux tours, chacune de 6^m,40 de hauteur ; elle sera mue par une hélice et deux puissantes machines.

Bélier à hélice Dunderberg.

On ne sait que très-peu de chose sur ce navire, dont la construction est loin d'être achevée. On pense que cette gigantesque machine de guerre aura les dimensions suivantes :

Longueur totale.	115^m,29
Largeur totale.	20^m,74
Rapport.	1 : 5,5
Profondeur totale.	9^m,66
Force des machines.	6.000 chev.

La coque est construite en bois et disposée de façon à former une masse solide; on donne aux ponts et aux murailles une grande épaisseur. Tout le corps du bâtiment sera recouvert de fortes plaques en fer laminé qui partant de la partie supérieure'du navire descendront jusqu'à 1ᵐ,83 en dessous de la ligne d'eau. Le poids de la cuirasse atteindra, dit-on, 1.200 tonneaux.

L'avant du *Dunderberg* depuis l'étrave jusqu'à environ 15ᵐ.25 vers l'arrière sera en bois dur et sans espacements entre les membrures ; cette partie de la coque recouverte de fer formera ainsi un des plus redoutables béliers qu'on puisse imaginer et aura une force de résistance inconnue jusqu'ici. Les murailles au-dessus de la ligne d'eau auront une épaisseur de 2ᵐ,13 et seront formées de bois solide qu'un lourd blindage recouvrira. Le navire sera pourvu de 2 gouvernails, un à chaque bout, de sorte qu'en cas d'avarie, la manœuvre ne sera pas entravée.

Les machines lui donneront une grande vitesse, de sorte que lorsqu'il frappera un navire ennemi, il le percera avec une facilité parfaite. Sur le pont, la construction est très-particulière, mais ne peut être décrite maintenant.

Outre une grande casemate contenant de lourds canons de côté, il y aura deux tours d'Éricsson, contenant deux canons de 0ᵐ,38 de diamètre. On dit qu'il aura dix canons, mais l'armement sera probablement plus considérable.

Les officiers seront bien logés et ventilés comme sur un navire ordinaire ; sous tous les rapports ce sera une des merveilles de notre époque. Il est destiné surtout à la défense des ports ; les hommes scientifiques qui l'ont vu, garantissent son succès. On le finira quand les circonstances le permettront.

Les Iron-Clads de l'Ouest.

Le *New-York Herald* s'abstient de tout détail sur ces navires. « Les rebelles, dit-il, verront assez tôt comment ils sont construits et armés. » Les *Iron-Clads* (Pl. IV, *fig.* 11) seront, il paraît, de formes diverses, et conformés de façon à avoir une grande vitesse de marche et peu de tirant d'eau ; les uns auront des tours, les autres des casemates.

L'*Indianola* (Pl. IV, *fig.* 12) fait partie d'une nouvelle classe de navires que l'on distingue aux États-Unis, sous le titre de *Béliers bardés de fer de l'Ouest*. Ce navire est une combinaison du genre canonnière et du genre bélier. Son armure de fer a 0ᵐ,075 d'épaisseur et repose sur une coque épaisse elle-même de 0ᵐ,915. La roue, la chambre de pilote et le pont sont à l'épreuve de la bombe. Les machines développent une force de 400 chevaux ; elles sont à l'abri de tout accident ainsi que les chaudières, le tirant d'eau est de 2ᵐ,44. Le prix de revient de l'*Indianola* est d'environ 250.000 dollars ou 1.250.000 fr.

Le *Choctaw* (Pl. IV, *fig.* 13) est un navire du même genre, mais comme le montre la gravure, ses formes diffèrent de celles de l'*Indianola*. Ce navire porte un lourd armement, on pense cependant qu'il aura une grande vitesse de marche. Il est à peu près terminé et sera attaché à la flottille de l'ouest que commande l'amiral Porter.

Autres navires blindés.

Enfin le gouvernement fédéral a l'intention de faire construire d'autres navires bardés de fer, dont les noms ne sont pas connus ou pour lesquels les marchés ne sont pas encore passés. Il a été soumis au département naval un grand nombre de plans, dont il est probable que quelques-uns seront adoptés. De plus, on construit aussi un bateau plongeur de 19ᵐ,12 ; 1ᵐ,25 de large et 2ᵐ,83 de creux, complétement rond dans le sens de la coupe verticale, et mû par 12 rames latérales ; à la partie supérieure est un trou pour laisser sortir un homme en scaphandre.

Pour les rivières de l'Ouest on construit 11 canonnières de 53ᵐ,37 de longueur, 15ᵐ,58 de largeur, rapport 1 : 3,48, creux 1ᵐ,83. Les murailles, à partir de la flottaison, s'inclinent à 45° en dessus et en dessous, leur armure n'a que 0ᵐ,63 d'épaisseur ; elles portent 16 canons chacune ; de tels navires ne sont évidemment destinés à avoir affaire qu'à de l'artillerie de campagne et à des fusils.

Les détails qui précèdent sont tirés des journaux américains et il est impossible d'en garantir la parfaite exactitude. Aussi ne sont-ils exposés ici que pour compléter autant que possible le tableau sigulier des inventions modernes au fait de navires cuirassés. Ils sont extraits de la *Revue maritime et coloniale*, que la marine doit être heureuse de voir chercher à remplacer les anciennes annales maritimes ; car à une époque de changements continuels et aussi radicaux que la nôtre, il est indispensable que tous ceux qui professent le métier de marin soient au courant de ce qu'ils sont exposés à rencontrer un jour à la mer.

Caractère général des navires blindés américains.

En examinant la planche IV et en se rappelant les diverses descriptions, on voit combien les circonstances spéciales de la guerre de séparation des États du Sud ont conduit à considérer les navires cuirassés sous un point de vue différent du nôtre. Entre deux pays limitrophes dont l'un n'avait pas un navire, et où toutes les questions doivent se vider sur terre, on a fait des bâtiments de rivière incapables d'aller en mer sans être menacés du sort du *Monitor*, tant ils sont ras sur l'eau. Aussi se sont-ils fait une défense de leur immersion, et pour les rivières où, grâce à des eaux toujours calmes, on n'a pas besoin d'avoir autant de hauteur de cuirasse, on épargne ainsi une partie de cette lourde protection, et l'on a la facilité de passer sur des hauts fonds en courant quelques risques passagers, si c'est en vue de l'ennemi. Mais j'avoue que je comprends moins l'immensité de la batterie Stevens relativement à sa force en canons, et son énorme puissance motrice pour un bâtiment si ras; car s'il déploie toute sa puissance, l'eau lui passera par-dessus sans qu'il y ait une mer sensible, même pour un petit navire. De plus, sa facilité de s'élever ou de s'abaisser est moins utile en mer, même avec du calme, puisqu'alors les vagues ne font pas émerger la partie vulnérable, et avec un peu de mer le navire ne peut s'enfoncer jusqu'à mettre son pont au ras de l'eau, il suffirait d'un clapotis pour le couvrir. La faculté de s'enfoncer ne pourrait donc pas être employée juste dans le cas où elle serait utile au bas de la cuirasse. En outre, puisque de telles dimensions entraînent à un aussi fort tirant d'eau que 6^m,40, étant en état de combattre; ce n'est pas assorti aux conditions d'un bateau de rivière. Il y a dans cette grande conception des choses aussi difficiles à comprendre que la disposition de ses canons; c'est sans doute le résultat du manque de détails. Aussi, la *fig.* 5 de la planche IV ne doit être considérée que comme un aperçu des plus imparfaits.

Les cuirasses permettent les gros calibres et se déprécient elles-mêmes.

Il y a lieu de remarquer que plus on défend les navires plus on imagine de moyens puissants de les percer. En Angleterre des inventions remarquables se succèdent dans ce sens, on cherche à donner de la vitesse et de la masse aux projectiles. En Amérique on paraît surtout porté vers l'emploi de calibres énormes; sont-ils terribles en raison de leur poids? car il ne faut pas compter sur de grandes vitesses initiales avec de pareils boulets. Nous ne savons pas bien s'il vaut mieux s'adresser à une petite surface avec une très-grande vitesse, ou à une grande avec une masse considérable, mais d'un mouvement moins rapide. Certes, des boulets pareils peuvent faire beaucoup de mal et disloquer tout; la meilleure preuve est l'épaisseur des murailles destinées à leur résister; si elles sont véritables, elles dépassent quelquefois ce que nous pourrions rêver en conservant des qualités nautiques à des navires de mer. Ces énormes canons ne sont possibles que sur les navires blindés et que les eaux ne remuent pas violemment; il y en a un qui pèse 27.385^k, et qui, dit-on, sera manœuvré par trois hommes. C'est qu'à l'abri de murailles impénétrables on peut employer toutes sortes de mécanisme, puisqu'ils ne sont pas plus exposés à se déranger que ceux de l'intérieur d'un atelier; dès lors on supplée à la force des hommes, comme pour les machines à vapeur que des enfants conduiraient malgré toute leur puissance. Il ne peut en être de même à bord de navires exposés à être percés, ni en rase campagne; car dès qu'on a des mécaniques, une tige cassée ou faussée suspend leur action et laisserait le canon inactif. Il faut donc avoir des moteurs intelligents, des hommes qui parent à tous les accidents, qui se remplacent à mesure qu'ils tombent et luttent jusqu'au dernier. Mais il résulte aussi de ces considérations que si les cuirasses permettent les gros calibres en protégeant les mécaniques, elles se font ainsi la guerre à elles-mêmes, et ce fait s'ajoute à tant d'autres pour jeter de l'obscurité sur l'avenir de toutes ces inventions.

La guerre d'argent.

Il a aussi une autre signification importante : c'est qu'en faisant dans tous les pays des outils de guerre si bien défendus, on dépense beaucoup d'argent et l'on diminue le nombre des combattants et leurs dangers relativement à la valeur de l'engin. Ainsi, pour les 60 canons qu'avait un trois-ponts de chaque bord, il y avait à peu près de 8 à 900 hommes employés pour ces pièces, et le vaisseau valait 3 millions de fr., le rapport du matériel à chaque combattant était 3.333 ou 3.750 fr. Il serait bien curieux de savoir quelle est cette proportion sur les divers navires blindés, surtout pour la batterie Stewens qui coûte 8 millions de fr. pour

8 canons qui, s'ils sont manœuvrés par trois hommes comme celui de 27.000ᵏ, feront qu'indépendamment des officiers et des chauffeurs, chaque canonnier combattant sera représenté dans la valeur totale par 333.000 fr. La conséquence naturelle de cet état de choses, c'est que plus que jamais on se fait la guerre sur mer avec de l'argent plutôt qu'avec des hommes, qui sont le seul moyen des sauvages, et il est remarquable que cette guerre de dollars soit née en Amérique.

Il y a aussi lieu de remarquer qu'on doit employer le bélier, et le *Dunderberg* est destiné à présenter un type redoutable de cette nouvelle arme qui, par sa valeur et surtout par son but unique, est une autre preuve de la vérité du principe qui vient d'être énoncé. Il est à souhaiter qu'on le termine et surtout qu'on s'en serve pour vider cette grande question par de la pratique afin d'arrêter les idées. L'Amérique est dans ce moment un champ d'études remarquables, en ce qu'on y est dans la réalité au lieu des expériences et de leurs procès-verbaux ; c'est pour le moment le vrai champ d'études des navires de défense, dont il faudra toujours avoir un grand nombre. Aussi est-il à regretter de n'avoir jusqu'à présent que des données éparses et incertaines, suite naturelle du mystère dont il y a toujours profit à s'entourer pendant une guerre, où chaque nouveauté est employée à l'instant où elle est connue.

Idées variées sur les navires blindés.

A ces idées sérieuses des deux continents, l'exposition ajoutait une longue série de modèles de navires blindés de toutes sortes de formes. Il y en avait beaucoup à éperon, l'un deux en portait même à chaque extrémité, il les avait placés au-dessous de l'eau et très en saillie, afin de protéger le gouvernail et l'hélice de chaque bout de navire. Un autre n'avait que l'arrière disposé de la sorte et avec une saillie beaucoup moindre, tandis que l'avant était une longue pointe. Les murailles très-rentrantes et faisant un angle marqué avec la partie inférieure du navire, comme celles de M. Stevens ont été souvent proposées, ou bien c'étaient des côtés arrondis ; la section du navire présentant alors un cercle très-aplati, et comme ces formes ont fait redouter le roulis, on a eu soin d'ajouter des quilles latérales. Un des modèles présentait un bateau plat, destiné seulement à la défense (Pl. V, *fig.* 5, 6 et 7) ; il était pointu par les deux bouts avec deux quilles : ses côtés rentraient en dedans par une courbure brusque, à partir de la flottaison, pour s'élever ensuite en une muraille droite, qui donnait à la partie supérieure l'aspect d'un bateau plat plus petit et posé sur le premier. Sur les bords verticaux de cette partie additionnelle se trouvaient des tourelles en saillie, se raccordant par leurs bords avec les autres surfaces et contenant chacune un canon. On espérait que toutes ces parties arrondies détourneraient les boulets, mais s'il leur arrivait d'être frappées normalement, elles seraient percées et leur développement force de porter un poids beaucoup plus considérable de cuirasse pour protéger également une même surface.

Blindage conique.

C'est le défaut d'un autre genre de blindage, composé par M. Josiah Jones et formé de grands cônes aplatis (Pl. V, *fig.* 14, dont l'angle au sommet est 115°. Ces cônes sont tangents les uns aux autres et entre eux sont des sabords ronds et d'autres cônes plus petits. Toute cette surface est en fer établie sur du bois et tenue par de grands boulons partant du sommet de chaque cône et perçant la muraille du navire, comme le montre la figure en section placée à côté de la première. En général les inventeurs paraissent croire que les surfaces obliques sont une meilleure défense, et si la question du poids n'était pas si grave sur mer, ils auraient raison ; mais il est maintenant reconnu que pour protéger également une même surface verticale, il y a moins de matières et par suite de poids nécessaire, quand elle a cette position, que lorsqu'on lui donne une obliquité qui doit être très-grande pour suppléer à la diminution d'épaisseur.

Navires blindés à deux hélices.

Il y avait un modèle d'un navire à étrave ronde (Pl. V, *fig.* 18, 19 et 20), et à éperon au niveau de la flottaison ; les formes plates et arrondies sur les côtés, l'avant et l'arrière débordaient très-peu au-dessus de l'eau ; au milieu un long rouffle arrondi qui prenait plus de la moitié de la longueur, et qui renfermait les canons. Au lieu d'une hélice, ce navire en avait deux en tire-bouchon et semblables à celles essayées en petit à Paris, sous le nom de *turbinelle ;* et comme son arrière se divisait en deux carènes, pour porter chacune ces turbinelles, il y avait également deux petits gouvernails, placés en dessous du tube où passait l'arbre du propulseur, et par conséquent ils étaient situés un peu en avant de celui-ci.

Un autre navire du même genre était destiné à porter quatre mâts, au lieu des deux du premier, et ses turbinelles étaient retirées très-en avant de l'étambot pour éviter les chances d'être engagées par des cordes.

Inventions diverses.

Un inventeur voulant obtenir de la hauteur de batterie sans surcharger son navire par une trop grande surface de plaques, a divisé son bâtiment blindé en deux par une section horizontale. Il élève la partie supérieure et la fait supporter par la carène, au moyen d'un grillage de cornières destiné à laisser passer les boulets dans l'entre-deux abandonné pendant le combat, de manière qu'ils ne puissent faire aucun mal. Il recouvrait cette partie avec de la tôle mince pour empêcher l'eau d'entrer dans l'intervalle des deux navires en temps ordinaire.

Pour la défense des passes, il y avait une batterie circulaire, sorte de sphère aplatie, dont le dessous avait une cavité conique de manière à placer au centre de gravité le point d'attache à émérillon, qui devait tenir la batterie flottante par quatre ancres. Afin de faire tirer chaque canon à son tour, ce gâteau de Savoie avait sur les côtés deux petites hélices dont l'axe était tangent à la circonférence et qui de la sorte étaient destinées à faire tourner à volonté dans un sens ou dans l'autre pour pointer successivement tous les canons et donner le temps de charger les autres.

L'idée du capitaine Coles avait été modifiée pour des batteries de terre, en formant un grand cylindre en tôle, couvert d'un toit aplati et blindé, portant 10 à 12 canons a sa partie supérieure et blindée aussi. Le cylindre était établi dans une grande maçonnerie en ciment hydraulique, terminée au sommet par les glacis en verdure. Ce trou était rempli d'eau, de sorte que la batterie qui flottait à l'intérieur était plus facilement tournée par un engrenage que si elle s'était trouvée sur des rouleaux, et l'inventeur proposait même d'installer de la sorte les cupolas à bord des bâtiments de mer.

Les inventeurs ne proposent que des navires de défense.

Il est inutile de donner des dessins de ces diverses inventions ; mais elles suggèrent une remarque curieuse : c'est que tous les projets, praticables ou non, proposés par des gens étrangers à la marine, sont exclusivement consacrés à la défense. Ce sont des navires auxquels il ne serait jamais permis de sortir avec la moindre mer, et qui ne rentreraient pas au port s'ils en rencontraient au large : tout en eux est disposé pour la résistance, presque rien pour l'attaque. Au contraire, les modèles de l'amirauté anglaise ont pour but la grande navigation et la célérité de marche, unies à une protection efficace et à la force, ce qui constitue plutôt les éléments de l'attaque. Les cupolas seules, en rasant les navires trop bas, rentrent dans la catégorie des navires de défense, et deviennent les plus rationnels de l'exposition, si l'on ne les emploie que dans ce but seul, c'est-à-dire dans les passes, ou à peu de distance quand il fait beau. Mais alors une marche rapide est-elle utile? Avec des sabords plus étroits, nos batteries flottantes ou celles des Piémontais ne sont-elles pas plus pratiques et surtout moins dispendieuses?

Dispositions des plaques de blindage.

On ne peut quitter la description des navires cuirassés sans parler des diverses dispositions adoptées pour les plaques de fer. Dans l'origine, on a fait des expériences sur 10 feuilles de 1 centimètre superposées; elles résistaient bien et ne se fendaient pas. Mais si les cuirasses avaient été disposées de la sorte, elles auraient présenté à l'action de l'eau de mer vingt places de rouille, qui en eussent bientôt fait une masse d'oxyde surtout près du cuivre à doublage. Il a donc fallu avoir des plaques d'une seule pièce pour qu'elles fussent assez durables, et comme elles se sont fendues avec trop de facilité, on a pensé, dit-on, qu'il valait mieux mal souder les différentes feuilles, afin de les rapprocher de celles qui sont tout à fait séparées. On est revenu depuis à cette idée de la division en lui attribuant un surcroît de résistance qu'elle est loin de présenter : enfin on s'est arrêté à des plaques uniques. En France elles sont invariablement juxtaposées par leurs tranches et tenues par des boulons à tête conique qui entre dans un trou fraisé. S'il s'agit d'une vis il y a un trou carré dans cette tête ou une saillie de la même forme qui est coupée une fois la vis rendue. Les boulons sont placés sur deux rangées horizontales par plaque, et je crois un peu plus écartés les uns des autres que chez nous. Les plaques de nos frégates sont aussi larges que celles des Anglais, mais plus de moitié moins longues (comparer la planche I et la planche II), sauf à la préceinte où la largeur n'est que moitié des autres et la longueur double. Ces dernières plaques sont jointes entre elles par des clefs à queues d'aronde renversées, afin que, par le boulonnage, elles aident à préserver le na-

vire de la flexion suivant sa longueur, connue sous le nom d'*arc*. Il faut
que les plaques adhèrent sur le bois par toute leur surface, et s'il existe
des intervalles, elles ont beaucoup plus de chance de rupture. Cela rend
leur mise en place très-difficile, en ce qu'il faut donner les formes voulues
à des feuilles aussi roides, ce qui chez nous est exécuté dans les ateliers
de fabrication d'après des gabarits, tandis qu'en Angleterre nous avons
vu plus haut que c'était obtenu par une presse hydraulique.

Disposition des plaques sur le navire en fer.

A bord de la frégate *la Couronne*, dont la coque en fer a été construite
à Lorient, par M. Audenet, Ingénieur de la marine, et qui présente un
très-beau type de construction blindée, on avait eu d'abord l'idée d'éviter
de percer la tôle du bordé en établissant en dehors de larges cornières
horizontales entre lesquelles du bois encastré et maintenu par d'autres
cornières et par des lattes, eût porté le blindage, celui-ci étant fixé par
des vis à bois venues de forge au moyen d'un outil spécial. Ce procédé
dispendieux a été remplacé par celui représenté Planche V, *fig.* 23 : une
première couche de bois est établie verticalement sur la tôle et tenue par
des boulons qui percent celle-ci et sont écroués en dedans. Une seconde
couche est placée dans le sens horizontal sur la première ; des gournables
les réunissent, et les plaques sont tenues par des vis à bois, qui percent
les deux couches sans trop s'approcher du bordé. A La Seyne, les Forges
et les Chantiers de la Méditerranée n'ont mis qu'une seule couche dans
le sens vertical, chaque pièce de bois repose par le pied sur une sorte
de longue console en tôle, dont la largeur est celle du bois et de la plaque ;
elle est en saillie sur la tôle du bordé. Les boulons percent la plaque, le
bois et la tôle ; leurs écrous sont en dedans. En Angleterre, on a d'abord
embouveté les plaques, mais on n'emploie plus cette méthode dispendieuse
qui gênait la mise en place et rendait toute réparation très-difficile, dans
le cas où des plaques auraient été faussées par le boulet. De plus, l'expérience avait démontré qu'au lieu de rendre les plaques plus fortes, cela
contribuait à les fendre toutes deux lorsque le boulet frappait à $0^m,15$ du
joint : aussi à l'arsenal de Chatham on abattait les engoujures pour les
plaques de *l'Achille*. Les boulons percent la double couche du bois et du
bordé, comme le montre la figure de la coupe du *Warrior* (*fig.* 1, Pl. V). Les
sabords sont en meurtrière, c'est-à-dire hauts, mais étroits ; et pour avoir
assez de pointage, le bois est coupé obliquement à l'intérieur et ne sou-

tient pas autant le fer : à 'cet affaiblissement s'ajoute la grande diminution de résistance des plaques dans le voisinage des bords. On a cherché à diminuer ces défauts et à préserver ainsi les servants par une bande de fer a (Pl. V, *fig.* 2) de $0^m,35$ de large et de la même épaisseur que la plaque, de sorte qu'autour du sabord il y a une épaisseur totale de 0,225 de fer.

Nature et dimensions des plaques et du bois placé derrière elles.

Les plaques sont faites avec le fer le plus doux, soudé en paquet, au bout de la plaque, qui est ainsi continuée jusqu'à ce qu'elle ait la longueur voulue, et ce qui reste sert à commencer la suivante. Je crois qu'on emploie des laminoirs très-puissants pour opérer presque toute cette fabrication, et leurs produits sont regardés comme préférables. Les Mersey Iron and steel works, près Liverpool, les forges de Butterley, dans le Derbyshire et celles de MM. John Brown, Atlaswork à Sheffield, sont celles qui obtiennent les meilleurs produits. Ils se trouvaient représentés par des plaques énormes plantées dans une cour de l'Exposition, comme des pierres druidiques. Il y en a de 21^m sur $1^m,90$ et $0^m,13$ d'épaisseur, du poids de 13^t : de $7^m,32$ sur $1^m,12$ et $0^m,125$ pesant 17^t, enfin de $6^m,64$ sur $1^m,37$ et $0^m,164$ d'épaisseur, du poids de 12^t. Les ateliers qui font les navires fabriquent aussi les plaques, tel est celui de M. Mare à Milwall. On emploie de vieux fers, des serrures, des ferrements de portes, des bandages de roues et de vieux rails, dont la rouille est battue pour faire des paquets. On les met au four pour avoir un fer liant très-fort et après avoir étendu ces paquets on les coupe pour les mettre en nouveaux paquets croisés et les souder après leur passage au four. Ces masses corroyées ont $)^m,70$ de côté ; on les soude ensuite pour former les plaques et tout ce travail a pour but de croiser les fibres et surtout de mêler entre elles les qualités très différentes des métaux, afin d'obtenir des plaques d'une résistance égale. Mais le métal conservera-t-il cette qualité après que le boulet l'aura frappé ? C'est douteux ; car on avait déjà remarqué que les morceaux de tôles emportés par le boulet devenaient cassants comme du verre, tandis que le reste de la feuille n'avait pas changé d'état. Le choc produit une flamme vive qui paraît montrer un développement d'électricité et les abords du point frappé deviennent aigres et prennent les propriétés magnétiques. Il y a encore là un sujet de doute, car après une affaire sérieuse la cuirasse aurait perdu, d'après cela, une partie notable de sa résistance, et cependant on ne la démonterait pas pour la passer au four afin de lui rendre sa liaison et sa résistance par le recuit. Il est de plus très-difficile de juger les plaques en tirant dessus, et on a trouvé que le même fer résistait ou se brisait suivant qu'il était bien appliqué ou à distance du bois placé derrière. Il en est de même, suivant qu'elles portent sur un navire en bon état ou déjà vieux, et les premières expériences sur des coques de trente ans n'ont été propres qu'à produire des erreurs défavorables. On peut donc aussi craindre que la détérioration du bois ne diminue la résistance des plaques.

Plaques sans bois derrière.

On a nié la nécessité d'avoir du bois sous les plaques et proposé de remplacer le poids de $0^m,45$ de teck par son équivalent de fer, ce qui permettrait de porter l'épaisseur de ce dernier à $0^m,150$; alors la ténacité de chaque feuille résisterait seule au choc. D'après les idées d'un Ingénieur distingué, M. d'Aguilar Samuda, ces grosses plaques formeraient le bordé du navire, et seraient unies à la membrure comme le montre la fig. 22, Planche V. Il croit que ces plaques seraient plus facilement changées après une affaire, qu'elles résisteraient mieux et rendraient le navire plus solide. J'ignore la manière dont on parviendrait à les unir entre elles. Il serait bien hardi d'entreprendre une pareille construction avant d'avoir des preuves certaines de sa solidité, car étant directement entre l'eau et le navire, les fentes produites, ou les parties faussées sur les bords seraient des voies d'eau irréparables. Si on peut les changer avec les ressources d'un atelier, il n'y en aura pas moins péril jusqu'à ce qu'on ait atteint un port. En général, il faut que, sur mer, tous les accidents puissent être au moins replâtrés en peu de temps pour continuer à naviguer.

Bois en dehors des plaques.

M. Samuda croit aussi que si on veut employer le bois, il est préférable de le mettre en dehors des plaques, en faisant jouer à ces dernières le rôle de bordage; il pense que l'élasticité du bois amortira le coup avant l'arrivée du boulet au fer. Il est douteux que cette disposition soit avantageuse : car dans les expériences sur le *Trusty* disposé avec les plaques en dehors du bois, un seul boulet ayant passé par un sabord a frappé directement sur le bois et arraché un morceau de plaque de près d'un mètre carré en cassant neuf boulons. On remarqua qu'au lieu d'être dénaturé dans son grain, comme à l'ordinaire, le fer était resté intact, quoique cassé très-net, et que le choc n'avait pas même fait craquer la peinture de ce qui était resté en place. Il y a donc à en conclure que jusqu'à présent le bois est nécessaire et que la manière d'en éviter l'emploi est encore à trouver. Comme les plaques se fendent près des bords quand un boulet frappe à $0^m,15$ ou $0^m,20$ de distance, et que c'est aussi aux trous des boulons qu'elles craquent, M. d'Aguilar Samud propose de les faire très-grandes et carrées, puis de les tenir par des boulons passés dans des demi-trous pratiqués en regard dans les tranches, de manière à éviter les trous au milieu et à tenir ainsi les deux parties en regard par le même boulon.

Longues plaques embouvetées de M. Lancastre.

M. Lancastre propose des planches de $6^m,10$ à $7^m,60$ de long, $0^m,164$ d'épaisseur et seulement $0^m,228$ de large, qui peuvent former le bordé des navires, ou être placées sur du bois en leur donnant moins d'épaisseur. Ces planches sont embouvetées au laminoir, suivant la section représentée sur la figure 24 Planche V; elles ont sur une de leurs faces une saillie percée de trous servant de passage à des boulons b, dont la tête est recouverte par la plaque suivante, et qui servent à unir la première au bois ou à la tôle du bordé, comme le montre la figure. De la sorte les planches de fer coopèrent à la liaison du navire, et n'ont pas de trous extérieurs d'où les fentes partent toujours. On espère que leur agencement les préservera des ruptures auxquelles leur peu de largeur les expose. Peut-être aussi leur jonction fera casser celle qui ne sera pas frappée, comme lorsqu'elles étaient embouvetées. Quant à leur changement après des avaries, il y a lieu d'observer qu'étant placées en ardoises et couvrant leurs boulons, il faudrait démonter toutes celles situées au-dessus pour arriver à celle qui serait avariée, et que s'il y en a de faussées, les embouvetures seront un obstacle à la sortie de celles avariées, comme à l'introduction de nouvelles. M. Lancastre prétend que les planches étant laminées elles coûtent moins cher que les autres, au point d'épargner 850,000 fr. sur la cuirasse d'un navire comme le *Warrior*, qu'elles sont plus facilement courbées pour suivre les surfaces gauches des navires et qu'étant laminées de champ, elles sont moins sujettes à se fendre que les autres. Plusieurs de ces assertions paraissent douteuses, et j'ignore si une muraille établie de la sorte a été sérieusement éprouvée.

Disposition de plaques de M. Griffith.

Il en est de même de la proposition de fixer contre le bord des saillies en fer laminé allant du haut en bas du blindage, c'est-à-dire sur une hauteur de 6^m,40 comme sur le *Warrior*, de faire les côtés en queue d'aronde et de glisser les plaques dans ces coulisses afin d'éviter de percer des trous. M. Griffith expose un modèle d'une idée analogue en établissant de fortes cornières en dehors du navire et dans le sens vertical ; à ces cornières seraient fixées des tôles minces laissant entre elles et le bordé un intervalle suffisant pour glisser les plaques de blindage. D'après le modèle, celles-ci ont une rangée de boulons sur le milieu de leur longueur ; elles sont percées par les sabords suivant leur position et la même va du haut en bas, ce qui leur donnerait un poids énorme. De plus il serait impossible de les introduire dans cette sorte de coulisse, si les parties où elles se trouvaient n'étaient pas planes ou cylindriques et sans gauchissure, ce qui est impossible. Il paraît que l'idée de l'inventeur est d'avoir des plaques en magasin et de ne les mettre en place que lorsque ce serait nécessaire. Toutes ces dipositions tiennent trop peu compte des désordres produits par le choc des boulets sur les plaques.

Plaques séparées par des corps élastiques.

On a cru aussi que la division des épaisseurs en les séparant par des corps élastiques diminuerait le choc et préserverait davantage pour le même poids de matières ; ainsi, une première couche devait être placée sur le bord, puis des toiles goudronnées et comprimées, enfin en dehors, des plaques disposées en écailles de manière à pouvoir être changées. D'après ce qu'on a éprouvé, l'instantanéité du boulet tient aussi peu compte des parties élastiques que des formes à cannelures qu'on a données aux plaques dans l'espoir de mieux arrêter le boulet par des nervures et avec le même poids de matières. On a toujours été ramené aux plaques en une seule pièce et de la plus grande dimension possible.

Le but des cuirasses pour résister aux boulets actuels est-il atteint ?

Après avoir examiné les diverses manières de protéger les flancs des vaisseaux, on est naturellement amené à se demander si le but est vérita-

blement atteint et si les épaisseurs ou les dispositions adoptées sont à l'a-
bri des projectiles connus. Ici encore on tombe dans l'incertitude, tant les
inventions se multiplient en fait de canons et de projectiles, et tant les
expériences jettent peu de lumière, malgré les sommes énormes qu'elles
coûtent. Il faudrait l'or de la Nouvelle-Hollande, représenté par la grande
pyramide dorée de l'Exposition, pour payer tous ces essais et les amener
à une conclusion définitive, si toutefois il est permis de l'espérer. Cependant on ne peut marcher en aveugles, et ne s'éclairer par aucun fait est
s'exposer à des erreurs funestes. Les inventeurs de canons prétendent tout
percer, et en effet ils l'ont fait quelquefois, mais à quel prix? Les boulets
de 80, Armstrong, qui ont, dit-on, une portée de 8,000^m, ont été tirés
à 400 yards avec une charge de 12 liv. (5^k,444); ils n'ont presque rien
produit sur une épaisseur de 0^m,112, au grand étonnement des specta-
teurs. Cependant trois boulets voisins ont fait tomber près d'un mètre de
plaque par la rupture des boulons. Le boulet en acier de 88 liv. (39^k,9) a
pénétré en se brisant; celui en métal homogène de 77 (34^k,912) est le seul
qui ait percé et soit arrivé sans force à l'autre côté du navire; d'autres du
poids de 80 (36^k,272) ont produit le même effet; un boulet de 100 liv.
(45^k,34) a courbé la plaque, mais sans la percer, un autre de 0^m,238 de
long a percé la plaque et est resté dans le bois; enfin on en est venu à admettre que les canons Armstrong n'ont pas percé les plaques d'une manière dangereuse pour ceux qui se seraient trouvés derrière. Quant au
boulet Withworth, il a percé quelquefois à 180^m de distance, mais avec
des charges très-fortes. On a parlé des chances de frapper sur le même
point, elles sont bien petites, et sur 33 boulets tirés très-tranquillement
à 180^m, deux seulement ont porté au même endroit; il y a eu jusqu'à
11 coups sur la même plaque sans qu'elle fût fendue. Enfin on paraît avoir
conclu que l'épaisseur de 4^{in} 1/2 ou 0^m,112 a remporté la victoire (1).

Projectiles longs ou sphériques.

Il y a aussi à considérer les effets des projectiles suivant qu'ils sont
sphériques ou allongés. Ces derniers portent d'autant plus loin qu'ils sont
plus lourds relativement à leur section, qui représente la résistance de
l'air. Mais, par la même raison, comme cette section est aussi la surface

(1) Au moment où ce qui précède était sous presse on a eu connaissance des dernières
expériences de Shoeburyness, qui changent encore les idées. On en trouvera un extrait
à la fin du volume.

qui reçoit l'impulsion de la poudre, comme un piston celle de la vapeur, il en résulte qu'à énergie égale, c'est-à-dire avec des charges du même poids, les boulets longs résisteront d'autant plus à la première impulsion, et que leur vitesse initiale ne saurait égaler celle des boulets ronds. Il est probable qu'il en serait de même des projectiles en plomb dans de la fonte qui n'ont pas été essayés contre les plaques. Il en résulte que le choc étant en raison du carré de la vitesse, le boulet rond peut faire à petite distance plus de dégâts que le long, ce que des expériences ont paru prouver d'une manière suffisante; il y a probablement un point où leurs effets sont égaux, et au delà c'est le boulet long qui a l'avantage. Si cela est prouvé par la pratique, les boulets longs ne seront bons que pour lancer au loin sur des villes; mais pour des navires blindés se battant en brèche, il est assez probable que le boulet rond ferait à peu près le même effet, et il présenterait l'avantage d'avoir des pièces beaucoup plus sûres et capables de soutenir un feu prolongé. Cela est nécessaire et cependant l'examen de toute cette artillerie, si remarquable par les idées de ses inventeurs et surtout par la perfection de son travail, donne par cela même l'idée qu'elle ne pourra pas servir longtemps. C'est trop espérer de la bonté des matériaux et de la justesse des outils, que de croire que des bouchons appuyés sur des demi-filets de vis seront des points d'appui suffisants pour lancer à diamètre égal des boulets d'un poids double et triple des anciens. On y parviendra encore moins pour les gros calibres que pour les petits; car on n'appuie le bouchon que sur sa circonférence, et on pousse un poids qui augmente comme la surface de sa section et comme sa longueur. Il en résulte que le point d'appui n'augmente que comme les unités, tandis que les efforts par unité linéaire suivent la raison des carrés, puisque la résistance, c'est-à-dire le poids du boulet, suit celle des cubes. Il faut aussi considérer que les hommes ne grandissent pas et que les bouchons et les outils dont il faut qu'ils se servent deviennent de moins en moins maniables à mesure que cependant ils se trouvent plus faibles.

La nouvelle artillerie présente-t-elle assez de sécurité de service.

L'attention de tous les visiteurs a été naturellement attirée par la variété des canons et des projectiles exposés. Les Membres de la Douzième Classe ont chaque jour passé devant toutes ces bouches cannelées, pour se rendre au lieu de leurs séances d'examen. Sans y avoir apporté la

même attention qu'aux navires et aux machines, je les ai aussi examinées, et, je dois le dire, admirées comme tours de force de forge, d'a-
justage et de travail de précision. Cependant, j'avoue que l'impression
qui m'en est restée est que tout cela est trop délicat pour un long service; que lorsque cette horlogerie canonnière aura passé huit jours de
cape dans une batterie inondée d'eau, sans qu'il soit possible de la soi-
gner, je ne puis croire que la rouille ne l'ait mise hors d'état de servir
avant un long nettoyage. Pendant des absences prolongées les pièces
souffriront beaucoup, et il est également à craindre qu'un feu continu et
de quelque durée empêche de faire jouer les divers organes et ne rende
ainsi le service impossible pour un détail avarié, ou du moins plus lent
qu'avec une ancienne pièce. Il me paraît évident qu'à mesure qu'on a
rendu ces pièces plus terribles dans leurs expériences en augmentant la
longueur et le poids de leur boulet, on a diminué dans un rapport au
moins égal leur sécurité de service réel. Y a-t-il une de ces terribles
pièces d'art à laquelle on ait fait tirer 200 boulets sans désemparer, et
cela en se servant de la pleine charge, car il ne s'agira plus de saigner
les gargousses pour faire cracher le bois. C'est cependant ce qu'il faut
qu'elle supporte avec une parfaite sécurité, puisque l'approvisionnement
contenu dans le navire est de 150 coups par pièce, c'est-à-dire que si
le hasard faisait tirer toujours du même côté, il faudrait que la pièce
lançât 300 boulets. Une telle épreuve n'est peut-être pas suffisante, car
on peut transporter des munitions au loin; faudra-t-il aussi porter des
canons s'ils ne résistent qu'à un approvisionnement? Quand ces navires
se rencontreront, leur cuirasse supportera probablement cette longue
grêle de fer, à cause des distances, des obliquités et des coups perdus,
et ce ne sera pas assez terrible encore pour mettre des navires cuirassés
hors de combat. Car on les défend si bien contre les coups, qu'ils se trouvent
dans le même cas que ces deux chevaliers qui, s'étant battus à armes
égales depuis le soleil levant jusqu'à son coucher, s'assirent accablés de
fatigue et se demandèrent à quoi leur avait servi de lutter aussi longtemps. Il en résulte qu'il faudra lancer des poids énormes de projectiles
sans beaucoup avancer les questions, et cela en profitant du peu d'effet
des coups pour attendre les éclaircis. On ne dirigera les siens qu'à coup
sûr et en s'adressant aux seules parties vulnérables, qui, pour nos frégates, se bornent à des sabords très-étroits, lorsque la mer est assez
belle pour qu'il n'y ait pas de roulis. L'essai naturel des canons destiné
à ces navires devrait donc être de tirer près de 300 coups avec le maxi-

mum de charge et sans désemparer, afin d'avoir une sécurité suffisante.
Je ne crois pas que les canons se chargeant par la culasse aient jamais supporté cette épreuve, et il existe là un doute comme sur beaucoup d'autres
questions.

Différence du rôle de l'artillerie suivant que les navires sont blindés ou non.

Entre navires à voiles, les positions étaient toutes différentes; ils
étaient vulnérables depuis la pomme de leurs mâts jusqu'à 2^m sous l'eau;
leurs murailles étaient traversées par les boulets, et à cause des éclats
elles ne produisaient qu'une faible protection pour les hommes accumulés
dans les batteries. Ces vaisseaux étaient d'autant plus élevés sur l'eau
qu'ils étaient plus forts. Quel vaste but présente un trois ponts, comme
l'Océan ou *le Souverain* relativement à *la Gloire?* Il s'agissait donc de frapper vite, parce que les coups diminuaient rapidement la force de l'ennemi. Aussi les exercices répétés, toutes les ingénieuses dispositions du
passage des poudres ainsi que des projectiles, et le grand nombre
d'hommes qu'on y consacrait avaient pour but un tir très-précipité, qui
sera aussi peu utile contre un navire blindé qu'il était à propos contre un
vaisseau en bois.

Dès lors, pourquoi compromettre l'action par des inventions qui n'ont
pas encore reçu la sanction de l'expérience? On croit que, par sa forme,
le boulet rond est moins propre à percer des plaques que celui dont la
forme est allongée. Cela n'est vrai que d'un peu loin; mais ce dernier
force à modifier les pièces de manière à les rendre d'un service moins
sûr à moins qu'on ne revienne à le charger par la bouche, et c'est probablement ainsi qu'on s'assurera d'un tir assez prolongé avec des pièces
rayées d'un gros calibre. Aussi, j'avoue que je me suis souvent dit que
sur mer je préférerais encore à l'artillerie mécanique actuelle le canon
de 50 ordinaire, que les hommes manient facilement, ou de plus forts calibres devenus nécessaires et quelques chargeurs de rechange, puisque eux
seuls sont exposés. Encore le sont-ils moins que sur les anciens navires
qui, ne protégeant personne, ne craignaient pas d'exposer pour combattre,
et qui par suite avaient de toutes parts des hommes armés de carabines,
dont l'adresse jouait un rôle important. On ne percera pas de meurtrières
pour passer des fusils dans les plaques, en affaiblissant de la sorte ces murailles si chères à construire et si chères à porter, et comme il n'y aura

personne sur le pont, ni dans les hunes, pas un coup de fusil ne pourra être tiré.

Les cuirasses entraînent à rendre les canons plus terribles.

Il est dans notre nature de chercher à surmonter les obstacles et par suite d'imaginer les moyens de détruire d'un côté ce qu'on élève de l'autre. Ainsi on remarque l'énormité des boulets employés relativement à ceux regardés comme très-suffisants jadis : c'est qu'on leur a opposé de nouveaux obstacles, et on peut déjà dire que contre une cuirasse le 24, le 30, le 36 et le 50 ne sont plus que de la cendrée, du plomb de chasse, des chevrotines. Ce serait aller à la guerre contre des hommes avec des projectiles assortis aux oiseaux et aux lièvres que de chercher à se mesurer de la sorte contre les nouveaux navires. L'inutilité des petits calibres est trop évidente pour chercher à la démontrer, et dès lors il n'est pas étonnant qu'en Amérique surtout on ait des boulets de 200 et 300 livres, qui s'ils n'ont pas beaucoup plus de chances de percer à cause de leur grande surface présentent au moins celle de tout ébranler par leur masse. Nous devons donc nous attendre à voir paraître chaque jour de nouvelles pièces de plus en plus grosses en leur appliquant les inventions modernes et en profitant surtout des progrès extraordinaires des travaux métallurgiques.

Résultats probables de la lutte entre les plaques et les canons c'est-à-dire entre l'attaque et la défense.

Quoiqu'on ne puisse encore rien préciser, puisque chaque jour amène des résultats différents et souvent contredits par des faits postérieurs, il est cependant possible d'apprécier quelles seront les conséquences générales des perfectionnements de l'artillerie. Plus les canons seront terribles, plus ils augmenteront les difficultés de la construction des navires blindés, puisqu'il faudra leur opposer des plaques plus épaisses. Si déjà il nous est bien difficile de porter des épaisseurs de $0^m,10$ en haut et $0^m,12$ à la flottaison, que sera-ce lorsque des nouveaux boulets les perceront aussi facilement que les anciennes murailles en bois avec le 36 et le 24 ? S'il faut par exemple $0^m,15$ à $0^m,16$ de fer, c'est-à-dire un poids moitié plus fort, comment le navire le soutiendra-t-il ? Ce ne sera point en augmentant sa longueur, puisque ce serait accroître sa charge, mais bien par une plus profonde immersion et en dépassant des tirants d'eau que nous trouvons déjà exagérés. L'entrée de plusieurs ports serait dès lors interdite, les rades les plus fréquentées n'auraient pas assez de profondeur, et tous les bassins de radoub devenus inutiles entraîneraient dans des dépenses exorbitantes pour en construire de nouveaux.

Le navire lui-même se ressentira de cette surcharge en ce que n'étant pas plus élevé sur l'eau, il n'aura plus un volume extérieur suffisant pour lui faire suivre les mouvements de la mer, et il se rapprochera davantage d'un rocher immobile, souvent couvert par les vagues. L'accroissement de puissance des canons augmentera donc tellement les difficultés du navire cuirassé de mer, qu'on ne sait vraiment s'il sera possible de faire suivre à la défense des progrès assortis à ceux de l'attaque, et si le navire de mer vraiment invulnérable ne sera pas forcé de déchoir de plus en plus pour descendre jusqu'au rôle de celui de défense. Ce qui vient d'être dit rencontrera heureusement des obstacles naturels, en ce que les canons, terribles dans les expériences, ne le seront probablement pas autant à l'usage, comme il résulte de la plupart des inventions. De plus, il est très-douteux qu'on arrive à manœuvrer ces canons sur le pont mobile d'un navire et qu'on n'éprouve pas de grandes difficultés à les fixer. Comment amarrer le canon américain pesant plus de 27.000^k? On ne peut cependant pas dire que le problème ne sera pas résolu et qu'il n'amènera pas les conséquences précitées. Il faut donc se borner à établir que si pour le moment la mer du large présente des obstacles aux navires à cuirasses trop lourdes, elle en oppose aussi aux canons trop gros et trop redoutables. Aussi les inventions américaines présentent beaucoup d'intérêt à cause de leur influence directe sur les conditions vitales des navires blindés de mer. De ces contradictions naîtront peut-être des compensations qu'il est impossible d'apprécier maintenant.

Les navires cuirassés doivent-ils être construits en fer ou en bois ?

A toutes les questions qui précèdent, il faut en ajouter une au moins aussi importante : c'est le choix des matériaux à employer pour la construction des nouveaux navires de guerre. Est-il préférable de les faire en bois ou en fer? Chaque pays a résolu le problème suivant ses ressources.

Influence des lois maritimes.

La France, qui a pris les devants dans toutes ces nouveautés, a été portée à employer le bois par les approvisionnements de ses arsenaux et par ses lois maritimes. En effet, lorsque Colbert établit l'admirable système des Classes, qui, au milieu de tant d'institutions renversées, est parvenu jusqu'à nous, il s'était assuré la confection des vaisseaux aussi bien que leur manœuvre à la mer en soumettant à ce régime les professions dites maritimes : charpentiers, perceurs, calfats et voiliers. Nul n'avait droit de les exercer sans être passible de levée, comme le matelot, sur la réquisition de l'État, depuis son enfance jusqu'à 50 ans. Cette sorte de glèbe qui paraît lourde maintenant était alors accompagnée de tant d'avantages relatifs que, loin d'avoir à maudire le grand Colbert son fondateur, la famille maritime jouissait des avantages que la société générale n'est parvenue à acquérir que plus tard. Elle avait sa caisse d'épargne, ses secours, chacun de ses membres était suivi pendant toute sa vie : l'insouciance de l'avenir, sans laquelle il n'y aurait sans doute pas de matelots, perdait ses inconvénients par la prévoyance de l'Administration. La famille surtout était protégée par les délégations opérées de quelque partie de la terre où fût le marin, pendant son absence elle profitait régulièrement de ses gains, et en outre les envois d'argent étaient gratuits. Tout cela existait à l'époque où il fallait donner de l'argent à un ami pour le transporter d'une ville à une autre, et la marine était certes alors la corporation la mieux organisée. Si maintenant les charges du métier de marin paraissent plus pesantes, c'est que tout le monde possède ce dont elle seule jouissait jadis. Il y a partout des caisses d'épargne, de retraite, de secours, de vieillesse, des assurances sur les biens et sur la vie ; il suffit d'aller au bureau de la poste pour envoyer de l'argent presque sans frais. Il n'est donc pas étonnant que le régime des classes trouve maintenant des désapprobateurs ; il ne s'en serait pas présenté il y a une quarantaine d'années, et l'État possède ainsi une réserve de marins qui ne ne lui coûtent rien quand il ne les emploie pas. Car le système de Colbert avait une sorte d'équilibre naturel, en ce qu'en temps de paix c'est le commerce qui réclame le plus de matelots et en temps de guerre c'est l'État. Les besoins n'étaient donc en contradiction que lorsque la paix régnait sur la mer, tandis qu'il y avait de grandes expéditions à faire, comme pendant la guerre de Crimée. La nécessité d'une réserve de marins est tellement reconnue, que forcée de renoncer à la presse par les idées de l'époque, l'Angleterre vient de créer une sorte de système analogue, une sorte d'inscription maritime payée, en donnant à un grand nombre de matelots une solde réduite, sous la condition qu'ils seront passibles de levée et ne s'écarteront qu'à une distance déterminée des côtes d'Angleterre. Cette digression, peut-être trop longue, montre pourquoi les travaux en fer présentent plus de difficultés, puisque les ouvriers des diverses professions métallurgiques sont indépendants du régime des classes. L'ouvrier en fer, dont on a besoin de toutes parts, ne peut être attiré que par un salaire trop élevé pour des ateliers dont les travaux sont réglés sur les incertitudes de la politique, et qui ne peuvent chercher de côtés ou d'autres des commandes pour occuper leur personnel. En Angleterre, où le travail des arsenaux est libre pour toutes les professions, il y aurait maintenant presque autant de lenteurs à construire d'une manière que d'une autre. D'autres fabrications ont donné des exemples assez concluants pour agir de même au sujet des navires, dès qu'il s'est agi de les former d'une matière que le commerce produit et qui n'a pas besoin de conditions particulières comme le bois.

Les navires en bois ne doivent être construits que par les gouvernements.

L'expérience a prouvé maintes fois que le bois ne dure que s'il est sain et coupé dans la saison convenable, que s'il passe un temps assez long sous des hangars ou dans des fosses, et même si, une fois confectionné, il ne reste pas longtemps sur les chantiers. Il n'y a qu'un gouvernement qui soit assez riche et assez dédaigneux de l'intérêt d'un capital pour avoir les approvisionnements nécessaires à de telles précautions, et pour laisser les membrures sécher sur les cales pendant plusieurs années. Ce sont cependant les conditions indispensables de durée ; on vient de le voir au sujet des arrières modifiés en toute hâte, il y a sept ou huit ans, pour ajouter des hélices aux anciens vaisseaux, et qui sont pourris, tandis que le reste est intact. Aussi, les gouvernements ont eu presque toujours à se repentir d'avoir fait des commandes de navires au commerce, et l'histoire des quarante vaisseaux anglais construits de la sorte pendant les guerres de l'Empire sert encore à effrayer ceux qui croient que l'industrie privée doit remplacer avantageusement les Arsenaux pour presque tout ce qui est nécessaire à la marine. On vient d'en avoir une nouvelle preuve lors de la construction des canonnières anglaises pour la guerre de Crimée. Les constructeurs observèrent qu'ils n'avaient pas d'approvisionnements suffisants pour des commandes aussi considérables, et ils demandèrent du bois aux arsenaux; mais ceux-ci n'ayant que le nécessaire, il fallut construire avec des bois frais dont la durée s'est trouvée très-limitée. Il en est de même des batteries flottantes.

Mais il n'en est pas de même des travaux en fer, et dans le pays où ils ont le plus d'extension, le gouvernement ne forge ni ses chaînes, ni ses ancres. Bien plus, toutes les marines se sont adressées au commerce pour les travaux les plus difficiles et les plus délicats, c'est-à-dire pour la construction des machines à vapeur. L'Amirauté n'a pas encore fait une machine, et il faut qu'elle trouve ce système très-avantageux, puisqu'elle persévère à le suivre depuis trente ans. En France l'industrie a fait toutes nos machines pendant plusieurs années, et nous sommes la seule marine qui ait voulu tenter, après coup, de confectionner elle-même.

Premiers navires en fer.

Le premier navire en fer dont on trouve des traces est l'*Aaron Mamby*, construit en Angleterre en 1821; plusieurs navires de la même sorte furent ensuite employés sur la Seine. M. Laird fit à Liverpool le *Rainbow* qui, malgré beaucoup d'oppositions fit le service d'Anvers; en 1840, *la Némésis* et deux autres petits navires allèrent en Chine et furent les premiers qui affrontèrent le feu des canons. Dans le principe on a éprouvé une aversion générale, car quelle que soit la dureté et la force d'une matière, il a semblé bien imprudent de n'être séparé de l'eau que par une épaisseur de quelques millimètres, lorsqu'on était depuis si longtemps habitué à deux pieds de bois. C'est cependant à cette invention qu'on a dû de faire des navires gigantesques impossibles avec le bois. De plus l'application de l'hélice serait restée incomplète, sans l'emploi de matières qui cousues par des rivets, ont presque la force d'une tôle entière. Aussi est-il reconnu qu'avec les vibrations imprimées à l'arrière des vaisseaux, il est très-difficile de naviguer activement sans de fréquentes réparations et sans diminuer la durée des navires. On en a de nombreux exemples, et jamais les paquebots à hélice des grandes lignes n'auraient pu être construits en bois, et ceux à roues n'auraient pas résisté aux impulsions de plus de 4.000 chevaux. Il a donc été naturel de recourir au fer, et l'idée s'en est présentée dès le premier essai des batteries flottantes. Aussi est-il curieux de connaître par quelles phases cette question a passé avant d'arriver à son état actuel.

Le fer longtemps considéré comme ne convenant pas au navire de guerre.

Lorsqu'on a vu la réussite des paquebots en fer, les gouvernements ont construit des navires semblables pour leur service et aussitôt ils ont cherché quels étaient les effets du boulet sur les nouvelles murailles. Ils ont paru terribles, le projectile a fait des trous égaux à sa surface quand il a frappé normalement. Lorsque sa direction était oblique, il ne la changeait que sous de très-petits angles ; il fendait la tôle ou la découpait, brisait les cornières et souvent ébranlait les rivets dans un assez grand rayon. De plus, il projetait en mitraille des morceaux de fer et se brisait lui-même ; ses effets sur les hommes auraient donc été terribles. Cependant, comme nous l'avons vu, le fer annule les obus en les brisant avant qu'ils éclatent ; mais comme ils produisent des effets terribles sur les coques en bois, on en avait conclu qu'il y avait un danger aussi grand pour l'ancien navire recevant ces derniers, que pour le nouveau exposé au boulet plein. Cela pouvait être vrai pour les hommes à leurs pièces, mais non pour le navire lui-même ; car des trous de $0^m,162$, $0^m,281$ sur $0^m,331$ ou de $0^m,225$ sur $0^m,375$ comme on en a vu, exposaient à une perte certaine, s'ils avaient lieu sous l'eau, surtout si on les comparait à la petitesse du passage d'un boulet dans le bois.

Il n'est donc pas étonnant que ces essais aient longtemps fait regarder les navires en fer comme entièrement impropres à la guerre et qu'il ait fallu les couvrir de bois et de plaques épaisses pour revenir à les adopter. Ce n'est pas toutefois sans de vives controverses qui n'ont cependant pas encore décidé complétement la question, et en dehors de ce qu'elle a de militaire, on est revenu sur tout ce qui a été dit pour et contre l'usage du fer depuis vingt ans. Les abordages et les naufrages ont donné lieu à des comparaisons tantôt avantageuses, tantôt propres à faire rebuter le fer. Les rencontres des navires de fer ont été beaucoup plus funestes qu'avec le bois, et il en est résulté des appréciations qui, si elles n'ont pas décidé la question, ne sont pas moins intéressantes à connaître. C'est ce qui a engagé à les exposer successivement ici en commençant par ce qui regarde le bois.

Le cuivre conserve la marche des navires.

Un des avantages du bois est d'avoir un doublage en cuivre qui maintient les carènes plus propres, et qui par suite évite les pertes de marche occasionnées par l'accumulation d'animaux et de plantes dont la surface inégale oppose un obstacle au glissement du navire dans l'eau. Ce doublage produit constamment du vert-de-gris dont le poison écarte les animaux, et il n'y a pas plus de soixante-dix ans qu'il a été adopté, au lieu de l'ancien mailletage. Celui-ci consistait à couvrir les carènes d'une couche de clous à maugère à tige mince et à têtes très-larges que l'oxyde soudait entre elles et qui s'opposaient ainsi aux ravages des vers, notamment du taret. On avait adopté ce moyen, qui nous paraît maintenant singulier, parce que les navires étaient devenus trop grands pour être conservés à terre, comme les galères du moyen âge : celles-ci ne flottaient que lorsqu'elles étaient employées, et on les tirait fréquemment sur des cales pour les nettoyer et les suiffer, comme on le fait pour les bateaux de pêches et les caboteurs. Le doublage en cuivre fut un des plus grands perfectionnements de son époque, et on lui dut une amélioration remarquable de la marche des vaisseaux, ce qui le fit généralement adopter malgré son prix élevé.

En préservant le métal de l'oxydation il y a perte de marche.

Malheureusement il ne remplit son but que si le métal s'oxyde, et comme alors il s'use, on a eu l'idée d'employer des compositions plus durables, telles que le bronze ; mais aussitôt une foule d'animaux qui ne pouvaient vivre sur le cuivre se sont attachés aux carènes, et il a fallu renoncer à ce procédé économique, dès que la marche a été le but principal. Un savant anglais, sir Henri Davy, eut l'idée de conserver les doublages par une application pratique des lois du galvanisme ; il proposa de mettre des quilles en zinc, afin de reporter toute l'oxydation sur un métal moins cher. L'effet désiré eut lieu, mais aussitôt les coquilles reparurent. Un Amiral anglais me disait avoir été dans la mer du Sud sur un brick qui avait perdu sa marche de la sorte : la fausse quille dura près de deux ans ; mais lorsque tout le zinc fut disparu, l'oxydation du cuivre reprit son effet sur les animaux ; ceux-ci se détachèrent, et le brick retrouva son ancienne marche.

Détérioration du fer par le voisinage du cuivre à doublage.

Comme ce n'est pas avec le zinc seul que l'effet galvanique préserve l'un des métaux aux dépens de l'autre, le même effet s'est retrouvé entre le fer et le cuivre. Après la guerre de Crimée, un vaisseau de 90 canons avec une machine de 600 chevaux fut désarmé; on ne s'était pas aperçu au fond de l'eau, que par l'usure du métal doux de son coussinet de l'arrière, l'arbre de l'hélice s'était déplacé de manière à frotter sur le bord du trou, par lequel il sort du navire. La chemise en bronze qui recouvrait l'arbre en fer pour le préserver du contact de l'eau de mer, fut rongée au portage et arrachée sur le bord de l'hélice. Au bout de deux ans, le vaisseau fut mis au bassin; on trouva un paquet de rouille autour de l'arbre, et en grattant on vit que le diamètre avait diminué en quelques endroits de plus de $0^m,10$; le fer n'était plus qu'un faisceau inégal de barres, parsemé de trous : deux clavettes unissaient l'arbre et l'hélice, elles avaient $0^m,80$ de long environ et $0^m,08$ sur $0^m,010$ de section, l'une d'elles était totalement disparue, l'autre était rongée à moitié.

Quel sera le résultat de cette influence sur les navires blindés?

En présence de ce fait et de beaucoup d'autres analogues, on se demande que deviendront les plaques et leurs boulons? Les premières seront percées d'une sorte de petite vérole et perdront une partie de leur épaisseur; mais au moins elles resteront en place, si leurs boulons ne souffrent pas aussi. Il est malheureusement assez difficile de l'espérer, puisque tout ce qui les entoure est conducteur de l'électricité. Avec des poids aussi lourds à soutenir, et avec le travail de la charpente, les boulons ou les vis sont exposés à jouer, et l'eau s'introduira dans leurs trous. Cela est à craindre surtout pour les vis, dont le noyau est nécessairement plus petit que le trou, afin de pouvoir les enfoncer en tournant. Il y a naturellement une lame d'eau mince entre le navire et la plaque; car s'il est impossible de rendre celles-ci étanches, quelle en sera l'action autour du boulon? On ne sait pas encore si le taret, qui commence à percer étant très-petit, ne trouvera pas passage par les joints des plaques; la rouille l'arrêtera probablement. Si les effets du galvanisme ont leur plus grande énergie lorsque les métaux se touchent, ils se présentent aussi à distance à cause de la conductibilité de l'eau, et l'interposition d'un corps non conducteur se trouve ainsi annulée. On a remarqué que lorsqu'un navire en fer restait long-temps dans le voisinage d'un bâtiment cuivré, l'oxydation était plus active du côté en regard, et que malgré la peinture au minium on voyait au bout de quelque temps de nombreuses efflorescences de rouille. Nos chaînes s'oxydent aussi au ras de l'eau et là où elles touchent le cuivre.

En rongeant le fer, le cuivre se couvre de coquilles et diminue la marche.

Il résulte de ce qui précède que, tout en rongeant le fer, le cuivre se couvre de coquilles, comme avec le zinc, et que par conséquent il produit un double dommage. Si ce n'est pas au même point que sur les carènes en tôle, c'est du moins assez rapide, d'après ce qu'on sait déjà, pour diminuer la marche des constructions qui nécessitent ce voisinage des deux métaux. Si les faits n'ont pas encore été bien établis à ce sujet, il est cependant à craindre qu'ils n'aient beaucoup de gravité, car il y a là un phénomène général et confirmé contre lequel il sera peut-être impossible de lutter, et qui ajoute à toutes les difficultés dont nous voyons, à chaque page, que le problème des navires blindés est entouré. Ce qui précède est réuni pour expliquer tout ce qui, dans la nomenclature donnée plus loin, a trait aux effets du voisinage du fer et du cuivre. M. Dupuy de Lôme a le projet de lutter contre ces effets destructeurs en couvrant les plaques et même les boulons comme les fontaines en fonte qu'on vient de revêtir de cuivre. Si ce procédé réussit pour préserver le fer, le cuivre continuera probablement à s'oxyder et les herbes ou les mollusques ne s'y attacheront plus. Il est à souhaiter que le double but de conserver la cuirasse et la marche du bâtiment soit ainsi obtenu.

Avec le bois les réparations provisoires faciles, les véritables difficiles.

Les réparations provisoires sont plus faciles avec le bois, et en marine cela est très-important. En effet, le bois étant mou, les trous de boulet sont très-petits et laissent passer peu d'eau, et il est possible de les tamponner et de clouer des plaques de plomb. Au contraire, les réparations définitives sont beaucoup plus longues et plus dispendieuses, en ce que, par cela même que le bois n'est pas assez dur, il n'est possible de réunir ses différentes pièces qu'en les croisant sur de grandes longueurs, afin de

multiplier les jonctions. Aussi les navires sont construits en trois couches :
le bordé ou planches extérieures et horizontales, qui empêche l'eau de
pénétrer au delà de sa surface au moyen de l'étoupe enfoncée à force
dans les joints par le calfatage. Vient ensuite la membrure dont chaque
couple est double et dans un plan vertical, enfin le vaigrage ou planches
intérieures qui sont horizontales ou obliques. Il en résulte que s'il est nécessaire de changer une pièce de membrure, il faut détruire les bordages
extérieurs sur toute la longueur du membre et sur toute celle des bordages
eux-mêmes, représentant presque un rectangle, ayant pour côtés ces deux
longueurs. De plus, le manque de liaison des diverses pièces de bois et
leur élasticité produisent des déformations irréparables soit par l'effet
du temps, soit par des chocs d'échouages ou d'abordages ; le résultat est
en général un ralentissement de marche et une diminution de durée.

La jonction imparfaite des pièces de bois s'oppose à la construction de très-grands navires.

C'est ce manque de liaison qui impose une limite beaucoup plus restreinte aux dimensions des navires en bois qu'à ceux en fer, puisqu'il est
plus difficile d'obtenir la roideur nécessaire pour résister aux ondulations
des vagues, qui portent le navire d'une manière d'autant plus inégale qu'il
est plus long. Au roulis, elles tendent à le déformer en changeant l'angle
des murailles et des baux qui portent les ponts. On en a une idée par
l'impossibilité d'exécuter à terre beaucoup de grands travaux ; la voûte
vitrée du Palais de l'Industrie aux Champs-Élysées n'aurait pu avoir autant de portée, et surtout le pont tubulaire de Menai eût été impossible,
aussi bien que les ponts en treillis sur lesquels passent des locomotives et
des trains entiers. On n'y aurait pas plus songé qu'à construire un *Great-
Eastern* en bois, ni même un *Persia*, un *Hymalaya* ou un *Connaught*.
Un chevillage très-soigné, et l'emploi de dés empêchant les surfaces en
contact de glisser l'une sur l'autre, permettent de reculer les limites habituelles. Le choix de bon bois y coopère aussi, mais seulement pour un
temps, parce que, dès qu'il y a de la pourriture, le bois devient plus mou
et les jonctions jouent. Les constructions en bois ont donc des limites
naturelles et très-difficiles à franchir. Est-ce un bien ou un mal ? nous
verrons plus tard combien il est difficile de le décider.

Le bois résiste peu à l'impulsion de machines puissantes.

Il résulte aussi de ce qui précède que le bois ne résiste pas aux impulsions des puissantes machines employées maintenant; les secousses inévitables qu'il éprouve, soit en choquant sur les lames, soit par les vibrations du propulseur, ébranlent les parties et leur donnent du jeu. On en acquiert une preuve certaine pendant chaque gros temps; les coutures s'ouvrent et se ferment à chaque roulis et laissent passer l'eau. En surmontant les vagues, le navire entier plie et ondule dans le sens de sa longueur, et plus tard on en trouve des traces, parce que les étoupes lâchées et comprimées outre mesure à chaque mouvement sortent au point d'exiger une reprise de calfatage. On l'a éprouvé sur les frégates rapides construites il y a peu de temps, et on paraît admettre que, si celles plus rapides encore exécutées en Angleterre tentaient de traverser l'Atlantique en déployant toute leur force, elles éprouveraient une dislocation dont elles ne se remettraient jamais complétement. Ce n'est que grâce à la bonté et à l'abondance de leurs bois de construction, que les Américains ont pu construire des transatlantiques en bois tels que le *Vanderbilt*; mais au lieu de canons ils ne portent guère que des dépêches et des passagers.

Le bois résiste cependant bien au choc des abordages.

Après ce qui précède, il semblera extraordinaire d'entendre dire que le bois résiste beaucoup mieux aux abordages que le fer. Cependant beaucoup d'événements l'ont prouvé, et c'est parce que le bois, frappé dans son plan, présente beaucoup plus de roideur que le fer dans la même direction. Aussi, dans le cas où l'éperon serait usité, le bois lui résistera évidemment mieux, là où il n'existe pas de cuirasse et avec les épaisseurs des vieux vaisseaux. Sa résistance fait même douter que l'abordé souffre plus que l'abordeur. Une des circonstances de ce qui précède est que, dans les échouages, le bois n'est pas percé avec autant de facilité que la tôle par des aspérités de rochers; mais si un navire talonne, c'est-à-dire retombe sur le terrain après avoir été soulevé par les vagues, sa dislocation s'opère avec une rapidité effrayante, et toutes les parties se séparent. Aussi, avec grosse mer, les naufrages des navires en bois sont-ils plus terribles; l'avant et l'arrière se détachent souvent, et on les a vus se retourner l'un vers l'autre. L'eau se couvre de nombreux débris flottants qui mettent les canots en danger, et sont autant de béliers qui s'entrechoquent et avec lesquels les vagues frappent la terre qu'on cherche à atteindre. On peut établir comme principe général que dans les abordages entre navires, le fer est beaucoup plus dangereux que le bois, et que dans les naufrages c'est l'inverse. Il y a cependant lieu d'observer que les abordages ayant lieu par les parties saillantes qui sont toujours au-dessus de l'eau, les bâtiments en fer et cuirassés sont à l'abri de ces accidents à cause de leur couche de bois et de leurs plaques.

Les tuyaux plus difficiles à établir à travers le bois.

L'élasticité des charpentes en bois fait éprouver des difficultés à les percer, par les nombreux tuyaux nécessaires aux fonctions vitales des machines, surtout lorsque le gros diamètre de ces conduits les rend roides. On y a obvié par des presse-étoupes qui permettent au métal de suivre en partie le jeu du bois, mais malgré cela, plusieurs navires ont manqué périr par des ruptures occasionnées par les flexions de leur charpente. Des frégates à roues de 450, entre autres *l'Orénoque*, ont eu des tuyaux de décharge brisés près de la muraille du navire, et à la fin de la guerre de Crimée, le vaisseau à trois ponts de l'Amiral Lyons a été heureux de trouver une plage sur l'île de Zéa pour échapper à un affreux désastre. Lorsqu'en vieillissant les constructions en bois fléchissent encore plus, il y a de graves accidents à craindre par les prises d'eau, et surtout par les tuyaux de décharge qui pour être à l'abri du boulet débouchent à 3^m sous l'eau, et ont plus de $0^m,40$ de diamètre.

Les constructions en bois sont plus lourdes.

Le peu de liaison dont il a été question entraîne naturellement à exagérer la force de toutes les parties, et par suite les coques en bois sont plus lourdes que celles en fer à déplacement égal. Il en est de même des travaux exécutés à terre avec ces matériaux. Cette différence est moins marquée, maintenant qu'on donne aux navires en fer une solidité qui leur a souvent manqué lors de leur adoption, et qu'on a des surcroîts d'épaisseur pour les parties les plus exposées à l'oxydation. Les navires en bois ont moins d'espace libre à l'intérieur par suite de l'épaisseur de leur enveloppe ; mais ils compensent amplement ce défaut par la non-conductibilité de leur matière, qui empêche les transmissions trop faciles de chaud ou de froid, et rendent l'intérieur des navires moins désagréable et parfois moins malsain à habiter.

Surcroît de poids par l'imbibition du bois.

Mais ils sont soumis à un effet inévitable ; c'est l'imbibition, c'est-à-dire la quantité d'eau qui en s'infiltrant dans les pores, augmente tellement le poids, qu'en vieillissant le navire enfonce de plus en plus. On a des exemples de $0^m,30$ de surjauge due en grande partie à cette cause, et il est bien difficile de connaître ce qui a été ajouté postérieurement pour corriger ou compléter l'armement, et quels sont réellement les approvisionnements de rechange. Mais quoique la part à faire à chacune de ces influences ne soit pas exactement déterminée, il n'est pas moins constant que l'imbibition des bois fait perdre une partie notable de la hauteur de batterie, si chèrement achetée quelquefois par une solidité moindre de la construction et surtout des machines, afin de leur faire produire plus de puissance et plus de vitesse. Les constructions en bois ont là une cause de dépréciation qui n'existe pas avec le fer.

On cite parmi les avantages du bois que les fonds dépérissent moins vite que les hauts ; cela n'est que relatif, car ils sont généralement loin de durer autant que les mêmes parties des navires en fer.

Influence du choc des boulets sur le bois placé sous les plaques.

Pour les navires blindés il y a aussi lieu de considérer que le bordé en bois étant situé juste sous les plaques, comme le coussin des navires en fer, on a encore des doutes sur les effets des boulets, qui sans avoir percé le fer auraient frappé plus bas que la flottaison. Sous le choc des projectiles le bois est tellement désagrégé, ses fibres conservent si peu de liaison qu'elles se séparent comme s'il y avait pourriture, et qu'il est difficile d'apprécier cette influence à la suite d'une affaire. Il en est de même de celle du choc sur les étoupes du calfatage, qui sortent de toutes parts des joints, où elles avaient été enfoncées à coups de marteaux. Il n'y a probablement pas là une chance de couler ou même d'avoir des voies d'eau dangereuses ; mais il se présente la grande difficulté de réparer ou de calfater, parce qu'avant de rien faire il faut enlever les plaques.

Si le bois coûte moins que le fer, il demande beaucoup de temps et dure peu.

Enfin pour terminer ce qui regarde le bois, il convient de rappeler qu'on a dit qu'il était moins cher de construction ; mais alors pourquoi le commerce l'abandonne-t-il si unanimement ? Car les armateurs font leurs comptes et ne se jettent pas dans des dépenses inutiles. Il est plus probable que le bois est plus cher parce qu'il faut le garder à terre, puis l'exposer à l'air pendant des années, si on veut avoir les chances de conserver les navires. Cela représente les intérêts de capitaux énormes, même pour l'État, qui s'il ne fait pas d'affaire, emploierait son argent à autre chose, au lieu de l'avoir pendant des années enfoui dans les fosses ou élevé sur les cales. Si ces pertes sont évitées, nous avons vu que c'est au prix de la durée. Il y a là un cercle de dépenses dont il est impossible de sortir.

Le fer a les qualités et les défauts inverses du bois.

Si, après ces détails sur les navires en bois, nous passons à ce qui regarde ceux en fer, en évitant ce qui en a été dit précédemment, nous remarquons des qualités et des défauts inverses. Ainsi on peut employer le fer à l'instant même et s'en procurer à mesure qu'on en a besoin. On commanderait un navire de la première sorte, que le constructeur serait probablement forcé de dire qu'il n'a pas de bois assez sec ; tandis qu'avec le fer, dès le lendemain d'une commande il suffit d'écrire aux usines. Il faut donc très-peu d'approvisionnement, et si on en possède, il n'éprouve aucune détérioration. Quant à la facilité de prendre les formes, elle est évidente, puisque le fer se forge, tandis que le bois ne se façonne guère qu'en le découpant, ce qui l'affaiblit toujours dès que la forme ne s'accorde pas avec le fil.

Liaison de toutes les parties.

La liaison est un des grands avantages que le fer doit à sa ténacité ainsi qu'à sa dureté, en ce que l'on coud ses feuilles avec des rivets d'une manière presque aussi solide que si la tôle était continue. On estime que par les trous elle ne perd qu'un tiers avec une seule rangée et moins avec des rivets échelonnés sur deux rangs. Il en résulte que dans son plan la tôle a beaucoup plus de force à poids égal que le bois ; mais comme elle en a très-peu perpendiculairement à sa largeur, il faut la soutenir par des cornières ou lui donner une forme tubulaire. Il n'y a plus de doutes à cet égard. Déjà on avait observé que lorsque toutes les parties en bois d'un navire à vapeur naufragé étaient depuis longtemps enlevées par la mer, la chaudière restait seule, fendue, bosselée, mais entière, parce que la tôle se tord, mais ne se sépare pas. Si le *Great-Eastern* n'a pas donné l'exemple d'un naufrage, il a présenté celui au moins aussi extraordinaire de son lancement ; il est resté pendant quatre-vingt-dix jours ne portant que sur une longueur de 103 mètres quoiqu'il en ait 208 de long et qu'avec ses machines et son hélice montées, son poids fût de plus de 12.000ᵗ. Quoique chaque bout tenu en l'air pesât plus qu'un vaisseau armé, il n'a pas fléchi d'un demi-pouce, et la double enveloppe de son système cellulaire, inventée pour donner plus de force au pont de Menai, vient de prouver qu'elle peut aussi préserver un navire, en étant défoncée sans que la coque intérieure en souffre. Enfin, et sans entrer dans plus de détails, il suffit de dire que le fer est maintenant employé à toutes sortes de constructions et qu'il en existe beaucoup auxquelles on n'aurait pas songé sans ses avantages marqués. En 1860 il y avait déjà 862 vapeurs en bois et 1001 en fer ; sur ces nombres 1291 sont à roues et 572 à hélice. Pour les roues 729 sont en bois la plupart vieux, et 462 en fer, ce sont les plus grands ; enfin pour l'hélice qui est plus récente, 539 sont en fer et 33 seulement en bois. A cela il faut ajouter un fait plus positif encore, c'est que les assurances des navires en fer ne sont pas plus élevées, et qu'à nombres d'années égaux, elles sont même d'autant plus faibles pour le fer, que les navires comptent plus de service relativement à ceux de bois. On doit donc admettre la question comme résolue pour ce qui tient directement à la navigation, mais il est loin d'en être de même pour toutes les chances éprouvées par chacun des matériaux employés lorsqu'il s'agira d'un combat. Aussi faut-il souhaiter que des expériences viennent un peu fixer l'opinion et surtout apprendre aux marins quelles sont les qualités ou les défauts de ce qu'on met entre leurs mains : cela est aussi important que pour les machines, afin que la première leçon qu'ils recevront, ne leur soit pas donnée par un ennemi.

Sécurité et force des doubles fonds et des cloisons étanches.

Ce n'est qu'avec la tôle et les cornières qu'on peut obtenir toutes les combinaisons destinées à fortifier le navire ou à l'empêcher d'être complétement envahi par l'eau. Ainsi, les cloisons étanches partagent le navire en de nombreux compartiments, arrêtent l'invasion de l'eau dans celui qui est percé ; de plus, elles consolident toutes les parties latérales du navire par la rigidité de leur plan et par leur liaison surtout leur pourtour ; le bois au contraire n'a partout d'autre soutien que sa roideur propre, et malgré les courbes dont on garnit les angles où ses pièces se réunissent, ce sont toujours des parties très-faibles. Quant à la rigidité longitudinale, les ponts en tôle, simples ou doubles comme sur le *Great-Eastern*, font du navire entier un pont tubulaire comme celui de Menai. S'il est nécessaire d'augmenter la rigidité, on met au fond du navire de fortes carlingues ou des tunnels robustes qui, tout en remplissant ce premier but, forment un double fond qui augmente la solidité. Pour les bâtiments blindés qui ont une grande partie de leur chargement dehors, et par suite beaucoup de place libre à l'intérieur, il y a là une cause de sécurité d'une très-grande valeur. Aussi, nous avons vu que le fer était seul adopté dans les constructions dont il a été question plus haut. Tant de navires ont été sauvés du naufrage par leurs cloisons étanches, qu'il n'y a plus de doute à cet égard, et qu'il est probable que, dans des circonstances semblables, le fer offre maintenant plus d'avantages que le bois.

Légèreté au moins égale des coques en fer.

Les coques en tôle sont solides par leur forme plutôt que par leur épaisseur et leur poids, tandis qu'avec le bois, ce n'est qu'en augmentant ces deux quantités qu'on arrive à la force nécessaire. Il en résulte que si ce n'était la rouille à laquelle il faut, à bien dire, donner à ronger, là où on ne peut l'arrêter par la peinture, les navires en fer seraient, à déplacement égal, d'au moins un quart plus légers que ceux en bois, et que les différences d'épaisseur n'ayant pas les mêmes inconvénients, on peut n'en mettre que là où l'on sait que la rouille ronge le plus. C'est ce qui se fait maintenant. Or, la légèreté de coque est un profit net pour l'armateur qui embarque plus de marchandises, et pour le navire de guerre qui porte plus de canons, et peut avoir leur bouche plus élevée au-dessus de l'eau. Il faut ajouter l'avantage de conserver toujours cette légèreté.

Possibilité de visiter toutes les parties.

Comme avec la disposition des cornières de membrure tout est visible, ou à peu près, dans un navire en fer, on peut, à toutes les époques de son existence, voir son état, et surtout vérifier si les matériaux employés sont d'une bonne qualité; car lorsqu'il n'éprouve pas de chocs, le fer ne se détériore pas. Un expert peut revenir le lendemain de la construction, comme dix ans après, couper avec son burin les angles des tôles et des cornières ou des têtes de rivets, et dire si les matériaux sont bons. La possibilité de telles vérifications est très-importante, en ce que la qualité des tôles influe beaucoup sur la résistance des navires; les feuilles aigres risquent de se fendre par la fatigue. C'est surtout dans les abordages et les naufrages que c'est important, parce que le fer aigre casse avec facilité, tandis que celui qui est doux et liant se replie sur lui-même. Tel était un avant de navire suédois produit à l'Exposition, et qui froissé comme du parchemin par un abordage, qui avait dû être très-violent, n'avait pas de fentes et ressemblait à du plomb plié. Si donc il est important d'avoir de bons matériaux, il est possible de le vérifier, ce qui n'existe pas avec le bois.

Longue durée surtout dans les hauts.

Il est constaté maintenant que les navires en fer durent beaucoup plus que ceux en bois, même quand ils ont des tôles plus faibles qu'on n'est dans l'usage d'en mettre actuellement. C'est par les fonds seuls qu'ils dépérissent, et on a été jusqu'à dire que les hauts useraient trois à quatre fonds. Cela sera probablement vrai, parce que tout ce qui est hors de l'eau est aussi bien entretenu en dedans qu'en dehors, que les surfaces sont fréquemment peintes et que par suite les tôles, ainsi que leurs rivets, se trouvent dans des conditions de durée à peu près égales à celles d'un pont. Dans les fonds, au contraire, l'extérieur n'est entretenu qu'assez imparfaitement par les passages aux bassins et les peintures, et le dedans ne l'est pas du tout. Il y a des parties peu accessibles sous les chaudières et les machines, et dans ce dédale de cornières et de cloisons il est imposible de battre la rouille dans les angles, là où il est le plus nécessaire de conserver de la force. Dès lors, la peinture n'adhère pas au fer, elle tombe par écaille avec l'oxyde et ne contribue en rien à la conservation. Je ne crois même pas qu'avec le système tubulaire ou des tunnels il y ait possibilité de bien entretenir les fonds. Mais là se borne le mal dès que les côtés du navire prennent assez d'obliquité pour que l'eau n'y séjourne pas: à mesure qu'on s'élève la conservation est plus prolongée, jusqu'à ce qu'on puisse dire qu'elle est presque sans limite dans les hauts. On espère que les constructions en béton dont on commence à remplir les fonds, diminueront l'activité de la rouille, mais elles enlèveront tout à la vue et conviendront aux paquebots qui naviguent toujours.

Réparations définitives faciles et parfaites.

S'il résulte de la dureté du fer que les réparations provisoires sont plus difficiles que sur le bois, il y a aussi lieu de déduire du mode de construction, comme de la nature de la matière, que celles opérées définitivement remettent le navire dans un état parfait, sans qu'il reste la moindre trace de ce qu'il a éprouvé. C'est une suite naturelle de la grande liaison des parties et de la facilité d'arriver à chacune d'elles sans avoir à détruire sur sa route. On en a eu de nombreuses preuves : des navires se sont décousu le flanc, ont eu des avants écrasés, et il a suffi de changer en peu de jours les feuilles et les cornières avariées. Le *Great-Britain* a passé un hiver à la côte à Dundrum-Bay en Irlande, et il fait maintenant le service de l'Australie; nous avons eu le sauvetage remarquable du *Céphise* dans les bouches de Bonifacio, plus tard celui du *Borysthène* aux îles d'Hyères, et après être restés plusieurs jours coulés, ces navires ramenés à Marseille sont sortis bientôt après du bassin, en aussi bon état qu'auparavant. Nous avons eu l'aviso *la Salamandre* qui a coulé complétement près de Bandol, il y a près de quinze ans; il a été retiré du fond de l'eau et il navigue encore. Il est inutile d'accumuler les citations, maintenant ce sont des faits acquis.

Les marches des navires en fer retrouvées après une peinture.

Comme le fer ne se déforme ni n'acquiert plus de poids par son séjour dans l'eau, il est naturel qu'il n'éprouve pas les pertes de marche ou les immersions irréparables avec le bois. S'il lui est nécessaire d'être peint fréquemment, au moins à chaque fois qu'il a sa carène recouverte de minium, il retrouve sa marche. Ce n'est que du côté de la machine et des chaudières que peuvent venir les pertes.

Possibilité d'avoir des extrémités vulnérables sans craindre l'incendie.

C'est pour ne rien omettre que nous répétons ici ce qui a été dit à ce sujet en parlant du *Warrior*, et il est bien entendu qu'il ne s'agit que de l'avant, dans le cas où, sans craindre de retarder les évolutions pour une trop grande longueur, on préférerait adopter dans cette partie les formes effilées des paquebots pour marcher plus vite. Il suffit, en effet, de s'opposer à l'introduction de l'eau par des cloisons verticales et horizontales, mais comme elles peuvent être percées la sécurité ne serait complète que si l'on remplissait les cellules supérieures, c'est-à-dire les plus exposées, avec du liége ou peut-être avec des sacs de caoutchouc ; s'ils tiennent aussi bien l'air que l'eau, lorsqu'on les emploie pour le lest des caboteurs-charbonniers.

Saleté des carènes en fer et ses conséquences.

Après avoir énuméré les qualités des navires en fer, il faut détailler leurs défauts, et s'ils sont peu nombreux, il s'en présente un des plus graves : c'est la perte de marche par les herbes et les coquilles qui s'accumulent sur les surfaces immergées avec une rapidité désespérante et contre lesquelles on n'a trouvé d'autre remède que des passages au bassin et de nouvelles peintures au minium. Ce sont des dépenses considérables, car les bassins se font payer très-cher à cause de ce qu'ils ont coûté à construire, et le navire a ainsi une inaction périodique pendant laquelle la valeur de son capital est perdue ainsi que la solde de l'équipage. On n'a cependant rien découvert de mieux, et quoique prônées quelque temps, les diverses peintures empoisonnées n'ont pas rempli leur but. Dans les pays tropicaux on a souvent des pertes de 4 nœuds, et on m'a assuré qu'il y avait un exemple d'un paquebot qui de 12 nœuds était tombé à 6.

Toujours est-il qu'il y a là une cause de dépense et de dépréciation considérable ; le navire étant plus résistant le propulseur fait céder davantage l'eau sous son impulsion et le chemin qu'il développe est plus grand que celui parcouru par le navire. Or le chemin du propulseur exprime la puissance dépensée, puisqu'il est proportionnel au nombre de coups de piston. Les roues ont heureusement un ralentissement qui s'il n'est pas proportionnel à celui de la marche s'en rapproche plus que l'hélice. Celle-ci va le même train que le navire marche ou soit arrêté par un obstacle, et par conséquent elle fait dépenser à sa machine des quantités de charbon proportionnelles au temps et non à la distance parcourue. Aussi comme au bout de six mois les coquilles font perdre 2 nœuds à un navire qui en filait 10 avec une nouvelle peinture, on doit établir que s'il brûlait par exemple 300ᵗ pour faire un trajet, il resterait 1/5 de temps de plus en route et en brûlerait 360, de plus il prendrait 60ᵗ de marchandise de moins et ne remplirait plus le but dans lequel on lui a donné une machine plus chère et qui, plus lourde, prend aussi une partie de la cargaison. C'est d'autant plus important que la force est en rapport du cube de vitesse et que tomber de 10 nœuds à 8, c'est comme si la machine avait perdu dans le rapport de 1.00 à 512, c'est-à-dire la moitié de sa force sans pour cela brûler moins de charbon. Faire marcher un train avec des freins serrés ne causerait pas plus de perte de force que cet obstacle des carènes rugueuses.

Quand on songe au nombre de paquebots qui sillonnent les mers, aux milliers de tonneaux de charbon qu'ils brûlent, on voit qu'il y a toute la fortune d'un pays gaspillée par cet obstacle constamment renouvelé, et que si une invention heureuse parvenait à l'écarter, il en résulterait des profits énormes. Aussi les chercheurs de moyens de tenir les carènes propres ne manquent pas ; mais jusqu'à présent aucun n'a obtenu des résultats assez concluants pour que toutes les compagnies se soient jetées sur son procédé, afin de se préserver de ces dépenses continuelles.

Pour le navire de guerre les conséquences sont aussi graves. On a fait d'énormes sacrifices en amoindrissant la force et le rayon d'action pour embarquer une machine puissante et son combustible. S'il s'agit d'un navire blindé on l'a fait en partie vulnérable dans le même but, ou bien on a trop baissé ses sabords. Malgré tous ces sacrifices, il arrive que tous les six mois il perd de plus en plus ces avantages, s'il n'a pas un bassin à portée ; et cette ressource lui manque dans tous les pays lointains à cause de son tirant d'eau. L'éloignement est donc une cause inévitable de perte de marche, dont il y a lieu de dire que les résultats sont moins importants pour la France, puisque le manque de Colonies retiendra toujours ses navires cuirassés près de ses ports. Comme cette perte n'est que progressive, elle se présentera sans doute avec toutes ses nuances dans une Escadre, et les navires fraîchement peints seront retardés, parce que ceux qui l'ont été avant eux ne peuvent les suivre. En temps de guerre on entendra dire qu'un navire a été pris, parce qu'il y avait six mois qu'il n'avait été repeint, tandis que l'autre n'avait que trois mois de sortie du bassin. Il en résulte une complication ajoutée à celle des qualités des navires eux-mêmes et de leur machine, qui certes jette dans des incertitudes au moins aussi grandes que les inconstances des vents, quand nous avions les voiles seules et qui par suite enlèvent à la vapeur une partie de ses avantages.

Erreurs des boussoles par l'effet magnétique du fer.

Ce défaut très-grave a longtemps jeté beaucoup d'inquiétude et de discrédit sur les navires en fer ; mais grâce à des observations pratiques on est arrivé à corriger les compas de route avec assez d'exactitude pour naviguer presque aussi sûrement que sur les navires en bois. Il s'est formé dans chaque pays des hommes adroits, qui se sont fait une profession de la correction des boussoles et qui préparent les navires au départ en très-peu de temps. De plus les marins se sont habitués aux précautions nécessitées par les nouvelles conditions, et maintenant on est beaucoup moins préoccupé des dangers qui en résultent. La meilleure preuve est dans le taux des assurances qui n'est pas plus élevé pour les navires en fer que pour ceux en bois.

Voie d'eau terrible si un boulet frappe plus bas que la cuirasse.

Les dégâts dans les tôles par l'effet des boulets, dont il a été question plusieurs fois, sont une des objections les plus graves contre les navires en fer ; car le roulis émerge le bas de leur cuirasse, et comme ces mouvements sont isochroniques, il est à craindre que le navire qui roulera le moins n'envoie des coups terribles à son adversaire, et avec les moyens d'épuisements actuels un petit nombre suffirait pour le submerger. Les galeries intérieures ne peuvent servir en ce qu'elles seraient percées aussi, et elles n'ont d'utilité que pour le passage des hommes destinés à tamponner. Mais à ce sujet on n'a pas encore d'expérience, on ne sait quel serait l'effet du bouchon parasol en toile suifée s'introduisant en dedans et s'ouvrant quand on le tire à soi. Il est probable qu'il n'agirait que sur les tôles percées perpendiculairement, mais non sur les découpures obliques et les cornières tordues. Il est à regretter qu'aucun essai n'ait été tenté pour éviter les incertitudes d'une question aussi importante. Il y a cependant lieu de remarquer que les capitaines qui, les premiers, ont employé ces navires dans les guerres de la Chine, et qui ont reçu un assez grand nombre de boulets, sont ceux qui s'effrayent le moins de ces résultats et déclarent même quelquefois qu'ils ne sont pas plus graves que sur le bois.

Une grande partie de la puissance de la machine peut être employée à pomper.

Il y a toutefois lieu d'observer que le navire à vapeur est sous ce rapport dans une position toute différente de celui à voiles qui, s'il avait une voie d'eau, était forcé d'enlever des hommes à ses pièces pour les mettre à la pompe. Il est assez singulier qu'on en soit presque au même procédé maintenant, tant les pompes de cale de la machine sont peu puissantes, et pourtant quand on a 3.000 à 4.000 chevaux en action, il serait bien naturel d'en emprunter pour pomper l'eau. Ce serait, je crois, préférable à une machine spéciale qui, si elle est puissante, charge le navire d'un poids qui ne sert en rien pour sa marche. Il est évident que ce n'est pas au mouillage qu'un navire blindé recevra des boulets sous la cuirasse, ce ne peut être qu'à la mer et avec de la houle ; alors sa machine est nécessairement en action, c'est donc elle qui peut suffire aux accidents. Ne serait-il pas possible de déterminer quelle est la quantité d'eau qui entrerait par des trous de boulets dans diverses directions et d'admettre un nombre moyen pour évaluer combien de mètres cubes il y aurait à extraire. D'après cela, en prenant 300, 400, 1.000 chevaux si l'on veut, on n'aurait que le poids de l'appareil d'épuisement et de ses tuyaux, qui, établis dans un navire en fer, sont une vraie partie de sa construction et ne craignent pas les accidents dont il a été fait mention à propos du bois. Ces grandes décharges peuvent être placées aussi bas qu'on le veut ; elles n'ont à craindre que l'obstruction des coquilles et des herbes ; mais par un jet prolongé d'eau bouillante il serait facile de les dégager, comme les tuyaux d'extraction. Il en résulte qu'on peut arriver ainsi à de grandes garanties, en se donnant le temps de tamponner une partie des trous, et que de la sorte il est possible d'écarter une des plus sérieuses objections élevées contre les navires en fer.

Facilité avec laquelle les tôles seraient découpées par un éperon.

Cet engin sera peut-être un danger aussi sérieux pour le navire en fer qu'il l'est peu pour celui en bois ; mais pour cela il faut qu'on arrive à construire un éperon placé assez bas, s'avançant assez loin et présentant malgré cela une solidité suffisante. Sans cela il serait cassé ou tordu ainsi que l'avant qui le porte, lorsqu'en s'introduisant, il exercera des actions perpendiculaires à sa longueur. Il y a donc pour cet engin de grandes difficultés d'exécution. De plus, comme plus il est long, plus il est faible, et que les formes rentrantes des navires le tiendront à un grand éloignement, il devient facile de maintenir l'eau par des cloisons intérieures, comme celles existantes à bord du *Warrior* (Pl. 5, *fig.* 1). En effet si le boulet les perce ainsi que le navire, on peut bien compter que l'éperon n'étendra pas si loin son action et sera brisé par les efforts de l'extérieur du navire. Il est donc probable qu'avec les moyens précités le bâtiment en fer est dans d'aussi bonnes conditions de combat que celui en bois.

Résumé des avantages et des inconvénients du bois et du fer.

Pour rendre les questions plus simples et d'une appréciation plus facile, on peut résumer ce qui précède en établissant les données suivantes :

Ainsi pour le bois,

Les avantages sont :

D'être assorti aux ressources de nos arsenaux en personnel et en matériel ; d'avoir une carène toujours assez propre et par suite de ne pas perdre de marche en très-peu de temps, s'il n'y a pas de fer à côté du cuivre ; de permettre d'opérer des réparations provisoires avec promptitude ; de moins craindre les boulets au-dessous de la cuirasse que le fer, parce que les trous sont beaucoup plus petits et qu'on peut clouer des plaques de plomb ; par suite de moins craindre les émersions de la carène au roulis ; de moins redouter les abordages et probablement les coups de bélier que le fer ; de ne point dépérir aussi promptement dans les fonds que dans les hauts.

Les inconvénients sont :

D'être beaucoup moins lié que le fer et de limiter ainsi la grandeur des constructions ; de faire des coques plus lourdes que le fer ; de dépérir très-rapidement, surtout si la construction a été précipitée ; de diminuer, d'une manière encore inconnue mais probablement rapide, la durée des plaques et de leur boulonnage par l'influence galvanique du cuivre ; d'avoir celui-ci presque aussi sale que la tôle, quand il y a du fer à côté ; de perdre ainsi une grande partie de l'avantage du cuivre ; d'être exposé à des voies d'eau après le mauvais temps ou près de l'arrière lorsque l'hélice fonctionne énergiquement et longtemps ; d'être impossible à entretenir non plus que le calfatage sous les plaques. De ne pouvoir être conservé à terre pour durer plus longtemps qu'à flot. Par

Quant au fer, ses avantages sont :

Pour l'Angleterre une très-grande facilité par son commerce de se procurer, de choisir et d'employer les matériaux à l'instant même, et pour les plus grandes dimensions ; en général de permettre de vérifier à toute époque les qualités du fer dans toutes les parties ; de présenter plus de facilité pour prendre toutes sortes de formes : d'avoir plus de force avec le même poids de matière. D'être mieux lié dans toutes ses parties, tout en étant plus léger ; de laisser plus d'espace intérieur dans les cales. De per-

toutes ces raisons les bâtiments de cette sorte menacent sérieusement de devenir des tonneaux des Danaïdes budgétaires. De ne point permettre de voir toutes les parties de leur construction pour en vérifier la qualité première ou l'état postérieur. D'être généralement plus dangereux que le fer dans les naufrages. D'augmenter notablement de poids par l'imbibition du bois, et ainsi de perdre pour toujours une partie de la hauteur de batterie et de la marche. D'avoir probablement le bordé extérieur et son calfatage assez détérioré par le choc du boulet sur les plaques, pour qu'on en craigne les conséquences, encore inconnues il est vrai ; de redouter autant l'incendie par les obus quand tout n'est pas couvert de fer, que si le navire entier présentait son bois aux coups.

Et ses inconvénients sont :

Saleté des carènes et perte de 1 à 2 nœuds en cinq ou six mois ; nécessité de fréquents passages au bassin pour repeindre ; dépenses et pertes de temps en charbon brûlé inutilement surtout avec l'hélice ; erreurs des compas ; voie d'eau terrible si un boulet frappe plus bas que la cuirasse, par suite danger pour le navire trop rouleur jusqu'à ce que des moyens d'épuisement énergique soient établis ; dangers du même genre si les épe-obus sont placés assez bas ; corro-

mettre d'exécuter les constructions dans moins de temps, sans pour cela compromettre l'avenir : de revenir moins cher surtout pour les grands navires. D'avoir une plus longue durée; de présenter plus de facilité et de perfection dans les réparations surtout lorsque les ressources d'un atelier peuvent être employées. De ne pas laisser de traces des avaries occasionnées par des échouages. D'avoir probablement des chances moindres de voie d'eau sous les plaques par le choc des boulets en ce que le vaisseau étanche, c'est-à-dire la tôle, est derrière le coussin de bois et plus à l'abri que le bordage et son calfatage. De présenter plus de sécurité contre les voies d'eau et le feu à cause des cloisons étanches, qui peuvent être disposées comme sur les navires insubmersibles ; de moins craindre une dislocation générale dans les naufrages.

On doit ajouter pour les gouvernements qui n'emploient tout leur matériel qu'en temps de guerre, un avantage des plus précieux, quoiqu'on n'en ait pas encore parlé : C'est une durée illimitée, ainsi que celle de la machine et de la chaudière, si le navire en fer est maintenu à sec. Pour les navires cuirassés, possibilité d'avoir des extrémités vulnérables sans craindre l'incendie, et pour toutes sortes de bâtiments, certitude de retrouver intactes les qualités et la marche primitive après

sion des parties inférieures par l'eau stagnante de la cale, et diminution de durée de ces parties, relativement aux œuvres mortes, tant que le navire reste à flot ; difficulté extrême, peut-être impossibilité de réparations provisoires, telles que tampons ou plaques, à cause de la dureté des tôles et de la difficulté d'y rien fixer sans employer des heures à percer des trous ; découpage des tôles avec une facilité effrayante dans les abordages, et danger d'être percé sous l'eau par un éperon situé assez bas. Il ne faut pas oublier que les navires en fer sont plus pénibles à habiter; qu'ils sont aussi froids et humides en hiver qu'étouffants en été. Ce défaut a cependant été presque annulé sur les paquebots.

(Pour plus de détails voir l'article Navire en fer de la deuxième édition du *Dictionnaire de marine à vapeur.*)

un passage au bassin, quel que soit
l'âge du navire. Enfin conservation
très-longue des œuvres mortes.

Cette comparaison montre combien les idées sont encore peu arrêtées,
et elle permet seulement de poser quelques principes généraux, dont la
déduction montre déjà clairement que les constructions en fer auront tôt
ou tard la préférence. Non-seulement la généralité du commerce adopte ces
navires malgré leurs défauts, mais toutes les marines secondaires les préfèrent également. Les Sardes et les Espagnols, à la Seyne, et les diverses
nations étrangères dans les vastes ateliers anglais, font construire en fer.
En Angleterre la question est presque décidée par la force des choses, et
on peut dire que l'avenir n'est plus douteux ; c'est donc simplement voir
ce qui se passe, que de croire qu'avant peu les marines de guerre seront
en fer comme celles du commerce et que les gouvernements surtout
y trouveront leur profit. La résistance ne vient plus que de ce que les
établissements publics voient clairement que c'est presque une question
d'existence pour eux, parce que le travail du bois leur est dévolu sans
partage, tandis que celui du fer les force à descendre dans l'arène de la
concurrence pour y lutter contre l'industrie.

Les constructions en fer impérissables si elles sont tenues à terre.

On aura peut-être remarqué, dans la nomenclature des qualités du fer,
que sa durée serait indéfinie si les navires étaient tenus à sec, tandis
qu'un tel procédé ne donnerait que des résultats insignifiants avec le bois.
Non-seulement les tôles et les cornières du navire dureraient alors plus
longtemps que celles des nouveaux ponts, mais elles ne demanderaient
qu'une peinture tous les deux ou trois ans, suivant les climats. La
machine et sa chaudière seraient dans d'aussi bonnes conditions que si
elles se trouvaient en magasin ; leur local serait en fer au lieu d'être bâti en
pierres et en bois. Tenu de la sorte, le matériel serait beaucoup plus prêt
à servir au premier ordre que lorsqu'il reste à flot, où chaque jour en voit
quelque partie se rouiller (voir page 14). Malgré les règlements et la surveillance, la durée est beaucoup diminuée sur l'eau, et il n'arrive presque
jamais qu'un bâtiment et sa machine soient réellement prêts après être restés
quelques mois dans l'inaction. Cela est inévitable et le matériel actuel

s'use presque aussi vite dans les ports qu'à la mer, parce que la cause de ses détériorations n'est pas l'usure des frottements, comme celui des roues et des rails, mais une décomposition chimique générale, qui est dans ses conditions d'activité lorsque le navire est à flot, et naturellement arrêtée si on le met à sec. Nous avons des localités où, sans grandes dépenses, on tiendrait ainsi les navires à sec : à Cherbourg, par exemple, l'ancien bassin à flot, devenu disponible par le creusement de la nouvelle petite mer intérieure, pourrait avoir sa profondeur corrigée de manière à contenir autant de navires que sa surface le comporte. Pour éviter les pertes de place et les dépenses énormes de bassins spéciaux, dont les dimensions ne seraient presque jamais assorties aux navires, il y aurait bénéfice à les laisser ensemble, puisqu'on ne les mouillerait tous que le jour où on prendrait ou remettrait l'un d'eux en magasin, et qu'il n'en résulterait certainement aucune détérioration. Dans d'autres localités où on exécute maintenant des travaux énormes, cette prévision devrait déjà exercer une grande influence, et, suivant la nature des lieux, entraîner à des bassins au-dessous du niveau de la mer ou bien au dessus, comme dans l'ingénieuse disposition de Sébastopol.

Il serait peut-être moins dispendieux de haler les navires à terre sur les nombreuses cales inoccupées. Ce n'est pas un problème insoluble quand on songe qu'on a hissé verticalement le pont de Menai et poussé sur un terrain mouvant le *Great-Eastern* qui pesait alors plus de 12.000.000^k. Le *Victoria hydraulic dock* élève en quelques minutes de grands navires, avec ses presses. Ce n'est donc pas la force qui manque, mais il y a lieu de douter de la résistance des surfaces portantes, lorsqu'on emploie le bois, parce que les parties dures s'imprègnent dans celles qui sont molles et engrènent pour ainsi dire. M. Brunnel avait voulu éviter ce défaut en faisant frotter fer sur fer pour le lancement du *Great-Eastern*; il n'a pas réussi, parce que les corps gras étaient expulsés par la pression. Aussi serait-il curieux de savoir si le fer sur le bois ne serait pas préférable pour haler des navires très-lourds comme ceux à cuirasses et si l'un ne garderait pas assez de graisse, tandis que l'autre conserverait la rectitude du plan par sa dureté. L'un des avantages du halage est que le même appareil sert pour plusieurs cales et que l'opération fût-elle plus chère que le pompage de l'eau d'un bassin, il y aurait encore économie, parce que l'outil serait moins dispendieux. Ce qui précède regarde surtout les navires blindés dont un grand nombre reste forcément dans l'inaction. En réalité ils ne sont bons qu'à se battre, et sont les plus mauvais transports de troupes ou de chevaux, ce qui les rend inutiles tant qu'il n'y a pas de guerre vraiment maritime. On observera sans doute que ce sont de nouvelles dépenses, mais un navire blindé en bois, bien construit, vaut déjà 6 à 7 millions; sa coque et son blindage inférieur seront très-rapidement dépréciés et même mis hors d'usage. S'il est en fer, sa durée sera plus longue, mais il faudra faire les frais de bassin et de peinture au moins une fois l'an et à chaque armement; ses fonds dépériront encore assez vite; sa chaudière et sa machine souffriront de l'humidité, et la première se détériorera presque autant que si elle servait.

Une marine à la caisse d'épargnes et toujours prête.

Qu'on mette d'un côté les valeurs aussi élevées que précaires de ces navires, et de l'autre les dépenses de leur mise à terre suivant les localités, et il est à espérer qu'on verra qu'il y a d'énormes profits à garder les bâtiments à sec. Ce serait seulement ainsi que, profitant des qualités du fer, une nation pourrait contempler l'accroissement de son trésor maritime sans plier sous le poids des dépenses de renouvellements continuels. De la sorte, l'argent qui ne sert qu'à se maintenir à grande peine à un certain niveau, aiderait à s'élever toujours au-dessus. Ce serait ainsi que chaque grosse unité, valant bientôt 12 millions, du moins chez nos voisins, serait pour ainsi dire mise à la caisse d'épargne et y serait maintenue toujours sans frais. Si cette caisse-là ne rapportait aucun intérêt elle épargnerait au moins des dépenses énormes, et c'est tout ce que peut espérer le gouvernement qui ne fait pas d'affaires commerciales. Ce n'est qu'avec de tels moyens de conservation qu'on obtiendra une force maritime considérable, toujours croissante et toujours prête. On a élevé l'objection singulière que des navires impérissables sont exposés à ne plus valoir ceux nouvellement construits: La réponse naturelle est qu'il vaut mieux avoir du médiocre que de ne rien avoir du tout, et que les modifications ne sont jamais assez radicales pour qu'on ne puisse les suivre en changeant quelques détails, surtout avec le fer. Cela existe bien plus pour des constructions maritimes que pour des machines que la découverte ou l'application d'une nouvelle loi de physique expose à être changées de fond en comble. Si nos anciens vaisseaux pouvaient durer davantage, nous trouverions à les utiliser ou à les modifier, et cela pour plus de 6 ou 8 ans comme on l'éprouve avec le bois. On les emploierait encore comme transports, au lieu qu'il faudra bientôt les abandonner à leur sort, c'est-à-dire à devenir du bois de chauffage. Nous n'avons qu'un navire blindé en fer, *la Couronne*, construit par M. Audenet, et qui a donné de très-bons résultats à ses expériences. Comme il n'y a pas lieu de l'employer, elle peut aller de bassin en bassin, partout où il y en a de libre, gagner près de 30.000 fr. pour chaque mois de plus d'existence et de bon état. S'il faut la modifier elle le sera beaucoup plus facilement que si elle était en bois. Enfin si, par impossible, on lui enlevait sa cuirasse ce serait le plus grand transport de la marine et cela dans cinquante ans comme maintenant. En Angleterre le *Warrior* et le *Black-Prince* décuirassés feraient de beaux *troop ships* et seraient presque des *Hymalaya*, tandis que le *Royal-Oak* est destiné à être brûlé comme *la Gloire*, et cela moitié plus tôt qu'un ancien vaisseau. Ce problème de la conservation du nouveau matériel mérite donc des études sérieuses, et la nation qui prendra la première son parti se donnera une avance considérable sur les autres, tout en épargnant ses ressources.

Influence des constructions en fer sur les arsenaux.

L'emploi du fer exerce une autre influence sur les marines, et peu à peu il modifiera sans doute une partie importante de leur service. Ainsi nous avons vu que si les puissances maritimes seules pouvaient construire en bois, avec quelque chance de durée, elles recouraient au contraire à l'industrie pour le fer et s'y étaient vues contraintes pour les machines. Nous avons vu aussi que les navires en fer étant nés de l'initiative hardie de l'industrie, c'était à celle-ci qu'il avait fallu s'adresser pour avoir des constructions de cette nature, et que jusqu'à présent elle seule avait été en mesure de les exécuter avec la célérité convenable. La conséquence naturelle de cet état de choses est l'inutilité prochaine des arsenaux comme moyens de confection, et en Angleterre on remarque qu'ils ne construisent qu'un seul navire en fer, *l'Achille*, tandis que la longue liste de la flotte à venir est entièrement exécutée par l'industrie.

Contraste de ce qu'on aperçoit des anciens chantiers du Great-Eastern.

En sortant des chantiers de M. Marc, où l'on construit le *Northumberland* et d'autres navires, on entend d'un côté le bruit assourdissant des rivoirs et le sifflement de la vapeur, de grands travaux s'exécutent sous de mesquins hangars, tandis que sur l'autre rive de la Tamise règne un morne silence au milieu de hautes cales couvertes et de vastes édifices en maçonnerie. C'est un contraste qui représente la vraie image de notre époque que cette inaction auprès de cette activité fébrile de l'industrie à laquelle il faut du travail pour vivre et grandir, à laquelle il en faut encore et toujours pour résister à la concurrence, et où chacun n'a de gain qu'en raison de ce qu'il produit. Cette industrie maritime, qui jadis ne fournissait que des armateurs, ne produisait que de petits navires, et ne pouvait exécuter les constructions gigantesques des vaisseaux, couvre maintenant les mers de ses produits, fournit les nations étrangères (1), et a dépassé ce qui semblait impossible ; car là même devant Devonport, sont les restes des cales sur lesquelles le *Great-Eastern* fut construit. Ce ne sont pas seulement des machines que cette industrie fabrique pour toutes les nations, ce sont des navires de guerre, des frégates blindées. Nous devons être fiers de voir que chez nous aussi M. Béhic s'est mis d'un jet au niveau de ces constructeurs étrangers, et que là où quelques maîtres en retraite pêchaient il y a dix ans, ses ateliers des Forges et Chantiers de la Méditerranée confectionnent de beaux paquebots et de grands navires de guerre cuirassés pour nos voisins. Le résultat naturel de cette concurrence commerciale est pour les constructions maritimes ce qu'il a été pour d'autres sortes de travaux; la vie se retire des établissements publics pour se concentrer dans ceux de l'industrie. Aussi ce n'est point se poser en prophète, mais seulement avoir vu ce qui existe, que de considérer le temps des Arsenaux comme bientôt fini, sous le rapport de la confection, et leur rôle amené à celui de magasins. Ce que j'ai vu en Angleterre m'a convaincu

(1) Dans des renseignements publiés par des journaux industriels, il est dit que pour les gouvernements étrangers seulement, M. Napier avait des commandes pour une valeur de 20 millions de francs, la compagnie Millwall pour 7.500.000 fr , M. Laird pour 7.500.000 fr., de sorte que ces trois compagnies à elles seules ont passé des marchés pour une valeur de 35 millions. En y comprenant d'autres ateliers on arrive à une valeur de 50 millions qui doivent être produits dans deux ans, c'est 25 millions par an. En admettant que la production soit le quart des dépenses annuelles, ces ateliers représentent un budget de 100 millions de francs. Ils occupent 10.000 ouvriers, tandis qu'il y en a bien 50.000 indirectement occupés pour eux; comme ces travaux doivent être exécutés promptement, on se figure quel mouvement d'affaires ils produisent. Si on y ajoute la construction nationale on arrive à des chiffres qui expriment une puissance de production qui, depuis l'adoption du fer, s'est développée avec une activité merveilleuse et dont les principaux auteurs ont raison d'être fiers.

de cette vérité, la lutte n'y est déjà plus possible; si ce n'est pas encore un fait accompli, c'est que les administrations existent, mais on ne sait guère où apercevoir des travaux en rapport avec les établissements, excepté dans les admirables ateliers d'artillerie de Woolwich.

Il est vraiment malheureux de voir déserts tant de nouveaux édifices devenus inutiles en s'élevant, et d'être forcé de trouver juste l'expression d'un touriste, qui au sujet d'autres arsenaux prétendait qu'il venait de visiter les ateliers de Pompéïa. C'est pénible à contempler; mais si l'industrie des navires est à la hauteur de son rôle, comme celle des machines ; si comme on le remarque en Angleterre, elle est assez étendue et assez riche pour produire ce qu'il faut à l'État en faisant aussi bon et surtout plus vite, ainsi qu'à des prix bien connus, comme les machines l'ont montré; si cette industrie vivace, qui sait qu'elle ne peut cesser de grandir sans être menacée de déchoir, est assez étendue pour établir des concurrences, pour permettre le choix des hommes de mérite et des producteurs consciencieux, comme le font les capitalistes des grandes compagnies ; si comme tout semble le montrer il en est bientôt ainsi, en résultera-t-il un bien ou un mal pour le pays sous le rapport de sa force et de ses finances? C'est ce qu'il serait difficile de déterminer maintenant, et certainement l'Angleterre nous précédera dans cette grande expérience, à cause de l'étendue et du nombre de ses établissements industriels. Cela paraît déjà aussi irrésistible que les transports par les diligences ou les rouliers, transférés aux wagons volant sur les rails, et cela malgré les millions dépensés en vastes édifices permanents que l'industrie ne compterait pour rien; car il lui suffit de hangars faciles à modifier et aussi assortis à ses variations que la tente du Bédouin à la vie nomade.

Ces grands changements ne sont du fait de personne; ce serait une injustice, une calomnie que d'en accuser une administration plutôt qu'une autre. Les Arsenaux ont été régis avec plus d'ordre et de surveillance que jamais : ils ont beaucoup progressé depuis la paix, tout en eux permettait de suffire aux besoins du service, ils n'ont pas déchu par le fait. Mais en dehors de leur enclos on a vu grandir des industries ignorées antérieurement. Il n'y a pas longtemps encore qu'on pouvait dire que le Roi seul était en mesure de faire ses ancres, ses canons et ses vaisseaux. Maintenant on forge partout des pièces de machines plus lourdes et plus difficiles, et une grosse ancre n'est qu'un jeu dans une grande forge. Au lieu de canons, les fonderies produisent des pièces de 15 et 20.000ᵏ plus compliquées par leur forme. Avant le fer, l'État seul pouvait faire un vaisseau, et un trois-ponts avec ses 63ᵐ de long nous paraissait un géant; on fait partout maintenant des navires de 100 à 120ᵐ. Telle est la cause de ces translations des centres des grands travaux; il n'y en a pas d'autre.

Modifications radicales des navires par l'adoption des cuirasses.

Ce n'est pas le seul matériel flottant et ses moyens de production qui se modifient, ce sont toutes les règles établies depuis longtemps. On va le voir en cherchant à se rendre compte des problèmes qui sont venus se poser tout à coup, et sans présenter d'antécédents pour servir d'appui à leur solution. En effet on sait qu'un navire porte des poids en raison de son déplacement, qu'une partie de ces poids forme le navire lui-même et tout ce qui lui est nécesssaire, tandis que l'autre est la cargaison, qui, à bien dire, constitue le travail utile. Tels étaient les éléments du temps des voiles, et ils avaient entraîné à beaucoup de modifications pour augmenter les munitions et le rayon d'action des navires de guerre. La vapeur est venue y ajouter le poids énorme de sa machine et de son combustible, et pour leur trouver place il a fallu diminuer les autres ressources ou la cargaison. Enfin on en est venu à voir qu'on ne saurait être rapide et fort, ou rapide et aller loin sans augmenter le tonnage des navires, et l'expérience a adopté à ce sujet des principes qui ont été déjà plusieurs fois formulés (voir *Dictionnaire de marine*, article *Navire. Traité de l'hélice et Utilisation économique*). Lorsque les cuirasses sont apparues, les conditions sont devenues plus difficiles encore et les sacrifices nécessaires plus lourds. On a mis de côté plus de la moitié de la force, et chez nous le moteur aérien a été presque supprimé. Malgré cela on ne s'est pas trouvé encore dans de bonnes conditions, et de même que les paquebots avaient été forcés de grandir toujours à mesure qu'ils voulaient aller plus vite et plus loin, il a fallu aussi augmenter pour transporter rapidement la lourde cuirasse. Tous ceux qui ont arrêté leurs idées sur ces questions ont aperçu dès le principe ces nouvelles conditions du navire. Mais comme la manière de formuler une pensée a une grande influence sur celle de la comprendre, le meilleur et le plus sûr est d'adopter ce qui a été le plus clairement démontré, et on ne saurait mieux choisir que l'Exposé général de M. Scott Russell, constructeur du

Great-Eastern, pour faire apprécier aux marins toutes les nuances et toutes les difficultés de la nouvelle marine (1).

Conditions générales des navires blindés.

Dans une de ces réunions dont nous devons envier le fréquent usage aux Anglais, et où les notabilités de toutes sortes discutent les questions importantes, M. Scott Russell énumère les difficultés que le constructeur éprouve pour résoudre le problème du navire blindé. Il lui faut porter de plus grands poids ; ils sont placés aussi mal que possible et tourmentent le navire avec grosse mer : l'armure surcharge sans servir à la solidité de la construction. Avec cela il faut marcher plus vite, présenter une plate-forme stable à l'artillerie et se bien comporter en mer. C'est, il est vrai, au marin à dire ce qui lui est nécessaire pour que son navire rende de vrais services, c'est à lui de poser les conditions principales et au constructeur de chercher à les remplir. Mais comme chaque qualité a son inconvénient, il faut que le marin écoute les objections du constructeur, et ce n'est que par un compromis mutuel et par l'union des efforts et des connaissances de chacune des professions, qu'il est à espérer d'obtenir les résultats désirés. Mais tout cela doit-il se passer dans le mystère ? on l'a cru longtemps ; mais de graves erreurs en ont été le résultat, et le principe de la publicité vient d'être grandement appliqué dans la discussion des défenses nationales. Les secrets en pareille matière ne sont que pour les amis dont on redoute l'opinion ; les ennemis se les procurent et en profitent, mais n'inquiètent ni de leur examen ni de leur critique, qu'ils gardent pour eux. De plus, dans un pays parlementaire c'est en éclairant l'opinion que chacun paye volontiers ce qu'il sait être utile. Une conduite opposée a mis l'Angleterre en retard sur la grande question des navires cuirassés ; pour la première fois elle a été devancée, parce que la question n'ayant pas été éclaircie, la nation a continué à se fier à ses anciennes murailles de bois : elle a laissé gaspiller les fonds à en construire, alors qu'elles étaient reconnues inutiles, jusqu'à ce que les événements d'Amérique aient produit un réveil subit.

(1) Tout ce qui précède était depuis longtemps à l'imprimerie, lorsque les discussions de la Chambre des Communes sont venues renouveler la question. N'ayant pas à modifier les opinions que j'avais émises, j'ai préféré placer en note à la fin du volume tout ce qui a été dit pour et contre l'emploi du fer.

Après avoir exposé les éléments du nouveau problème, **M. Scott Russell** observe qu'il n'y a rien à copier, que les navires à faire ont trop peu de relations avec les anciens ; que le marin est aussi embarrassé que le constructeur en présence de ces nouveautés, dont il n'a pas encore fait usage à la guerre ni à la mer. Il n'en est pas moins aussi responsable que l'ingénieur, puisque c'est à lui de dire ce qui est nécessaire, et ce n'est pas chose facile, car il faut, en marine aussi bien qu'en toutes choses, assortir ses désirs à ce qui est possible en pratique. Si on demande une grande vitesse, il ne faut pas se récrier sur une longueur qui agrandit et retarde les évolutions ; si on veut aller loin et vite, un surcroît de tonnage est nécessaire à la machine et au charbon ; il n'y a donc pas alors à trop limiter le tirant d'eau. Si on ne s'entend pas à l'avance, on tombe certainement dans de graves erreurs. Le constructeur fera tout ce qu'il pourra sauf des impossibilités, et il n'espérera satisfaire que si on le tient dans les limites du possible.

Éléments principaux du problème.

Pour poser les éléments, si le constructeur demande combien il faut de canons, on répondra le plus possible ; mais chaque pièce coûte cher sur un navire blindé, en argent et encore plus en sacrifiant d'autres qualités. Vient ensuite la hauteur de batterie 5, 6, 7, 8 ou 9 pieds : 5 pieds, c'est un vieux trois-ponts ; 6 pieds 6 pouces, c'est *la Gloire* ; 7 pieds, les constructions de sir William Symonds ; 8 pieds, celles de sir Baldwin Walker ; et 9 pieds, le *Warrior*. Personne ne veut moins de 7, quelques-uns se contentent de 8, d'autres disent qu'il en faut 9 à tout prix ; et on peut répondre qu'une élévation de 9 pieds est possible, mais très-chère, en ce que pour l'atteindre il faut augmenter le bau et le tirant d'eau. Vient la question de la distance des sabords : 9, 12, 15 ou 19 pieds comme *l'Ariadne* ; alors un pont de 300 pieds de long ne porterait que 28 canons.

L'épaisseur de l'armure est un quatrième élément à déterminer ; pour cela il faut savoir qu'elle est celle qu'on admet être à l'abri du boulet ; est-ce si on arrête beaucoup de boulets comme les vieilles coques en bois, ou si on les empêche tous de pénétrer quels que soient leur poids ou leur vitesse ? C'est encore là une cause de dépense. Sera-ce 4 pouces 1/2 ($0^m,112$) comme le *Warrior*, 18 de bois ($0^m,457$) et 1/2 de tôle ($0^m,012$), ce qui équivaut à 7 pouces de fer ($0^m,178$) ?

La cinquième question à établir est la vitesse ; faut-il filer 11 nœuds avec 50 canons ou 15 nœuds avec 30 ? veut-on une frégate qui choisisse son temps et sa position ou qui attende seulement les assaillants? Mais on dira: pourquoi pas 15 nœuds et 50 canons? La réponse est l'argent, mais le succès n'a pas de prix ; ce qui amène à conclure que 15 nœuds valent ce qu'ils coûtent et que le navire lent est toujours le plus cher. Enfin il reste à déterminer le combustible; pour quelle distance en faut-il? Pour l'Angleterre il faut que ses navires aillent d'un trait et rapidement au Cap de Bonne-Espérance, 5.000 milles (1).

En résumé on veut 1° un fort armement ; 2° 9 pieds (2^m,745) de hauteur de batterie; 3° 15 pieds (4^m,57) d'entre sabords; 4° 7 pouces (0^m,178) de fer ; 5° 15 nœuds à l'heure (27^k,8) et 6° 5.000 milles (9.265^k) de parcours. En outre il faut établir : 7° le tirant d'eau, 8° les limites de dimensions extrêmes, et d'autres conditions de détail.

Évaluation du poids de la cuirasse, de la construction et de la machine.

Une muraille de 8 pouces (0^m,203) pèse 320 livres (145^k,07) par pied carré ou 1.560^k par mètre carré ; autrement dit 7 pieds carrés (0^{mq},65) pèsent un tonneau : la hauteur de la cuirasse est de 21 pieds (6^m,40) ainsi un pied de longueur pèsera 3^t ou 1^m, 9^t,99 pour un bord et 19^t,98, soit 20^t pour les deux bords. Ce poids a son centre de gravité élevé de 3 pieds 1/2 (1^m,067) au-dessus de l'eau; il est établi pour 9 pieds (2^m,745) de hauteur de seuillet, 1^m,525 en dessus du sommier de sabord et 7 pieds (2^m,135) sous l'eau. Au sujet de l'armement et des munitions comptons 15^t par canon, ce qui fait 2^t par pied de longueur ou 6^t,56 par mètre. Prenant une coque solide, on peut estimer qu'indépendamment de l'armure, elle pèsera environ 8^t par pied de longueur ou 26^t,24 par mètre courant. D'après cela M. Scott Russell établit les éléments de la construction de trois types représentés sur le tableau suivant.

(1) Pour la France il faudrait admettre au moins la distance de Toulon au point le plus éloigné de la Méditerranée et retour à toute vitesse, puisqu'il n'y a pas à espérer de trouver du charbon en pays étranger pendant une guerre.

CLASSES DES NAVIRES CUIRASSÉS.	Ire	IIe	IIIe	Ire	IIe	IIIe
Nombre de canons protégés.	100	50	20			

1° *Surface de la maîtresse section.*

	Poids par mètre courant.			Maîtresse section.		
	tonnes.	tonnes.	tonnes.	m. q.	m. q.	m. q.
Pour porter des côtés protégés.	26,84	19,68	19,68	26,751	20,063	20,063
Pour porter l'armement.	13,10	9,84	6,56	13,374	10,052	6,685
Pour porter la coque de la batterie.	56,36	32,80	26,16	40,126	33,43	26,751
Pour porter la machine.	29,82	22,96	19,7	30,116	23,22	20,063
Pour du charbon conduisant à 2500 mille pour la classe III et à 5000 pour I et II.	29,82	22,96	19,7	30,116	23,22	20,063
Total de la surface de maître couple nécessaire..				140,44	110,35	93,63

2° *Longueur du navire pour la vitesse.*

	m.	m.	m.
Long. de batterie suivant le nombre de pièces.	76,25	61,00	45,75
Longueur de l'avant pour filer 15 nœuds.	41,47	41,17	41,17
Longueur de l'arrière pour filer 15 nœuds.	27,45	27,45	27,45
Longueur pour l'hélice.	3,05	3,05	3,05
Longueur totale du navire.	147,92	132,67	119,42

3° *Puissance motrice.*

Classe I. Pour 139^{mq},33 de maîtresse section il faut 2.500 chevaux pour filer plus de 15 nœuds et 4.500^t de charbon pour parcourir 5000 milles.

Classe II. Pour 111^{mq},46 de maîtresse section il faut 1.800 chevaux pour filer 15 nœuds et 3.600^t de charbon pour parcourir 5000 milles.

Classe III. Pour 92^{mq},9 de maîtresse section il faut 1.500 bons chevaux pour 15 nœuds et 1.500^t de charbon pour parcourir 2500 milles.

4° *Déplacement.*

Avec les éléments précédents bien disposés il faut.	15.000^t	10.000^t	7.500^t

5° *Poids.*

Coque et armure.	6.000	3.600^t	2.400
Machine, hélice, etc.	2.500	1.800	1.500
Équipement et armement.	2.000	1.000	600
Charbon pour 5000 milles.	4.500	3.600	3.000
Total.	15.000	10.000	7.500

6° *Dimensions.*

Ce qui précède implique au moins un navire de :

Tonnage nominal.	10.000^t	7.000^t	5.000^t
Puissance nominale.	2.500	2.000	1.500^{ch}
Déplacement.	15.000^t	10.000^t	7.500
Bau minimum.	18,30	15,25	15,25
Tirant d'eau minimum.	7^m,62	6,10	6^m,10
Longueur.	144,87	123^m,22	115.90
Dépense approximative par canon.	187.500^f	250.000^f	375.000^t

Dimensions exagérées des navires cuirassés.

En considérant ces chiffres approximatifs exposés pour donner une idée des proportions auxquelles les nouveaux navires entraînent, on en est effrayé, surtout lorsqu'on arrive à examiner ce que cette nouvelle force militaire doit coûter. Il n'y a pas longtemps encore on estimait un trois-ponts à 3 millions de francs, ce qui mettait à 25.000 fr. la valeur moyenne de chacun de ses 120 canons, dont le calibre moyen était, il est vrai, beaucoup plus faible, mais qui numériquement ne valaient que le 1/10 de la classe n° II. Il faut remarquer que les estimations présentées sont regardées comme des minimums; M. Scott Russell pense qu'il faudra 66 pieds (20^m,13) de bau à la première classe, mais qu'aussi on aura plus de charbon que le *Warrior* dont les 900^r ne sont estimés qu'à cinq jours. Il observe avec raison que M. Dupuy de Lôme a éprouvé plus de difficultés et n'a pas eu pour construire *la Gloire* les ressources de l'Angleterre, qui est le vrai pays des grandes constructions en fer, et qu'un navire de la dimension du *Warrior*, qui est considéré comme appartenant à la deuxième classe, eût été impossible en bois et n'aurait pas supporté une longue traversée sous l'impulsion d'une machine puissante. Lorsqu'on a conçu le plan du *Warrior*, presque tous les ingénieurs consultés se sont, dit-il, accordés sur les dimensions principales; en effet, chaque sorte de navire a des proportions naturelles, dont il ne saurait s'éloigner sans inconvénient. Aussi pour arriver à la seconde classe qui a 40 canons protégés, plus de charbon et plus de puissance, il a fallu porter le tonnage de 6.000 à 7.000^r et ce sera probablement la classe la plus utile. La troisième est trop petite pour être complétement blindée ou pour conserver la hauteur de batterie et surtout la vitesse ou le rayon d'action désignés, ou enfin les qualités nautiques dont il faudrait faire aussi mention. Ce seront comparativement des navires imparfaits et dont le rôle sera difficile à fixer, si l'on est réduit à ne les protéger que par de nombreuses cloisons étanches, en leur donnant les dispositions reprochées avec raison au *Warrior*. M. Scott Russell ajoute qu'une des qualités les plus importantes que les constructeurs aient à donner aux marins est une plate-forme fixe (*steady platform*) pour le tir, et que là gît une des plus grandes difficultés. Il pense qu'il faut éviter les formes arrondies, qu'il appelle formes de barrique et placer la machine et les chaudières aussi bas que possible sur des fonds plats. Il termine en émettant le vœu de voir la cuirasse cesser d'être un poids mort, qui fatigue le navire et force à le faire plus solide, c'est-à-dire plus lourd. Il faudrait que cette pesante addition fût utilisée à consolider la charpente elle-même, et c'est ce qui le porte à demander une grande épaisseur, afin que sous les plaques de blindage il y ait plusieurs couches de tôle rivées ensemble. Si ce n'est pas le meilleur moyen, il est à espérer que les constructeurs en trouveront d'autres pour utiliser la cuirasse, comme partie de la construction. Quant à des navires de petite dimension, ils coûteront plus cher que jamais en raison de leur force, comme on peut le voir par le prix de chaque canon, sur les trois types de M. Scott Russell, qu'on peut déjà qualifier de gigantesques.

Petit navire blindé de mer impossible.

D'après ce qui précède et ce que nous avons observé il devient évident qu'au-dessous de certaines proportions le navire cuirassé n'est plus possible ; il perd une à une ses qualités à mesure qu'il se rapetisse, et il est très-douteux que les moyens détournés de cloisons et de surfaces obliques, parviennent à résoudre le problème d'une protection moins lourde, tout en restant suffisamment efficace. Rendre de petits navires blindés navigables me semble impraticable ; il n'y a qu'à considérer les poids énormes dont on charge ces navires et l'impossibilité de les élever sur l'eau.

Avec la voile limites infranchissables, avec la vapeur limites inconnues.

Ce court exposé auquel il a fallu se borner à regret, pour ne pas donner trop d'extension à l'aperçu de l'état actuel des choses, montre clairement à quels prix exorbitants il faut s'élever, dès qu'on cherche à réunir trop de qualités dans la même construction. Il prouve aussi qu'avec le fer et la vapeur il n'y a pas de problème qu'on n'ose affronter et certes quand on a fait le *Great-Eastern*, on n'est pas effrayé de construire des navires de la moitié de son déplacement, quoiqu'ils aient à porter une énorme cuirasse. C'eût été de la folie jadis, car il existait des limites naturelles et infranchissables pour les constructions en bois et les voiles. En effet, d'un côté les arbres avaient des grosseurs naturelles et la liaison des pièces était d'autant plus imparfaite qu'elles étaient plus multipliées, et de l'autre les hommes appelés à manœuvrer n'augmentaient ni de taille ni de force, et il y avait un point où l'accumulation de leurs efforts ne suppléait plus à leur faiblesse personnelle. Ainsi pour un hunier de dimensions linéaires doubles, on ne pouvait mettre que le double d'hommes sur la vergue pour prendre des ris, ou pour le serrer; cependant sa surface était quadruple, et la grosseur de sa toile ou de ses ralingues presque double. Sur les trois-ponts la manœuvre était toujours très-difficile, et s'ils se laissaient surprendre par de grands vents, les hommes étaient impuissants. Les marins avaient donc devant eux une limite aussi infranchissable que les ingénieurs. Aussi le vaisseau de 80 était regardé comme le plus parfait pour la manœuvre et la navigation, autant à cause de ses dimensions que de ses formes; de plus on paraissait compter davantage, et chercher à mettre la dépense en raison des services rendus. Maintenant rien ne manque : argent abondant des budgets, matériaux qui permettent toutes sortes de dimensions et de force motrice, machines sans limites connues, permettant à quelques hommes de mouvoir et de diriger les 30 millions de kilogrammes que pèse le *Great-Eastern*. Or c'est une grande difficulté que de savoir ce qu'il convient de faire, quand l'on peut tout; c'est la position des enfants gâtés. Il faut donc s'attendre à de grandes choses mais aussi à de grandes erreurs.

Ce que coûtera l'emploi des navires cuirassés.

En retournant aux chiffres du Tableau pour se rappeler les valeurs premières, il faut ajouter ce que coûtera la marche de ces navires. Ainsi le type n° 2 paraît calculé à raison de 200.000^k de charbon par jour, pour aller au Cap en filant 13 nœuds; car s'il en fait 15 dans les essais, ce sera beaucoup de n'en perdre que deux en marche, même avec une carène fraîchement peinte. Admettant que le charbon rendu à bord coûte 50 fr. de moyenne pour toutes sortes de pays, ce sont des journées de 10.000 fr. que coûtent les 2.000 chevaux, dont la valeur avec les accessoires d'arbres, d'hélice et soutes, sera de bien près de 3 millions. On a dit qu'il était ruineux de se préparer constamment à la guerre pour maintenir la paix: il faut espérer qu'on sera effrayé de toutes parts de ce que coûterait la guerre une fois commencée, en charbon et réparation de ce matériel si délicat par ses machines. Car en dehors des chances de la guerre on sera bien heureux s'il n'y en a pas toujours la moitié ou au moins le tiers en inaction pour se réparer, dès que la navigation sera devenue active. Qu'on fasse le compte d'une escadre franchissant une grande distance, et des approvisionnements qu'il faudra lui préparer pour qu'une fois arrivée elle ne reste pas dans l'inaction : il y a là une sorte d'abîme financier qui n'a pas été sondé ; on va toujours vers lui en fermant les yeux, on construit, on invente, on modifie, mais à quel prix ? Personne n'a encore osé le calculer et le dire.

Difficultés des très-grandes puissances.

Et puis, quoiqu'on ait exécuté des merveilles industrielles, n'y a-t-il pas aussi dans ces problèmes audacieux des détails qui menacent d'entraver les succès, au moins pendant quelque temps? On a construit un navire de plus de 200^m de long, on peut bien en faire un de 148^m ; mais on ne lui mettra pas de roues, puisqu'il est destiné à la guerre, et il faudra que sa seule hélice, avec un tirant d'eau moins fort que les nôtres, utilise une force égale à celle que le *Great-Eastern* a distribuée sur deux propulseurs Les 2.500 chevaux nominaux qui seront multipliés par 4 comme dans d'autres machines, et qui auront un effort de 10.000 chevaux de 75^{km}, seront-ils produits par deux cylindres et deux bielles sur un arbre à manivelles, lorsque les mêmes pièces pour 1.330 chevaux nominaux nous ont tous étonnés à l'Exposition, et sont l'objet de notre inquiétude constante lorsque nous marchons à toute volée? Ou bien retombera-t-on dans les inconvénients de la complication d'un grand nombre de cylindres? Mais il faudra toujours que la dernière manivelle porte tout le travail des 10.000 chevaux et que sans avoir plus de surface agissante que pour 900 chevaux nominaux, l'hélice leur serve de point d'appui dans l'eau. Quand on songe à toutes les difficultés pratiques qui se présentent dès qu'on dépasse autant les limites habituelles, on est étonné des perfectionnements industriels qui deviennent indispensables. Que de moyens nouveaux il faut créer, quelle forge et quel tour, pour produire cet arbre avec ses deux ou ses trois vilebrequins! L'aspect de ce qui a été fait jusqu'ici doit empêcher de dire que c'est impossible. Si on veut le payer, on le fera ; mais de nouveau, à quel prix ?

Intérêt qu'inspirent les questions de la marine cuirassée.

Aussi ces questions excitent un tel intérêt, qu'on attend avec impatience les résultats des essais tentés en ce moment en Angleterre. Pour la grande navigation, ils se présentent avec autant de diversité que ceux des navires blindés de rivière en Amérique, où certes il doit y avoir d'autant plus à étudier sous ce rapport, qu'on y travaille pour employer aussitôt les bateaux à se battre, et non pour les soumettre à l'examen de commissions d'expériences. En attendant, il est à regretter de ne pouvoir transcrire ici les discussions des officiers et des ingénieurs distingués qui ont tenté de jeter quelque lumière sur ces questions. Lorsqu'il va paraître des cupolas sur mer, il est bon qu'en les voyant les capitaines connaissent un peu à l'avance ce qu'elles cachent. Ce sont les opinions du Capitaine Pellew Halsted qu'il serait utile de connaître, tant elles ont été formulées avec justesse, et ont montré le vrai point de vue de la question actuelle. En cela, le Capitaine Halsted n'a fait que continuer le rôle important qu'il avait joué en établissant d'une manière claire et précise les vraies conditions du navire de guerre à hélice. Aussi, lorsqu'en 1854 je publiai le Traité de l'Hélice propulsive, je fus heureux de donner un extrait de son ouvrage, dont les idées parurent servir de programme à la marine anglaise de cette époque.

Comparaisons générales.

Les espèces de débats d'avantages et d'inconvénients, qu'on a dû remarquer à chaque page, amènent naturellement à l'examen général des deux types adoptés par la France et l'Angleterre et à la recherche de celui qu'on croit se rapprocher le plus d'une bonne solution. Quoique cette question soit des plus difficiles, ce serait une omission regrettable que de ne pas en dire au moins quelques mots, et faute de mieux, d'émettre des idées personnelles. Je crois donc que pour le prix de revient, pour la manière dont elle est assortie aux ressources des arsenaux, pour la force réelle, pour la manœuvre et pour les sacrifices faits à la vitesse, *la Gloire* est relativement très-supérieure au *Warrior*. Elle a plus de canons protégés, pas un point vulnérable, et surtout, son peu de longueur relativement aux constructions anglaises, lui donne l'avantage si important de manœuvrer avec une grande célérité. Elle tournera dans des espaces beaucoup plus petits que les navires de 112 et 122^m de long, et par suite elle sera réellement propre à un combat presque corps à corps; car si l'abordage est une vraie lutte, la manière rapprochée de combattre des navires blindés sera une sorte de pugilat ou de boxe, dont l'arène sera la surface des mers. Il faudra donc une agilité de manœuvre d'autant plus grande que les distances respectives seront moindres, et si par hasard on en vient à se heurter comme les galères avec leur rostre, ce sera encore plus important.

Comparaison des vitesses.

Quant à la question de la vitesse que les marins mettent avec raison, presque au-dessus de tout, nous devons être satisfaits des résultats de *la Gloire*. Elle a filé à ses premiers essais 12ⁿ,72 (23ᵏ,57) sur une base d'environ 5 milles marins (9265ᵐ), et un peu plus tard 12 nœuds (22ᵏ,24) sur une base de 40 milles (74ᵏ,0), ce qui équivaut à peu près aux 13ⁿ,5 (25) obtenus par *la Normandie* sur la digue de Cherbourg, c'est-à-dire sur une base d'un mille marin (1853ᵐ), parcourue en moins de quatre minutes et demie. Le *Warrior* a eu 14ⁿ,5 (26ᵏ,87) en quatre minutes, et le *Black-Prince* 13ⁿ,5 (25ᵏ,01) à ses seconds essais seulement, tous deux sur cette même base. Or ceux-ci sont des navires en fer, qui avec des surfaces de carène aussi étendues ne peuvent espérer conserver leur marche que pendant quelques semaines après la sortie du bassin et sont exposés à perdre jusqu'à deux nœuds après six ou sept mois. Il n'y a donc pas entre les deux navires une différence de marche qui puisse équivaloir à la difficulté de manœuvre, à la vulnérabilité des extrémités et à la dépense énorme à laquelle on s'est soumis.

Ces résultats portent à croire que si les formes effilées des paquebots conviennent à la marche, et que si on a eu des preuves que des allongements, même par le centre, ont augmenté le sillage, il est probable que ce n'est pas dans un rapport assez grand pour compenser le surcroît de poids d'une longue cuirasse. Aussi d'après les baux et les tirants d'eau, moins la quille de *la Gloire*, parce que le *Warrior* n'en a pas, on trouve que les maîtres couples, en les supposant proportionnels aux rectangles circonscrits, sont à peu près 98ᵐᵐ d'un côté et 108ᵐᵐ de l'autre. En outre comme *la Gloire* et *la Normandie* sont toutes neuves et se ressemblent, et qu'au lieu d'estimer la vitesse sur une longue base comme la première, celle-ci s'est mesurée sur une longueur d'un mille comme le *Warrior*, et a filé 13ⁿ,5 du même genre que les 14ⁿ,5 du *Warrior* fraîchement peint, il n'y a pas d'exagération à comparer des vitesses estimées d'une manière semblable, quoique éloignée de la réalité, d'autant plus que le *Black-Prince* fraîchement peint n'a fait de la sorte que 13ⁿ,5. Il en résulte que l'utilisation de *la Normandie* ou de *la Gloire* pour leurs 900 chevaux nominaux est égale à celle du *Warrior* pour ses 1.350 qui ont cependant une pression plus élevée, et qu'en eau calme les différences de proportions de ces navires n'ont pas autant d'influence sur leur vitesse qu'on pourrait le croire. Toutefois, il y a lieu d'observer que les propulseurs présentent de très-grandes différences, que les carènes en cuivre se salissent aussi par l'effet galvanique du fer, et que ces influences diminuent l'exactitude de ce qui vient d'être dit et le réduisent à une probabilité assez vague.

Le poids des cuirasses est un obstacle aux navires longs.

Cela conduirait à penser que si avec le bois nu et une coque légère, il était préférable d'avoir une grande longueur comme les paquebots ou la grande frégate russe le *Général-Amiral*, il n'en est plus tout à fait de même maintenant. En effet, on obtenait ainsi pour un nombre égal de pièces une plus grande hauteur de sabord, de manière à employer toute l'artillerie quand un vaisseau n'aurait pu ouvrir sa batterie basse. La grande frégate étant plus rase sur l'eau qu'un vaisseau et ayant une muraille aussi vulnérable que le bois, elle présentait un but moins élevé et devait, par conséquent, plus profiter des erreurs les plus fortes du tir, celles en hauteur. De plus, on se mettait dans les conditions reconnues pour être les meilleures par tous les constructeurs de paquebots, et on se donnait les mêmes chances de navigation qu'à ces derniers et aux Clippers. La liaison de navires longs en bois était la seule difficulté et elle paraissait avoir été surmontée en Amérique. Il restait à savoir si de tels navires auraient résisté longtemps à l'impulsion d'une machine puissante ; mais comme tous les bâtiments étaient en bois, c'était une question de charpente plutôt que de formes. Les cuirasses ont changé ces conditions à cause de leur poids, de leur position et de la manière dont il est probable qu'elles forceront à combattre ; elles amènent à des éléments contradictoires qu'il est difficile de coordonner. Ainsi pour avoir de la hauteur de batterie il faudrait ménager la surface de cuirasse surtout aux extrémités dont les formes fines ne déplacent pas d'eau et ne portent pas leur poids, même sur des navires ordinaires. Il y aurait donc intérêt à augmenter le déplacement sans allonger, c'est-à-dire avoir plus de largeur ou de tirant d'eau ; la première modification augmenterait encore les roulis, la seconde est limitée par les bassins et les ports fréquentés. Ajouter à la longueur servirait moins sous ce rapport puisqu'on augmenterait le poids de la coque et surtout celui du blindage. Si au contraire il s'agit de marcher plus vite ou d'avoir plus de combustible, tous les paquebots ont prouvé qu'il faut allonger le navire pour avoir plus de tonnage sans être forcé de diviser une plus grande masse d'eau, et si un navire blindé arrive à gagner par l'allongement, c'est à un prix bien plus élevé que par l'accroissement de tirant d'eau. On voit encore là une contradiction qui a été cause de l'adoption des extrémités vulnérables du *Warrior*; idée qui est aussi juste sous le rapport des qualités nautiques et de la navigation, qu'elle se montrerait erronée au moment d'un combat. Elle fait aussi comprendre que *la Gloire* a les avantages et en partie les inconvénients inverses. On le voit sur les deux figures en remarquant que tous les rectangles qui représentent les plaques de fer pèsent près de 1.000^k le mètre carré pour chaque côté, c'est-à-dire 2.000^k sur le point où ils se trouvent portés sur la figure et qu'il y a sous l'eau une rangée de 2^m qui n'est pas marquée.

Cette nécessité d'avoir du déplacement en profondeur, sans pour cela augmenter le tirant d'eau, a sans doute fait profiter de la solidité des constructions en fer pour mettre des quilles insignifiantes; on peut même les supprimer tout à fait comme à bord de quelques paquebots, de l'*Achilles*, du *Warrior*, du *Northumberland* et autres, qui ont de chaque côté une ou deux quilles exiguës dans le but de diminuer les roulis comme on le voit sur les figures 1 et 2, Planche V. Il est probable que les constructions blindées en bois qui maintenant n'ont plus à redouter la dérive, puisqu'elles n'ont pas de voiles, gagneraient bien une trentaine de centimètres de hauteur de batterie en abaissant leur fond à 0^m,58, ou 0^m,60 que présente l'épaisseur de la quille et de la fausse quille, ou bien qu'elles profiteraient de 0^m,60 de tirant d'eau sans rien changer à leur marche. Dans le premier cas, l'augmentation du maître couple ne produirait pas trop de perte de marche, même si la puissance n'était pas proportionnée à sa nouvelle surface, et si ce rapport était rétabli par un surcroît de puissance, il resterait un gain notable de hauteur de sabord. Le roulis vient, il est vrai, s'interposer, en ce qu'il est diminué par la surface de la quille; mais les formes et la position des poids n'ont-ils pas plus d'influence ? C'est encore ce qu'on ne sait guère.

Les navires à vapeur employés comme bélier.

A tout ce qui précède les navires à vapeur, blindés ou non, présentent dans leur application une particularité très-remarquable dont il n'a pas

encore été question ; c'est l'idée d'employer l'inertie de leur masse et la
force de leur machine à servir de bélier pour couler les navires. Dès 1843,
l'amiral Labrousse avait proposé ce moyen dans un Mémoire remarquable
sur l'hélice propulsive. Depuis, il a poursuivi cette idée, combiné plusieurs plans, et on peut assurer qu'il est le premier qui ait proposé le
bélier d'une manière rationnelle. Tant qu'on a eu des coques en bois et
des mâtures élevées, on a trouvé trop de dangers pour l'abordeur. Mais
lorsqu'il a fallu dénuder entièrement le navire pour l'assortir à son nouveau rôle, et que sa cuirasse l'a presque préservé de la destruction par
les projectiles, on est revenu à cette idée. Si l'on s'est contenté de faire
une étrave rentrante à *la Gloire*, on a installé un véritable éperon sur *le
Magenta* et sur d'autres navires. Il a fallu naturellement ajouter des poids
considérables à l'avant pour former cet éperon, lui donner la saillie nécessaire et consolider toute la charpente voisine. Car maintenant il ne
s'agit plus de pénétrer dans un corps mou comme du bois ou de la tôle
dénudée, mais bien d'enfoncer des plaques de fer forgé de $0^m,12$ appli-
quées sur une muraille de bois croisé de $0^m,80$ d'épaisseur. De plus cette
surface est soutenue par le bois ou le fer debout des baux (voir *fig.* 1,
Pl. V), et par les planches des deux ponts les plus solides, de manière à
répandre l'effort sur presque tout le navire. Il y a donc lieu de croire que
le flanc du navire blindé résistera autant que l'avant de l'éperon, qui, par
sa charpente, est une partie qui a toujours nécessité d'être consolidée par
beaucoup de pièces additionnelles pour lier les deux côtés. Il est à craindre
que ce soit comme un homme cherchant à casser la tête de son ennemi
en frappant dessus avec la sienne. De plus, comme l'action est égale à
la réaction, le choc sera le même pour tous les objets renfermés dans les
deux navires, et même plus fort pour l'abordeur qui, arrivant debout sur
un navire en travers, sera plus arrêté que l'autre ne sera remué. Il sera
d'autant plus violent que les corps choquants seront plus durs, et dès
lors il y a lieu de craindre de grands désordres intérieurs. En effet, si les
chaudières sont crevées par la secousse de leur eau ajoutée à la pression,
ou si elles se déplacent de quelques centimètres, leurs tuyaux se fendront
et tout sera envahi par l'eau bouillante et la vapeur. Dans l'abordage de
la frégate de 44 canons *la Galatée*, avec le vaisseau de 74, *le Trident*, la
frégate était au plus près filant 6 ou 7 nœuds ; le vaisseau, grand largue,
filant 11 nœuds ; leur mâture, qui résistait aux coups de vent et aux roulis,
fut abattue malgré son gréement, sauf le grand bas mât et l'artimon ;
beaucoup d'objets furent déplacés ; la frégate fut repoussée à culer, au

point que l'eau, entrée par les sabords de l'arrière, arracha des cloisons. Le vaisseau eut sa poulaine rasée, mais il lui resta sous la flottaison un écart de l'étrave faisant un véritable éperon de chêne qui fut très-peu émoussé, quoiqu'il eût défoncé la frégate sous la flottaison en dessous du bossoir et fait une voie d'eau qui, placée plus bas, eût peut-être été funeste. *La Galatée* fut tordue de plus d'un demi-mètre et sa charpente déliée ; mais ni l'un ni l'autre des deux navires ne coula. Il est vrai que des abordages moins violents ont coulé des navires pris par le travers avec une facilité quelquefois effrayante.

Conséquences de l'emploi de l'éperon.

Mais quand un vaisseau se ruera sur un autre, il ne saura guère sur quoi il portera et il y a beaucoup de cas où les coups ne tomberont pas sur des parties faibles. Les navires comme *la Gloire* n'en ont pas une seule, puisqu'ils sont bardés de toutes parts de $0^m,12$ de fer ; quant au *Warrior*, c'est alors que ses cloisons seraient de quelque utilité. Je crois que dans l'état actuel des choses, ce sera le plus petit des deux navires qui souffrira le plus, qu'il aborde ou qu'il soit abordé, et qu'il n'y aura danger que si la disproportion est très-grande. En outre, si le choc est oblique, et encore plus si les deux masses sont animées d'une grande vitesse, n'est-il pas probable que si l'éperon fait du mal, c'est-à-dire s'il pénètre, il courra grand risque d'être arraché en démolissant l'avant ? Qu'on se figure deux *Gloires* pesant chacune $5.600.000^k$, filant une dizaine de nœuds ou 5^m par seconde et s'abordant d'équerre, car il n'y a pas d'autre direction à choisir ; et qu'on se demande si, dans le cas où il y aurait pénétration, c'est-à-dire danger pour l'abordé, il n'y aura pas autant de chances de voir le nez de l'un arraché que le flanc de l'autre défoncé ? Il y a donc bien de l'inconnu et, selon moi du moins, peu de chances d'utilité réelle dans cette disposition. Je ne puis comprendre l'éperon que placé à plus de 2 ou 3^m sous l'eau et très en saillie, c'est-à-dire affaibli, afin de frapper avant que les navires ne se rencontrent par leurs parties supérieures. Alors il s'adresserait réellement au défaut et non au fort de la cuirasse ; et s'il est douteux que sur des surfaces obliques de bois épais de $0^m.70$, il puisse percer sans être rompu, il est au moins probable qu'il découperait la tôle d'une coque en fer, et cela sans choc violent, car la tôle se coupe avec une facilité effrayante. Mais si de tels moyens ont des chances de réussite, c'est contre l'hélice, surtout lorsqu'elle a des ailes nombreuses. Ce propulseur est par sa nature si délicat, qu'une barre de fer un peu forte engagée entre ses ailes en causerait aussitôt la rupture, si toutefois il n'était pas stoppé à propos. Il y a donc à ce sujet beaucoup de doutes qu'aucune expérience n'est encore venue lever ; et comme il faut une guerre pour en avoir de réelles, nous resterons longtemps dans les discussions des hypothèses. Ce ne serait donc que s'il ne nuisait en rien aux qualités du navire, qu'il y aurait lieu d'adopter l'éperon comme en cas ; mais malheureusement il n'en est pas ainsi. Son poids considérable agit au bout d'un long levier sur l'avant déjà trop lourd d'un navire trop ras sur l'eau pour ce qu'il pèse. Il y a donc là une aggravation de défauts déjà très-graves et, comme nous le verrons plus tard, qui sont inhérents à l'espèce du navire. Aussi, j'avoue que si je crois que l'étrave verticale de *la Gloire*, qui ne surcharge d'aucun poids inutile, est bien préférable à la poulaine élancée du *Warrior*, qui a été qualifiée avec raison de pare à choc, elle ne me paraît cependant pas assortie au rôle d'éperon. Sa saillie est à la flottaison (voir Pl. I), et s'adresse à ce qui est le plus solide : aussi elle servirait tout au plus contre un navire en bois, dont les obus viendraient plus facilement à bout. Je pense qu'il en est de même des éperons pointus placés à la flottaison, et que c'est fatiguer un navire pendant toute son existence, comme un homme constamment en garde, sans savoir encore comment cet engin serait employé.

Importance de connaître l'escrime de l'éperon.

Il aurait été cependant très-utile de tenter d'apprécier cette nouvelle arme, non pas en l'essayant comme on éprouve les plaques de blindage et en buttant sur un vieux navire immobile et sacrifié, mais en cherchant à connaître les nouvelles manœuvres que son usage entraînera. J'ai toujours regretté que la construction des avants de nos nouveaux navires n'ait pas été précédée par des sortes de joutes entre deux champions bien garnis de bois mou et de vieux câbles, pour éviter les méprises. Ce serait naturellement avec l'abordeur marchant mieux que l'autre navire : car à vitesse égale, il est évident qu'il n'y a d'abordage que par surprise. Je crois que même avec 2 nœuds ($3^k.7$) de différence, il serait facile d'amener l'abordeur à ne frapper que très-obliquement ou avec la différence des vitesses qui est insignifiante. Il serait alors réduit à la méchanceté peut-être plus profitable, de chercher à introduire quelque chose dans l'hélice pour la briser, si elle n'était pas arrêtée à propos. Cette nouvelle arme nécessiterait une véritable escrime entre ces chevaliers de 6 millions et de bientôt 12 millions de kilogrammes, animés à volonté de 6 à $7^m,2$ de vitesse par seconde. Il leur faudrait pour champ clos une nappe d'eau plus grande que la rade de Toulon afin de se retourner et de prendre du champ, parce qu'une assez grande vitesse serait nécessaire ; car si une forte masse produit un choc violent, elle n'acquiert pas plus promptement de la vitesse qu'un train de marchandises dans une petite longueur. Entre navires isolés l'éperon ne jouera, je crois, aucun rôle, parce qu'il sera trop facile à éviter ; aussi on a dit qu'il serait utile dans les mêlées, parce que ne le voyant pas venir, on ne pourra l'éviter. Mais alors comment saura-t-il lui-même où il va ? Quand la fumée empêchera de diriger les boulets, comment conduira-t-on l'éperon au but ? Sur la surface unie des mers, il n'existe pas de moyens de voir sans être vu ; pourtant il faudra un horizon assez étendu pour faire les évolutions nécessaires et être sûr de ne pas aborder des amis. La surprise de navires au mouillage, et placés en travers de la route par laquelle on peut arriver sur eux, est le seul cas où l'éperon puisse agir avec certitude d'atteindre en bonne direction. Il en est alors comme de l'escrime au mur : le bouton du fleuret frappe toujours le rond tracé par le maître d'armes ; mais dès qu'il y a liberté de mouvement entre deux adversaires, il devient plus difficile d'atteindre, et c'est alors de la véritable escrime ; ce sera la condition naturelle des navires à éperon. Cependant, c'est le thème favori des inventeurs de l'Exposition, et il y avait bien peu de modèles qui n'eussent cette pesante addition ; on en voyait à chaque extrémité, et on a même eu l'idée en Europe comme en Amérique de construire des navires sans canons, n'ayant que leur éperon pour toute arme. L'Amirauté seule n'en avait aucune trace sur ses modèles, et paraissait avoir adopté un avant dans le genre de celui de *la Gloire*, ou un peu plus courbé, mais toujours avec la saillie à la flottaison.

Abordage entre navires blindés.

L'abordage a été aussi mentionné comme moyen d'attaque ; car si on s'est évertué à rendre les navires blindés invulnérables, les esprits ont cherché aussi comment avec eux, on en viendrait réellement aux mains. Ici on éprouve, je crois, moins de doute qu'avec l'éperon ; car il faut songer que ce ne sera plus le navire du vent qui viendra engager son beaupré dans les grands haubans, et presser sur son adversaire, tandis que les mâts et le gréement embrouillés maintiendront la réunion mieux que de légers grapins. Il n'y a plus de beaupré pour servir de pont; mais surtout il se trouve dans la cale une force de 3 à 4.000 chevaux, qui en quelques secondes pousse en avant et en arrière presque à la parole, et qui, capable d'imprimer une vitesse de 6^m par seconde ou de 22^k à l'heure à 6 millions de kilogrammes, exercera des efforts énormes sur la jonction accidentelle de deux vaisseaux. Ce ne seront plus des grapins d'abordage, mais des ancres de bossoir à pointes aiguës et pesant 4.000^k qu'il faudra mouiller sur le pont de l'ennemi, et tâcher de faire tomber dans le trou d'une écoutille. Il faudra que les appareils à les lancer soient cachés pour n'être pas détruits par les boulets, ainsi que les moyens de roidir pour opérer la jonction plus étroitement que jadis, puisqu'il n'y a plus, ni mâts, ni réseau de cordes, ni porte-haubans extérieurs, pour servir à passer. Enfin, la jonction eût-elle lieu, la puissance de la machine exercée en avant ou en arrière rapprochera, éloignera, secouera tellement les deux navires, que le passage sera souvent impossible ou interrompu. Là-dessus encore nous resterons long-temps bornés aux raisonnements de chacun, et plus que jamais le canon paraît être la seule arme destinée à jouer un rôle sur mer.

Importance de la machine à vapeur sur les navires blindés.

Dans ce qui vient d'être dit, on a remarqué quel rôle important joue la machine, puisque si elle peut aider aux différents genres d'attaque, elle seule aussi sert à les éviter. Nous avons vu également combien on pouvait compter sur sa puissance pour les plus fortes voies d'eau et que l'abandon forcé des voiles l'amenait à être le seul moteur du navire cuirassé. Jamais en effet le moteur mécanique n'a été si important; l'honneur et le salut du navire lui sont confiés; et comme un détail peut le réduire à l'inaction, jamais aussi il n'a été plus nécessaire de le juger avec sévérité, tout en ne lui refusant pas les conditions utiles à sa solidité. On ne saurait trop s'en convaincre, et nous reviendrons plus tard sur ces idées, quand il sera question des machines de l'Exposition.

Les mouvements des vagues influent sur les qualités des navires.

On ne peut quitter la question des navires blindés sans chercher à apprécier la manière dont ils se comporteront au large dès qu'ils seront exposés à de la grosse mer, comme nos anciens vaisseaux, et ils ont si peu navigué jusqu'à présent, qu'on ne possède pas encore une expérience réelle. Toutefois, il y a quelques conséquences à tirer de ce qui a été observé et de leurs nouvelles dispositions. Ainsi les matériaux qui les forment étant beaucoup plus lourds, ils ne peuvent être aussi hauts sur l'eau que les autres navires, relativement à leur poids. Ils seront donc toujours très-ras : c'est la conséquence de leur nature. Cela ne présente aucun inconvénient sur des eaux calmes ; alors tous les calculs sont exacts, ils ne traitent que des conditions de repos et d'équilibre, puisque le navire ne s'élève ni ne s'abaisse. Mais dès qu'il y a de la mer, il survient des mouvements violents dont les effets sont inconnus, et sur lesquels il est probable qu'on ne saura jamais rien de positif; car, pour commencer par la mer qui porte les navires, je ne crois pas que jamais on connaisse et apprécie assez mathématiquement une vague pour qu'elle serve de base à des calculs. Qu'est-ce que cette colline bleue et miroitante qui s'avance si vite dans le sens horizontal, lorsque ses molécules ne changent pas de place, et se bornent à monter et descendre l'une après l'autre? Car il n'y a translation de l'eau que lorsque la mer déferle, comme sur les bancs. Au large, la houle précède toujours et soulève le navire avant que la lame déferlante soit arrivée, et c'est à cet effet que nous devons notre sécurité. Si l'écume précédait la houle comme sur les bancs et sur les barres de l'embouchure des rivières, on courrait de grands dangers.

Influence des poids suivant leur position.

Ce qui se passe dans le navire est également inappréciable; chaque poids remué réagit par son inertie, et cette action dépend de sa position. Ainsi, nos énormes chaudières sont simplement placées sur les carlingues et à peine maintenues par une latte clouée; elles ne bougent pourtant pas plus que les câbles enroulés sur la plate-forme de la cale. Ils s'inclinent cependant autant que le reste, mais ils n'éprouvent presque pas de mouvement de translation. Au contraire, à mesure qu'on s'éloigne du centre, tout se transporte violemment à droite et à gauche, les mâts fouettent malgré leurs haubans, et les canons ou les ancres exigent qu'on les couvre de cordes pour les maintenir à leur poste. On a eu l'exemple d'un obusier de 80 sur une frégate à vapeur, et de deux canons de 30 sur une corvette, qui, pendant la guerre de Crimée, ont été jetés à la mer par un coup de roulis. Quelles doivent donc être les réactions de toutes ces plaques de fer boulonnées en dehors du navire, là où leur levier est le plus long et leur mouvement le plus rapide? Ce sont des effets inappréciables, mais dont l'énergie ne saurait être contestée, et qui influent beaucoup sur la manière dont le navire se comporte. C'est le manteau de plomb des damnés dans l'enfer du Dante : comment nos nouveaux navires le porteront-ils dans ces chemins raboteux que présentent les vagues? Les machines ont rendu insouciant sur la distribution des poids, en ce qu'elles ont une force si variable et si inconnue que les gains ou les pertes de marche leur sont attribués. Au contraire avec les voiles dont la surface relative variait peu d'un navire à l'autre, on remarquait des différences très-grandes, autant pour des changements d'angle des mâts ou la différence de tirant d'eau, que pour la position des poids. Il y avait des marches perdues et quelquefois retrouvées, sans que souvent on sût pourquoi. Personne ne connaît davantage quelle influence exerce ce pendule horizontal qui, sous forme de cuirasse, a pour levier la largeur du navire, $16^m,80$, et dont les lentilles sont les 1.000 tonneaux de blindage et les 1.000 tonneaux de muraille et d'artillerie situés sur les côtés extérieurs. Si cette masse est difficile à mouvoir, elle est aussi difficile à arrêter, et en rendant les roulis plus doux, elle en augmente démesurément l'amplitude. Au contraire, il est probable que si par ses formes le navire avait peu de tendance à rouler, cette même masse diminuerait plutôt les oscillations par sa résistance. Il faut que tout ce qui regarde cette question manque totalement de base, puisqu'à notre époque de science et de calcul on roule plus qu'on ne l'a jamais fait; c'est général, et nulle part on n'entend parler du remède. On dit que cela vient de ce que les navires sont relativement plus longs; mais est-ce une loi naturelle? Il y en a dont l'allongement a été fort petit et qui roulent beaucoup. Si, au milieu de cette obscurité, il est permis de dire ce qui a été remarqué à la mer, j'observerai qu'étant de ceux qui ont assisté à l'adoption des murailles verticales au-dessus de l'eau et placées sur des fonds ronds, il m'a été possible d'établir quelques comparaisons générales à l'époque de ces changements. Beaucoup d'entre nous se souviennent sans doute qu'on se plaignit alors de la dureté des mouvements de roulis ou de rappel, et que l'accroissement de la stabilité de forme fit débarquer une partie du lest des navires sans rentrée, qui paraissent être des intermédiaires entre les anciennes constructions et celles du capitaine Symonds, qui n'avaient plus de lest, mais fatiguaient d'une manière exceptionnelle. On reprochait aux frégates de 44 de n'avoir pas le flanc assez solide et de donner facilement une première bande gênante pour l'artillerie, mais les anciens vaisseaux se conduisaient si bien, qu'on en cite encore en Angleterre, qui, avec 6 pieds de hauteur de batterie (1^m,83), tiraient du canon avec trois ris dans les huniers, c'est-à-dire avec une grosse mer, quand les autres avaient leur batterie basse fermée.

Influence de la dimension des navires sur la hauteur des sabords.

Rien ne fera gagner de la hauteur de batterie comme un roulis modéré; pour le navire blindé, rester droit comme une gaffe dans l'eau sera une très-grande qualité, parce qu'il tirera juste et par de gros temps. Par les meurtrières étroites de ses canons il pénétrera moins d'eau, quand celle-ci viendra les chercher en sautant, que lorsqu'au roulis elle entre pendant qu'on reste longtemps incliné à la fin du mouvement, comme à l'extrémité de la course d'une balançoire. La dimension des navires vient encore compliquer cette question en ce que les sabords doivent être d'autant plus élevés que le navire est plus grand. Nous le voyons en considérant diverses sortes de bâtiments : les chasse-marées sont au ras de l'eau, les petits bricks ont leurs sabords à 1^m du niveau, les corvettes en dessus et les anciennes frégates à 1^m,80 au plus. On en a eu beaucoup de preuves et sans qu'on puisse établir des chiffres certains, il est probable que la hauteur de batterie doit être proportionnelle au bau, pour qu'avec la même mer et des angles de roulis égaux on puisse ouvrir également les sabords. Aussi un navire de 5.000^T de déplacement n'ouvrira pas ses sabords, lorsque celui qui ne pèse que 2.500^T tirerait facilement du canon : cela est une chose bien reconnue. Voici donc une nouvelle difficulté ajoutée à toutes celles énumérées plus haut, puisqu'en élevant les sabords on alourdit le navire et on diminue ainsi l'avantage de l'exhaussement.

Importance d'avoir des roulis modérés.

Mais comment parvenir à diminuer ce mouvement latéral? est-il vrai que les clippers américains, dont les couples du milieu sont presque des rectangles, se comportent bien, ou n'est-il pas plus probable qu'on arriverait au but désiré en revenant à la rentrée exagérée des constructions du temps de Louis XV et de Louis XVI? Cette forme rentrante vers le centre devait alors être regardée comme bien nécessaire, puisqu'on la donnait même aux navires à batterie barbette, tels que *la Diligente*, à une époque où la caronade était inusitée et où il fallait l'espace du recul des pièces malgré les dromes et les écoutilles. De plus, on diminuait l'empâture des haubans, et sur le pont on manquait de place pour la manœuvre, ce que les marins de ce temps-là devaient apprécier aussi bien que ceux de notre époque pour leurs manœuvres d'ensemble. Nous croyons maintenant, que les marins ont eu tort de pousser à l'adoption des murailles droites, pour quitter les anciennes constructions remarquables par l'aplatissement de leurs varangues, le volume de leur fond et le rétrécissement supérieur qui donne à leur section l'aspect d'une poire tronquée. Toutefois il faut dire que l'adoption de la rentrée des anciens vaisseaux présente des difficultés inconnues avant l'adoption des cuirasses. Les courbes suivies par la membrure exigeaient seulement du bois de formes spéciales devenu rare, tandis que maintenant il faudrait donner des doubles courbures et des surfaces gauches à des plaques de fer de $0^m,12$, qu'il y a profit à faire très-grandes. Si un pareil travail est exécuté à l'atelier de fabrication, il exige l'envoi de gabarits très-exacts et devient très-dispendieux. Avec la presse hydraulique, comme nous avons vu qu'on l'exécute pour l'*Achilles* à Chatham, il y aurait encore des dépenses considérables, et la crainte de ne pas porter exactement sur la surface du bois. Il faudrait donc que l'avantage des formes rentrantes fût mieux reconnu pour se soumettre à des surcroîts de dépenses, afin de mettre les navires blindés dans leurs vraies conditions de force par un bon tir, et de sécurité, en tenant le bas de leur cuirasse sous l'eau : car ce n'est pas tout que d'avoir des canons, il faut pouvoir s'en servir, et si cette qualité ne se compte pas en chiffres et ne s'inscrit pas dans les procès-verbaux comme les nœuds de la vitesse, elle est cependant aussi importante.

Intérêt qu'il y aurait à étudier le roulis par des expériences.

Cette question du roulis est devenue très-importante, car un navire qui roule outre mesure est comme un homme ivre qui trébuche en couchant en joue : les coups de l'un ne sont pas plus à craindre que ceux de l'autre. On dépenserait maintenant une forte somme à faire des expériences sérieuses sur le roulis, afin d'en connaître assez les lois, pour arriver au minimum de mouvement, que ce serait de l'argent bien placé. On se borne partout à essayer les vitesses sur une mer calme, car il est vrai de dire qu'elle seule est réellement définissable. On a des bases, des alignements, on compte les secondes aux passages des extrémités de ces bases, on y apporte l'exactitude des courses du Champ de Mars. Le tout pour constater qu'on a obtenu telle vitesse pendant cinq minutes et on peut dire qu'on a des machines de course aussi peu assorties à un service réel, que les chevaux qui font gagner les parieurs le sont à traîner un canon ou une ancienne malle-poste. Là se bornent les expériences, jamais les recherches ne sont portées vers les mouvements et les qualités, ni vers l'influence des formes et de la position des poids à la mer. C'est un contraste bien fâcheux avec cette tendance si raisonnable vers des expériences sérieuses, qu'on remarque souvent à notre époque et qui seule assure les vrais succès. C'est par des faits acquis que des merveilles industrielles ont réussi du premier coup. C'est en faisant des ponts d'essai à l'énorme échelle d'*un sixième de la réalité* et en les chargeant jusqu'à ce qu'ils fussent brisés, qu'on a connu les forces et les dispositions des tôles qui convenaient au problème audacieux de faire passer des locomotives et leur train à travers le détroit de Menai et plus haut que la pomme des navires. On croyait d'abord la forme cylindrique plus solide, l'expérience montra le contraire, et en passant par l'ovale on en vint à reconnaître que le double tube rectangulaire offrait seul des garanties. C'est ainsi que les mécomptes sont évités et qu'on arrive au but sans avoir semé la route de millions et encombré le matériel d'inutilités. Faisons donc des vœux pour qu'un gouvernement ou plutôt une de ces institutions, auxquelles l'Angleterre doit de répandre partout les lumières de la pratique, pense bientôt à diriger ses recherches vers ce but important. De quelque côté et par quelque moyen que nous arrive ce bienfait, nous pouvons déclarer que les passagers et les marins béniront profondément le constructeur, qui, en diminuant les roulis, rendra leurs voyages agréables, et donnera les moyens de tirer du canon avec exactitude.

Le défaut de la cuirasse découvert par le roulis.

L'influence du roulis est plus importante encore pour le défaut de la cuirasse qui n'est qu'à 2^m sous l'eau en pleine charge et à $1^m,40$ quand le charbon est entièrement brûlé. On se figure peu l'étendue des surfaces de carène qui sortent à chaque coup de roulis, lorsque la lame ayant soulevé un des côtés du navire et donné le mouvement dans un sens à toute sa masse, passe aussitôt de l'autre côté et laisse le premier en l'air. Il y a dans cet effet un isochronisme qui permet d'apprécier le moment où on verra le dessous de la cuirasse ; et comme entre de tels navires les coups ne feront de mal qu'à cette seule place, il vaudra mieux que les chefs de pièce attendent longtemps pour envoyer un coup plus funeste que de se hâter de tirer des douzaines de boulets sur les plaques.

Le problème simplifié par la diminution des voiles.

Si le problème avait des bases assez vraies pour donner un bon résultat et se passer d'expériences directes, il serait simplifié en ce que nous n'avons plus besoin d'autant de stabilité que jadis ; car avec une voilure élevée et un gréement assez solide pour lui résister en servant habituellement à porter le moteur, il y avait crainte d'engager par méprise ou par des temps forcés et même de chavirer. Plusieurs navires l'ont prouvé, entre autres *l'Olivier* et *la Doris* en rade de Brest ; d'autres ont exigé de grandes modifications dans les formes, comme *le Caffarelli*. Il fallait alors que la stabilité du navire eût un excédant de force capable de faire plutôt démâter. Le soufflage du *Valmy* n'aurait pas été nécessaire s'il avait été rasé, blindé et voilé de trois goëlettes. Il n'en est plus de même ; on ne chavirera jamais avec ces trois goëlettes et deux focs ; il n'y a pour se le figurer qu'à comparer la voilure de *la Gloire* à celle du *Warrior* qui, s'il est plus long, n'est pas beaucoup plus large.

Mouvements longitudinaux du tangage.

Si nous en venons à examiner le mouvement longitudinal, nous remarquons qu'il est produit par le dénivellement des vagues qui élève ou abandonne, et laisse retomber tantôt l'avant, tantôt l'arrière ; car que se passe-t-il quand on remonte l'obstacle du vent et de la mer ? La lame arrive et ne soulève l'avant que parce qu'il présente un volume qui une fois plongé agit de bas en haut avec une force suffisante pour vaincre l'inertie de 5 ou 6 millions et bientôt 12 millions de kilogrammes que pèse le navire. Si cette force est suffisante elle les fait osciller dans le court espace du passage de cette vague qui, aussitôt après avoir abandonné l'avant en l'air, va soulever l'arrière. Le mouvement ainsi produit est d'autant plus violent que ces extrémités déplacent plus et produisent plus d'effort. Nous l'avons éprouvé quand on a mis des machines à nos vieux vaisseaux dont l'avant et l'arrière se renvoyaient la balle en torturant la charpente, faisant cracher les étoupes, et surtout en arrêtant le sillage. L'un d'eux remontait un mistral frais dans les îles d'Hyères et filait 9 à 10 nœuds malgré la surface de sa coque et de sa mâture ; arrivé à l'ouvert de la petite passe, il fut arrêté court, quoique le vent n'eût pas fraîchi. C'était par cela seul que rencontrant de la mer, toute la force était dépensée à tanguer sur la lame et à repousser des flots d'écume produite par les chutes successives de l'avant. Cependant la machine donnait presque le même nombre de coups de piston, de sorte que sa force était à bien dire employée à torturer la charpente et à faire fouetter la mâture. C'est ce qui a conduit peu à peu les paquebots à être si aigus aux extrémités et jusqu'à leur lisse du plat-bord, pour n'avoir pas à chaque coup de tangage cette transition si brusque des formes inférieures aussi effilées que celles d'une goëlette, aux gros avants d'une galiote hollandaise. Les paquebots divisent l'eau quelle que soit l'immersion de leur avant ; on peut dire que l'élévation de la lame augmente leur tirant d'eau sans changer leur forme, tandis que les deux effets sont violemment produits avec les gros avants.

Les navires à voiles avaient des avants assortis à leur moteur.

Aussi faut-il dire que ces derniers n'avaient pas été faits pour couper la lame d'équerre sous l'impulsion d'une machine. Ils étaient disposés pour la voile, avec laquelle il fallait avant tout bien virer de bord et qui ne permettait de s'approcher à 6 quarts ou 68° de la direction du vent qu'avec du beau temps. Quand la brise fraîchissait, il fallait prendre des ris, on ne portait plus qu'à 7 quarts avec 1 quart ou 11° 15' de dérive, on allait parallèlement à la longueur des vagues et de l'une à l'autre, mais plus à leur rencontre. Enfin avec mauvais temps, on mettait en cape et l'on cédait le moins possible aux efforts du vent et de la mer. Il a donc fallu affuter les avants pour ainsi dire, et allonger les navires, pour couper les vagues comme nous le verrons à propos des paquebots ; mais aussi comme il fallait éviter de passer au travers des lames, les avants ont été exhaussés pour avoir du déplacement accidentel en hauteur et en longueur sans cesser de couper.

**Nécessité de couvrir l'avant des navires à vapeur rapides
et des bâtiments cuirassés.**

Comme avec une marche rapide ce n'était pas encore suffisant, il a fallu en venir à couvrir l'avant d'un pont pour empêcher l'eau d'envahir l'intérieur ; les paquebots sont cependant très-légers relativement à leur hauteur, c'est-à-dire qu'il y a un grand rapport entre le volume immergé représentant le poids et celui de l'extérieur qui à bien dire représente alors la force destinée à faire passer par-dessus les vagues. Aussi comparant le *Warrior* dont le poids est d'environ 9.000$^\text{t}$ avec le *Persia* tracé par-dessus en ponctué, dont le poids était de 4.100$^\text{t}$ à ses essais, on voit que ce dernier n'en est pas moins beaucoup plus haut sur l'eau. En outre il est couvert à l'avant d'un pont supérieur sans rebord pour rejeter l'eau en dehors ; de sorte que si son avant traverse la lame, l'eau s'écoule dès qu'elle est passée ; tandis qu'à bord des navires blindés qui présentent une vaste caisse en dedans de leur bastingage, ce qui passe par-dessus séjourne longtemps sur le pont. Ceci se présente surtout lorsqu'il y a du roulis, parce qu'alors l'eau perd pour ainsi dire son temps à aller d'un côté à l'autre et ne séjourne pas assez près des orifices, comme lorsque le navire est tranquille. De plus dans ces allées et venues, l'eau déborde les hiloires des écoutilles et tombe dans la cale, d'où elle ne peut plus être enlevée que par les pompes, et sur nos bâtiments celles-ci sont d'une faiblesse peu assortie aux chances ordinaires d'un navire de guerre. On a eu un exemple de ce dont il est question par une mer qui, pour être vive, n'était pas grosse, puisqu'elle ne venait que de 8 à 10 milles, et pendant qu'un vaisseau voisin ne recevait à bord que des embruns. Toutefois il y a lieu d'observer au sujet du *Warrior* que ses extrémités étant presque aussi légères que celles d'un paquebot, elles facilitent les mouvements nécessaires pour suivre les ondulations des vagues, et n'exigent pas les mêmes précautions que si à leur peu d'élévation elles ajoutaient la surcharge d'une cuirasse complète. Mais ces effets se montrent clairement sur les navires complétement cuirassés ; ils se produiront sans doute d'une manière très-sensible à bord des navires tels que le *Northumberland* ou le *Minotaur*, qui avec une longueur presque double de celle d'un ancien trois-ponts et un poids à peu près triple, ne sont pas beaucoup plus élevés sur l'eau qu'une frégate et qui de plus ont leurs extrémités chargées d'une cuirasse. En effet on vient de dire que c'est le déplacement accidentel de l'extérieur qui est la force soulevant le navire ; si ce volume et l'effort de bas en haut n'est pas assez grand relativement au poids à mouvoir, la force manque, l'avant ne s'élève pas suffisamment et la mer passe par-dessus, comme sur notre tête quand nous nous baignons. Ces effets sont très-visibles sur de tels navires, quand on a un peu de mer, et leur aspect porte la conviction bien mieux que de longs raisonnements. Ils sont inévitables, et tôt ou tard il sera funeste de ne pas y avoir cru ; c'est une question de rapport entre la hauteur de la mer et l'élévation du navire relativement à son poids. Si le navire est trop ras comme les bâtiments à coupoles, il risquera d'être englouti par une mer dont un navire ordinaire s'inquiéterait fort peu ; s'il est grand il aura plus longtemps des chances favorables, parce que, heureusement, les coups de vent qui élèveraient des vagues assez grandes sont rares (1).

Si l'on compare de la même manière *la Gloire* et *l'Algésiras* qui ont des poids et des tirants d'eau égaux, on remarque en suivant la ligne ponctuée de la Planche I de combien le vaisseau dépasse la frégate en hauteur. Lorsque le premier sera forcé de fermer ses sabords de batterie haute, ce qui ne comporte pas une très-grosse mer, le second embarquera des quantités d'eau, que les pompes seront forcées d'extraire en grande partie. Un coup de vent plus fort ferait arriver l'eau jusque sur le pont de *l'Algésiras* et alors la frégate blindée risquerait d'en embarquer une quantité fort dangereuse.

(1) Tout ce qui est exprimé ici était écrit depuis longtemps, et l'impression n'était retardée que par des gravures, lorsque nous avons appris la fin tragique du *Monitor*, dont le nom pompeux a donné en disparaissant sous l'eau une leçon beaucoup plus instructive que celle de sa brillante apparition ; en effet il avait moins éclairé l'opinion sur la nouvelle force maritime que le *Merrimac* détruisant le *Cumberland* et surtout que les batteries françaises réduisant Kil-Bouroun au silence. Son naufrage prouve que de tels navires ne doivent pas quitter les eaux tranquilles des rades ou des fleuves et que leur rôle est local. Aussi en résumant les idées exprimées plus haut et présentées, antérieurement encore, j'imprimais il y a plusieurs mois ce qui suit, dans l'*Annuaire encyclopédique :* « Mais il y a danger quand le volume extérieur n'est pas en rapport avec le poids total. Aussi le chasse-marée navigue sans danger à côté du trois-ponts, par cela seul que la proportion citée existe pour le plus petit comme pour le plus grand navire. Ce défaut est, je le répète, inhérent aux cuirasses ; on peut l'empêcher d'être nuisible, mais non le faire disparaître, même sur un navire partiellement blindé comme le *Warrior*. Il en résulte que pour affronter la mer avec autant de sécurité que les autres, il faudra certainement *que le navire blindé soit recouvert d'un toit léger* à côtés inclinés et sans rebords latéraux, afin qu'en passant au-dessus la mer entre à peine par quelques écoutilles et ne remplisse pas incessamment cette grande caisse ouverte par le haut, entourée par les côtés du navire et percée au bas par tous les passages nécessaires à l'accès de l'air et des hommes. Cette toiture lui sera plus nécessaire qu'à un paquebot léger mais rapide, qui sans elle ne porterait pas ses dépêches à heure dite et par tous les temps. Ainsi, arriver à des conditions telles que le roulis soit le moindre possible afin d'avoir un bon tir, tout en cachant sous l'eau le défaut de la cuirasse, et préserver l'intérieur d'être envahi par l'eau, voilà pour le moment les corrections nécessaires du nouveau genre de navire de guerre. » (*Annuaire encyclopédique*, t. III, 1862, p. 154.)

Conséquences d'une surcharge exagérée.

C'est une conséquence naturelle de la surjauge, qui par le fait n'est autre chose qu'un trop petit rapport entre le poids et le volume extérieur. Car un navire surjaugé n'est pas en danger parce qu'il a des formes moins fines en enfonçant trop ; les Hollandais en ont de plus grosses, et ce n'est pas pour cela qu'il y a des lois sévères pour prévenir les surcharges. Si le navire marchand se met accidentellement dans cette position fâcheuse en embarquant trop de denrées, le bâtiment blindé s'y trouve forcément par sa nature et ne peut l'éviter sans renoncer à sa cuirasse. Puisqu'on ne peut corriger ce défaut, il s'agit de l'empêcher d'être nuisible, et cela serait facile en couvrant le bâtiment d'un pont léger sans rebords extérieurs, et en lui donnant un bouge exagéré pour que l'eau s'en aille comme elle est venue. A l'avant il serait bon qu'il y eût des saillies obliques pour conduire l'eau sur les côtés et une arête au milieu pour augmenter l'inclinaison latérale. Au centre du navire il ne serait peut-être pas nécessaire de tout couvrir, mais on pourrait laisser au milieu un long espace libre, comme était la grand'rue des anciens vaisseaux ou frégates. En donnant une grande inclinaison à ce pont et le terminant en dedans par une hiloire élevée, on n'aurait pas à craindre d'embarquer trop d'eau, parce qu'il y a une différence entre ce qui se passe à l'avant et ce qu'on remarque par le travers. Dans le premier cas on glisse sous l'eau en marchant, et c'est comme la pierre plate qui, lancée, traverse l'eau et fait la galette. C'est aussi comme si cette eau passée par-dessus le navire avait elle-même de la vitesse : le mouvement n'est pas changé, et l'eau irait jusque derrière, si elle ne trouvait pas d'obstacle en route. Par le travers au contraire l'immersion est due au roulis, elle dure très-peu de temps, l'eau a peu de vitesse dans le sens de la largeur du navire, et elle est aussitôt abandonnée par le côté qui se relève ; de sorte qu'elle s'écoulerait avant d'arriver au milieu, si la portion du pont était suffisamment large et inclinée. On ne ferait ainsi que copier en partie les paquebots rapides qui, comme le *Connaught*, ont été forcés de couvrir leur avant jusqu'aux tambours, par un pont arrondi qui dégorge facilement l'eau.

Le paquebot rapide n'a pas le temps de passer sur les vagues; le navire blindé n'en a pas la force.

Le *Connaught* est très-léger, et par conséquent il n'embarquerait pas d'eau, si en marchant doucement il se donnait le temps de se lever; mais il perce les vagues comme une flèche. Aussi l'on peut dire avec vérité, que si les bateaux rapides sont forcés de se couvrir parce qu'ils n'ont pas le temps de se lever à la lame, ceux chargés de cuirasse y seront amenés tôt ou tard, parce qu'ils n'ont pas la force de le faire, et si à leur poids ils ajoutent la vitesse, ils souffrent des deux causes combinées. Cependant ils ne peuvent pas posséder dans leur machine assez de puissance pour surmonter les obstacles de la mer et se voir arrêtés par l'eau qui embarque. Ce serait se priver d'un des avantages les plus précieux d'une belle marche, celui d'avoir l'entrée des ports libre dès qu'il y a gros temps dehors; car on ne trouvera probablement pas le moyen de se servir des canons et d'avoir un peu d'exactitude de tir avec grosse mer. Le fait seul de marcher vite fait tellement jaillir l'eau, qu'on ouvrira difficilement les sabords; car si l'on file 10 nœuds ($18^k,5$) à 60° de la direction du vent, on transporte le travers du navire à l'encontre des vagues, avec une vitesse de 5 nœuds ($9^k,2$), et sous un angle qui permet à la mer d'agir presque par le travers comme sur une jetée battue par les vagues du large. Il n'est donc pas étonnant qu'alors, de même que vent debout, on embarque plus d'eau que si l'on marchait très-doucement. Le manque de volume extérieur met alors le navire dans une position intermédiaire entre celui qui s'élève facilement et un rocher immobile dans un courant.

Importance d'être au vent dans un combat.

Il en résulte, ainsi que du peu de hauteur des sabords qu'il serait aussi utile maintenant d'être au vent que lorsqu'on se battait sous voiles. Les raisons ont changé, mais l'avantage existe toujours dès qu'il y a de la brise et de la mer; car de calme tout est indifférent. En effet, si l'on est au vent, c'est par les sabords de sous le vent qu'on tire du canon et le navire blindé n'est plus soumis à l'action oblique des voiles qui, en couchant le navire, diminuait la hauteur de batterie sous le vent et gênait le tir. De ce côté, la mer abritée par la masse du navire est presque calme et l'eau n'embarque par les sabords que s'il y a du roulis. Du bord du vent, au contraire, on souffre autant du roulis, et de plus la mer bat contre le flanc du navire et monte le long de sa surface. Si l'on s'est jamais promené sur une jetée avec un peu de vent, on aura remarqué cet effet et jugé de l'avantage des positions respectives. Avec de la vitesse, la différence des deux côtés augmente dans un grand rapport, et d'après cela un navire chassé ne doit pas se mettre debout au vent, à moins que ses formes aient des avantages spéciaux, parce qu'alors les canons sont également en état d'agir. Mais il aurait profit à courir à 60° du vent, parce que ses sabords seraient ouverts quand ceux de l'ennemi seraient envahis par les vagues et rendraient le service des pièces lent et difficile. Quoique d'après cela le côté du vent soit le plus avantageux, ce n'est pas à dire qu'il l'est autant qu'à l'époque des voiles, et cela par une raison toute simple : c'est qu'on n'est pas aussi sûr d'en rester possesseur. Entre navires à voiles, il fallait un changement de vent ou d'habiles manœuvres pour gagner cette position, parce que les causes naturelles étaient les mêmes pour les deux partis. C'est comme un train de bois qui est au-dessus du courant par rapport à un autre, en ce que tous les navires étaient réduits à faire le même angle par rapport au vent, c'est-à-dire à être au plus près du vent ; de sorte qu'il fallait une marche supérieure et parcourir des distances énormes pour qu'en louvoyant on gagnât le vent d'un autre navire. Avec la vapeur il en est autrement ; il n'y a plus de vent pour personne sous le rapport de la translation ; chacun ayant son moteur va où il veut, quand il veut, et le meilleur marcheur prend les positions qui lui conviennent ; naturellement il choisira toujours celle du vent.

Une couverture supérieure pourrait servir de logement.

La modification dont il a été parlé plus haut pour garantir des vagues les navires cuirassés, trouverait une utilité naturelle en ce qu'il ne se passe rien sur le pont de ces navires pendant le combat et la manœuvre, puisque la voilure est insignifiante, et dès lors la muraille exhaussée au-dessus du blindage n'a d'autre but que d'empêcher l'eau de couvrir le navire. Mais si dans l'état actuel son élévation force la mer à être plus grosse avant d'embarquer, d'un autre côté elle la maintient et la fait s'écouler dans la cale quand elle a franchi le bastingage. Il y aurait donc profit à l'empêcher de tomber à l'intérieur. En outre, les faux ponts des navires cuirassés sont très-pénibles et peut-être malsains à habiter dans les pays chauds, surtout si les navires sont en fer et privés par leur nature d'avoir tous les moyens d'aération et de confortable qui permettent aux passagers de s'embarquer sur des navires en fer. Ils ne sauraient avoir ces petites ouvertures nommées *hublots*, dont, il est vrai, étaient privés jadis nos vaisseaux ; mais il faut observer que ceux-ci n'avaient pas de machine, et quand on tient plus de 100 tonneaux d'eau en ébullition et qu'on chauffe de grands cylindres dans le fond d'une cale, il y a une production de chaleur qui demanderait des dégagements impossibles avec un blindage. Pourquoi dès lors ne pas transporter tout le poids des aménagements du faux pont sous les toits du pont supérieur et soutenir ainsi leur charpente en ne chargeant le navire que du poids assez faible de cette couverture? Au moins on ajouterait de la sorte la sécurité à toutes les autres qualités, invulnérabilité, force et vitesse, et certes ce serait la moins chère et la moins pesante. On peut bien dire aussi la plus facile, car il n'y a qu'à vouloir la construire, tandis que pour les mouvements on ne sait trop comment les diminuer.

De ce qui précède, il faut conclure qu'on a fait déjà de grandes choses en fait de navires blindés, que *la Gloire* surtout est remarquable par les conditions réellement militaires qu'elle réunit, mais que le problème n'est résolu que pour les mers calmes et qu'il reste encore à étudier et à modifier pour arriver à des mouvements modérés qui assurent un bon tir, en tenant cachée la carène non protégée, et à éloigner les chances de l'envahissement de la mer pendant un coup de vent violent.

Conséquences générales de l'adoption des navires blindés.

Quant à l'avenir de ces navires, il est difficile de préciser leur vrai rôle et quels seront les changements qu'ils occasionneront dans les guerres maritimes. Si prédire l'avenir à ce sujet serait une imprudence, il y a cependant des faits qui permettent d'établir quelques principes généraux. Ainsi ces bâtiments bardés de fer *sont, au navire en bois, ce que l'ancien chevalier était relativement au vilain*, ils leur courront sus et les détruiront sans danger. D'un seul coup ils ont rayé de la liste des navires vraiment de guerre tous les vaisseaux préparés par des budgets de 100 et de 200 millions par an, et les ont réduits à n'avoir d'autres chances que la fuite ou la destruction, dès qu'ils rencontreront un nouveau navire.

La terre est devenue impuissante contre eux, puisqu'ils peuvent attaquer des batteries de côte et les réduire au silence comme à Kil-Bouroun. Les rades ne sont plus fermées, les villes du littoral sont sans aucune protection, il n'existe plus de passe assez étroite pour que des feux croisés nuisent assez au navire pour l'empêcher de tenter le passage. Quand on marche et qu'on évolue aussi bien et que de plus on ne craint pas les coups, on peut aller partout aussi hardiment qu'un chevalier au milieu de manants révoltés. Ces navires ne tiendront pas plus compte des canons entassés sur les collines que des petites méchancetés de pétards sous-marins et de cordes tendues pour engager leurs hélices que, de même que des écoliers, on est réduit à imaginer contre eux. Le manque de fond de digues sous-marines sera la seule défense contre ces navires, si redoutables avec leurs canons portant à 5.000 ou 6.000^m. La terre ne pourra employer contre eux que les feux courbes des mortiers dont l'incertitude, sur un but aussi mobile et aussi petit qu'un navire, est pour celui-ci une garantie égale à celle de ses plaques contre les boulets.

Désavantages de l'immobilité.

Ce sont des moyens d'attaque si puissants qu'on a songé à employer les mêmes engins à la défense en se servant de batteries blindées : mais ces dernières sont incapables de prendre la mer sans beau temps et sans remorqueur, à moins d'être conçues dans le genre de celles des Sardes. Elles ont presque tous les désavantages de l'immobilité des batteries de côte; car si trois cents canons immobiles sont dispersés sur cinq ou six points, trois cents autres canons mobiles iront successivement les attaquer et seront toujours cinq contre un. Malgré son exagération apparente, cette comparaison montre les avantages de l'attaque sur la défense, dès que les moyens sont à peu près égalisés, comme depuis l'adoption des cuirasses. L'idée de blinder des batteries de côte ne semble pas destinée à être plus utile, on les laissera de côté si l'espace est large, on les franchira d'autant plus vite qu'il sera étroit. Il n'y aura peut-être contre ces navires que les batteries en terrassement très-élevées et atteignant leur pont, seul point qu'il ait fallu laisser vulnérable, puisqu'on est déjà surchargé de fer. Cette élévation sera aussi à l'avantage des vaisseaux blindés sur les frégates.

Changement des forces relatives de la terre et de la mer.

Les forces relatives de la terre et de la mer sont donc bien changées par ces innovations qui nous éloignent beaucoup de l'époque où l'on a pu dire que les Anglais étaient venus casser des vitres avec des pistoles, tant leurs dépenses avaient été grandes relativement aux dégâts occasionnés sur nos côtes. Plus tard leur possession absolue des mers ne leur permit pas de dépasser les lignes d'un blocus, et ils n'attaquèrent sérieusement aucun port. La terre était donc bien forte alors, et elle l'était devenue davantage depuis l'adoption des obus qu'elle craint aussi peu qu'ils sont terribles contre des vaisseaux en bois. Sébastopol l'avait bien prouvé!

Ces nouveaux navires nous seront-ils favorables? C'est aussi douteux au moins que la même question posée au sujet de la vapeur. Que de fois l'opinion générale a dit : si l'Empereur avait eu la vapeur ? Il aurait toujours fallu ajouter : si les Anglais ne l'avaient pas eue, et elle est née chez eux. Si une fée avait garanti quarante-huit heures de calme, la flottille franchissait la Manche en apercevant les voiles immobiles à l'horizon et en utilisant ses rames, qui manquaient aux vaisseaux, cela était vrai ; mais avec la vapeur s'il n'y a plus de calme pour l'un, il n'y en a pas non plus pour l'autre, et les coups de main jadis possibles, ne le sont plus. Le télégraphe électrique appellerait de tous les ports, sur le point menacé ; et avec la célérité de la vapeur, chacun arriverait à point nommé. Il faut plus que jamais dominer la mer pour assurer un débarquement.

La guerre maritime complétement localisée.

Il est un autre fait signalé en commençant et dont on ne saurait méconnaître l'importance : la vapeur a énormément diminué le rayon d'action de nos vaisseaux qu'on était parvenu à augmenter. Aujourd'hui, le vaisseau a trois mois de vivres et six jours de charbon; il ne peut donc aller qu'à trois jours à toute vitesse, puisqu'il n'a de dépôt nulle part, et que, s'il est poursuivi, il est perdu par le manque de charbon : alors il est dans la position critique d'une batterie de campagne sans chevaux. Nous avons vu en outre que la voilure était devenue trop dangereuse pour lui conserver une surface suffisante et qu'il fallait *se borner à des mâts à bascule, abattus sur le pont avant de commencer le feu;* le rayon est donc bien la moitié du contenu des soutes à charbon, suivant la manière dont le combustible est employé: il faut donc en conclure *que jamais la guerre sur mer n'a été plus localisée.*

Il y a aussi lieu de se demander si ces navires augmentent notre force relative. On peut dire que oui, pour le moment, parce que leur origine appartenant à la France, il a été naturel qu'elle fût en avance sur les autres nations ; mais bientôt la question se trouvera, comme de coutume, ramenée à n'être plus qu'une quotité de budget ; *car on doit admettre en principe qu'il faudra toujours redouter son semblable, et qu'entre semblables la force est au nombre.* Ces places fortes mobiles et entourées de fossés sans limites et sans fond, ne craindront évidemment qu'elles-mêmes.

CHAPITRE II.

PAQUEBOTS.

Après ce long examen des nouveaux navires de guerre que les nations maritimes s'épuisent à inventer et à modifier, on est heureux de passer aux nombreuses constructions exposées par les Ingénieurs les plus célèbres de l'Angleterre, dont l'initiative hardie a fait si rapidement progresser les constructions en fer et la navigation à vapeur. Dans cette nouvelle partie, les questions sont moins indécises, parce que chaque navire a été aussitôt employé dans son but réel et bientôt apprécié; car autant on connaît vite le fort et le faible de ce dont on se sert, autant on reste dans le doute et dans les discussions quand l'expérience manque. Il en est et il en sera longtemps ainsi pour les navires blindés, surtout sous le rapport militaire.

Au milieu des noms qui se présentent en pénétrant dans l'espace réservé aux modèles, on ne sait trop par lequel commencer, et c'est sans doute parce que j'ai assisté à ses premiers pas en mer et admiré la hardiesse de sa conception, que je me trouve entraîné vers le *Great-Eastern*, dont le modèle suspendu n'attire les regards que par son nom, tant il donne peu l'idée de la réalité. Cette construction gigantesque est due au génie hardi de M. Brunel, qui dès 1836, avait dessiné le *Great-Western*, premier paquebot qui ait fait le service entre l'Europe et l'Amérique. Plus tard M. Brunel parvint, après beaucoup d'obstacles, à faire le *Great-Britain*, pour en rencontrer de plus grands encore dans la construction où il a produit la manifestation du principe de l'agrandissement des navires à mesure qu'ils vont plus loin et plus vite. Le *Great-Eastern* fut construit par M. Scott Russell, qui eut aussi à vaincre de grandes difficultés, suites de la nouveauté et surtout de l'échelle gigantesque d'un tel travail.

Grands paquebots, Great-Eastern.

Avant d'entrer dans des détails, il convient de comparer les dimensions des navires qui ont successivement frappé l'opinion publique par leur grandeur. Ce sont :

NOMS.	LONGUEUR.	LARGEUR.	RAPPORT.	ANNÉE.
Great-Western (fait son 1ᵉʳ voy. en 13 j. ½).	71ᵐ,98	10ᵐ,83	6,6	1838
Great-Britain.	98ᵐ,21	15ᵐ,55	6,31	1848
Hymalaya.	103ᵐ,87	13ᵐ,20	7,83	1853
Persia.	118ᵐ,95	13ᵐ,72	8,67	1854
Great-Eastern.	207ᵐ,40	25ᵐ,31	8,2	1860

Les dimensions du *Great-Eastern*, nommé d'abord *Léviathan* font voir que la difficulté était aussi grande que celle de la construction du pont de Menai pour le passage des locomotives et de leur train, et que, de plus, elle était accrue de celles que présenteraient la conduite et la manœuvre d'un tel navire. Aussi fallut-il recourir aux mêmes moyens et employer non-seulement le fer, mais ces doubles cloisons auxquelles on a donné le nom de *tubulaires*. On fit donc deux coques l'une dans l'autre, espacées de 0ᵐ,90 et réunies par trente-trois cloisons horizontales dont les distances de 0ᵐ,60 à 0ᵐ,90 dans les fonds s'accrurent jusqu'à 1ᵐ,52 vers les hauts, et jusqu'au pont inférieur où la membrure est en larges cornières, comme dans les constructions ordinaires. Toutes ces cellules allant d'une cloison étanche à l'autre sur une longueur de 18ᵐ,30, forment autant de petits compartiments destinés à contenir l'eau en cas d'avarie de l'extérieur, et à donner une nouvelle garantie, comme un accident l'a prouvé depuis : la coque extérieure ayant été percée de plusieurs trous dont un seul eut causé la perte d'un navire ordinaire, tandis que le *Great-Eastern* continue à naviguer. De plus, deux cloisons longitudinales descendant du pont supérieur jusqu'au fond, excepté là où sont les machines, elles ajoutent à la solidité en s'étendant presque d'une extrémité à l'autre du navire. Le plus élevé des quatre ponts fut construit de la même manière avec un intervalle de 0ᵐ,60, et la solidité de cette construction se montra supérieure aux fatigues de la rude épreuve du lancement. Celui-ci fut opéré en travers sur deux cales de bois de 36ᵐ de large, laissant entre elles un intervalle de la même longueur, de sorte que 50ᵐ de chacune des extrémités restait en l'air et sans soutien, quoiqu'une partie des machines, l'hélice et son arbre, fussent déjà en place. Aucune flexion ni déformation ne se fit cependant remarquer pendant le long et périlleux travail de pousser avec des presses hydrauliques cette masse pesant alors près de 12 millions de kilogrammes. Les anxiétés de cette mise à l'eau abrégèrent sans doute l'existence de M. Brunel, qui ne put même assister aux premiers pas de son géant.

Les lignes d'eau du navire sont d'une finesse remarquable ; elles font avec la quille un angle de 10° à la flottaison et de 17° au plat-bord, de sorte que les formes de l'avant ne changent pas lorsque la mer monte.

Lors du premier essai je restai longtemps derrière à comparer les mouvements à l'horizon, et les oscillations ne dépassèrent jamais la hauteur du buste d'un homme assis sur l'avant, c'est-à-dire à une distance de 207^m. Cependant les petits vapeurs qui cherchaient à suivre étaient alors couverts d'écume et les navires à voiles avaient trois ris dans les huniers. Le spectacle de cette masse s'avançant ainsi sans s'apercevoir des vagues avec une vitesse de 12 nœuds, attirait tellement l'attention que les curieux et même les dames restaient sur le pont de leurs bateaux malgré de fréquentes ondées d'eau de mer. Les fonds du *Great-Eastern* sont plats et le tirant d'eau est un peu faible relativement à la largeur, suite naturelle de ses grandes dimensions ; car, si M. Brunel avait voulu faire un bâtiment de 30.000^t de déplacement proportionnel aux constructions ordinaires, il aurait eu 50 pieds de tirant d'eau , au lieu de 25 ou 30 que devait avoir son navire pour entrer dans les ports fréquentés.

Nécessité et utilité de deux propulseurs.

Cette difficulté entraîna aussi à employer deux propulseurs, l'hélice et les roues ; car chacun d'eux serait arrivé à des dimensions gigantesques s'il avait dû produire tout l'effort. L'hélice surtout se serait montrée insuffisante en ce que le tirant d'eau limite son diamètre et sa surface agissante. Aussi on a employé deux jeux de machines, l'une de 1.350 chevaux pour les roues, l'autre de 1.700 chevaux nominaux. Ce qui, en multipliant par trois comme dans la plupart des appareils marins, doit faire une puissance totale de 9.500 chevaux de 75^{km}. L'appareil à hélice exécuté par la maison Watt a quatre cylindres de 2^m,132 de diamètre, 1^m,22 de course, il devait donner 45 coups de piston ; il y a pour l'hélice douze chaudières réunies en trois groupes ayant 789^m de surface de chauffe et 1.600 tubes de laiton chacun. L'hélice a 7^m,32 de diamètre et

11^m,28 de pas, son arbre a 0^m,608 de diamètre. La machine à roues, construite par M. Scott Russell, a quatre cylindres oscillants agissant deux à deux sur les manivelles, leur diamètre est de 1^m,878 et la course de 4^m,27, elles donnent 14 coups de piston par minute. La manivelle extérieure est remplacée par un grand tourteau en fonte embrassé par un anneau serré par une vis comme un frein, et entraîné par le boulon de la manivelle intérieure, de sorte qu'en desserrant le frein chacune des roues devient indépendante. Leur action se combine aussi bien avec l'hélice que celle des voiles avec les aubes, et cette disposition, blâmée d'abord, et ne convenant qu'à un aussi grand navire, présente l'avantage de le rendre très-manœuvrant malgré sa longueur. En effet, l'hélice en repoussant l'eau sur le gouvernail, lui donne une action énergique par un courant factice, quand même le navire serait arrêté par une action contraire telle que des voiles sur le mât; mais de la sorte on n'éprouve cet obstacle que vent debout, tandis que le *Great-Eastern* l'exerce à volonté au moyen de ses roues. Ainsi, faisant marcher celles-ci en arrière et l'hélice en avant, il est facile de compenser les impulsions et de rester en place; mais l'eau jetée sur le gouvernail lui permet dès lors de gouverner et de tourner sur place. Bien plus, en donnant plus d'action aux roues, on pourrait gouverner en reculant, ce qui n'est possible à aucun navire. J'aurais été heureux d'essayer ces manœuvres, déjà exécutées sur des navires à voiles, si lors des premières expériences l'explosion de la cheminée de l'avant n'avait forcé à rentrer au port.

Les mécomptes qui assaillent les grandes entreprises dans leur nouveauté, et que l'incertitude de l'avenir exagère toujours, ont beaucoup retardé le succès du *Great-Eastern* et en ont même fait douter pendant longtemps. Ce furent d'abord le lancement avec toute ses difficultés, l'explosion de l'une des cinq cheminées qui occasionna la destruction de salons dont l'élévation, la grandeur et la riche ornementation faisaient oublier qu'on était sur mer; plus tard des dangers de mer, à cause de sa dimension et des aventures de détail telles que celle du gouvernail. Enfin il a eu à supporter les embarras financiers d'une entreprise qui, avant de commencer son service, avait, dit-on, dépensé plus de 25.000.000 fr.; toutes ces causes ont retardé le *Great-Eastern*, comme son frère aîné le *Great-Britain*, également conçu par M. Brunel. Heureusement la persistance anglaise a surmonté les obstacles : le *Great-Eastern* navigue entre Liverpool et l'Amérique, et s'il n'a pas donné de profits, on prétend qu'il commence du moins à payer ses frais. Ses trajets durent de 9 à 10 jours, ce qui fait une vitesse de 13 nœuds sur la carte. Les vents favorables ou contraires n'exercent qu'une faible influence, sa consommation de charbon est considérable relativement à sa vitesse, ce qui provient peut-être de la saleté d'une aussi vaste carène qui n'est jamais entrée au bassin.

Utilité du Great-Eastern comme transport militaire.

Mais ce n'est pas sur une ligne aussi courte que celle des États-Unis qu'il peut être apprécié ; il a été fait pour aller directement à la Nouvelle-Galles, et c'est en parcourant de pareilles distances qu'il montrerait ses véritables avantages. Longtemps avant sa première traversée de l'Atlantique, j'avais une entière confiance en ses qualités, ayant assisté à ses premières expériences interrompues par la projection en l'air de sa cheminée de 60 pieds de haut. Aussi ayant entendu dire qu'après les premières affaires du Peï-ho on voulait expédier 12.000 hommes en Chine à raison de 1.500ᶠ l'un, c'est-à-dire dépenser 18 millions pour le transport seul, valeur qu'on aurait à peu près assignée au *Great-Eastern* sans ses mésaventures, je me proposai pour le commander. Je n'aurais exigé que quelques modifications de détail mais importantes, et serais parti pour la Chine sans voir aucune difficulté pour la navigation au large, mais seulement la nécessité d'une extrême prudence dans quelques passages. Certes le navire aurait été payé par les frais qu'il aurait épargnés et il le serait au moins une seconde fois pour l'expédition du Mexique, car avec des ponts présentant une surface totale de 15.000ᵐᵠ, il y a de quoi prendre une dizaine de mille hommes, en les gênant moins que sur la plupart des transports. Le grand navire nous serait resté et en le tenant à sec, sa durée eût été illimitée, et on l'aurait eu toujours prêt. Les mouvements que les gouvernements ont à opérer sont sur de si vastes échelles que les grands navires leur conviennent seuls, et que l'usage de ceux d'une petite dimension est ruineux. Si la perte des grands effraye par l'étendue du désastre, leur grandeur garantit l'unité d'action et même la sécurité. Car une flottille à vapeur serait dispersée par un coup de vent, tandis qu'un grand navire ne s'en ressentirait pas et qu'il porterait sa flottille en porte-manteau. De plus les petits navires ne peuvent aller ni loin ni vite, tandis que le *Great-Eastern* parcourrait le monde entier avec son corps d'armée. Il y a dans ces grands navires des avantages encore inappréciés et qui n'attendent que des circonstances particulières pour l'être.

Quoique l'intérêt qu'inspire le *Great-Eastern* ait entraîné à des détails peut-être trop longs, malgré leur insuffisance, il convient de mentionner ses dernières traversées. Pendant son cinquième voyage de Liverpool à New-York, la distance de 3.059 milles marins ou 5.559^k a été franchie en 9 jours et 11 heures, ce qui donne une vitesse moyenne de 13^m,43 ou 24^k,88 à l'heure. La consommation de charbon s'est élevée à 139^t par jour pour les machines à roues et à 168^t pour celles à hélice, total 307^t, et pour toute la traversée cette consommation s'élève à la quantité énorme de 6.708^t de charbon. En considérant la distance entre les deux continents et la grandeur du navire, on voit que le mille parcouru coûte 1.089^k et que le tonneau de déplacement transporté à un mille de distance occasionne une dépense de 36 grammes, ce qui est très-considérable pour un aussi grand navire. Aussi en calculant l'utilisation économique du *Great-Eastern* on trouve une valeur inférieure à celle qu'il y avait lieu d'espérer. Ce résultat médiocre est-il dû à ce que la carène n'a jamais été peinte depuis le lancement et probablement aussi au fonctionnement des machines, qui laisse, dit-on, à désirer? Ce ne sera qu'après un passage au bassin que cette question sera éclairée. La traversée de retour a été effectuée en 10 jours et 30′ ce qui donne une vitesse de 13^m,06; une traversée antérieure avait donné 26^k,3 par heure pour une consommation de charbon de 1.638^t pour tout le trajet. Le recul a été de 11,2 p. 100 pour les roues et de 17 p. 100 pour l'hélice; le tirant d'eau maximum a été de 8^m,84. C'est à peu près celui du vaisseau *la Bretagne*.

Hymalaya construit par M. Mare.

L'*Hymalaya*, construit par M. Mare en 1853, a été l'un des progrès les plus marqués de la construction commerciale; aussi sert-il de frontispice au Traité de l'Hélice publié en 1855. Nous avons admiré ses formes lorsque nolisé par le gouvernement anglais, il se trouvait mouillé à Kamiesh, et depuis que l'Amirauté anglaise en a fait l'acquisition, c'est son transport le plus rapide et le plus sûr. Aussi son modèle excite l'intérêt des marins, et pour en donner ici une idée bien imparfaite, nous en citerons les dimensions principales : longueur entre perpendiculaires, 103^m,85; maître bau, 14^m,03; rapport, 1 : 7,36; creux à partir du spar deck au-dessus de la quille, 10^m,52; tonnage, 2.327; (register); contenu des soutes à charbon, 1.100^t; puissance nominale, 700 chevaux; les machines à fourreau de M. Penn qui ont fait des traversées du Cap à Plymouth sans avoir un échauffement ni stopper une seule fois, en marchant il est vrai avec une force modérée ; diamètre effectif des cylindres, $1^m,964$; course, $1^m,067$; rapport, $1 : 0,6$. Diamètre de l'hélice, $5^m,49$; 2 ailes longues de $1^m,42$, dont le pas est $8^m,54$; rapport au diamètre $1 : 1,55$; surface de chauffe totale des chaudières, 1.013^{mq}. Lors des expériences de 1855 le tirant d'eau était $AV 4^m,64$, $AR 5^m,56$; différence, $0^m,92$; charbon à bord, 700^t ; vitesse moyenne de plusieurs parcours, 15,87 *statute miles* ou 13,79 nœuds. La maîtresse section immergée étant alors de 52^{mq} et le déplacement de 3.220^t ; l'indicateur donnait une force de 2.050 chevaux de 76^{km}, c'est-à-dire près de trois fois le chiffre nominal, et l'utilisation donnait 66,2 par rapport à la maîtresse section, 278,9 par rapport à D 2/3 et 4.740 relativement au déplacement. Il en résulte qu'il a fallu $39^{ch},42$ par mètre quarré pour la vitesse observée, ou en réduisant à celle de 12 nœuds, seulement $24^{ch},75$, c'est-à-dire aussi peu que l'*Algeziras*.

Atrato de M. Caird, de Greenock.

Il est intéressant de faire les mêmes calculs pour l'*Atrato*, appartenant à la West India mail ; c'est un navire à roues articulées, essayé conjointement avec l'*Hymalaya* et dont les données principales sont : longueur, 97^m : largeur, $12^m,84$; rapport, $1 : 7,58$; maîtresse section, $50^{mq},533$; puissance développée par des machines à roues de M. Caird, 3.070 chevaux de 76^{km} et vitesse mesurée au mille 13,97. Il a fallu $60^{ch},8$ par mètre quarré pour obtenir cette vitesse et $38^{ch},53$ par mètre quarré pour 12 nœuds ; différence trop grande pour être due à la seule action des propulseurs et qui tient sans doute à des causes inappréciées, telles que l'état des carènes qui, avec de telles longueurs, joue un très-grand rôle. C'est d'autant plus probable que l'utilisation relative 38,53 réduirait l'*Atrato* à ce que produirait un très-petit navire à vapeur tel que l'*Ariel*.

Persia construit par M. R. Napier, de Glasgow.

Le *Persia* construit en 1855 par M. R. Napier et fils, de Glasgow, auxquels la construction navale doit de si beaux modèles, a été le premier transatlantique construit en fer ; parce que jusque-là le gouvernement anglais avait imposé le bois à toutes les compagnies dont il subventionnait les lignes postales, dans l'idée de les employer au besoin à son service en cas de guerre. Une commission avait étudié cette question, navire par navire, avec un soin remarquable, et d'après ses conclusions, l'échantillon des navires se prêtait peu au poids de l'artillerie et les modifications opérées, quoique très-chères, ne seraient jamais arrivées qu'à des navires de guerre très-médiocres. De plus les compagnies faisaient naturellement payer les conditions qu'on leur imposait, et il fut décidé qu'elles construiraient comme elles l'entendraient ; l'adoption de l'hélice acheva de vider la question. Aucun premier essai n'eut des résultats plus heureux et, malgré un peu de dislocation due à la faiblesse de quelques parties, aucun navire n'avait aussi bien fait le dur service d'Europe en Amérique contre les grands vents d'ouest et ne l'avait fait avec la célérité du *Persia*. D'autres paquebots construits depuis, d'après ces premières idées, ont établi le service Cunard avec une régularité admirable et avec plus d'exactitude que les anciennes communications postales. S'il y eut dans le principe quelque chose à retoucher à ce navire, ce fut seulement pour le consolider un peu, car on n'avait jamais surmonté l'obstacle des vagues avec l'énergie qu'il avait montrée. Ses dimensions sont 114^m de tête en tête ; 13^m,72 de bau ; rapport, 1 : 8,35 ; largeur en dehors des tambours, 21^m,65 ; creux, 9^m,15 ; déplacement, 5.160 ; surface immergée du maître couple, 72^{mq},79 ; puissance nominale, 900^{ch}. Les cylindres ont 2^m,50 de diamètre sur 3^m,05 de course, les roues ont 12^m,20 de diamètre, leurs aubes sont fixes ; la machine pèse 1.100^t ou 1.222^k par cheval nominal, c'est-à-dire 366^k environ par cheval de 75^{km}. Nous ne sommes plus habitués à de pareils chiffres, mais aussi nous avons perdu la sécurité de ces appareils que le service Cunard n'a jamais abandonnés, qui ne l'ont jamais laissé en route et ont un service aussi sûr que celui des appareils d'épuisement des mines. On dit que dans ses essais il a obtenu une vitesse de 16,32 nœuds ou 30^k,2 à l'heure, mais ce sont des expériences, et ce qu'il y a de plus positif, c'est qu'il a parcouru la distance qui sépare les deux continents en 9 jours et demi ce qui fait une vitesse moyenne de 13^{n}4 ou 24^k,83 à l'heure. Le *Persia* n'était représenté à l'Exposition que par des dessins dont la perfection empêchait de regretter la présence du modèle du beau navire dû au savoir et à la hardiesse du vénérable président de la Douzième Classe, M. Robert Napier. Depuis il a dépassé son premier transatlantique en construisant le *Scotia* long de 122^m de tête en tête ; 109^m de quille ; 14^m,33 de bau ; rapport, 1 : 8,7. Il déplace 6.500^t et a 1.800^t de charbon. Les machines à balancier sortent des ateliers de M. Napier, elles sont admirables de solidité et doivent servir d'études à ceux qui veulent faire des machines à vapeur de durée. M. Napier a construit aussi l'*Arabia* et la *Plata,* navires également remarquables par leur marche : le *Black-Prince* sort de ses chantiers, ainsi que *l'Azincourt* et plusieurs autres navires cuirassés pour des gouvernements étrangers.

Poonah, construit par les Thames Iron works.

On remarquait le modèle du vapeur à hélice *Poonah,* lancé au mois de Novembre 1862 par les Thames Iron and steel works, pour la Compagnie Orientale Péninsulaire. Longueur, 96^m,07 ; largeur, 12^m,50 ; rapport, 1 : 7,5 ; creux, 9^m,15. Ce navire a de belles formes, un vaste rouffle sur l'arrière et un long gaillard à l'avant ; son hélice est à deux ailes un peu inclinées sur l'arrière, comme pour s'opposer à l'action centrifuge du propulseur. Le tourillon porte sur l'étambot arrière, et la tranche avant du safran du gouvernail a une longue coche destinée sans doute à permettre de visiter le coussinet d'étambot, lorsque le navire passe au bassin. La machine du *Poonah* est à double cylindre et construite par MM. Humphrey et Tennant ; on en trouvera les détails dans la partie destinée aux machines marines.

City of New-York construite par MM. Todd et Macgregor.

La *City of New-York* de MM. Todd et Macgregor a 106^m,75 de tête en tête, et 15^m,25 de bau. Rapport, 1 : 7. Elle est divisée en six compartiments par des cloisons étanches allant jusqu'en haut, et consolidée par des feuilles d'acier formant son pont et rivées aux baux ; l'hélice a trois branches et est entraînée par deux machines directes horizontales de 550 chevaux nominaux dont les condenseurs sont tubulaires.

Hansa, construit par MM. Caird et Ce, de Greenock.

Le navire *Hansa,* lancé au mois d'Août 1861 chez MM. Caird et Ce, a Greenock, est un des plus beaux types de navires de commerce que présente l'Exposition. Sa longueur est 109^m,80 ; largeur, 12^m,81 ; rapport, 1 : 8,57 ; creux, 10^m,23. Il a trois ponts ; celui du haut s'étend jusqu'en à bord au lieu de former un rouffle entouré d'un passe-avant : une telle disposition doit présenter un énorme local aux passagers et aux marchandises. La machine doit être directe de 600 chevaux avec condenseur tubulaire et surchauffe.

Caractères généraux des modèles.

Beaucoup d'autres modèles remarquables se trouvaient à l'Exposition ; ils présentaient tous les mêmes caractères généraux : grande longueur s'étendant à environ huit fois la largeur ; extrémités très-fines, notamment à l'avant jusque dans les hauts ; fonds plats et faisant un angle très-marqué sur les côtés pour se relever brusquement et former une muraille verticale : la quille était presque toujours d'une dimension insignifiante. La rentrée de quelques modèles est très-peu sensible et formée par une muraille plane au lieu de l'ancienne courbe. Presque tous les paquebots ont des rouffles de bout en bout, et un gaillard d'avant très-étendu qui, malgré son élévation au-dessus de la mer, n'a aucun rebord qui tende à maintenir à l'intérieur l'eau embarquée par les vagues. Tous ces navires semblent avoir de l'analogie avec la *City of Glasgow* et la *City of Manchester* qui ont ouvert la voie de ces grandes constructions dont l'avantage est de porter beaucoup et cependant d'avoir une belle marche. Les mâtures sont légères ; il n'y a de hunier que devant. Les navires à roues n'ont que deux mâts, quelle que soit leur dimension, ceux à hélice trois. Il n'y a pas de règle bien établie, mais les navires à hélice sont tous les plus mâtés.

Connaught de M. Laird, de Birkenhead.

A ces constructions destinées à la grande navigation, l'Exposition ajoute les modèles des navires dont la rapidité est célèbre : ce sont le *Connaught* de M. Laird, de Birkenhead, près de Liverpool, et le *Leinster* de M. d'Aguilar Samuda, dont les chantiers sont à Black-Wall près de Londres. Ces paquebots peuvent être considérés comme les premiers chevaux de course de la navigation à vapeur. Le jury a déclaré que le *Connaught* était l'un des navires qui jusqu'à présent ont donné les meilleurs résultats. Sa longueur est de 106^m et sa largeur de $10^m,6$, ce qui met ses dimensions dans le rapport $1 : 10$, et sauf des navires destinés au transport du bétail entre la Hollande et l'Angleterre, tel que la *City of Norwich*, c'est la plus grande proportion qu'on remarque sur mer ; le tirant d'eau est de $3^m,89$ à l'avant et de $4^m,04$ à l'arrière. Le déplacement n'est que de 1.924^t, et lors des essais la surface immergée du maître couple $30^{mq},5$; la vitesse obtenue alors a été $18^n,08$ ou $33^k,5$ à l'heure. Ce qu'il y a de plus remarquable, c'est que la vitesse en service réel s'est maintenue à 15ᵐ,5 ou 28ᵏ,72. Les machines sont à cylindres oscillants construits par MM. Miller et Ravenhill, et à peu près semblables au type Penn. Les cylindres ont 2ᵐ,48 de diamètre et 1ᵐ,98 de course. Les roues sont en porte-à-faux, leur arbre a une forme conique qui va en diminuant des deux côtés de son palier, de sorte qu'il a moins de diamètre là où agit la manivelle ; le diamètre des roues est 10ᵐ,60, la longueur des palettes 1ᵐ,52, elles sont articulées. Les chaudières ont une cheminée pour deux corps, de sorte qu'il y en a quatre plantées deux à deux par le travers l'une de l'autre, sans doute par la difficulté de dévoyer des courants de flamme dans un navire ayant aussi peu de creux. Quoique ce soit un cheval de course, le *Connaught* est solidement construit, la quille et la carlingue ne font qu'une même suite de feuilles de tôle contiguës, la membrure est solide et le bordé a près de 0ᵐ,016 dans les fonds et 0ᵐ,014 dans les hauts ; vers le milieu, à l'avant et à l'arrière cette épaisseur descend à 0ᵐ,011. Cette solidité est nécessaire pour fendre les vagues comme une flèche. Sous l'impulsion d'une machine développant jusqu'à 4750 chevaux de 76ᵏ, cette force énorme comparée au résultat donne une utilisation assez médiocre au *Connaught*, en la rapportant à sa maîtresse-section ; mais je crois que les comparaisons établies de la sorte ne conviennent qu'à des navires ayant à peu près les mêmes proportions et qu'il n'est pas exact d'en comparer un ayant dix fois son bau à ceux qui n'ont que 4 1/3 ou 6. Les règles positives manquent encore. Ce navire a les formes les plus fines malgré des fonds très-plats : d'après le modèle son maître-couple a presque la forme d'un rectangle. Son avant aigu, n'étant pas assez haut pour déborder les lames, on l'a recouvert d'un toit arrondi sur les côtés et sans le moindre rebord comme un rouffle, qui s'étend jusqu'aux tambours, lesquels, de même que sur la plupart des vapeurs anglais, sont situés en arrière du milieu et réunis par une grande plate-forme où se trouve la roue du gouvernail. Cette manière de couvrir l'avant est indispensable pour cette sorte de flèche ou plutôt de fusée à vapeur qui, n'ayant pas le temps de se détourner de sa direction, perce les vagues, et s'engloutirait si elle n'était préservée ; ou bien elle serait forcée de ralentir sa marche, c'est-à-dire de renoncer au rôle de porteur de dépêches, but unique d'une aussi grande construction. La mâture se compose de trois mâts goélettes, très-légers, avec des haubans en fer. D'après les cornes les voiles doivent être très-petites. Le fait est qu'avec de telles vitesses de marche, la voilure est tout à fait insignifiante, il faut presque un coup de vent du travers pour n'avoir pas vent debout ou pour s'en apercevoir s'il vient de l'arrière.

Leinster et Ulster de M. d'Aguilar Samuda.

Le *Leinster* et l'*Ulster*, construits par M. Samuda pour le service postal de Holy-Head à Kingston, sont également remarquables; le premier a $112^m,8$ de tête en tête, 109^m de quille, $12^m,20$ de bau; rapport, $1 : 9^m,17$, $21^m,70$ en dehors des tambours, les roues sont articulées de $10^m,37$ de diamètre. Essayé le 26 juin 1860, au mille mesuré, le *Leinster* a eu pour moyenne de quatre parcours 17,977 milles avec des tirants d'eau de $4^m,28$ devant et $4^m,58$ derrière.

L'*Ulster* a $100^m,65$ à la flottaison, $10^m,67$ de bau; le rapport $1 : 10$. Lors de ses essais, les tirants d'eau étaient $4^m,04$ et $4^m,115$; la maîtresse section, $32^{mq},51$; la machine de 750 chevaux nominaux, d'après le contrat, pesant 710^t avec l'eau des chaudières, donnant 23,5 coups de piston avec une pression de $1^k,965$ par centimètre carré; ses deux cylindres ayant $2^m,44$ de diamètre et $2^m,135$ de course ont produit 4.160 chevaux par l'indicateur, c'est-à-dire en multipliant la puissance nominale par 5,2. La distance de Holy-Head à Kingston, 55,5 milles a été parcourue en $3^h,25'$ avec la marée contraire, ce qui a donné une vitesse de 16,2 nœuds, qui ont été presque soutenus en service courant. Cette vitesse coûte 10^t pour obtenir la pression et 31^t pour faire le trajet, ce qui met la consommation à 8.856^k par heure de marche et 558^k pour chaque mille parcouru. L'utilisation par rapport à la puissance désignée et au maître couple est 32,2.

Cette ligne de Kingston à Holy-Head semble être l'hippodrome des navires à vapeur; aussi M. Laird en fait de nouveaux auxquels il espère imprimer une vitesse de 20 milles, et l'on ne peut pas dire que ce soit impossible; mais ce qui précède montre à quel prix exorbitant et même à quelles dimensions il faut s'élever pour porter seulement des lettres et des passagers avec une pareille vitesse, puisque ces navires ont les longueurs de presque tous ceux qui existent, sauf le *Great-Eastern*. Le fer seul était capable de produire de tels bâtiments, à cause de la liaison de toutes ses parties; avec le bois, le premier mauvais temps aurait disloqué des navires poussés par de telles forces et taillés en flèche aiguë.

Navires de M. Towell.

M. Towell a exposé une nouvelle forme de navire qu'il pense être plus solide et présenter plus de capacité et de vitesse. Les figures 15, 16 et 17, Planche V, en donnent une idée. Son maître couple a la forme d'un demi-cercle ainsi que tous les autres et ils sont décrits des différents points de la ligne *gu* avec des rayons égaux à la demi-largeur de chaque partie. S'il veut varier ces formes il mène une ligne droite passant par le milieu de *gu* et plus basse vers l'avant que vers l'arrière : de différents points de cette ligne il décrit des arcs de cercle qui lui donnent les autres couples. Plus il abaisse la ligne vers l'avant, plus il diminue le rayon de ses demi-cercles et rétrécit cette partie qu'il amène à la hauteur du plat-bord par des lignes droites, et il augmente l'étendue des couples de l'arrière par l'élévation de la ligne dans cette partie, ce qui allonge son rayon et se rapproche alors beaucoup des arrières des bateaux de pêche chinois. Les couples sont chevillés sur la quille *pp*, et vers les extrémités leurs boulons traversent tout le bois des massifs *q, q*. S'il veut augmenter ou diminuer la grosseur des formes des extrémités, il donne à la ligne *gu* des formes courbes qui augmentent ou diminuent les rayons de ses cercles. Le constructeur attribue beaucoup de solidité à la forme circulaire, et cite des navires construits de la sorte qui n'ont pas souffert de leurs échouages ; il voit aussi dans cette forme plus de place pour contenir une cargaison. Il cite également des témoignages de la rapidité de marche de plusieurs de ses bâtiments, auxquels il a donné parfois une longueur de près de six fois la largeur. Quoique plusieurs navires aient été construits d'après ces idées, il a été impossible de vérifier ces assertions ; mais il y a cependant lieu d'observer que ces formes ont de l'analogie avec celles de goëlettes américaines célèbres par leur marche et qui ont apparu sur nos côtes il y a quelques années.

Navire insubmersible de M. C. Lungley.

On a utilisé la facilité avec laquelle on unit toutes les parties d'un navire en fer pour diminuer ses dangers à la mer, et on l'a divisé en compartiments horizontaux, pour éviter l'envahissement de l'eau d'une manière plus efficace encore que par les cloisons étanches ordinaires, malgré lesquelles plusieurs navires en fer ont péri depuis trois ou quatre ans.

Pour se faire une idée de cette disposition, il n'y a qu'à remarquer que les parties ombrées des figures 11 et 12, Planche V, représentent tout ce qui serait occupé par l'eau si tous les compartiments étaient pleins, et les lignes d'eau supérieures *aa* montrent de combien le navire serait alors submergé. Pour arriver à ce but, M. Lungley conserve une partie des cloisons étanches ordinaires qui descendent jusqu'au fond du navire; mais à côté il met des puits *bb* de la dimension du panneau supérieur, et ces puits débouchent sous les ponts en tôle *aa* placés plus bas et unis avec les côtés du navire de manière à être étanches. Il en résulte que ces parties sont accessibles par les écoutilles et leurs puits; qu'on prétend même qu'elles sont mieux ventilées, mais qu'elles sont très-basses. Si elles sont envahies par l'eau, celle-ci est arrêtée par les ponts et ne s'élève au niveau de l'extérieur que dans les puits, dont le volume est assez petit pour ne pas trop charger le navire. Cette disposition vient d'être adoptée pour un navire à hélice nommé *le Roman*, de 79^m entre perpendiculaires, 85 de tête en tête et $9^m,76$ de bau, dont la machine est de 220 chevaux, et pour un autre nommé *Briton*, de $79^m,91$ de tête en tête et $7^m,82$ de bau. La disposition de ces cloisons est certes la plus sûre, mais les gênes dont elle sera la cause pour le service du charbon ou des marchandises la feront peut-être rejeter par l'oubli trop fréquent des périls auxquels on est exposé. Cependant on peut aussi bien supporter les inconvénients de quelques cloisons intérieures pour échapper à des dangers de mer, que porter constamment de lourdes plaques de fer pour se préserver des boulets, le jour où il s'agira de se battre. Il est vrai qu'il y a une différence, en ce que, dans un cas, c'est le navire qui souffre du poids des plaques et que dans l'autre, ce sont les hommes qui se plaignent des inconvénients du service intérieur : beaucoup d'installations destinées à être accidentellement utiles ont été rejetées par cette seule raison. M. Lungley voit aussi dans ces cloisons une grande sécurité contre l'incendie, en ce que le feu serait limité à un compartiment qui pourrait au besoin être rempli d'eau. Il est à regretter de ne pas connaître le poids et le prix additionnels de ces cloisons qui ne remplissent que le but dont il est question, en ce qu'elles ne consolident pas autant le navire que celles établies de bas en haut. Il faudrait aussi savoir si le système cellulaire, qui donne tant de force aux constructions où les tunnels établis dans le fond des navires de guerre, ne donnent pas des garanties suffisantes.

Navires en fer, doublés en cuivre, proposés par M. Grantham.

On a cherché à corriger le plus grave défaut des navires en fer, que nous avons mentionné plusieurs fois, celui de se couvrir en peu de temps de coquilles et d'herbes dont la surface raboteuse fait perdre beaucoup de marche. Pour cela M. John Grantham (Planche V, *fig.* 8, 9 et 10) propose de mettre en dehors du bordé en fer d'un navire en tôle ordinaire, des cornières additionnelles *cc* placées de haut en bas, comme celles de la vraie membrure *bb ;* entre ces cornières sont enfoncés des blocs de bois d'un décimètre d'épaisseur *d,* maintenus par des coins *cc* qui, de même que les premiers morceaux de bois, buttent contre l'angle du bout des cornières, de manière à maintenir le tout. Par-dessus est une couche continue *e* de planches de $0^m,030$ d'épaisseur, tenues par des vis à bois qui ne pénètrent pas jusqu'à la tôle du bordé et ont leur tête préservée par du mastic. Le cuivre à doublage *g* doit être cloué comme à l'ordinaire sur le bois. Les revêtements de la quille et l'étrave présentent quelques difficultés, en ce que le moindre échouage ou le frottement des chaînes sur ces parties saillantes dénuderait le fer et l'exposerait à une prompte destruction. Quant à l'étambot qu'il serait plus difficile d'envelopper, on pourrait le faire en bronze. Le modèle exposé a fixé à plusieurs reprises l'attention des ingénieurs distingués du Jury ; ils ont discuté les avantages et les inconvénients du système, et tout en reconnaissant l'importance pour le service et les économies de plusieurs millions de frais de bassin, de peinture et de dépense de combustible pour perte de marche, ils n'osaient pas admettre ce mode de doublage, tant il y a lieu de craindre que le bois imbibé d'eau ne devienne conducteur de l'électricité. S'il laisse passage entre ses joints et permet à l'eau de toucher le fer, celui-ci serait rongé en peu de temps sans qu'on le sût, et l'on augmenterait les dangers des navires en fer au lieu de les diminuer, d'autant plus que c'est par les parties inférieures qu'ils périssent d'abord. Cependant on dit que ce système est essayé et qu'on croit à son succès, d'après la durée de quelques navires à membrure en fer et à bordé de bois dans le genre de ceux que M. Armand, de Bordeaux, a été le premier à construire. Quant au défaut de l'augmentation de poids et de déplacement, je ne crois pas qu'il produise jamais un retard de marche aussi grand que les coquilles et les herbes accumulées en peu de semaines. Il y a là une question très-importante pour les navires du commerce ; mais ceux couverts de plaques de fer pour la guerre ne pourront jamais avoir recours à un pareil moyen, puisque lorsqu'ils sont construits en bois, leurs plaques souffrent beaucoup du voisinage du cuivre du doublage.

Cuivre collé sur la tôle par du bitume.

M. Lancaster propose de coller du cuivre sur la tôle au moyen du bitume de la Trinidad, qui conserve de l'élasticité comme le caoutchouc ; il montre un spécimen de ce doublage et croit que les tiges en cuivre qui servent à lier le cuivre à la tôle ne sont pas nécessaires, ce qui est douteux pour de grandes surfaces, et si ces tiges existent, l'eau rongera encore plus vite les tôles. Il est très-incertain que de telles dispositions conviennent à la pratique. Ce bitume doit être appliqué à chaud ; il a été mêlé à du liége et employé à remplir les fonds des navires en fer, au lieu de ciment hydraulique.

Le minium est toujours la peinture la plus usitée pour les carènes ; cependant on vient d'essayer le goudron minéral, dont nous faisons depuis longtemps usage pour les chaînes, et l'on dit que tout en conservant autant le métal, il se couvre moins d'herbes et de coquilles que le minium et dure plus longtemps. Il est à souhaiter que des expériences directes décident cette question importante.

CHAPITRE III.

EMBARCATIONS, GRÉEMENT, ACCESSOIRES, ETC.

CANOTS DE SAUVETAGE.

Lorsqu'on quitte les grands navires pour s'occuper des autres questions maritimes dont l'Exposition contient des spécimen, on est aussitôt attiré par les *Life-boats*. Leurs beaux modèles déposés sous les galeries et exposés dans le jardin rappellent le but généreux et les efforts de cette Association qui, sous le patronage du duc de Northumberland, sauve, chaque année, tant d'existences et montre la philanthropie la plus pratique. Elle est arrivée par des souscriptions volontaires à garnir les côtes d'Angleterre d'un admirable matériel de sauvetage, dont la dépense effrayerait bien des budgets, et à organiser un personnel de marins courageux et intelligents, qui déploient souvent leur énergie et sont plus récompensés par le bonheur d'avoir sauvé leurs semblables que par les modiques rétributions qu'ils reçoivent.

Prix du duc de Northumberland.

Pour réunir les efforts et le fruit de toutes les expériences, le duc de Northumberland établit, en 1851, un prix de 2.100 fr., pour le bateau qui remplirait le mieux les conditions reconnues nécessaires à la suite de quelques désastres maritimes. Afin d'établir une opinion sur les 280 modèles ou dessins qui lui furent adressés, on donna des coefficients aux qualités exigées : ainsi 20 fut affecté à la marche à l'aviron ; 18 à la voile ; 10 à la stabilité et à la manière de s'élever à la lame ; 9 à la place laissée en dedans à l'envahissement de l'eau, parce qu'un canot ordinaire est exposé à remplir et à chavirer ; 8 à la faculté de se vider facilement ; 7 aux caissons et autres manières de se tenir à flot ; 6 à la faculté de se redresser de soi-même ; 4 à celle d'accoster facilement les plages ; 3 à l'espace pour prendre des passagers ; 3 au poids modéré pour le transport par terre ; 3 à la protection du fond du bateau ; 3 au lest, fer, eau ou liége, et le reste pour des accessoires ; en tout 100. La plupart de ces qualités sont indispensables, et le bateau qui n'en aurait eu qu'un petit nombre n'eût pas été assorti au programme, quand même elles auraient été poussées très-loin.

Divers types de bateaux de sauvetage.

Ce fut M. James Beeching, de Yarmouth, qui obtint le chiffre le plus élevé 84 ; c'est celui qui est représenté Planche VI, figures 1, 2, 3, 4, 5 et 6, et M. Henry Hinks, de Devon, qui s'en approcha le plus en arrivant à 78. M. Teasdel, de Great-Yarmouth, a proposé les caissons d'air séparés et pouvant se visiter facilement ; M. Bromley les a remplis de liége ; M. Sharpe a proposé de laisser la facilité de jeter une partie du liége pour faire place à des passagers ; et en général on préfère le liége aux caissons d'air, surtout pour les fonds, à cause de sa sécurité.

Le duc de Northumberland a publié, en 1851, un album de 14 planches et d'un texte des différents systèmes présentés par les compétiteurs pour ce beau prix : c'est le document le plus complet et le plus digne d'être étudié avec soin ; les dessins en sont très-soignés et ont servi de modèles aux figures de 1 à 8, planche VI, qui représentent le Life-boat de Yarmouth. Sa longueur de tête en tête est $10^m,90$; de quille, $10^m,37$; le bau, $2^m,897$; le creux, $1^m,067$; caisson d'air, $8^{mc},49$; capacité intérieure jusqu'au niveau du plat-bord, 5^t ; aire des tubes de vidange, $0^m,178$; proportion de ces tubes à la capacité, 1 : 64 ; poids du bateau $3^t,3$; lest, 2^t d'eau, et 1/2 tonneau de quille en fer ; total, 2 1/2 ; tirant d'eau avec 30 hommes à bord, $0^m,66$. Il borde 12 avirons à couple, est construit en chêne et cloué en fer. Enfin il porte deux voiles de chasse-marée et coûte au complet 6.250 fr. Les trous *aa* et autres, qui font communiquer l'intérieur et l'extérieur à travers les caissons d'air, sont garnis de soupapes en cuivre avec rebords en caoutchouc, qui laissent sortir l'eau quand le bateau s'élève à la lame et se referme ensuite. Comme le plancher du caisson d'air inférieur n'est pas beaucoup au-dessous de la flottaison, il se dégage d'autant plus de l'eau que les mouvements sont plus violents.

Parmi les autres types, celui de M. Pellew-Plenty est beaucoup plus plat, tout le fond de sa carène est couvert d'une épaisseur assez considérable de liége, et des caissons d'air sont situés au-dessus. Il y en a qui ont des quilles en fer. A Ipswich, la longueur est de $12^m,50$ et la largeur de $3^m,3$ avec des lignes fines, des caissons d'air et du lest d'eau ; celui de Southshields ressemble, au contraire, à un canot-tambour et celui de Rotterdam est une sorte de grande plate. Le lieutenant Sharpe n'emploie au lieu de caissons que du liége avec une quille en fer ; M. Peake mêle les caissons à une grande quantité de liége dans les fonds. MM. White de Cows, dans l'île de Wight, ont fait un canot de sauvetage destiné aux navires tels que les grands paquebots, et l'Amirauté a récemment ordonné qu'il en serait mis à bord de tous les navires stationnés sur la côte ouest d'Afrique. Il serait utile que cet ordre s'étendît à toutes sortes de bâtiments. C'est le meilleur bateau de son genre, il marche bien à l'aviron et à la voile.

Qualités diverses et propriété de se redresser spontanément.

Comme de tels bateaux sont très-exposés à chavirer, on a eu soin de les disposer de manière à se relever d'eux-mêmes, par l'arrangement de leur lest et de leurs caissons d'air, surtout de ceux des extrémités, qui par leur volume sont à eux seuls capables de porter tout le bateau. Beaucoup d'équipages de sauveteurs et de naufragés ont été sauvés par cette propriété précieuse, qu'on a regardée longtemps comme une chimère, quoiqu'elle ait été démontrée dès 1792, par une expérience. Ce ne fut qu'en 1850, à l'occasion du prix du duc de Northumberland, qu'on revint sur cette question, qui depuis a été étudiée avec un soin particulier et résolue d'une manière satisfaisante. Le lest est ordinairement de l'eau qui ne charge pas outre mesure le canot, quand il faut le transporter sur la charrette représentée Planche IV, figures 7, 8 et 9, et qui ne s'introduit que lorsque le bateau est à flot.

Toutes les qualités d'un vrai Life-boat sont énumérées et discutées avec une intelligence pratique et remarquable par le capitaine Ward, qui en est l'inspecteur et a inventé la ceinture de sûreté que chaque canotier est tenu d'avoir autour de lui et dont la disposition laisse les mouvements très-libres. Ces documents intéressants sont encore une occasion de regretter que notre marine n'ait aucune de ces publications périodiques où les marins peuvent connaître les questions intéressantes de leur métier.

L'aviron est encore le meilleur propulseur des Life-boats.

Pour continuer l'examen succinct auquel nous sommes réduit, nous dirons que quelques personnes ont proposé l'emploi des roues à aubes ou d'hélices tournées à bras; une seule propose la force de la vapeur et une autre celle de l'air comprimé; mais jusqu'à présent on préfère les avirons. En effet, si la force de la vapeur permet de surmonter de grands obstacles, elle expose aussi à de sérieux dangers, en ce que ce n'est pas en vain qu'on coupe les vagues sous l'impulsion d'un moteur; ce n'est qu'en embarquant beaucoup d'eau. De plus, si dans les lames de fond un bateau chavire ou remplit, il est perdu, parce que sa machine pèse trop pour espérer de la porter avec les caissons étanches; et s'il talonne, le poids mort de son appareil moteur l'expose beaucoup plus à crever sa chaudière et à être disloqué par le choc. Il y a donc là des difficultés qu'on ne peut surmonter qu'en agrandissant le bateau; mais alors il ne peut plus accoster, et on en reviendrait à n'employer la vapeur qu'à traîner un plus petit bateau, comme on l'a déjà fait avec des remorqueurs ordinaires traînant un Life-boat.

Divers modèles de canots de sauvetage.

Outre les plans publiés par l'Association des Life-boats, il y a lieu d'observer qu'il y avait plusieurs modèles exposés. M. Thyman de Ramsgate en avait un de petit chasse-marée ponté, très-bien disposé pour supporter le mauvais temps, mais un peu grand pour accoster les navires. Il est vrai que la distance du banc Godwin, sur lequel tant de navires se perdent, exige qu'un bateau soit capable d'aller au large. M. Richardson présentait un modèle formé de deux longs tubes en tôle, courbés aux deux bouts pour former les extrémités; en dessus des tubes sont les bancs et une fargue supportant les tolets; le fond est formé par un caillebottis : cette sorte de radeau a rendu de grands services à Rhyl, sur la côte nord du pays de Galles, mais on ne sait quelle confiance accorder au fer à cause de la rouille; de plus, il serait difficile à transporter dans quelques localités. M. Halket a une sorte de radeau formé d'un anneau ovale en toile caoutchoutée, plein d'air, avec une plate-forme en osier au milieu et une double pagaie qui a rendu des services dans des expéditions d'Amérique, mais qui serait trop petit pour la mer. Plusieurs colonies anglaises ont adopté les Life-boats de l'institution de la métropole. Les catimarons et les radeaux n'ont pas été exposés, et on les a considérés comme une dernière ressource dont on devait faire usage à bord des navires naufragés plutôt qu'à terre.

Type de canot regardé comme préférable.

En général, on a regardé la forme de baleinière comme la meilleure ; la longueur 6^m, $7^m,60$, 9, 10 et 11^m, suivant les localités ; 9^m et dix avirons paraissent les meilleures proportions. Lorsque les naufrages ont lieu sur des bancs éloignés, les dimensions augmentent, et l'usage de la voile est plus important, comme à Yarmouth et à Deal. Le rapport de la largeur est 1 : 4 ou 1 : 3,3. Si la légèreté est utile pour le transport par terre, son excès livre trop le bateau à la merci des vagues et surtout du vent. On préfère les avirons à couple et les tolets aux dames. La voilure varie suivant les localités, et souvent il n'y en a pas. L'armement est admirablement combiné, tout est bien disposé, de bonne qualité, il n'y a rien de trop. Le compas liquide est une perfection dans son genre et fait honte à nos volets, qui à chaque coup d'aviron font le tour de la rose et ne servent à rien dès qu'il y a de la mer. Quant aux matériaux à employer, le bois est adopté jusqu'à présent ; la tôle s'oxyde trop vite pour inspirer assez de confiance ; le zincage ne la préserve pas assez : le cuivre est cher et mou, mais il conserve sa valeur et se prête à faire de bons caissons d'air ; il a été employé avec succès pour les pirogues qui descendent des fleuves rapides en Amérique. Les canots à double couche de bordages croisés sont préférés. La gutta-percha, le caoutchouc et le kamptulicon ne paraissent utiles que pour rendre étanches les joints des caissons d'air. Le liége varie beaucoup de poids et de prix ; on en a placé en dehors pour rendre plus léger ; dans les fonds, il ne peut être utile que pour amortir les coups, comme sur les côtés où il sert de défense. On ne peut guère compter sur les caissons étanches et pleins d'air ; au bout de quelques mois, le bois se sèche, la tôle s'oxyde et se perce. Plusieurs modèles ont $5^{mc},673$, d'autres $7^{mc},509$ de volume, afin de n'être pas surchargés par l'eau embarquée ou par les passagers, mais alors il reste trop peu de place intérieure. Les caissons d'air doivent être placés dans les parties les plus hautes du bateau ; ils ne doivent pas être construits avec lui, mais être séparés afin de pouvoir être vérifiés et alors il y a trop de place perdue. On aurait avantage à avoir aussi des caissons inférieurs et même de l'eau dans le fond pour servir de lest, ce qui diminue le poids quand on traîne le bateau à terre. Il est bon que dans un bateau de 9ᵐ,10 la capacité libre pour les hommes ne soit pas de plus de trois tonneaux, et les bateaux doivent se vider d'eux-mêmes comme on l'explique plus haut. Il est aussi indispensable qu'un bateau de sauvetage se redresse s'il est chaviré; on a eu beaucoup d'exemples de l'importance de cette qualité. Enfin, et c'est une condition des plus essentielles, il faut des équipages braves, exercés, et surtout des patrons habiles, sachant assez en imposer pour être obéis.

Les canots de sauvetage sont d'une appréciation très-difficile.

Les Life-boats sont très-difficiles à juger, parce qu'on n'a jamais occasion de les comparer, chaque localité vantant le sien et n'en connaissant pas d'autres. S'ils exécutent quelques sauvetages hardis, leur réussite porte à les imiter sans plus d'examen. L'éloignement empêche également les constructeurs de les comparer; il serait dispendieux de les réunir pour attendre des circonstances où ils puissent montrer réellement leurs qualités, et dans chaque pays les canotiers se refuseraient à tenter une aventure dans un canot qui n'est pas le leur. Il y a aussi la responsabilité très-sérieuse de pousser, par des prix élevés, des hommes à se servir d'un canot qu'ils n'approuvent pas. Aussi faut-il beaucoup de temps avant d'établir des opinions qui présentent quelque exactitude.

Moyens accessoires, mortiers, fusées, ceintures de sauvetage.

Les fusées et les mortiers porte-amarre n'ont généralement pas donné de bons résultats; les lignes se brisent presque toujours. M. Delvigne en a proposé un rayé en spirale, et dont le projectile en bois porte des ailettes, afin de prendre un mouvement de rotation qui facilite le dévidage qui se fait sur le projectile par un fil métallique et à terre par le moyen ordinaire; on n'atteint guère qu'à 105ᵐ de beau temps et à 90 quand il vente; cela est presque toujours insuffisant, et les fusées ont le défaut de se dévier. On regarde l'abaca de Manille comme préférable au chanvre pour les lignes. Comme généralement les naufrages ont lieu au vent des côtes, la Hollande a exposé un double radeau avec une voile, pour envoyer une corde à terre et un bateau plat en tôle plissée. M. W. Rich a exposé un cerf-volant bien disposé : un modèle montre le moyen de sauver des hommes par un va-et-vient sur une corde tendue en l'air, amarrée par un bout à un mât, et par l'autre roidie sur une bigue établie à terre. Enfin, parmi les ceintures de sauvetage, il y en a en forme d'anneaux de liége ou de toile caoutchoutée; mais les meilleures sont celles du Capitaine Ward, qui sont formées de lattes de liége réunies par de la toile et qui se mettent autour de la taille; elles supportent $11^k,300$, tiennent la tête élevée, ne gênent aucun mouvement et sont précieuses pour les hommes des embarcations; l'équipage d'un canot de sauvetage devrait toujours en être pourvu. Elles coûtent 17 fr. 50 c.; l'Institution des Life-boats en met à tous ses canotiers. Enfin cette même Institution a publié, fait traduire en français et distribué gratuitement chez Arthus Bertrand, libraire, rue Hautefeuille, 21, une instruction des plus pratiques sur la manière de manœuvrer les embarcations dans les brisants, ainsi que sur les soins à donner aux noyés. En fait de moyens de préserver la vie des marins, les phares élevés sur presque tous les points dangereux et de bonnes cartes passent en première ligne, l'Amirauté en a exposé quelques-unes. On remarque aussi le Voyage scientifique autour du monde, le dernier peut-être, exécuté récemment par le commodore Wüllersdorff von Urbair, sur la frégate autrichienne *Novara*.

Il y a maintenant cent vingt bateaux de sauvetage sur les côtes d'Angleterre et d'Irlande; les conditions locales, ainsi que l'immense commerce en commandent tellement l'usage, que ce nombre est encore insuffisant. Les premiers ont été établis sur les côtes de Northumberland, lorsqu'en 1789 on vit un équipage réfugié dans la mâture, tomber homme par homme, sans qu'on pût lui porter secours. En 1824, on établit l'Association pour sauver les naufragés, qui est la *Life-boat Institution* actuelle. Le matériel des 20 canots, avec les charrettes, dont le dessin est donné figures 7, 8 et 9, Planche VI, ainsi que les machines et tous les accessoires, s'élève maintenant à une valeur de 1.500.000 fr.; le premier établissement d'une station coûte 11.250 fr., et son entretien 1.000 fr.; malgré cela, et 50 autres bateaux de sauvetage, 800 personnes périssent chaque année sur les côtes d'Angleterre. En 1850, il y a eu 277 navires totalement perdus, 84 coulés par voies d'eau ou abordages, 16 abandonnés, 304 assez endommagés pous être déchargés, et on croit qu'il a péri 784 personnes. C'est en Février et Mars qu'il arrive le plus de naufrages. Dans ce dernier mois, il y en a eu 134, ou plus de 4 par jour. Sur les côtes d'Angleterre, c'est aux environs de Newcastle on the Tyne que l'affluence des bâtiments, allant chercher du charbon, concentre le plus de sinistres.

Canots de sauvetage de divers pays.

En France, il y a des bateaux de sauvetage à Dunkerque, Calais, Boulogne, le Havre, établis par des souscriptions locales. La côte de Bretagne et l'embouchure de la Somme n'en ont pas encore, malgré les dangers dont elles sont hérissées. Au Havre ils sont dirigés par M. Durécu, qui a sauvé lui-même plus de 50 personnes, mais ces bateaux ne remplissent pas encore toutes les conditions nécessaires. Si chez nous l'organisation de la société ne permet guère les souscriptions volontaires de la richesse de l'Angleterre, le gouvernement éclairé de l'Empereur a pris les devants, et on organise un service de sauvetage pour lequel il est à espérer qu'on trouvera des hommes zélés, comme l'amiral Washington et le capitaine Ward leur infatigable inspecteur sur les côtes d'Angleterre.

Le Danemark a présenté un bateau plat bien disposé pour les plages, avec des avirons de queue à chaque bout, et sur une distance de 200 milles il a 25 life-boats avec les appareils de mortiers et de fusées. Beaucoup de marins leur ont dû la vie. La Suède et la Russie en ont quelques-uns sur les modèles anglais, et beaucoup d'autres pays les adoptent. Le congrès des États-Unis en entretient 27.

La Norwége seule a exposé des modèles de ses bateaux de pêche et de ses caboteurs : les premiers sont à clins, très-plats et fins aux extrémités; ils ont des voiles carrées ou en trapèze avec une vergue très-courte. Le capitaine Snow Harris a rendu compte des bateaux de pêche de l'Angleterre, qui sont de petits caboteurs de 21ᵐ de long. L'importance du cabotage et de la pêche, surtout dans les mers poissonneuses du Nord, a produit une grande variété de bateaux, chaque localité ayant le sien. Il est étonnant qu'on n'en ait jamais fait une collection générale, qui certes aurait fourni des comparaisons curieuses et préservé de l'oubli des constructions que la vapeur fera disparaître en partie. Depuis cinquante ans la sûreté des mers a fait abandonner peu à peu les chebecs, les pinques et plusieurs bateaux de marche rapide de la Méditerranée qui existaient lorsqu'on craignait encore les pirates, et dont quelques gravures conservent seules le souvenir. On avait exposé un modèle d'un grand canot séparé en deux parties égales terminées chacune par une cloison étanche; comme c'était construit en bois, on avait eu soin de mettre des dés métalliques sous les têtes des boulons et sous les écrous; mais il est douteux qu'une telle jonction soit solide. Les

Russes ont aussi fait des embarcations en fer en trois morceaux pour former un petit canot ou un grand, suivant qu'on aurait pris ou laissé la portion du milieu. La tôle se prête à ces démontages, comme nos chaloupes canonnières l'ont prouvé, mais il est douteux qu'avec la faible épaisseur des petites embarcations elle ne soit pas faussée au point de rendre les remontages difficiles.

Manière d'amener les canots de MM. Clifford, Rodgers et Watson.

La manière d'amener les embarcations a été aussi le sujet de l'examen du jury à cause des dangers de cette opération lorsque la mer est grosse. M. Clifford (Pl. VI, *fig.* 10, 17, 18 et 19) a été le premier à s'occuper de cette question, et son appareil est probablement encore le meilleur. Il se compose d'un seul bout de filin c, tenant le canot suspendu après avoir décroché les palans, et pour résister au poids il le fait passer en S entre trois rouleaux d'une double pièce en fer d et l'équipage du canot le file en prenant retour sur un guindeau a placé au milieu et sur un taquet. Il résulte de cette disposition que la résistance ainsi obtenue varie beaucoup suivant l'état du cordage, qu'elle est très-forte s'il est neuf et roide, trop faible peut-être s'il est vieux. Mais aussi une fois le canot largué il n'y a plus à craindre les chocs du lourd palan que le roulis projette avec violence. La sangle g, qui maintient le canot au roulis, se largue d'elle-même en quittant le long crochet hi dont la pointe est dirigée vers le bas.

MM. Wood et Rodgers (Pl. VI, *fig.* 11, 12 et 13) dégagent les balancines b, b du palan par des tiges t, t' articulées sur une pièce a placée sous le banc. Les tiges t, t' passent en abord dans les anneaux des balancines qui percent le banc; un levier l, avec des mouvements de sonnette faisant glisser les tringles, sert à larguer les quatre points à la fois. De la sorte on largue promptement, mais ce ne sont pas les gens du canot qui se filent eux-mêmes et une fois dégagés les palans se balancent en l'air.

M. Watson emploie des crocs qui sont largués par une barre de fer placée le long de la carlingue, chaque extrémité de la barre a une douille dans laquelle entre le boulon du palan, et cette douille est fendue sur le côté, de sorte qu'en tournant la barre qui la porte elle lâche le boulon. Nous avons vu des mouilleurs d'ancres disposés de la sorte. Un autre inventeur dégage en retirant des barres qui viennent se réunir au milieu du bateau.

Croc du capitaine Kynaston.

Le capitaine Kynaston emploie le croc représenté *fig.* 20, Pl. VI, avec lequel ce sont les hommes du canot qui dégagent eux-mêmes. Pour cela le croc *c*, passé dans la cosse de la poulie *p*, a une tige un peu longue tenue par un axe *a* entre deux anneaux en fer, qui eux aussi sont joints par un autre axe *b*, et à la tige *bd* à laquelle le canot est suspendu. La queue du croc est tenue en *e* par une corde passée dans la poulie de la tige *d*, de sorte qu'en larguant cette corde l'excentricité de l'axe *a* et de l'axe *b* fait renverser l'anneau et avec lui le croc qui se trouve à l'envers et largue le palan. Comme le montre le dessin, la corde *edf* est disposée de la même manière aux deux bouts du canot au moyen des deux poulies *f* et *f'*. Il ne faut pas que la rouille entrave ce mécanisme.

De tous ces procédés, celui de Clifford est le plus généralement adopté par toutes sortes de navires; les paquebots l'emploient presque tous, et il convient très-bien aux embarcations légères, mais il serait imprudent d'amener sur un seul bout de cordage des canots aussi lourds et aussi encombrés d'armement que ceux des navires de guerre. J'ai entendu dire que récemment la méthode Clifford avait causé des accidents; néanmoins elle paraissait préférée aux autres, et même au croc du capitaine Kynaston.

Construction mécanique des canots.

Pour terminer ce qui regarde les embarcations, il y a lieu de mentionner les divers outils de M. Nathan Thompson pour construire mécaniquement les canots par une série d'opérations exécutées les unes par d'anciens outils, les autres par des mécanismes spéciaux et très-ingénieux. Il est à regretter que nous n'ayons pu voir cette fabrication importante en pleine activité, mais il est probable que dans un pays comme Londres ou Liverpool la fabrication mécanique des canots produira une grande économie. A Chatham il existe une machine à faire les avirons qui en fait un si grand nombre en peu de temps, qu'elle reste souvent dans l'inaction quoiqu'elle fournisse tous les arsenaux. M. Brunel père est le premier qui ait travaillé le bois mécaniquement en confectionnant des poulies sans aucun travail manuel, dans l'atelier qu'il avait établi à Portsmouth.

Méthode de diminuer la surface des voiles du capitaine Cunningham.

La nouvelle manière de diminuer la surface des voiles, proposée dès 1852 par le capitaine Cunningham, est représentée par un grand modèle et paraît devoir remplacer les anciennes méthodes de prendre les ris et même celle que nous devons à M. Béléguic, Capitaine de frégate, et à M. Consolin. Elle est adoptée sur les navires de commerce où les moyens mécaniques sont une source de profits, en ce qu'ils évitent un personnel nombreux. Les figures 1, 2, 3 et 4, Planche VI, en donnent une idée ; la verge tourne dans deux anneaux BB (*fig.* 3) tenus au racage, elle porte au milieu un anneau à empreintes DD comme le cabestan Barbottin : l'itague en chaîne AB (*fig.* 1) passe en dessous, mais au lieu de faire dormant par une de ses extrémités sous les barres de perroquet, elle a deux drisses ordinaires ; de sorte qu'en hâlant l'une et filant l'autre on fait tourner la vergue. Celle-ci est garnie de lattes qui augmentent son diamètre aux extrémités, de manière à ce que, étant cylindrique, elle enroule également la toile sur toute sa longueur. Il en résulte que pour diminuer la surface il n'y a qu'à filer l'une des itagues, et la voile s'enroule à mesure que la vergue descend. Mais comme il faut le passage de l'itague et de son rouleau *d*, la voile a au milieu une fente d'une largeur suffisante qui descend jusqu'au chouque. Dans l'origine cette large fente était fermée par une toile transfilée que les matelots lâchaient ou attachaient ; maintenant c'est au moyen d'une bande de toile permanente *f*, qui a sur les côtés des crocs en fer galvanisé, qui glissent dans une sorte de coulisse *hh* attachée à la voile. Le commerce emploie beaucoup ces huniers, et les navires de l'État l'adoptent également.

Avantages des ris Cunningham.

Cette disposition épargne beaucoup de dangers aux matelots ; elle permet de réduire ou d'augmenter la surface par tous les temps puisqu'on opère d'en bas ; elle abrége les voyages en permettant de mieux profiter du vent : on assure qu'elle est en usage sur plus de 3.000 navires anglais et sur beaucoup de grands clippers. Le *Champion des mers* a une vergue de grand hunier de 24^m,40 de long et 0^m,52 de diamètre, pesant 7 tonneaux, qui sert depuis quatre ans. Certes, peu de marins auront rendu à leur profession un service aussi signalé que le capitaine Cunningham ;

il a augmenté la puissance de la voile pour laquelle l'adresse et la force de l'homme jouaient le plus grand rôle. Dès qu'on applique des moyens mécaniques, les limites des dimensions sont reculées, et en dépit du vent on manœuvrera d'énormes voiles avec une machine tenue allumée près du pont; mais comme on emploie beaucoup de fer, il faut que les pièces soient très-bien exécutées et avec de bons matériaux, parce que les réparations sont souvent impossibles à la mer. La crainte des ruptures inattendues a longtemps fait préférer le cordage au fer dans les gréements, mais il n'en est plus de même. On continue à donner une vaste voilure aux navires blindés anglais, et le capitaine Cunningham propose d'avoir des tons très-élevés pour que le hunier soit au-dessous du chouque et que le perroquet ait plus de chute que lui; tous deux seraient manœuvrés d'en bas d'après son système. Il modifie tout le gréement, en proposant de mettre les haubans en avant et les étais en arrière, de couper les vergues en deux en les mettant sur des mâts de senau et de carguer les voiles horizontalement vers le mât, en ne se servant quelquefois que de la moitié en guise de voiles goëlettes; ces dernières idées n'ont pas reçu d'exécution.

Méthode du capitaine Schomberg.

Le capitaine Schomberg de la marine royale n'a modifié le système Cunningham qu'en le disposant de manière à rouler la voile entière, ce qui évite de la serrer par les moyens ordinaires. Sa méthode a été adoptée par plusieurs navires de la Hollande, et à bord des navires blindés la *Défense* et la *Résistance*, ainsi que sur quelques navires marchands. Par ces diverses méthodes les gréements sont simplifiés et les huniers sont manœuvrés de dessus le pont. Avec les huniers doubles dont j'ai vu des exemples il y a près de quarante ans, et qui sont très-usités surtout par les Américains, on a beaucoup facilité la manœuvre par une plus grande division des surfaces et en mettant le hunier supérieur à l'abri de celui du bas pendant les manœuvres, mais il faut néanmoins monter en haut pour amarrer les garcettes ou pour serrer les voiles.

Enfin le Commander W. Horton propose quatre mâts carrés d'après ce système pour le *Warrior* et pour les grandes frégates comme la *Mersey;* certes elles sont assez longues pour cela et auraient une plus grande surface de toile à déployer. Il voudrait cinq mâts dans les proportions des goëlettes pour les navires blindés comme la *Défense* en donnant des huniers Cunningham à longue envergure à quatre d'entre eux.

Manière de prendre des ris de M. Brouard.

Pour compléter les moyens mécaniques de réduire la surface des voiles, nous citerons, quoiqu'il n'ait point paru à l'Exposition, le système que M. Brouard, ancien chef de timonerie, a établi sur plus de 350 vergues de hune ou de perroquet de navires du Havre et de Saint-Malo. Le but de la méthode de M. Brouard est d'éviter la fente *hh* (Pl. VII, *fig.* 4) du ris du capitaine Cuningham ; pour cela il emploie une vergue supplémentaire et cylindrique *bb* placée au-dessous et un peu en avant de la vergue ordinaire A, et qui ajoutant la force de sa roideur permet de diminuer un peu le diamètre de la première pour éviter trop de poids. Les extrémités de *bb* sont frettées et portent dans leur axe une broche qui s'engage dans le trou d'un blin *c*, fixé à chaque bout de la vergue. Celui de l'une des extrémités a sa tige brisée et à charnière, pour permettre l'introduction des deux tourillons. La voile V est enverguée sur *bb* et en faisant tourner cette vergue la surface de la voile sera diminuée ; pour cela on a évité les moyens mécaniques en roulant à chaque bout une corde *p* (fig. 13), qui fait un nombre de tours égaux et proportionnel à la hauteur de la partie de voile à enrouler. De la sorte si la vergue A descend, la résistance des deux palanquins *p* force la vergue *bb* à tourner et pour que la tension reste uniforme à toutes les hauteurs de la vergue, ces palanquins l'élongent et vont passer dans une poulie *p'* près de celle d'itague et de là montent passer dans une autre sous le capelage et descendent sur le pont ; Un palan de calebas croché à la hune et sous la vergue A l'empêche de se relever et aide à l'amener pour faire tourner *b*, *b*. On avait mis au bout de cette petite vergue une roue à dents inclinées et à rochet pour l'empêcher de se dévirer, c'est-à-dire de larguer le ris en tout ou en partie ; mais l'effet des cordes *p* enroulées est suffisant pour maintenir et rend le système très-simple. Comme l'espare *bb* est naturellement assez faible, il ne résisterait pas s'il n'était pas soutenu sur sa longueur, c'est dans ce but que M. Brouard a installé les ferrures représentées figures 14, 15 et 16, qui embrassent la vergue A et se divisent ensuite en deux branches plates *ee*, entre lesquelles sont des rouleaux en gaïac et en cuivre assez larges et arrondis, pour ne pas user la voile. Chacune de ces ferrures forme un arc de cercle partant de l'arrière de la vergue, et la partie avant est à charnière en *g* afin de s'ouvrir pour laisser entrer une première fois la vergue *b*, *b*. Ces sortes d'anneaux à galets sont assez grands pour qu'il y ait entre eux et la vergue supplémentaire *bb* assez d'espace pour contenir le nombre de tours de toile nécessaire pour avoir tous les ris pris , et la toile qui pend en avant est uniformément tendue sur tout sa largeur. Afin d'éviter un gros bourrelet à chaque bout, comme s'il y avait des ralingues; les voiles ont seulement un renfort en toile double et cousue. Ce système est rarement adopté pour les basses voiles, mais très-fréquemment pour les huniers et même pour les perroquets. Plus les navires à voiles auront de voilure, comme sur les clippers, plus ils auront avantage à employer de tels procédés.

Mâtures, gréements et poulies en fer.

Depuis dix ans, on emploie des mâts et des vergues en tôle, comme je le proposai en 1842; beaucoup de navires du commerce les adoptent. Le *Great-Eastern* les a aussi en fer; et comme son creux ainsi que sa hauteur au-dessus de l'eau rendaient le mâtage difficile, on a fait les mâts en deux pièces : l'une entre dans le navire et se termine au-dessus du pont par un fort collet en fer forgé rivé à sa tôle, et qui est joint par des boulons à une saillie semblable appartenant au mât supérieur. On avait mis une épaisseur de $0^m,010$ de caoutchouc entre les deux collets ; j'ignore dans quel but. Il y a plus de vingt ans que M. Mazeline a fait en tôle les deux mâts de la machine à mâter du Havre. Les vergues en tôle seraient encore mieux assorties à leur genre d'efforts, en ce qu'on leur donnerait plus de force en augmentant l'épaisseur des tôles du milieu. On prétend qu'on emploie déjà des tôles d'acier pour des pièces de mâture. L'usage du fer se répand de plus en plus, tant pour les esparres, les hunes et les barres de perroquet, que pour les gréements ; les navires à vapeur n'emploient plus que le fil de fer en torons ou mieux en faisceaux à brins parallèles, comme pour les ponts suspendus. L'Exposition contenait de beaux échantillons de ces cordages, et, malgré la perfection à laquelle tous les peuples, et notamment la France, sont arrivés pour la confection des cordes en chanvre, il devient évident que l'usage en sera bientôt borné aux aussières et aux manœuvres courantes. Le fil zingué est très-usité maintenant; on a corrigé sa fabrication et on est revenu de l'idée que l'opération aigrissait le fer et le rendait cassant. On zingue tout, même les chaînes et les ancres des petits navires.

Il en est de même de poulies très-remarquables et en fonte malléable, fabriquées par MM. Brown et Lenox, et dont quelques-unes étaient tordues sans la moindre gerçure. La caisse est très-légère et d'une seule pièce avec des renforts de même que le réa ; l'essieu est en fer forgé et l'estrope est en fil de fer. Il y a bien des années que M. le baron Séguier a présenté des poulies en tôle emboutie, ainsi que le réa, et dont l'axe était directement soutenue par l'estrope en fer. Elles valaient, certes, les nouvelles poulies dont il est question, ne devaient pas coûter plus cher et présentaient les mêmes garanties de force et de durée relativement au bois. La Russie a exposé des caps de mouton en fonte de fer (*fig.* 8, Pl. IX) avec une estrope en fer forgé dont on est très-content.

Paratonnerres à bord des navires.

Les diverses manières d'installer les paratonnerres ont occupé aussi le jury, et elles ne pouvaient être mieux examinées que par sir W. Snow Harris, qui, dès 1820, s'est occupé de cette question et est arrivé à la résoudre de la manière la plus pratique, non-seulement pour les bâtiments et les mâtures en bois, mais pour ceux où tout jusqu'au gréement serait en fer. Comme ce dernier métal n'a pas le sixième de la conductibilité électrique du cuivre, les anciens conducteurs restent aussi bons pour les chaînes de paratonnerres que par le passé. Il est à remarquer que depuis l'adoption des grands conducteurs de sir W. Harris, à travers le navire, la foudre n'a pas causé un seul accident dans la marine anglaise. Toutefois, on ignore encore quelle en sera l'influence sur les compas d'un navire tout en fer, dont la masse entière sera électrisée d'une manière différente, sans doute, de celle qui avait servi de base à la correction.

Ancres de diverses formes.

Les ancres ont subi peu de changements, et l'Exposition montrait les types déjà connus que l'Amirauté anglaise avait fait examiner avec soin en 1853, en établissant des coefficients pour les qualités, et on avait conclu que l'ancre Rodgers, avec les oreilles beaucoup plus étroites que les nôtres, était très-préférable, ce qui lui avait valu une médaille en 1851. Parmi les ancres à pattes mobiles, celle de Trotman ou ancre Porter, perfectionnée, s'était montrée la meilleure ; c'est celle dont les bras sont mobiles au bout de la verge, et dont l'un vient appuyer sur la verge pour servir d'appui à la pointe de l'autre qui enfonce dans le terrain. Elles sont très-avantageuses pour les petits fonds et les ports de cabotage, en ce que rien ne déborde le sol et n'expose les navires ou les canots à se crever comme sur la pointe d'une ancienne ancre. L'ancre Martin, dont les deux pattes prennent à la fois, a été essayée sur des sables et a mordu facilement ; elle est très-usitée à bord des navires de commerce. La Norwége avait envoyé un admirable spécimen de forge dans une ancre de 3.530^k.

Câbles-Chaînes.

Il y avait de belles chaînes de divers fabricants, et il y a lieu de remarquer que jamais l'Amirauté n'a fabriqué les siennes, et que les expériences auxquelles elle les soumet ne sont pas trop sévères. La forme des maillons est toujours la même, sauf pour une chaîne dont on donne le dessin (*fig.* 16, Pl. VI) pour ne rien omettre de nouveau ; car elle ne peut présenter aucun avantage comme résistance à une action directe, tandis qu'elle est exposée à se fausser sur le plat en portant sur des angles, et pèse certes plus, à longueur et à force égales.

La seule nouveauté intéressante sous ce rapport était la chaîne Sisco (*fig.* 14, Pl. VI) formée de fer plat de cercle de barrique roulé comme une estrope au moyen de l'outil représenté. Celui-ci consiste en un mandrin en deux pièces ayant la forme intérieure du maillon, qui est monté sur un axe entraîné par des engrenages, et laisse dans son intérieur un passage à l'anneau précédent. Le fer plat arrive entre deux rouleaux pour avoir la tension convenable ; il est mordu dans la coche *a*, et au moyen du levier à rochet, on fait les tours nécessaires, alors il est coupé et fixé par de la soudure. Chaque maillon reçoit ensuite un étai en fonte comme à l'ordinaire et une garniture en fer à la partie où les surfaces portent l'une sur l'autre, pour éviter l'écrasement des feuilles. Ces chaînes, essayées à Woolwich, se sont montrées beaucoup plus fortes que les autres, et surtout elles n'ont jamais les défauts de soudure ou les pailles, qui, malgré les essais ou quelquefois à cause des essais, font briser les chaînes avec une facilité dangereuse. Pour des appareils d'atelier ou de halage, ces chaînes doivent inspirer la plus grande confiance ; mais, sur les navires, leurs feuilles minces se briseraient dans les écubiers, sur les bittes ou les stoppeurs, et la brasure qui les réunit ferait craindre la rouille entre des feuilles si peu épaisses et plongées dans l'eau de mer ; ce ne serait bientôt qu'une masse d'oxyde n'inspirant plus de sécurité.

Cabestans et Guindeaux.

Les cabestans et les stoppeurs sont tous empruntés aux systèmes Barbottin et le Goff, avec des modifications insignifiantes et plutôt fâcheuses qu'utiles. M. David, du Havre, et M. Salette, de Marseille, ont exposé des guindeaux combinant ces deux systèmes avec avantage pour la facilité de la manœuvre. Un cabestan déviré par la levée de la houle, et qui a tué plusieurs hommes en dérapant l'ancre à bord du vaisseau le *Nile*, a donné l'idée d'employer des freins à frottement dont les leviers sont en dehors du rayon des barres, pour arrêter au besoin le mouvement rétrograde. C'est exposer le cabestan lui-même à une rupture; le stoppeur à l'écubier remplit directement le même but, et s'il manque, il est douteux que le cabestan tienne.

Gouvernail Lumley.

Depuis l'Exposition, on a publié le dessin et le résultat des essais du gouvernail Lumley que nous ajoutons ici pour compléter les nouveautés maritimes. Ce gouvernail est formé de deux parties *a* et *b* (*fig.* 9, 10 et 11, Pl. VIII), évidées et réunies à charnière entre elles par des aiguillots et des femelots ordinaires; ces deux parties ont ensemble la forme et l'étendue d'un safran ordinaire, et celle extérieure a un peu moins de la moitié de la largeur totale. La surface de l'arrière *b* a ses angles commandés par rapport à la première au moyen de deux chaînes à maillons ordinaires, faisant dormant, c'est-à-dire se fixant sur le flanc de l'étambot en *e* ou en *d'*. Cette chaîne passe sur un rouleau près de l'étambot, puis dans un trou oblique pratiqué dans le premier safran et sur un rouleau placé sur le côté de celui-ci, afin de diminuer les frottements, et elle se fixe sur le flanc du safran arrière près de sa partie la plus éloignée de l'étambot et à l'opposé du point d'attache à ce dernier. Il en résulte que lorsque la barre transporte le gouvernail, elle surtend la chaîne du côté, où on la met, et par suite elle force le safran arrière à faire un angle avec le premier, tandis que par la même raison la chaîne du bord opposé prend du mou. De la sorte, les deux chaînes sont croisées, et pour qu'elles ne se gênent pas et n'affaiblissent pas le gouvernail, elles le traversent à des hauteurs différentes *ed* et *d'e'*. Il résulte de cette disposition que l'eau qui a rencontré la première surface oblique en rencontre une plus oblique encore; comme avec les pas croissants des hélices, l'eau déjà repoussée par l'avant de l'aile trouve un angle plus grand à l'arrière. L'effort qui tend à changer l'angle respectif des deux parties du safran, est en raison de la moitié de l'épaisseur qui, par le fait, sert de bras de levier ; et avec un gouvernail très-mince, comme ceux en fer, ce seraient les rouleaux qui donneraient l'obliquité nécessaire à l'action de la chaîne. On peut limiter cet angle par des taquets pour résister à la marche en arrière ou aux acculées. La barre ordinaire produit le double mouvement dont on vient de donner une idée, puisque c'est le changement d'angle du safran avant qui tend les chaînes dans le sens convenable. On pense que ce gouvernail sera surtout avantageux à bord des grands navires qui quelquefois gouvernent mal, et on s'appuie sur des expériences faites à bord de la canonnière *Colombine* de 200 chevaux, d'après lesquelles on a publié les chiffres suivants :

VITESSE DU NAVIRE.	ANCIEN GOUVERNAIL.			GOUVERNAIL LUMLEY.		
	Position de la barre.	Angle.	Temps pour faire le tour.	Diamètre du cercle décrit.	Angle.	Temps pour faire le tour.	Diamètre du cercle décrit.
				mètres.			mètres.
A toute volée.	Tribord.	23°	4′ 26″	249	17°	4′ 10″	191
En partant du repos. .	Tribord.	35° ¹/₂	4′ 50″	442	30°	4′ 15″	238
A toute volée.	Bâbord.	18° ¹/₂	5′ 05″	168	18°	4′ 10″	189
En partant du repos. .	Bâbord.	32° puis 27°	4′ 28″	205	30° puis 26°	4′ 20″	145
A toute volée.	Tribord.	11°	7′ 48″		10°	5′ 40″	
A toute volée.	Bâbord.		7′ 20″			5′ 50″	

Le capitaine du navire a voulu essayer la solidité de son nouveau gouvernail en faisant marcher en arrière à toute volée contre une brise très-fraîche, et le gouvernail a bien résisté. Deux autres navires en ont été pourvus, et on prétend qu'on va en mettre un au *Black-Prince*. L'expérience prononcera ; mais en attendant il est permis d'observer qu'il y a lieu de craindre pour le mécanisme, malgré sa simplicité ; car pour peu que les chaînes se détendent, la partie arrière jouera et exposera sans doute à des chocs continuels. Il y a aussi à considérer le frottement des chaînes, leur usure et celle des conduits ; car une fois en place, un tel gouvernail ne peut être démonté que dans un bassin, et il faut que toutes ses parties résistent au travail de plusieurs années d'absence. D'après les chiffres exposés, il y a peu d'avantage sous le rapport de la durée de l'évolution, mais il y en a un notable sur son étendue et c'est ce qui est le plus important. Cela vient probablement de l'exagération de l'angle de la partie postérieure qui amortit la vitesse du navire. On obtient le même résultat en créant un obstacle tel que celui d'une voile masquée, c'est-à-dire poussant en arrière pour arrêter le navire, tandis que l'eau jetée par l'hélice sur le gouvernail rend l'évolution presque aussi rapide que si le navire marchait. Mais il aurait fallu voir si le gouvernail ordinaire porté à l'angle de 40° généralement reconnu pour le plus favorable, n'aurait pas fait évoluer aussi bien ; car le gouvernail Lumley fait un angle moyen plus grand, et l'on y arrive directement à cet angle, il est probable qu'on aurait les mêmes résultats, tout en évitant des complications très-dangereuses pour un organe aussi important que le gouvernail.

Gouvernails divers.

Ce n'est que pour montrer que malgré les non-réussites, les mêmes idées se montrent souvent de nouveau, qu'on mentionnera ici un gouvernail supplémentaire placé très en avant de chaque côté dans les façons du navire. Il est formé de plaques horizontales à charnière sur l'avant et réunies vers l'arrière par une armature, qui est à volonté poussée en dehors par une tige perçant le navire à travers un presse-étoupe. Cette cloison mobile est noyée dans le bordage. Cette disposition ne ferait pas plus gouverner que les deux gouvernails latéraux accolés séparément au massif d'étambot, et dont on trouve un modèle qui montre exactement la disposition qui, installée à bord de notre première frégate à hélice *la Pomone*, n'a jamais pu faire gouverner, et a été forcément remplacée par le gouvernail ordinaire.

Frein de roue de gouvernail.

Il y avait différents systèmes de roues et de barres de gouvernail qui, bien qu'ingénieux, ne paraissaient pas préférables à ceux usités déjà. La seule addition qui dénote une idée utile, est celle d'un frein à frottement sur le levier duquel l'homme de barre peut appuyer le pied pour maintenir la roue, s'il a trop de peine à le faire avec ses mains. Quelques grands paquebots ont employé ce procédé, qui est utile de gros temps, mais il exige beaucoup de solidité dans la barre et dans tout ce qui concerne son mouvement.

Boussoles.

Les boussoles ont été le sujet d'un examen particulier, dans lequel le Jury a été guidé par M. Evans qui, chargé de cette spécialité importante à l'Amirauté, a une pratique éclairée de ces questions. Le grand nombre de navires en fer, dont les barreaux et le pont même sont en fer, a permis d'étudier en Angleterre le problème de la correction du compas d'une manière plus étendue et plus pratique que dans les autres pays. Les deux perfectionnements à citer sont l'adoption d'aiguilles multiples et celle des compas liquides, c'est-à-dire ceux dont la rose est plongée dans un liquide pour n'être pas dérangée par les mouvements du navire. Sir W. Snow Harris a aussi réduit les oscillations par un anneau de cuivre épais placé dans la boîte, de manière à ce que les pôles de l'aiguille s'en approchent très-près. Les barreaux multiples qui avaient été jadis en usage ont peu de largeur dans le sens horizontal et par suite n'ont pas leur axe magnétique dérangé; ils permettent une plus forte action magnétique pour le même poids. Les aimants placés pour corriger produisent des déviations sur l'aiguille ordinaire lorsqu'elle n'est pas très-courte, ce qui n'a pas lieu avec les aiguilles multiples. On avait remarqué que deux compas trop voisins produisaient des erreurs mutuelles, et M. Evans s'en est servi pour opérer des corrections; il a disposé les compas de manière à pouvoir les éloigner ou les rapprocher, et les corriger par les mêmes barreaux aimantés en faisant tourner le navire comme d'habitude. On a aussi mis les aimants dans la boîte même, mais ils sont trop près et les aimants de rechange proposés pour différentes latitude ne sont pas un procédé assez certain.

Compas liquide.

Les compas liquides sont remplis d'esprit-de-vin qui n'attaque pas les métaux et ils noient la rose de manière à la rendre insensible aux mouvements saccadés. M. West a eu l'idée de faire le fond de la boîte en métal plissé, dont le ressort comprime toujours le liquide et le fait porter partout, dans quelque climat qu'on se trouve; car s'il restait un espace libre, le liquide lui-même pourrait changer de position et imprimerait un mouvement à la rose. Le compas de M. Dent est aussi plein de liquide et admirablement disposé pour les embarcations; c'est celui adopté par l'institution des Life-boats; c'est un petit chef-d'œuvre de prévoyance et de simplicité. M. Santi, de Marseille, avait de très-beaux compas, et M. Gowland, de Liverpool, a eu l'idée de tracer la rose des vents sur un cylindre vertical, afin qu'elle fût visible de loin et surtout d'un point moins élevé, comme lorsqu'on a un compas dans la hune sur un navire en fer. L'éclairage des compas est généralement à l'huile; les bougies de l'étoile, bonnes dans nos climats, cèdent trop à l'action du ressort dans les tropiques et déplacent la mèche. Les Russes avaient exposé de beaux compas avec une disposition pour faire disparaître ou reparaître la lumière quand on prend des relèvements pendant la nuit.

Phares.

Les phares présentaient plusieurs modèles, entre autres celui d'Eddyston par Smeaton, qui avec celui de Courdouan est l'une des constructions les plus remarquables par leur hardiesse et leur perfection et qui ont été imités depuis, notamment pour le phare de Bell-Rock, et celui de Sherrywore situé sur un récif de la côte d'Écosse. La France a le modèle du phare des Barges sur un rocher qui découvre à peine dans les grandes marées; il y a autour une petite jetée, et c'est un des travaux les plus hardis de notre époque, dû à M. Reynaud, Inspecteur des ponts et chaussées. Du reste, la France est le pays dont les côtes sont les mieux éclairées et dont les appareils sont les plus parfaits comme disposition et comme exécution.

Phares en fer.

Le fer est maintenant employé à la construction des phares, et la facilité de lui donner toute sortes de formes et de réunir solidement les diverses parties, a permis d'adopter des dispositions très-différentes. Celui de Fastnet-Rock est en fonte, et dans l'intérieur il est garni de maçonnerie de pierre en bas et de briques en haut; sa base est protégée par un anneau de pierre, sa hauteur est de $27^m,65$ à $30^m,50$. Les plaques de fonte ont des collets intérieurs tenus par des boulons, l'épaisseur diminue vers le haut, et les planchers en fonte consolident les liaisons. On a aussi exposé le modèle d'un beau phare dont des cornières forment la charpente, tandis que le bordé en tôle ne sert qu'à la préserver de l'oxydation. La hauteur est de 50^m, et il est destiné à être transporté et remonté à la Nouvelle-

Calédonie; il a été tracé par M. Reynaud et confectionné par MM. Victorin Chevalier et Allard, à Paris.

Phares et balises à vis.

L'idée la plus nouvelle au sujet des phares, est l'usage de ces vis qui ont un petit nombre de larges filets à leur base et qui, d'abord employées pour fixer des balises dans le sable, puis pour tenir des bouées au lieu des ancres, servent maintenant à former des piles en fonte, vissées dans le terrain jusqu'à une assez grande profondeur et s'élevant au-dessus de l'eau en se courbant vers le centre pour porter la lanterne et l'habitation des gardiens. Le phare du banc de Maplin est porté par neuf piles, dont les vis de $1^m,22$ de diamètre sont enfoncées de $4^m,30$ dans le sable, tandis que les sept vis de Gunfleet s'enfoncent de $12^m,20$, et celles de la Point of Air de $3^m,66$. Les piles sont faites en excellent fer et ont $7^m,90$ de long et $0^m,125$ du diamètre; les larges filets de vis sont en fonte de fer et de $1^m,22$ de diamètre, ils font un pas et un quart; on les visse avec un chapeau de cabestan, ce qui n'emploie qu'un jour pour chacune. Afin de maintenir le sable, un massif octogone en bois les entoure toutes et est couvert de planches et de pierres. Sur le sommet des piles sont des colonnes en fer creux inclinées vers le centre; celle du milieu est seule verticale, elles sont réunies par des entretoises, et au sommet elles portent une douille, dans laquelle est enfoncée une solive en bois, et la réunion de ces dernières sert de charpente à la maison et à l'appareil d'éclairage. Ce genre de construction ne présente aucune prise aux lames, il est promptement établi et n'a probablement à craindre que le choc des épaves.

Appareils d'éclairage des phares.

Quant aux appareils d'éclairage, ils sont tous d'après le système Fresnel; les plus beaux sortent des établissements français, qui en fournissent presque tous les pays, et présentent toutes les variétés de feux fixes, et de ceux à éclipses ou à éclats, ainsi que ceux destinées à n'éclairer qu'une partie de l'horizon ou à jeter plus de lumière dans une direction que dans les autres. Il y a lieu de remarquer un appareil placé sur une balise élevée sur l'extrémité d'un banc peu accessible à 200^m du phare, de manière à réfléchir la lumière reçue dans les directions propres à faire éviter le banc qui prolonge la pointe et à se faire voir à un mille et demi.

Cette disposition, établie par M. Thomas Stevenson en 1850, dans la baie de Stornoway, peut être utile en ce qu'elle n'exige pas des constructions aussi considérables qu'un phare, et sert à indiquer l'extrémité d'un banc dont rien n'annoncerait l'approche, puisque le phare est presque toujours situé à sa racine. D'autres dispositions de prismes projettent la lumière dans les directions où elle peut servir à éviter des dangers par des relèvements. La France a un appareil qui, indépendamment de la lumière blanche constante, projette des éclats verts et rouges; il est exécuté par Lepaute, à Paris. Il y avait aussi des phares de M. Sautter, à Paris, et de plusieurs fabricants anglais. Ces travaux et beaucoup d'autres très-remarquables, concernant les brise-lames, les digues et les écluses, ont été décrits dans un ouvrage intitulé : *Notices sur les modèles, cartes et dessins relatifs aux travaux publics*, publié par le Ministère de l'agriculture, du commerce et des travaux publics.

Après beaucoup de difficultés la lumière électrique commence à être employée dans les phares; elle éclaire depuis quelque temps celui de Dungeness; sa petite dimension permet d'employer des appareils optiques beaucoup moins grands, et qui absorbent moins de lumière, parce qu'ils sont plus minces, mais ses avantages sur l'éclairage à l'huile sont loin d'être établis. L'Exposition contenait un de ces appareils, dont le moteur était une petite machine à vapeur et qui jetait une lumière très-brillante. M. A. Thiers exposait aussi une lumière électrique, mais elle n'était pas pourvue de lentilles comme l'appareil d'un phare.

Feu flottant.

Il n'y avait qu'un seul modèle de feu flottant, exposé par Trinity-House; il est naturellement en fer et très-solidement construit, parce que le bois ne résisterait pas aux mouvements violents, auxquels de tels bateaux sont exposés. Jusqu'à présent ils paraissent être courts à formes rondes, propres à augmenter la violence des mouvements : leurs chaînes sont très-rapidement usées par la continuité des frottements et par leurs grands efforts.

Dans les pays à marée, la forme de ces bateaux est très-difficile à déterminer, en ce que souvent le courant les tient en travers et les fait autant souffrir du roulis que du tangage. Ces bateaux ont ordinairement des mâts pour atteindre un port si leurs amarres cassent, comme on l'a vu plusieurs fois. La France va en placer un sur le banc de Roche-Bonne, dans le golfe de Gascogne ; c'est une des entreprises les plus hardies de ce genre.

Bouées.

Les nombreuses bouées qui désignent les bancs et les passes (l'Angleterre en a 1,109 en place et 573 en réserve), ont préoccupé à plusieurs époques à cause de leur importance, et leur forme a reçu plusieurs modifications, afin de les rendre visibles à grande distance. Avec le fer, elles ont acquis plus de sécurité et surtout de très-grandes dimensions. Parmi celles exposées, M. Herbert en présente une (*fig.* 15, Pl. VI) dont le point d'attache est au centre de gravité, afin d'éviter aux bouées de se coucher par l'effet des courants. Pour cela, le fond a une cavité conique marquée au pointillé, au haut de laquelle les chaînes sont attachées, et il en résulte que le vent, et surtout les courants, ne les couchent pas comme celles attachées par leur extrémité inférieure, qui souvent flottent à plat. Ces bouées sont très-usitées sur les côtes d'Irlande et d'Angleterre, et l'on trouve qu'elles remplissent bien leur but. Le même inventeur proposait un feu flottant formé d'une tour cylindrique, établi sur un large bateau de même forme, plat en dessus et creusé en dessous par un cône au sommet duquel étaient attachées les quatre chaînes fixées aux ancres. Il espérait obtenir de la sorte moins de mouvement qu'avec les formes ordinaires, et prétendait qu'une demi-sphère, avec le plat en dessus et attachée près de son centre, se tiendrait encore plus immobile. Ces assertions n'étaient basées sur aucune expérience. C'est de la même personne qu'était le modèle de batterie flottante en sphère aplatie comme un gâteau de Savoie, qui, attachée par son centre de gravité dans le fond d'une cavité, aurait eu deux petites hélices pour la faire tourner et présenter successivement ses canons.

Bouées de refuge.

L'Exposition renfermait d'autres modèles de bouées et de balises de diverses formes. Il y en a qui présentent de grosses sphères en barres de fer ; elles sont solides et visibles de loin. Le Capitaine George Peacock exposait une bouée de refuge formée d'un demi-ellipsoïde en tôle, surmonté d'une cage en barres de fer, plus étroite par le haut que par le bas, qui repose sur les bords de la bouée. Les plus grandes ont 3^m,66 de long sur 2^m,60 de large et 2^m,20 de creux. Le sommet porte une pyramide à trois faces garnies de glaces, situées à 6^m au-dessus de l'eau pour réfléchir la lumière du soleil ou de la lune. Il y a une quille saillante qui sert de lest, et dans l'intérieur une carlingue en bois, servant d'appui au boulon qui la perce pour tenir la chaîne; l'attache est située au tiers à partir du côté opposé à la quille, de manière à tenir la bouée orientée au courant. Dans l'intérieur de la cage est une cloche et des bancs pour contenir jusqu'à quinze personnes. Les bouées sont un moyen d'indiquer les bancs qui est plus employé en Angleterre qu'en France, où l'on s'occupe beaucoup maintenant de baliser nos côtes. Elles coûtent fort cher à cause des accidents et de l'usure de leurs chaînes, constamment frottées avec violence sur elles-mêmes et sur les rochers; elles exigent qu'il y ait toujours à terre des bouées de rechange prêtes, tant leur absence augmenterait les dangers de la navigation. M. Tallois-Foucault expose plusieurs cloches d'alarme pour les balises flottantes. Ce moyen usité dans les passes des pays où il y a souvent de la brume est peu certain. On a fait aussi une application de ces boules brillantes qui, placées dans les jardins, font voir tout le paysage en petit. Pour cela elles ont été placées au-dessus d'une bouée en tôle, destinée à contenir des papiers, afin d'attirer de loin la vue par leurs éclats brillants. Madras a envoyé des bouées entourées de crocs, devant être attachées à des objets jetés à l'eau, afin qu'en draguant on rencontre ces bouées entre deux eaux et que les cordes saisissent les crocs. Ce ne serait utile que pour sauver une caisse de numéraire.

Locks et plombs de sonde.

Il y avait encore lieu de mentionner quelques détails qui, s'ils n'ont pas été admis dans la pratique, ne décèlent pas moins des idées ingénieuses; M. Walker, de Birmingham, a présenté un lock et une sonde qui diffèrent de ceux de Massey, connus depuis longtemps, en ce que les ailettes tournantes sont directement attachées à l'appareil au lieu d'en être éloignées et jointes par une petite ligne. Dans la sonde, les ailettes sont au-dessus du plomb au lieu d'être sur le côté, et descendent plus verticalement. L'expérience n'a pas encore confirmé ces nouvelles idées. M. Pécoul (de France) a exposé son lock sondeur déjà connu; c'est celui au moyen d'un ballon flottant de forme pyramidale et d'un mécanisme qui arrête la ligne dès que le plomb touche le fond de manière à donner la hauteur verticale. M. Adcock place l'hélice de son lock contre l'arrière de la quille et fait communiquer ses mouvements par un tube d'air au moyen de pulsations successives, qui sont ainsi transmises au cadran presque sans effort. On a fait peu d'expériences de cette manière de mesurer la vitesse qui, si elle n'est pas influencée par le voisinage de la quille, présente l'avantage de la manière d'enregistrer, qui exige toujours le même effort et n'a pas une limite restreinte comme les vis.

Le capitaine Berger, de la marine marchande anglaise, expose sous le nom de Solomon une demi-sphère, sur laquelle les méridiens et les parallèles sont tracés et un arc de cercle mobile en cuivre qui, placé sur deux points, donne directement les latitudes et les longitudes des différents points de l'arc de grand cercle qui réunit les deux premiers. Une sphère ordinaire remplirait le même but avec une bande de papier dont le bord serait appliqué sur les deux points. La manufacture d'instruments nautiques de Saint-Pétersbourg a envoyé une sonde (*fig.* 5, 6, 7 et 8, Pl. IX), destinée à recueillir et amener le fond à la surface de l'eau. Ce sont deux demi-sphères creuses *s*, *s* tenues au bout de deux bras en fer à charnières en *c*. Quand on les descend, elles sont maintenues ouvertes par deux chaînettes, dont le dernier maillon est pris par un croc (*fig.* 5). Lorsque la sonde arrive au fond, le croc bascule, lâche les chaînettes et en tirant sur la ligne de sonde attachée à la tige à coulisse, les deux demi-sphères sont rapprochées et raclent le fond qu'elles conservent entre elles, comme le montre la *fig.* 7. Le jury a décerné des médailles à MM. Cabirol, pour ses scaphandres ; David, du Havre, pour un cabestan ; Bernard, Pichon et Genest, pour des cordages ; Delvigne, pour un mortier porte-amarre ; Labat, de Bordeaux, pour une cale destinée au halage des navires en travers qui est en voie d'exécution, et à M. Bouquié, pour une méthode de touer les bateaux, de leur faire passer les écluses et de se croiser sur une seule chaîne élongée sur tout le parcours d'un canal. Cette chaîne est tirée au moyen d'une locomobile et d'un mécanisme qui se transportent d'un bateau à l'autre.

Signaux de couleur de M. Ward.

Les signaux de nuit du Capitaine Ward, de New-York, sont formés (*fig.* 6, 7 et 8, Pl. VIII) de quatre fanaux hissés l'un au-dessus de l'autre, enveloppés chacun de cylindres, l'un en verre rouge, et l'autre en tôle pour cacher la lumière. Des ficelles servent à élever ou abaisser ces cylindres, et par suite à faire paraître à volonté le blanc ou le rouge, ou à faire disparaître la lumière, de façon à opérer rapidement les combinaisons servant à s'entendre, et dont le nombre serait augmenté suivant celui des fanaux employés. L'inventeur dounait un livret faisant connaître son système, qui s'il est ingénieux présente trop de chances d'être empêché lorsqu'au roulis les fanaux feraient enrouler les ficelles. On serait exposé à des malentendus si les écrans, que leur poids seul fait retomber, se trouvaient retenus en l'air et qu'il fallût tout descendre pour dégager. De plus les feux rouges n'ont guère que le cinquième de la portée des blancs, et induiraient en erreur si la distance était assez grande pour les cacher. On a essayé d'autres systèmes par des fanaux de couleur et il a fallu y renoncer. M. Ward emploie dans ses fanaux des bougies qui ont 0^m,043 de diamètre avec un trou de 0^m,008 au milieu qui est percé d'un bout à l'autre; autour se trouvent trois mèches placées à égales distances entre le trou et la circonférence. Il assure que l'air monte par le trou, l'empêche d'être rempli par de la cire fondue et que la lumière est plus éclatante et plus difficile à éteindre. Il présente aussi un fanal à main avec deux anneaux, l'un rouge, l'autre vert, du même système que pour les signaux, et avec les doigts on montre à volonté le rouge pour tribord, le vert pour bâbord, tandis qu'on cache tout pour mettre la barre droite. De la sorte une personne placée à l'avant ou sur la passerelle peut faire gouverner sans craindre les malentendus des ordres à la voix.

Manière de faire gouverner à bord du Great-Eastern.

Ceci rappelle une manière ingénieuse de faire gouverner, employée à bord du *Great-Eastern*, où les hommes de barre sont si loin de l'avant ou des tambours des roues, et où des transmissions de mouvement comme sur beaucoup de paquebots seraient devenues trop lourdes pour être maniables. On a mis sur la passerelle une petite roue avec une aiguille d'axiomètre, et un renvoi de fils de fer donne le mouvement à une autre aiguille placée devant les timoniers, qui leur indique ce qu'ils ont à faire.

Poulie différentielle.

Parmi les objets exposés dont on peut se servir dans la marine, on remarquait une application des chaînes agissant dans des rouleaux à empreintes, comme le cabestan inventé par M. Barbottin, Capitaine de vaisseau, et qui, dans l'appareil en question, sert à multiplier l'effort dans une grande proportion. C'est la poulie différentielle dont la description expliquera le nom (Pl. XVII, *fig.* 16) ; elle est formée de deux réas à empreintes, contigus et unis ensemble, dont les diamètres ont des rapports différents. Une chaîne sans fin passe sur ces deux réas P et P', ainsi que sous celui de la poulie inférieure P'' ; et pour se faire une idée du mode d'action, supposons que P et P' soient égaux, alors il n'y aura pas de mouvement, puisque le garant c descendra de ce dont le garant b sera monté. Si, au contraire, P' avait un diamètre égal à zéro, la chaîne, supposée engrenée malgré cela, serait immobile et servirait de dormant comme à un palan ordinaire à deux garants. Mais en admettant une différence, ce dormant devient mobile ; et comme il tend à donner du mou, il retarde le mouvement dans le rapport des deux rayons ; plus ils se rapprocheront de l'égalité, moins le poids montera vite. S'ils sont dans le rapport de 9 à 10, par exemple, on considérera que tous les garants étant également tendus et les deux poulies étant jointes, on agit par le fait sur leurs deux rayons. Ainsi tandis qu'on tirera sur a, on fera sur le garant b un effort égal à 1, et l'on agira sur l'autre poulie de manière à faire descendre b avec un levier, et par suite un effort égal à 0,9 ; la puissance n'aura donc que 0,1 du poids à vaincre, puisqu'on lui en rend 0,9 ; mais aussi pendant que a et par suite b auront parcouru 1^m, la poulie P'' n'aura monté que de 0^m,05. Il en résulte que, sans compliquer le mécanisme, on peut lui donner une énorme force relative. De plus, dès que le rapport est un peu grand, cette poulie ne s'affale pas d'elle-même et offre ainsi plus de sécurité que les palans ordinaires. Il faut aussi considérer que, quel que soit l'effort à produire, la longueur totale de la chaîne n'est jamais que de quatre fois le parcours, parce que la chaîne repasse maintes fois sur les poulies, puisque le dormant cède pour ainsi dire de la longueur en même temps qu'il rend de la force. Au lieu d'agir sur la chaîne a pour faire tourner le grand réa on peut appliquer à celui-ci un levier à rochet, en ajoutant ainsi l'effort du rapport de sa longueur à celui de la proportion des réas. Cette poulie peut avoir de nombreuses applications dans la marine, toutes les fois qu'on peut accorder assez de confiance aux chaînes, car son genre d'action fait comprendre qu'elle ne saurait employer du filin ordinaire. De plus, avec le levier à rochet à sa poulie supérieure, un seul homme peut de la sorte hisser des fardeaux considérables sans perdre autant de force par les frottements qu'avec d'autres systèmes. Si nos transports continuels de troupes et de matériel nous amènent à employer de grands chalands en tôle, traînés ou mus par une machine, comme le canot à vapeur de M. Mazeline fils, il y aura probablement un avantage notable à employer la poulie différentielle avec la chaîne tirée par la petite machine pour hisser de lourdes embarcations à bord de navires qui manquent de bras. En 1855 M. Corrard, Ingénieur de la marine, a employé ces principes pour haler des vaisseaux sur les cales de Cherbourg, dans des circonstances très-difficiles, en ce qu'il n'y avait pas de place pour le nombre de cabestans nécessaire au halage ordinaire, et que le peu d'étendue des avant-cales nécessitait que le vaisseau fût complétement échoué pendant la courte durée de la mer haute. Au moyen de genopes, les cabestans agirent d'abord à garant simple et halèrent très-vite, de sorte que le principe différentiel ne fut mis en action que dès que la résistance devint plus forte. Le *Donawerth*, le *Saint-Louis* et deux frégates furent halés à terre de la sorte avec une facilité remarquable.

Presque toutes les nations maritimes ont exposé des cordages la plupart très-beaux ; ceux de la France étaient parmi les plus remarquables. La Suède avait des tuyaux sans couture exécutés en fils de chanvre croisé par un procédé particulier, au point de donner une épaisseur de 3 à 4^{mm} au tissu, qui ne laissait pas fuir avec une pression de 4^k par centimètre carré. On dit qu'employées comme tuyaux à incendie, ces petites manches en chanvre ont sauvé un navire. Tant que de tels tissus sont neufs, ils tiennent ; mais ils sont exposés à se déchirer et surtout à pourrir promptement après avoir été mouillés, à cause de la difficulté de les sécher ; on assure qu'ils ont servi à conduire de la vapeur en les tenant à la main.

CHAPITRE IV.

DOCK HYDRAULIQUE ET DOCKS FLOTTANTS.

D'après ce qui a été dit des navires en fer, on comprend combien leur adoption a donné d'importance aux divers moyens de les mettre à sec pour enlever les coquilles et les herbes, afin de repeindre ensuite le fer. Aussi l'Exposition universelle renfermait de nombreux modèles de dispositions destinées à éviter les dépenses considérables des bassins en maçonnerie, exclusivement usités jadis pour réparer les grands navires.

Dock hydraulique de M. Edwin Clark.

Il est donc intéressant de passer en revue ces divers procédés, et pour commencer, de décrire celui qui, par sa hardiesse et sa nouveauté, excite le plus l'attention, le *Hydraulic lift* de M. Edwin Clark, dont nous regrettons de ne pouvoir présenter un plan, parce qu'un simple croquis n'aurait pas donné les dimensions et n'eût pas été utile à la description. Que l'on se figure des colonnes en fonte enfoncées dans le terrain consolidé par du béton à une profondeur de $3^m,66$ et s'élevant à 7 ou 8^m au-dessus de l'eau ; 32 de ces colonnes de $1^m,52$ de diamètre sont placées en deux rangées parallèles sur une longueur de 92^m et sur le bord d'un canal creusé dans le sol à une profondeur de $7^m,60$ près de Victoria dock en aval de Londres. Les rangées sont à $18^m,30$ l'une de l'autre, et les colonnes du même côté sont tenues entre elles par leur sommet. Chacune contient un piston hydraulique de $0^m,254$ de diamètre et de $7^m,60$ de course ; sur le sommet de ce piston pose une traverse qui glisse dans les fentes latérales de la colonne et du bout de laquelle pendent des tiges d'égale longueur auxquelles sont attachées des traverses en fer forgé qui vont d'une rangée de colonnes à l'autre en traversant le canal intermédiaire. Il en résulte que chaque couple de traverses est levé par les deux presses hydrauliques opposées. L'établissement possède de grands chalands en tôle, séparés par des cloisons pour leur donner de la rigidité et dont la longueur, assortie à la grandeur du navire à soulever, est de 45^m,75 à 97^m,6 sur 18 de large. Cela étant, voici comment le dock fonctionne : un ponton assorti est amené entre les colonnes ; on ouvre les soupapes de son fond et il coule sur les traverses qui ont été descendues aussi bas qu'il le faut. Le navire est amené au-dessus du ponton et les presses hydrauliques soulèvent celui-ci, jusqu'à ce qu'il touche le navire, qui est aussitôt coincé et épontillé comme dans un bassin. Alors les presses agissent, lèvent le tout, et lorsque le ponton arrive à la surface, il se vide par ses soupapes. Dès que celles-ci paraissent au-dessus de l'eau on les ferme, les presses hydrauliques sont dévirées, et le ponton seul portant le navire, on les hale tous deux en dehors des colonnes, et le bâtiment reste ainsi porté tant que ses réparations durent. De la sorte le même appareil sert à élever et à abaisser une dizaine de navires dans la journée, puisqu'il faut au plus quarante minutes pour en élever un calant 6^m,10 de tirant d'eau, de la dimension de l'*Hymalaya*, et le transporter sur un ponton. Ainsi chargé, celui-ci n'enfonce que 1^m,20 à 1^m,50, ce qui permet de le transporter dans des parties du port où il y a peu d'eau, et où on peut accoster à quai pour être à portée des ateliers.

Nous avons vu faire cette opération ; sa célérité et sa facilité sont extraordinaires et elle produit une profonde admiration ; en voyant s'élever cette masse d'une manière si régulière, sans qu'aucun bruit, aucun choc ne vienne dénoter l'action de l'effort énorme qui est produit. C'est de la belle féerie mécanique que M. Clark fait chaque jour à Victoria Dock. Toutes les précautions sont prises pour que le navire ne redescende pas si des tuyaux crèvent ou si des pompes sont engorgées. L'appareil à refouler l'eau est mû par une machine à moyenne pression, dite de 50 chevaux, dont le grand cylindre a 0^m,80 et le petit 0^m,583 ; la course commune est 0^m,61, la pression initiale 3$^{k\circ}$,51 par centimètre carré et la puissance par l'indicateur de 120 chevaux. Cette machine fait marcher douze pompes de 0^m,049 de diamètre et de 0^m,61 de course, placées en trois groupes, deux de trois et un de six, dont la pression s'élève à 680^k par centimètre carré. Les manomètres des tuyaux sont très-exacts et servent à peser les navires qu'on soulève. La concurrence des bassins ordinaires a rendu le dock hydraulique très-bon marché, ainsi on paye 0^f,20 par tonneau de jauge pour sortir de l'eau et ensuite seulement 0^f,10 par jour et par tonneau. Les avantages de ce système sont qu'un seul appareil élévatoire permet de réparer un grand nombre de navires ; qu'il agit d'une manière indépendante des marées, et peut hisser des bâtiments chargés ; que les navires n'éprouvent de la sorte aucune fatigue et vont se mettre près des ateliers ; qu'il n'y a pas à travailler au fond d'une excavation humide, et que la carène, exposée à l'air et au soleil, est plus facile à nettoyer, tandis que la peinture sèche plus promptement. La célérité d'action du dock hydraulique montre qu'il est surtout assorti aux pays où il y a une grande activité, plutôt qu'à des ports de guerre. De plus, les dépenses d'établissement doivent croître au moins en raison du poids des navires, et il en est probablement de même des pontons. Ce qui montre quelles seraient les dépenses pour mettre à sec des navires blindés, et fait douter que ce procédé soit applicable à la conservation des navires en fer dont il a été question page 101. C'est sans doute la seule objection, car on ne peut douter de la puissance des presses hydrauliques.

Dock flottant construit pour l'Espagne par M. George Rennie.

Le travail le plus important est ensuite le dock flottant que M. George Rennie construit pour l'arsenal de Carthagène en Espagne et qui, à l'intérieur, a l'aspect d'un long théâtre en fer avec des gradins des deux côtés. La planche VIII en donne tous les détails et montre que c'est un grand caisson plat, surmonté de deux autres plus étroits vers le haut, en laissant entre eux l'espace nécessaire pour placer le navire. Les caissons latéraux ne servent qu'à soutenir le dock quand il est immergé et que l'eau arrive à la ligne supérieure. Il faut donc que le caisson inférieur soit assez grand pour les porter ensuite ainsi que le navire; aussi a-t-il des dimensions énormes dont les chiffres suivants donneront l'idée; la longueur de $106^{m},75$, la plus grande largeur de 32^{m}, la profondeur de $11^{m},44$, le déplacement de 13,000 tonneaux, le poids du dock complet de $5,000^{t}$, celui du navire qu'on peut soulever de $6,000^{t}$. Comme le montre la figure, l'intérieur est fortifié par de nombreuses croix de Saint-André, et des tuyaux servent à vider les compartiments qui sont séparés par une cloison située au milieu du caisson inférieur dont l'épaisseur est $3^{m},84$, et par dix autres cloisons latérales, de sorte que le fond est divisé en 22 chambres, qui peuvent être remplies ou vidées à volonté, de manière à émerger telle partie du dock qu'on veut réparer ou peindre, et la quantité d'eau contenue dans chacune est marquée par une jauge. Il y a de chaque côté quatre pompes de 0^m,84 de course et de 0^m,66 de diamètre mues par une machine à haute pression dont le piston a 0^m,46 de diamètre et 0^m,64 de course. Pour couler le dock, on ouvre des vannes, il se remplit, les niveaux montrent où est l'eau en dedans; lorsqu'il est assez bas, le navire est amené au-dessus, le dock est un peu élevé et le navire coincé et épontillé pour être tout à fait émergé par les pompes, qui n'ont plus à extraire qu'une quantité d'eau proportionnelle au poids du navire.

L'idée de ce dock est liée à une disposition nouvelle dont la figure 2, Planche VII, donne l'ensemble et dont voici le mode d'opérer. Le navire une fois dans le dock, est amené dans un avant-bassin BB muni d'une porte P pour en régler le niveau. Le fond est consolidé par des pilotis et rempli de béton dans lequel sont des rangées de bois mou éloignées de 3^m,96 et en saillie de 0^m,305, sur lesquelles le dock doit être échoué par l'introduction d'une quantité d'eau suffisante. Il est ainsi placé devant l'une des cales établies à terre, et dont en réalité la longueur est double de celle représentée sur la figure; le navire est sur un ber à coulisses semblables à celles des cales et qui existent aussi dans le dock; il peut donc être tiré à terre par des presses hydrauliques et pour que le dock ne se relève pas à mesure que le navire avance, on le remplit d'eau afin qu'il porte invariablement sur le fond. Comme on peut le remarquer, il y a trois cales qui rayonnent vers le bassin, de sorte qu'on peut tenir six navires à sec et prêts à remettre sur le dock pour être sortis du premier bassin et mis à flot en coulant le dock.

Quoique ces dispositions entraînent à des dépenses exorbitantes, il est à espérer qu'elles rempliront ce que je présume être leur but, c'est-à-dire de maintenir le matériel à sec pour le rendre impérissable. S'il en est ainsi, les ingénieurs espagnols qui les ont conçues, auront l'honneur d'être les premiers qui, songeant à l'avenir, auront cherché à conserver un matériel aussi dispendieux que périssable, et à le tenir toujours prêt à servir, tout en ménageant les ressources de leur pays.

Dock de M. George Bayley.

Des docks semblables ont été exécutés antérieurement par M. Fuller et par M. George Bayley, et dessinés dès 1835. Les figures 5, 6 et 7, Planche VII, en donnent l'idée. Les dimensions principales sont : longueur 122^m, largeur en dedans 21^m,35, en dehors 30^m,5. Les caissons latéraux ne servent qu'à soutenir le fond pendant qu'il est immergé; des compartiments intérieurs servent de liaison et de moyens de manœuvrer le dock en y introduisant de l'eau.

Docks du même genre.

Ces docks ne sont pas les premiers de leur genre, car les Américains en ont construit un en bois pour le port de Pola dans l'Adriatique, et un en tôle pour le Callao. Il y avait sans doute des différences pour la stabilité, car celui-ci a chaviré en faisant périr le navire et un grand nombre d'hommes. Il sera toujours bien hardi de placer de ces grandes caisses sur des rades foraines, comme Valparaiso, où M. Rennie avait offert d'envoyer un dock dès 1835 ou 1836; la moindre houle fatiguera les joints et exposera le navire à tomber par le jeu des épontilles. Il est vrai qu'il ne fait pas toujours mauvais, et qu'en immergeant beaucoup ces grandes caisses, on les rendrait presque insensibles au mouvement des vagues, quand il le faudrait.

Dock flottant de M. John Pile.

M. Pile expose un beau modèle d'un dock à double caisson, dont les *fig.* 1, 2, 3 et 4, Pl. IX, donnent les détails. Sur les côtés sont des colonnes en fer creux A, fixées par le pied au ponton inférieur J, et par leur intérieur passe l'air ou l'eau nécessaires pour vider ou remplir le caisson inférieur. Une galerie BB établie au sommet des colonnes permet la circulation et le service : elle porte la machine motrice des pompes. Cette galerie s'ouvre comme un pont tournant en D, côté par lequel on introduit le navire. Les colonnes servent de guide au ponton flottant FF, qui s'étend autour du dock, excepté à l'entrée du navire, et est complétement étanche; il est traversé, comme on l'a dit, par les colonnes creuses AA qui lui servent de guides, de manière que le ponton monte et descend facilement avec la marée, si le fond de tout le système touche. C'est en dedans qu'est l'espace nécessaire pour recevoir le navire, et la partie supérieure présente une vaste plate-forme pour les travailleurs; la partie extrème H, *fig.* 3 est en deux parties, disposées pour pouvoir s'ouvrir en tournant au moyen d'un arc denté et de pignons. Le ponton flottant FF a autour de sa partie inférieure des chaînes *i* qui sont attachées au ponton submergé J, et sont tournées sur des guindeaux ou sur un arbre commun pour régler la profondeur à laquelle il descend. Le caisson

J est en bois ou en tôle et complétement étanche, et il peut être partiellement rempli d'eau par les colonnes creuses pour s'enfoncer, tandis qu'en le vidant il aide à émerger le navire. De la sorte, lorsqu'on peut employer le caisson J, l'air peut être refoulé ou sorti de son intérieur. En sus du ponton J, il y en a un autre L assorti à la grandeur et construit de manière à s'unir facilement au premier. C'est ce caisson qui porte les tins O, les coins N et tout ce qui doit servir à maintenir le navire dans une position verticale. Avant d'élever un navire, les pontons L et J sont réunis comme on le voit dans la *fig.* 3. Il est alors amené dans le dock, et le ponton J est élevé en refoulant de l'air ou pompant l'eau ; lorsque L touche le fond du navire on serre les coins N, au moyen des chaînes O qui traversent et sont tirées par des guindeaux placés sur la plate-forme F, et l'on établit ensuite les épontilles. Quand on veut faire sortir le navire, on sépare J et L, puis on le soulève, et porté par son caisson il va se réparer ailleurs, *fig.* 4, comme avec le dock hydraulique. Lorsqu'il s'agit de le remettre à flot, ces opérations sont effectuées dans un ordre inverse.

Docks en caissons séparés.

Il y avait un autre modèle formé de deux séries de caissons unis l'un devant l'autre par les traverses destinées à porter le navire. On devait n'employer que le nombre de pontons nécessaire à la longueur du bâtiment, et les unir assez solidement pour que ce ne soit pas le navire lui-même qui ait à résister à l'excédant de charge du milieu. En Russie on a employé ce système, et les pontons séparés sont transportés de Saint-Pétersbourg à Cronstadt. Il est probable que les moyens de liaison et de séparation ne doivent pas être aussi solides qu'un système unique, qui n'a d'autre inconvénient que de se trouver quelquefois trop grand.

Dock à charnières sur le fond de l'eau.

L'un des modèles de docks est une grande caisse rectangulaire a, *fig.* 8, 9 et 10, Pl. VII, fortifiée sur les côtés par deux grandes nervures b, avec de larges cornières qui règnent d'un bout à l'autre, comme pour quelques ponts en fer. Ce ponton doit être entièrement coulé ; et comme alors il n'a plus aucune stabilité, puisqu'il n'a pas de caissons latéraux, l'auteur y supplée au moyen de tiges à charnières articulées c, d, l'une simple en haut, l'autre double en bas comme les jambes des animaux. La charnière inférieure est fixée au sol par des massifs de béton, ou mieux par les vis qui servent maintenant à porter des balises et même des phares; et tous ces parallélogrammes, dont le nombre serait proportionné à la longueur du caisson, tendraient à le maintenir horizontal. Il y a lieu d'observer que si la charge n'est pas également répartie, ce seront les axes des tiges qui porteront tout l'effort, et que s'il vente frais, la surface entière du navire réagira sur les articulations. Aussi l'un des Membres du Jury pensait qu'il vaudrait mieux guider le ponton entre des pilotis de bois, et que de la sorte on pourrait le sortir ensuite et en mettre un autre comme dans le système hydraulique. Quant à la manière de vider le ponton, c'est au moyen de tuyaux élastiques refoulant l'air, ou mieux, aspirant l'eau.

Résumé des différents systèmes de docks.

L'examen de ces différents systèmes porte à croire que le dock hydraulique convient lorsqu'il y a une grande quantité de navires à réparer et que leurs dimensions ne sont pas trop fortes; car sa valeur première ainsi que celle des pontons nécessaires s'accroît en raison du poids des navires, c'est-à-dire du cube des dimensions. Du reste, il doit en être à peu près de même des bassins en maçonnerie et des caisses flottantes. Les autres systèmes amènent à observer qu'il leur faut, en sus du tirant d'eau du bâtiment, un surcroît de profondeur égal à l'épaisseur des caissons, ce qui est impossible dans quelques localités. Ceux de M. Rennie, de M. Fuller et de M. George Bayley ont un surcroît de dépense dans leurs caissons latéraux et dans l'excédant de déplacement du caisson inférieur nécessaire pour porter ceux des côtés en sus du navire. Celui de M. Pile présente la même objection de valeur première par la multiplicité de ses caissons, et enfin celui à charnières sur le fond de l'eau ne paraît pas offrir des garanties suffisantes dans la solidité de ses bras articulés au sol. Aussi l'auteur a-t-il cherché à savoir pourquoi on n'employait pas plutôt l'ancien dock flottant à porte, auquel il ne fallait de surcroît de profondeur au tirant d'eau des navires que ce qui était nécessaire à rendre son fond assez résistant; les caissons latéraux consolidaient la longueur et n'avaient que le volume nécessaire à faire flotter le dock quand il était descendu; ils formaient la grande caisse elle-même et remplissaient ainsi un double but. Il y avait dans cette disposition de l'économie de matières, et la manœuvre de la porte présentait d'autant moins de difficultés qu'elle n'éprouvait qu'une pression extérieure correspondante à l'immersion du dock lorsque le navire était dedans et que la petitesse de cet effort, relativement à celui éprouvé à l'entrée des bassins ordinaires, permettait de les faire légères et maniables. Il ne saurait y avoir de différence de travail entre le pompage de l'intérieur du dock et celui des nouveaux caissons. Cependant l'épaisseur nécessaire à à la rigidité du fond diminue beaucoup ces avantages et porte généralement à préférer les docks ouverts par les deux bouts. MM. Randolph et Elder viennent d'en exécuter un dans ce genre, qui est en route pour notre colonie de Saïgoun.

Le halage à terre fut le mode de conservation des galères : vers 1820, il fut employé à Leith par M. Thomas Morton; en 1824, un de ses appareils fut porté à Toulon où il ne fut jamais monté; il agissait par un cabestan et une chaîne de barres de fer. Depuis la presse hydraulique a été employée, et on a établi à Alexandrie une câle de halage pour des navires pesant 3.000ᵗ. L'établissement de la Seyne en possède une du même genre.

Quant au système de halage destiné à Carthagène ou au Ferrol, il présente, je crois, presque autant de difficultés que celui sur une cale oblique, en ce qu'il craint les chances de désaccord du contact des couettes du dock et de celles de la cale, et que ce n'est pas la force qui manque pour faire monter sur le plan incliné. C'est le frottement sur les couettes qui est le principal obstacle lorsque le mouvement est lent, car alors les bois pressent longtemps l'un sur l'autre aux mêmes endroits; les parties dures peuvent entrer dans celles plus molles, et le suif est presque expulsé par une pression prolongée. Ce fut cette raison qui empêcha M. Brunel de lancer le *Great-Eastern* sur du bois et lui fit adopter le fer sur le fer, dont l'emploi n'a pas été heureux. Comme maintenant les navires cuirassés pèseront beaucoup, puisqu'ils gardent forcément presque tous leurs poids, il est douteux qu'avec les moyens usités, on puisse les haler sur des cales comme les anciens vaisseaux, afin de garantir leur durée. J'ignore si l'on a essayé le frottement de fer sur bois pour éviter l'effet dont il a été parlé, et chercher à obtenir que l'une des matières conservât assez de graisse dans ses pores, et que l'autre maintînt la rectitude des surfaces par sa dureté. Il est à souhaiter que ces questions soient étudiées, parce que nous avons vu que la mise à sec des navires cuirassés en fer est devenue l'une des questions les plus importantes des marines actuelles.

CHAPITRE V.

MACHINES A VAPEUR MARINES.

Importance des appareils moteurs.

Les appareils à vapeur sont devenus la partie la plus intéressante d'une Exposition maritime, tant leur rôle a pris d'importance et a diminué celui des voiles. Aussi quoiqu'ils fussent assignés à la Classe VIII des machines en général, ce serait manquer au but de cet ouvrage que de ne pas en faire mention. En effet, l'emploi de la vapeur sur mer n'a pas été seulement un des faits les plus hardis de l'industrie moderne, mais il a par cela même rencontré des difficultés spéciales qui, sans dénaturer les principes généraux de ces machines, ont nécessité de grandes modifications; car bien des conditions, indifférentes à terre, sont aussi importantes sur un navire que sur les rails d'un chemin de fer. Le poids des pièces et l'espace qu'elles occupent, ne sont à terre que des questions d'argent : s'il a fallu aux appareils d'épuisement une sécurité parfaite, on a pu leur donner des pièces énormes et par leur excès de solidité les rendre insensibles au travail qui dénature peu à peu les métaux. La locomotive elle-même malgré sa vitesse exagérée n'est pas dans les conditions de la machine marine; elle ne fait qu'un trajet déterminé, passe périodiquement à l'atelier pour être visitée et réparée et le travail de ses pièces importantes n'a qu'une durée fixée par l'expérience. De plus les roues et les essieux présentent seuls un danger sérieux et si quelque partie de son mécanisme se détraque et l'arrête, il n'en résulte qu'un arrêt et un embarras sur la voie, que le télégraphe électrique empêche d'être dangereux. Quand elle ne sert pas, on la conserve sous des hangars secs, où rien ne nuit à ses mouvements ni à sa chaudière.

13

Difficultés inhérentes à la machine à vapeur de mer.

Sur mer il n'en est pas de même : la machine est plongée au fond d'une cale humide, dont l'eau croupie empeste l'air et bleuit le fer poli. Elle est si grande, qu'il est difficile d'en démonter accidentellement des parties, et que la visite de ses pièces est encore un long travail. Un entretien suffisant est praticable quand elle a une inaction assez prolongée; mais les chaudières, presque toujours posées sur du bois, s'oxydent avec rapidité, sans qu'on puisse les changer de place, de sorte qu'on est borné à peindre les parties accessibles, et il y en a beaucoup qui ne le sont pas. Sur les navires en bois, la charpente est flexible; elle change de forme et avec elle les lignes d'action des pièces principales du mécanisme, d'où résultent des échauffements et des usures rapides. Une fois à la mer la machine doit marcher sans désemparer, et si elle a une avarie qui la retienne, elle n'a pas de télégraphe électrique pour demander du secours. Nous avons vu dans les Chapitres précédents que les paquebots rapides et les navires cuirassés n'avaient pour ainsi dire plus de voiles et que les surfaces qu'ils peuvent déployer sont incapables de les faire naviguer. Dès lors on ne peut plus dire qu'on bordera les huniers et qu'on se passera de cette mécanique, si peu connue et si longtemps dédaignée des marins, lorsqu'il lui arrivera de manquer : on restera où l'on est si on est au large, et on sera mis à la côte si l'on est près de terre. Qu'on se figure 5.600^t de poids n'ayant que 1 000 mètres carrés de toile à déployer, c'est-à-dire un navire aussi lourd qu'une fois et un tiers un ancien trois ponts, et qui ne déploie pour se mouvoir que la voilure d'un brick pesant 500^t, c'est-à-dire moins du dixième de sa masse. Que deviendra-t-il près de terre ou dans des détroits sillonnés de courants, si son appareil ou son propulseur viennent à lui manquer ? Il y a là des chances effrayantes, que de longs séjours au mouillage éloignent, mais ne font pas disparaître; elles attendent toujours le moment où il faudra réellement agir. Ce sont de nouvelles conditions introduites dans les problèmes maritimes par les navires cuirassés, qui, ne pouvant se battre avec des mâts, doivent dès lors compter sur leur propulseur et sur leur machine, comme les mineurs sur celle qui extrait l'eau de leurs galeries; sans cela, ils seront exposés à des catastrophes le jour où leur navigation sera forcément très-active.

Dangers actuels des avaries pendant une chasse à la vapeur.

Quand on songe à la multiplicité des pièces d'une machine, à la nécessité de chacune d'elles, au travail qu'elles supportent, et quand on a vu quelquefois chauffer à toute volée pendant que tout était neuf et soigné pour la recette, on est effrayé de ce que sera une chasse à la vapeur avec une machine un peu mûre. Si des coussinets s'échauffent, si leurs godets fument, on est réduit à jeter de l'eau sur les pièces, mais on les resserre. Ainsi on a vu une grande bielle arrêter une machine de 900 chevaux nominaux en comprimant la soie de manivelle entre ses coussinets. L'eau jetée empêche les échauffements, mais elle ne les maîtrise pas toujours une fois commencés, et un coussinet de buttée en arrière a été soudé à l'arbre au fond de l'eau. Quand le métal doux se fond, il bouche les lumières; dès lors plus de moyen de faire arriver l'huile ou l'eau jusqu'à l'entre-deux des surfaces frottantes, car il n'y a pas à stopper; avec douze nœuds de vitesse, on parcourt un mille ou neuf encâblures et demie en cinq minutes, c'est-à-dire 370^m par minute ou un kilomètre en $2'$ $40''$; et quand on songe au temps qu'il faut pour desserrer seulement la clavette ou l'écrou d'une pièce, même quand elle est accessible, on n'a pas à douter des résultats funestes d'un échauffement pendant une chasse. Qu'on se rappelle un train stoppé sur la voie et combien tout le monde s'inquiète et trouve l'arrêt long pour obvier à l'accident d'une machine qui vient de sortir de l'atelier, et dont la petite dimension permet d'agir plus facilement qu'avec nos énormes pièces de fer : on ne trouvera pas que ce soit se jeter dans l'exagération, mais rester dans la réalité la plus exacte, que d'établir que le salut ou la perte d'un bâtiment de guerre dépendra, dans de telles circonstances, d'un peu d'huile tombée à côté ou dans le trou d'un godet.

La chaudière plus dangereuse encore que la machine.

Encore là le mal se voit; mais dans la chaudière on a bien peu de pronostics d'une déchirure; quelques rivets ou des tirants qui pleurent, des fuites qui augmentent un peu, en sont les seuls indices. S'il faut faire un coup de pression avec une chaudière admise avec indulgence et devenue un peu vieille, ce sera le plus grand sujet de crainte. Car une fuite peut envahir de vapeur toute la chambre de chauffe, la rendre inhabitable et remplir tout l'intérieur des batteries d'une vapeur qui empêche de voir à un mètre et dure très-longtemps lorsqu'elle s'est emparée d'un espace. Baisser la pression pour pouvoir rester en bas, c'est ralentir la marche et laisser échapper un ennemi ou se livrer à lui. Si les tirants sont alors rouillés ou mal joints, ou qu'il y ait dans les parties inaccessibles des traînées de rivets rongés par la rouille, une fente de peu d'étendue suffit pour faire périr les chauffeurs dans la vapeur bouillante, comme on l'a vu à bord du *Comte d'Eu* et du *Roland*. Dans une chasse le poste périlleux sera sur les carlingues, il n'y a plus à en douter : devra-t-on l'appeler le poste d'honneur ?

Différences entre les voiles et la vapeur.

Tout cela n'existait pas avec les voiles; leurs diverses parties étaient, il est vrai, visibles et exposées aux boulets, mais leurs vergues et leurs mâts pouvaient être fortifiés par des cordes additionnelles, sans pour cela cesser de marcher. Un gabier hardi portait un faux-bras au bout d'une vergue, bossait des écoutes ou des itagues; la cale était pleine de cordages bientôt montés pour consolider les mâts, et surtout une avarie, quelque grave qu'elle fût, laissait agir le reste de la voilure. Mais une fuite dans une chaudière anéantit toute puissance motrice en moins d'une demi-minute et ne permet de remettre en marche qu'au bout d'un long espace de temps, avec les corps de chaudières restés intacts, et lorsque la vapeur échappée s'est condensée. Tous ces dangers de la vapeur resteront presque inconnus en temps de paix; ils ne se présenteront que lorsque les dangers de la guerre feront déployer cette énergie fébrile que la matière ne supporte pas comme les animaux ou les hommes, et qui a soutenu le guerrier de Marathon jusqu'à ce que la branche de laurier fût tombée dans sa patrie. Les moindres détails occasionneront des triomphes ou des catastrophes qui ne pourront plus être imputés aux caprices du hasard, comme avec le vent, et ne tiendront réellement qu'à une confection ou à une conduite plus ou moins imparfaite. Avec les machines il n'y a plus d'excuse valable : si elles manquent, c'est qu'elles ont été mal faites, admises en recette aveuglément ou mal conduites.

D'un côté la solidité nécessaire, de l'autre la légèreté profitable.

La machine marine présente donc de grandes difficultés, surtout pour arriver à déterminer sagement ce qui lui convient, et il n'en est que plus remarquable de la voir quelquefois supporter un service long et actif, comme sur quelques lignes postales. Car à tout ce qui précède il faut ajouter les embarras du choix des qualités, qui entraînent chacune à quelque sacrifice, et reproduisent ici les mêmes incertitudes que pour la construction des navires, comme nous l'avons vu à propos de ceux bardés de fer. Chaque tonneau de mécanisme empêche d'embarquer un tonneau de munition, de cuirasse, de charbon ou de chargement et diminue la force, la résistance, la distance parcourue ou le profit commercial. Il n'est donc pas étonnant que le désir de remplir d'autres conditions importantes, telles qu'une grande vitesse et une hauteur de batterie suffisante, ait porté à exagérer la légèreté d'une manière qui ne cesse d'être dangereuse qu'avec une fabrication parfaite et une conduite des plus éclairées. Toutefois cela n'est que pour un temps et ne garantit nullement un aussi long fonctionnement que les anciens appareils dont la solidité pesante a trop été regardée comme un défaut. Sur les chemins de fer, malgré la perfection du travail et le choix des meilleurs matériaux, on ne parcourt avec sécurité qu'un nombre limité de kilomètres, et les malles-postes ou les anciennes diligences repassaient leurs essieux au feu après des parcours sévèrement déterminés. On ne change plus rien dans une machine marine dès qu'elle est en place, et si elle sert beaucoup, elle est exposée aux mêmes causes de ruptures que les essieux c'est-à-dire à la détérioration des métaux à mesure qu'ils travaillent ou qu'ils éprouvent des chocs plus prolongés.

La machine marine repliée sur elle-même par le manque d'espace.

Une autre difficulté inconnue à terre est le manque d'espace. Dans un navire chaque mètre cube a son emploi et sa valeur ; ce qu'on enlève d'un côté on doit le mettre d'un autre, et il a fallu beaucoup de talent pour qu'en ne sacrifiant qu'une partie, considérable il est vrai, des vivres et de l'eau, on soit parvenu à introduire dans les cales des appareils développant plus de 3.000 chevaux de 75^k, le combustible et d'énormes chaudières qui, lorsqu'elles sont à terre, ont l'air de petites habitations. Tout s'est ressenti de ce manque d'espace, aussi n'y a-t-il pas de mécanisme plus replié sur lui-même et plus concentré ; il y a eu là un tour de force inconnu aux ingénieurs de terre, mais il a été payé par des inconvénients graves que peu de dispositions sont parvenues à éviter. Heureusement elles ont des chances d'être diminuées maintenant sur les navires cuirassés, en ce que ceux-ci ont une grande partie de leur chargement boulonné à l'extérieur ; de sorte que si l'économie de poids est encore commandée pour que le bâtiment n'enfonce pas trop dans l'eau, celle de place ne l'est plus à beaucoup près autant et permet de dégager des pièces importantes.

Nécessité d'avoir toutes les parties très-accessibles.

Il y a aussi lieu de remarquer que si tout mécanisme gagne en durée et en sécurité par la facilité de conduite ou d'entretien, il n'y en a aucun qui réclame ces avantages plus que l'appareil marin. Tous les mouvements doivent être en vue et facilement accessibles, autant pour leur graissage et leur serrage que pour leur démontage. Car si en marche il faut pourvoir facilement à ce que nécessite chaque coussinet et chaque presse-étoupe, au mouillage il est nécessaire de tout découvrir et de pénétrer dans les recoins avec facilité pour lutter contre les effets de la rouille. L'intérieur a été rempli de vapeur et d'eau de mer, baignant du cuivre et de la fonte ou du fer en contact et produisant un effet galvanique, qui décompose activement l'un des métaux. Si la difficulté d'accès pour aérer et sécher les cylindres et surtout les condenseurs s'ajoute aux exigences du service et sert de prétexte à la négligence, la durée de l'appareil est diminuée. Souvent il se forme des fuites inconnues, qui augmentent la consommation de charbon et retardent la marche : les surfaces flottantes perdent leur poli et produisent une rouille qui contribue à les ronger.

Importance d'une grande simplicité dans les mécanismes.

Une grande simplicité et le rejet de tout ce qui n'est qu'ingénieux sont généralement les plus sûrs moyens de remplir ces conditions importantes, en ce que, pour arriver à une pièce, il ne faut pas en démonter préalablement plusieurs autres. Il y a des appareils dans lesquels l'oubli de ces principes marins a produit un réseau de pièces de fer mouvantes, entre lesquelles l'œil même ne peut atteindre pour savoir ce qui passe, et où le bras qui s'exposerait en marche à toucher une clavette ou un écrou, serait brisé. Au mouillage, l'eau stagnante exige un long travail pour être épongée : des pièces occultes, des presse-étoupes invisibles ne sont visités qu'après qu'on s'est frayé une route pénible, en démontant tout ce qui les entoure ; heureusement les nouveaux appareils n'en sont plus tout à fait là ; les mouvements ont été simplifiés et rendus plus accessibles comme on le verra en parcourant les pages suivantes.

Les mécaniciens doivent disposer de moyens rapides de démontage.

Ces difficultés peuvent cependant être diminuées par les mécaniciens du bord en plaçant des pitons dans les positions convenables, en faisant des chemins de fer pour faire glisser des pièces pesantes telles que des couvercles, enfin en s'ingéniant de manière à ce que chaque opération se fasse avec une facilité presque égale à celle qu'on admire lorsqu'on voit mettre une ancre à poste. Dès lors, s'il y a encore beaucoup à faire, chaque opération demande moins de temps et par suite est exécutée plus fréquemment. Dans les machines dont il est parvenu à beaucoup améliorer le fonctionnement, l'amiral Labrousse a pris des dispositions très-utiles qui facilitent le service et permettent de traiter une machine comme elle doit l'être, c'est-à-dire d'en visiter toutes les parties après chaque chauffage et d'entretenir les moindres écrous comme les pièces importantes. Il doit en être du mécanicien comme de l'armurier qui démonte ses platines de fusil, qui ne sont pas plus délicates et sont tenues loin de l'humidité de la cale et de cette eau fétide dont les exhalaisons rongent les métaux. De modestes inspections des parties vitales reléguées dans l'obscurité des cales, rendraient de vrais services en amenant de la surveillance sur ce qu'il y a de plus dispendieux et pourtant de plus périssable dans un navire.

Différences entre la machine du paquebot et celle du navire de guerre.

Le paquebot éprouve moins de nécessité de ce genre; il faut, il est vrai, qu'il marche très-activement, mais aussi la peinture de sa carène lui donne des repos périodiques. Alors il profite des ressources d'un atelier, qui aide à des visites générales, accompagnées de réparations partielles, au moyen desquelles l'appareil est en état de marcher encore longtemps sans accidents. Le navire étant presque toujours en fer, sa rigidité présente à la machine un plan de pose invariable, qui évite des changements de lignes difficiles à reconnaître et à corriger sur un navire en bois. Les absences loin des ateliers sont beaucoup moins longues, parce que les Compagnies ont des établissements à elles ou des arrangements avec ceux des localités fréquentées. Enfin le paquebot se rapproche de la locomotive pour ce qui regarde l'entretien de son appareil moteur, tandis que si le navire de guerre a moins d'activité, il se trouve souvent éloigné de toutes ressources par l'irrégularité constante de son service, et dès lors le mécanicien est forcé de se suffire à lui-même pour tout ce qui regarde sa machine. Aussi en avons-nous vu plusieurs que la nécessité de l'isolement a porté à opérer eux-mêmes des réparations très-remarquables par leurs idées, et très-utiles à consulter pour savoir comment agir dans des cas analogues. (Voir *Catéchisme du marin et du mécanicien*, chapitre Avaries et Réparations.)

Trop grande variété des machines marines.

Les conditions diverses qui viennent d'être énumérées ont produit une variété d'appareils marins qui, si elle a contribué à produire quelques perfectionnements de détail, a été plutôt nuisible en jetant de la confusion et surtout en faisant trop céder au désir de fabriquer du nouveau. C'est une chose fâcheuse, lorsque le problème est toujours le même comme celui de faire tourner des roues ou des hélices, et que la seule différence est dans le genre de mouvement des deux propulseurs et non dans celle des navires auxquels on les applique. Chaque machine a ses organes indispensables : les cylindres avec leur piston, les tiges et les bielles ; le mouvement est toujours transmis par un arbre à vilebrequin ; les organes nécessaires tels que le tiroir, le condenseur, la pompe à air et l'alimentation, sont destinés aux mêmes fonctions dans tous les appareils. Malgré cela ils ont servi à de trop nombreuses combinaisons des renvois de mouvement connus, qui, par la similitude de leurs éléments et la variété de leurs formes, rappellent le jeu du casse-tête chinois, et porteraient à croire qu'on y a joué dans bien des salles à dessin. Déjà on avait beaucoup changé les machines à roues à aubes, lorsqu'on voulut économiser le poids et la place qu'elles occupaient ; mais, sauf le cylindre oscillant, il n'y eut pas de combinaison qui remplît le but proposé, de sorte que la vieille machine à balancier n'a pas été avantageusement remplacée. Ce fut lors de l'apparition de l'hélice que les ateliers devenus nombreux, s'évertuèrent aux arrangements les plus variés de machines, pour éviter de se copier mutuellement et avoir chacun leur type. La liste en serait trop longue, surtout si on y comprenait toutes les machines à engrenages peu usitées maintenant, et il reste encore un trop grand nombre de ces conceptions forcées à bord de nos navires. Presque toutes ont été abandonnées pour n'adopter que les plus simples, telles que le fourreau, la bielle en retour et le cylindre renversé ou pilon. Le premier type fut adopté dès le principe des machines directement articulées à hélice, sur *l'Arrogant*, par M. John Penn ; le second sur *l'Amphion*, par MM. Miller et Ravenhill, et sur *la Pomone* en France, par M. Mazeline, d'après les plans de l'ingénieur suédois M. Holm ; le troisième se montra plus tard et seulement pour de petits navires du commerce. On peut presque dire que, depuis ces deux premières machines, on n'a fait que gâter les appareils marins par une complication inutile et même nuisible à la navigation.

Économie du combustible; son importance.

A terre l'économie du combustible a été obtenue par des mécanismes convenables, des préservatifs contre les déperditions de chaleur et surtout par des surfaces de grilles considérables pour que la combustion soit lente. On y adopte les formes reconnues les plus profitables et qui résistent le mieux aux pressions élevées ; on vaporise de l'eau douce qui, si elle laisse quelquefois des dépôts, n'est jamais aussi chargée ni surtout aussi corrosive que celle de la mer. Le poids et le volume de l'appareil évaporatoire ne sont que des questions de dépense première. La locomotive serait seule dans des conditions plus difficiles que sur mer, si sa chaudière n'avait des repos et des démontages périodiques. Son changement n'est pas une opération difficile ; tandis que sur mer la démolition d'une partie du navire, et l'inaction prolongée d'une immense construction, sont les conséquences forcées de la mise en place d'un nouvel appareil évaporatoire. Mais encore on ne diffère pas autant de ce qui existe à terre que par l'influence du poids du combustible qui, dans l'industrie ou les chemins de fer, n'est qu'une dépense de plus, sans priver d'avantages précieux. Si une usine brûle deux tonneaux de plus par jour, elle les paye ; si la locomotive les traîne, ce n'est que pendant un court trajet, et par suite le surcroît de poids est d'autant moins considérable que le renouvellement est plus fréquent. Sur le navire, au contraire, ce surplus inutile est multiplié par le nombre de jours que doit durer le trajet. Deux navires semblables prennent 600^t de charbon, l'un brûle 150^k par mille parcouru, l'autre 300 (car ces différences et même de plus fortes se voient souvent) ; il est clair que non-seulement la dépense en argent est double, mais aussi que la possibilité de remplir des missions lointaines est de moitié. S'il s'agit de bâtiments de transport, l'un d'eux prendra 300ᵗ de plus, et il est probable que si la célérité est nécessaire, lui seul la possédera, parce que ses chaudières étant les mêmes, il utilisera la vapeur produite.

Embarras résultant des différences de consommation de combustible.

On voit aussi combien les différences de dépenses compliquent les opérations combinées et à quels mécomptes elles exposent, même en se servant de navires réputés semblables. Qu'on se figure un convoi d'une centaine de cheminées, parmi lesquelles il y en a qui ont pour 6, 8, 10, 12 ou 15 jours de marche. Les uns peuvent dans un cas de besoin aller à 12 nœuds, d'autres ne peuvent en dépasser 9 ; de telles différences ont existé entre machines portées comme semblables. Laissera-t-on les traînards de côté, ou se soumettra-t-on à toutes les chances de leur lenteur, en perdant d'un coup la qualité dispendieuse obtenue pour les autres, c'est-à-dire la célérité ? Ces difficultés existaient à un moindre degré avec les voiles ; tout le monde avait plus de vivres et d'eau, les différences de marche étaient beaucoup moins marquées, les chances de vent se présentaient presque égales pour tout le convoi, tandis que maintenant le contenu des soutes de chacun exprime des vitesses et des distances parcourues très-inégales. Il y a aussi à considérer qu'ayant beaucoup augmenté nos puissances, les appareils sont devenus plus lourds et que malgré les avantages de la détente, les cinq ou six jours de charbon à toute volée ne représentent pas une très-grande distance avec une marche modérée. Les dépenses d'une grande vitesse sont énormes et pour s'en faire une idée, il n'y a qu'à se rappeler que les paquebots d'Amérique prennent plus de 1.000ᵗ de charbon pour assurer leur trajet en hiver : que reste-t-il pour la cargaison ? Le contenu des soutes de notre meilleur vaisseau n'exprimait quatre fois et un tiers la distance d'Alger à Toulon, que lorsque tout était neuf à bord. Et où trouvera-t-on du charbon pour de nombreux navires ? Un convoi de 40 navires de 500 chevaux en moyenne brûlera 2 millions de kilogrammes de charbon par jour au prix d'environ 80.000 francs, ce serait près de 800.000 francs pour aller à Alexandrie, et il leur faudrait trouver sans doute une dizaine de millions de kilogrammes pour pouvoir revenir.

Conséquences désastreuses du gaspillage du charbon.

Pour le commerce, le gaspillage du combustible est une cause de ruine et son économie est une source de richesses, comme le beau service maritime des Messageries Impériales l'a prouvé. Pour les navires de guerre les mêmes causes produisent la célérité et peut-être la victoire, tandis que d'un autre côté elles menacent de l'impuissance et des revers. Un vaisseau sans charbon sera certainement dans une position plus critique qu'une batterie de terre sans chevaux ; celle-ci retournera au moins ses canons pour se défendre tandis que le navire en calme ne pourra les diriger dans la direction voulue, car à travers ses sabords il a bien peu de champ de tir : il recevra donc les coups sans qu'il lui soit possible d'évoluer assez vite pour les rendre, même s'il y a de la brise. Qu'on se figure la position d'un Capitaine qui, poursuivi ou poursuivant, voit ses soutes se vider et sait, de même que tout son personnel, que dans une heure, dans quelques minutes il va rester immobile, voir sa proie s'éloigner ironiquement, ou n'avoir d'autre ressource que de garder quelque peu de combustible pour se vendre un bon prix à un ennemi supérieur. Combien cette position sera plus pénible encore puisqu'elle se produira à la suite d'une recette louangeuse, et par une consommation exagérée, due à la nature mal appréciée de l'appareil ou à sa conduite postérieure. Mais le capitaine reste nécessairement responsable dans les deux cas. Il a été signé par lui ou par ses confrères qu'il filait 12 nœuds, et son devis porte qu'il possède à bord pour six jours de marche à toute volée. S'il est un jour traduit devant un conseil de guerre pour avoir été pris par un navire réputé ne filer que 10 nœuds, il verra le cahier bleu du procès-verbal de recette placé sur la table devant le président, comme première pièce de conviction et il ne pourra la nier tant elle est authentique. Dans une traversée de l'Escadre de la Méditerranée de Toulon à Beyrouth avec la vitesse modérée de 8 nœuds ($14^k,8$), il y avait à peine deux vaisseaux qui eussent de quoi revenir directement à Toulon avec le même sillage, tandis que les autres seraient restés à Beyrouth ou n'auraient pas atteint Messine. Mais à toute volée les premiers eux-mêmes n'auraient eu de charbon que pour un seul trajet, et pourtant le but désiré de nos approvisionnements, doit être de parcourir la Méditerranée en déployant la totalité de la force pendant presque tout le temps, car si l'on va vite au loin il faut pouvoir revenir de même. On dit souvent: mais les étrangers marchent-ils plus vite ou plus économiquement? C'est une mauvaise raison, et les bonnes qualités ne cessent pas d'être précieuses parce qu'elles n'existent pas chez les autres. Fallait-il ne pas adopter les canons rayés, qui ont tant contribué aux triomphes d'Italie, parce que les autres nations n'en avaient pas?

Causes des consommations exagérées.

Diverses causes influent sur ces consommations; en premier lieu la nature ainsi que la perfection de l'appareil ou la qualité du combustible, et ensuite à un degré presque égal, du moins au bout d'un long service, le soin et l'intelligence de sa direction. C'est comme pour toutes sortes de travail; il faut de bons outils, mais aussi de bons ouvriers, et bien que la nécessité en soit sentie depuis très-longtemps, il n'arrive que trop souvent que ni l'un ni l'autre n'ont les qualités désirables. Quoique les marins soient certes les plus intéressés à ces questions, puisque nous touchons à l'époque où on pourra dire : pas de charbon pas de marche, ils se sont cependant montrés d'une grande insouciance à ce sujet. Ils n'ont pas réclamé pour que le combustible brûlé devînt une des principales clauses des marchés de machines, qu'il fît donner des primes ou opérer des retenues assez considérables sur les fabricants, et que la constatation première restât toujours connue, afin de juger constamment des soins des mécaniciens et de la surveillance des officiers par la consommation postérieure. Si une machine est mal soignée elle brûle plus; c'est un indice certain. L'influence du temps s'exerce aussi sur les appareils, et les déprécie d'une manière assez régulière pour établir un jugement. On désire depuis bien longtemps de voir établir en principe que le charbon employé dans les expériences de recette, sur lesquelles l'opinion officielle et publique est basée, soit le même que celui auquel on serait réduit en cas de guerre. Car s'il a été signé qu'un vaisseau a filé 12 nœuds, le public ne sait pas avec quel charbon, et en cas de guerre, on ne déclarera pas que toute la marine va perdre un ou deux nœuds, parce que l'on est réduit à des charbons français voisins des ports et auxquels les grilles et les chaudières n'ont pas été assorties. C'est exactement comme si notre poudre était inférieure et que les expériences des plaques ainsi que nos tables de tir fussent faites avec celle d'un autre pays supérieure à la nôtre; pourrait-on plus tard se plaindre d'avoir les flancs percés et de ne pouvoir pénétrer dans ceux de l'ennemi? Heureusement le Ministre de la Marine, M. de Chasseloup-Laubat, prescrit maintenant l'usage du combustible français, et avec le temps les grilles des nouvelles machines lui seront assorties; mais pour arriver à la réalité, il faut encore des expériences sur de longs parcours, sans cela on prend la vitesse pendant quatre minutes et demie de durée pour ce qu'elle serait pendant un long trajet, et c'est une erreur grossière.

Les capitaines responsables des résultats postérieurs aux recettes.

Nous avons déjà dit plus haut que les petites bases ont produit, comme en Angleterre, des chaudières impuissantes, à cause de la manière dont elles amènent à faire les expériences. Quand on a dépassé le but on fait tourner le navire et la machine va moins vite, même sans qu'on y touche. C'est alors qu'on accélère l'extraction, qu'on charge les feux, qu'on nettoie les cendriers, et dès qu'on approche de la base, des hommes postés sur le pont avertissent ; tout est fermé, les godets sont inondés d'hnile, le crochet excite le feu et on arrive gonflé de vapeur pour s'en bien servir pendant quatre minutes et demie seulement. Tout le monde y pousse, le Capitaine est fier d'avoir un navire de marche supérieure, sans songer que s'il ne la conserve pas, c'est à lui qu'il sera de toute justice de s'en prendre ; il voit au bout du succès de ses expérience quelque belle mission, tandis que s'il a des résultats médiocres, il n'a qu'à tourner la tête vers le port, pour apercevoir les mâts des navires qui sont à l'ennuyeuse réserve. Les mécaniciens veulent montrer leur savoir, les chauffeurs la vigueur de leur poignet, et derrière eux tous, le fournisseur voit le payement de ses longs travaux et des commandes à venir pour alimenter ou agrandir ses ateliers : une expérience est pour tout le monde le pot au lait de Perrette. Tout tend donc à enfler les résultats, et cependant le marin devrait en être le contrôleur éclairé, mais sévère ; car toutes les conséquences d'une marche médiocre ou dispendieuse retomberont naturellement sur le Capitaine. S'il a signé que tout est si bien, pourquoi ne tire-t-il pas un meilleur parti des perfections qu'il a reconnues ? Les marins ont bien compromis leur avenir en signant si facilement tant de procès-verbaux flatteurs. Cette insouciance est très-fâcheuse, et pourtant il faut avouer que s'il est nécessaire en ce cas de chercher à la combattre, ce n'est guère qu'à l'imprévoyance de l'avenir qu'on doit d'avoir des marins ; ce ne sont pas des gens à calculs et à prévisions qui embrassent une telle profession et la pratiquent franchement et longtemps. Au contraire la prudence des familles arrête l'enthousiasme irréfléchi de la jeunesse, et souvent elle éloigne bien des candidats de l'École de marine.

Les fabricants de machines commencent à faire des appareils économiques.

Mais revenons à l'économie de combustible : de quelque côté que vienne le bienfait des machines économiques, on doit en être reconnaissant. Puisque les marins n'ont pas demandé assez énergiquement ce qui leur est nécessaire, il est heureux de voir que les industriels y aient songé, et l'apparition d'appareils dans lesquels on a réuni toutes les conditions d'une marche économique, essayées séparément, est certes le fait le plus remarquable de l'Exposition des machines marines de 1862. Quoique représentées seulement par des modèles et des dessins, ces machines figurent avec honneur à côté de celles qui se font admirer par la perfection de leur travail. On donnera plus loin les principaux détails de ces appareils, en y joignant les vœux d'une réussite complète, car en marine plus qu'à terre les nouveautés inspirent quelque appréhension.

Les appareils doivent être assortis à leur service et à ceux qui les dirigent.

En réunissant la surchauffe de la vapeur, la détente dans un cylindre séparé, et la condensation tubulaire, on se donne probablement la somme des avantages reconnus à chacune de ces dispositions ; mais aussi on a lieu de redouter la somme de leurs inconvénients. Si ceux-ci sont écartés par une grande simplicité, ainsi que par une confection parfaite, il faudra encore qu'une direction éclairée profite de leurs qualités, et cette condition en apparence secondaire exerce la plus grande influence sur la réussite ou l'insuccès. Beaucoup d'inventions ont avorté soit parce qu'elles n'étaient pas assorties à leur genre d'emploi, soit parce qu'elles étaient trop délicates pour les mains souvent grossières qui les dirigent. Aussi lorsqu'il se présentait dans l'Exposition des objets de cette sorte, ils étaient ironiquement qualifiés d'*ingenious*, et le jury s'en éloignait avec indifférence, tandis que les articles d'une utilité réelle et d'une longue durée attiraient l'attention et obtenaient l'approbation. C'est que tout était jugé par des hommes pratiques, qui ayant fait eux-mêmes des machines, avaient eu l'avantage précieux de les voir marcher et de rester en contact avec ceux qui les employaient et avec leurs possesseurs. C'est de cette entente de tous les vrais intéressés que sont nés des appareils qui en faisant un service pénible comme celui d'Amérique, n'ont jamais d'avaries et connaissent moins les retards que les anciens courriers sur terre, quoiqu'ils aient à remonter contre les coups de vent d'Ouest si fréquents dans l'océan Atlantique. C'est surtout pour les appareils du *Persia*, de l'*Arabia* et autres, construits par notre vénérable président M. Robert Napier que cet éloge d'être assorti à un dur et long travail doit être proclamé par les marins, et certes les directeurs des Compagnies lui doivent une égale reconnaissance.

Ces nouvelles machines apparaissent dans un temps plus favorable où elles ont des chances d'être bien dirigées et où le personnel marin s'est un peu formé; mais si la machine directe à hélice s'était présentée sur mer, en même temps que les premiers appareils à roues, elle n'aurait pas eu de durée. Il est vrai de dire qu'à cette époque on aurait eu d'autant moins la hardiesse de la faire aussi légère que les procès-verbaux étaient inconnus et que c'était à bien dire sur l'usage seul que les machines étaient jugées. Il y a donc dans chaque nouveauté une période d'attente pendant laquelle il est permis de mettre en ligne de compte les chances plus multipliées d'avaries et surtout ces petits accidents de détail qui, bien qu'insignifiants par eux-mêmes, font perdre une partie des avantages espérés; il en a été longtemps ainsi des condenseurs tubulaires.

Le personnel des machines plus instruit.

Heureusement nous sommes loin de ces premiers temps de la navigation à vapeur dont quelques-uns de nous se souviennent encore. Le service a formé un noyau de mécaniciens; à Brest M. le Capitaine de frégate Du Temple leur donne une bonne instruction; les Messageries Impériales ont aussi leur école, et l'activité de leur service ajoute bientôt une pratique éclairée à l'instruction première; il y a là un personnel qui mérite d'être maintenu partout au rang où le place son savoir technique (1). Nos paquebots nous donnent l'exemple de l'activité soutenue et de l'éco-

(1) Lorsque les mécaniciens et chauffeurs naviguants ont été soumis au régime des classes, il y a eu des réclamations naturelles sur les conséquences de cette mesure qui envoyait laver le pont et manger à la gamelle des Elèves des Arts et Métiers conduisant des appareils de plusieurs centaines de mille francs. Ce fut ce qui donna l'idée de demander une assimilation avec les Capitaines au long cours qui ne peuvent servir sur les vaisseaux de l'État que comme officiers et les patrons au cabotage comme maîtres. Il y aurait toute justice à déterminer le temps de conduite et la force des appareils, qui assimileraient le service des Mécaniciens à celui des Capitaines du commerce.

nomie : ceux de Marseille quoique presque tous construits en fer et par suite exposés à des pertes de marche, sont arrivés à brûler moins de la moitié que les vapeurs de l'État doublés en cuivre, tout en conservant la même vitesse. Les dispositions administratives prises par la Compagnie à l'égard des capitaines et des mécaniciens ont produit une émulation dont les résultats sont à envier par tous les marins, qui devraient se persuader que tout cela est entre leurs mains par des moyens bien simples : des recettes sévères et une surveillance constante sur leurs mécaniciens.

Importance de la connaissance des machines dans tous les grades.

Mais pour cela il faut savoir ce que c'est qu'une machine, et quoique nous ayons quelques officiers qui s'en occupent avec fruit, la majorité est bien étrangère à tout ce qui concerne cette partie importante de notre métier actuel ; car rien ne porte à l'étudier et il faut une sorte de vocation innée que rien n'encourage, pour faire des études de machine à vapeur uniquement pour en faire. Malheureusement les officiers manquent de l'excitant si puissant des concours, auquel nous devons un corps médical très‑distingué : si pour le soldat on a dit qu'il a son bâton de maréchal dans sa giberne, on peut dire que le Chirurgien a ses grades dans sa trousse et dans son savoir. Que n'en est‑il de même pour nous, et combien malgré notre dispersion continuelle qui exclut tout ensemble d'idées et surtout ce qu'on appelle l'esprit de corps, nous acquerrions de qualités réelles si, au moins jusqu'au grade de Lieutenant de Vaisseau compris, les avancements étaient donnés au concours public, comme aux Chirurgiens qui naviguent plus que nous. Quel encouragement aux inconnus et au travail aussi bien qu'au mérite réel ! C'est un Officier dont les deux fils vont bientôt être dans la marine qui émet ce vœu pour le bien de sa profession et, on peut bien l'ajouter, pour celui du pays. Nous avons adopté le concours pour nos mécaniciens, mais il s'arrête trop tôt ; il devrait s'élever jusqu'aux premiers grades, afin de lutter contre l'insouciance que donne une position assurée, que rien ne peut enlever.

MACHINE DES FORGES ET CHANTIERS DE LA MÉDITERRANÉE.

Après cet Exposé général il convient d'examiner successivement les appareils qui ont le plus frappé, et on est naturellement conduit à parler

de ceux exposés par la France ; malheureusement il n'y en avait que deux,
en première ligne desquelles se trouvait la machine de 400 chevaux, construite sur le type *Algésiras* de M. Dupuy de Lôme, par l'atelier des Forges
et chantiers de la Méditerrannée. Bien qu'elle soit connue de tous les
marins français, il est utile d'en dire quelques mots. Elle est la première
des machines françaises qui ait obtenu des résultats économiques ; elle a
les organes recevant la vapeur chaude séparés de ceux où on la refroidit,
c'est-à-dire les cylindres d'un côté et les condenseurs de l'autre. Son
mouvement est celui connu sous le nom de bielle en retour, comme la
plupart de ceux employés à mener directement l'hélice, excepté le fourreau de M. Penn : il fut dans le principe appliqué à l'hélice par M. Holm,
ingénieur suédois. Le piston n'a que deux tiges au lieu de quatre comme
l'*Algésiras*, et elles sont réunies par une traverse en Z dont le milieu sert
de soye au pied de la grande bielle. Cette pièce glisse entre deux doubles
guides, dont la section est une fraction de cercle, au lieu d'être plate
comme de coutume. Malheureusement le pied de bielle est dans un tunnel étroit formé par le condenseur et sa bâche ; ce qui rend sa surveillance et son démontage très-difficiles.

Cylindres.

Les cylindres sont contigus et solidement réunis entre eux, ainsi qu'a-
vec la plaque de fondation qui s'étend sous tout l'appareil ; ils ont une
chemise de vapeur et pourraient s'ouvrir par le fond opposé à l'arbre.
Ils sont solidement unis aux grands paliers par un châssis en fonte. A
leur partie inférieure se trouvent les orifices de la purge continue servant
à faire sortir à chaque coup de piston l'eau que les projections de la chaudière ou la condensation de la vapeur auraient déposée dans le cylindre.
Cette précaution, très-usitée en France, ne se trouve dans aucune des
machines anglaises de l'Exposition. Dans la machine exposée, cette évacuation est obtenue au moyen d'un tiroir rond à lanterne, sorte de petit
cylindre à orifices, glissant suivant son axe dans un autre et dont
le mouvement est lié à volonté avec celui de l'excentrique. Il agit au
moyen de tuyaux placés sous le cylindre à vapeur et d'un conduit
au condenseur, de manière à sucer l'eau du bas du cylindre à chaque
coup de piston. Cette disposition fonctionne mieux que les tiroirs plats
situés en dessous, qui supportent une très-forte pression, se détériorent
assez rapidement et sont difficiles à visiter. Elle a surtout l'avantage de

pouvoir interrompre son action, qui n'a réellement d'utilité qu'au départ ou quand la chaudière projette de l'eau.

Tiroir et détente.

M. Dupuy de Lôme a préféré le tiroir long en D de Watt aux tiroirs plats en coquille généralement employés, et les résultats de ses machines paraissent prouver que c'est en grande partie à l'emploi de ce tiroir que l'*Algésiras* et les autres appareils du même genre doivent d'être les plus économiques de la marine française, et que suivant la disposition de cet organe important, il y a des pertes ou des gains que l'indicateur ne montre pas. Quoique un peu plus lourd, ce tiroir fonctionne très-bien avec les vitesses exagérées des machines à hélice, comme avec les allures si lentes des anciens appareils à roues. Il est placé sur le haut du cylindre, il a des garnitures métalliques, et il est aussi facile à visiter qu'à entretenir; c'est une des parties les mieux disposées de ces appareils.

La détente variable est opérée par un cylindre à orifices qui se meut suivant son axe dans un autre cylindre fixé sur le côté du tiroir à l'arrivée de la vapeur et pourvu aussi d'orifices. Il en résulte que les introductions et les détentes sont opérées par les positions respectives de ces deux cylindres. Mais au lieu d'avoir un mouvement circulaire comme dans la machine de M. Maudslay, celui qui est mobile est lié par une tige à un excentrique spécial monté sur l'arbre des tiroirs, et le calage de cet excentrique, relativement au mouvement général des grandes manivelles, est changé pour varier les moments des interruptions. Malheureusement ces changements ne peuvent être opérés qu'en stoppant, ce qui est en partie racheté par la simplicité des mouvements.

Le registre de vapeur est au-dessus de la détente et formé de deux barrettes qui glissent sur deux orifices au moyen d'une crémaillère et d'un pignon dont l'arbre perce la boîte et est mis en mouvement par un levier à manettes. Il ferme bien les orifices et se manœuvre facilement.

Mouvement des tiroirs.

Les tiroirs sont mis en mouvement par un arbre particulier portant les excentriques et situé au niveau du tiroir dans la verticale du grand arbre à manivelle. Il est soutenu par des paliers particuliers élevés au-dessus du grand arbre, et porte en outre les excentriques spéciaux de la détente dont il vient d'être question. Le mouvement de la machine est transmis à cet arbre par deux roues d'engrenage de même diamètre : l'une en bronze et en deux moitiés boulonnées est fixée à poste sur le grand arbre ; l'autre est montée à frottement doux sur celui des tiroirs. Cette dernière roue contient entre ses rayons le mécanisme de renversement de mouvement, qui est composé d'un double bras, comme un balancier, fixé au bout de l'arbre des tiroirs et qui à l'un de ses bouts porte une saillie latérale qui bute sur les extrémités d'une fente en arc de cercle dans le métal de la roue, lorsqu'on marche en avant ou en arrière. L'autre bout de ce bras porte un pignon, qui engrène dans les dents pratiquées sur le bord d'une fente semblable et opposée à la première, pratiquée aussi dans la roue dentée. Si ce pignon satellite tourne, il se transporte d'un bout à l'autre de la fente dentée, entraîne l'arbre des tiroirs et change sa position relativement à celui de la manivelle, c'est-à-dire celle du tiroir par rapport à celle du piston ; il change donc la distribution. Pour obtenir ce mouvement, le petit arbre du pignon porte une roue dentée dans laquelle engrène le pignon d'une roue à manette pour transporter le satellite d'un bout de l'arc denté à l'autre. De plus, ce mouvement peut être produit en opposant un obstacle à la roue à manette, qui, lorsqu'elle n'est pas débrayée, est entraînée par le mouvement général, et la machine est renversée dans une demi-révolution.

M. Cody, ingénieur de M. Mazeline au Havre, a mis un système semblable sur les premières machines qu'il a tracées pour la marine, et MM. Elder et Randolph, de Glasgow, ont employé une disposition analogue dans leurs machines à double cylindre pour roues à aubes montées à bord des paquebots de la compagnie du Pacifique. Cette disposition est certes très-ingénieuse, mais elle remplit son but avec une célérité qui la rend dangereuse avec les mouvements rapides de l'hélice, qu'on ne peut réduire à marcher doucement au départ. Renverser trois mille chevaux en une seconde est trop énergique pour que nous osions le faire sur nos navires ; on peut l'exécuter dans des essais, mais il ne faut pas y jouer. Ce sont là des mécanismes qui conviennent aux filatures plutôt qu'à la navigation. C'est exposer toutes les articulations, depuis la manivelle jusqu'au presse-étoupe, à des chocs violents, et le propulseur à une réaction très-dangereuse pour ses ailes forcées à marcher à contre d'une eau, qui s'écoule encore rapidement par la vitesse conservée par la masse du navire. Aussi on est dans l'usage de stopper par le registre, et à moins de circonstances urgentes, d'attendre que la machine s'arrête pour tourner à bras la roue à manettes, changer la position des tiroirs et remettre en marche en ouvrant le registre. C'est, il est vrai, annuler l'idée principale du système, et comme ses engrenages sont bruyants et exposés à se déranger, si le grand arbre lui-même change un peu d'axe, nous devons avouer que nous préférons de beaucoup le double excentrique employé partout et dont l'action n'a qu'à être considérée dans une gare pendant qu'une locomotive manœuvre, pour persuader qu'il remplit mieux que tout autre organe de transmission le but d'une manœuvre sûre, facile et précise.

Condenseurs et Pompes à air.

Les condenseurs sont placés à l'opposé des cylindres et ne leur sont liés que par la plaque de fondation; leur injection produite par un robinet à plusieurs fentes est très-bien disposée en ce qu'elle disperse l'eau violemment dans la vapeur qui arrive et elle se manœuvre très-facilement. Les pompes à air sont à la partie inférieure, leur piston n'a pas de garniture; avec le temps il s'use et use le cylindre. Les clapets de tête sont en petites rondelles de caoutchouc semblables à celles adoptées par la plupart des fabricants anglais; mais les clapets de pied sont métalliques et divisés en un assez grand nombre; ils tournent autour de leur charnière et butent par une saillie de l'extrémité opposée à la charnière. Ils ont une inclinaison assez prononcée pour se fermer par leur poids comme dans nos anciennes machines à balancier. Ils fonctionnent sans bruit, ferment bien, ne se détériorent pas comme le caoutchouc et n'ont pas éprouvé d'avaries; aussi on les adopte dans beaucoup de machines françaises.

Arbre, Manivelles.

L'arbre à double vilebrequin est d'une seule pièce de forge, son tournage a présenté des difficultés particulière qu'on a évitées en diminuant les efforts des pointes du tour sur un arbre aussi pesant, auquel il aurait fallu d'énormes contre-poids pour tourner les soyes de manivelles. Pour cela on a mis des poulies sur les parties de l'arbre situées en dehors de l'axe des pointes et qui agissaient par leur poids; des chaînes fixées au plafond de l'atelier ont passé sous ces poulies, puis par deux retours au plafond elles ont été attachées à des poids éloignés les uns des autres, qui posaient sur le sol et cessaient d'agir lorsque la première poulie se rapprochait de la verticale de l'une des pointes. On a produit ainsi suivant les angles une compensation qui, tout en soutenant l'arbre, rendait son mouvement régulier. Sur *l'Algésiras* le diamètre de l'arbre est à celui des cylindres : : 1 : 5.45. Dans les machines actuelles on porte ce rapport à 1 : 4, et il faut espérer qu'on ira plus loin pour la sécurité des machines; car si les premières proportions n'ont présenté aucun inconvénient avec le service paisible des navires de l'État, elles ont causé plusieurs ruptures d'arbres à manivelles sur les paquebots des Messageries, et les vaisseaux en bois éprouveraient, à plus forte raison, les mêmes avaries, ainsi que toutes leurs conséquences militaires, s'ils étaient appelés à faire un service aussi actif que les paquebots. Aussi est-il heureux de voir que l'on commence à donner plus de diamètre à l'arbre à manivelle qu'à celui de l'hélice, comme on le verra au sujet des machines de M. Penn. Il y a longtemps que cette garantie contre les ruptures et contre les échauffements est réclamée par les marins, de même que la plus grande étendue des surfaces frottantes.

Grande bielle.

Cette pièce importante a le serrage de sa tête à clavette sur une bride à cause des gros contre-poids qui entouraient la manivelle et auraient gêné le serrage à vis ; du reste, pour cette partie celui à clavette est toujours d'un serrage plus facile. Les coussinets de pied sont au contraire serrés à vis, ce qui est nécessaire au fond du tunnel où ils sont renfermés. La soye de pied de bielle avait seulement les 0,7 du diamètre de celle des manivelles; aussi sur *l'Algésiras* a-t-elle été grippée dans les expériences à toute volée, et maintenant on se rapproche de l'égalité, qui est la proportion naturelle de ces pièces soumises aux mêmes pressions. Comme on l'a dit, la bielle est cachée dans un tunnel étroit, où elle est très-difficile à surveiller et surtout à visiter. Il est à souhaiter que dans de nouvelles machines cette pièce, si sujette aux échauffements, soit mise en vue et dégagée, comme dans beaucoup d'autres machines à bielle en retour. Le graissage est opéré par des lécheurs.

Détails.

Ces appareils renferment des détails très-bien disposés qu'il serait trop long d'énumérer ; leur ligne d'arbre a des tourteaux à soyes qui laissent obéir aux flexions de la quille : les diverses parties ont leur rotation liée par la fourche de l'une qui est prise entre les branches de l'autre. Comme les navires de M. Dupuy de Lôme n'ont pas de puits et emploient des hélices à six ailes, la visite de l'extrémité arrière de l'arbre était importante, puisque le propulseur devait tourner quand on marchait à la voile, comme lorsque le moteur mécanique fonctionnait. M. Dupuy avait résolu ce problème d'une manière aussi simple que pratique, en terminant l'arbre par un tourillon un peu conique, qui était pris dans un coussinet placé au bout d'une longue tige, s'élevant à travers un petit puits jusque dans la batterie basse. L'extrémité inférieure de cette tige était prise entre les flasques d'une chaise fixée à l'étambot arrière. Pour visiter ce coussinet il suffisait de rentrer l'arbre pour dégager son tourillon et de hisser le coussinet par sa tige jusque dans la batterie. La remise en place se faisait d'une manière inverse. Des négligences ont porté depuis à mettre l'arbre en porte-à-faux sur une chaise fixée à l'étambot avant, et le frottement sur le gaïac a rendu cette disposition possible, en ce que l'usure du bois est si lente que des navires font de longues campagnes sans avoir à en changer les languettes ; mais il faut un bassin pour réparer ou visiter le portage de l'arbre dans cette chaise.

MACHINE DE M. MAZELINE.

Les nombreux appareils que M. Mazeline a fourni à la marine depuis le premier employé à mouvoir directement l'hélice sur *la Pomone*, n'étaient représentés que par des dessins. Ils ont trop d'analogie avec le précédent pour qu'il soit utile d'en parler ; ce serait presque répéter les même mots puisque la position des cylindres est la même, tous les grands mouvements sont aussi simples, la mise en train est à engrenage et à pignon satellite comme la précédente ; la bielle est dans les mêmes conditions sous le condenseur. Il serait donc superflu de parler au long des machines de cet atelier, qui pendant longtemps nous a fourni les meilleures machines à hélice tant par leur confection que par leur disposition générale. En fait de détails différents des autres ateliers, on doit citer la butée à collet qui est établie sur deux tourrillons de manière à ne pas souffrir des déformations du navire et à permettre de rentrer ou de repousser l'arbre avec beaucoup de facilité lorsque la disposition de l'entraînement ou du coussinet arrière le nécessite.

MACHINE DE M. NILLUS.

La seconde machine exposée par la France est celle de M. Nillus, dont les deux cylindres sont contigus et ont $0^m,600$ de diamètre et $0^m,150$ de course ; le nombre des révolutions doit être de 100 ; chacun d'eux est de la même coulée que le bâti jusqu'au palier. Les tiroirs sont en coquille placés obliquement sur le haut du cylindre et un peu en dehors, le tuyau de vapeur arrive à un bout de la boîte à tiroir, celui d'évacuation est à côté. Le piston a deux tiges placées comme celles des autres machines à bielle en retour ; elles vont se fixer aux deux oreilles d'un fourneau en bronze qui à l'opposé du cylindre s'enfonce dans le condenseur à travers un presse-étoupe et sert de pompe à air, en même temps que son fond est le point où se trouve la soye de pied de bielle. De la sorte cette pièce importante est hors de la surveillance et sa visite doit entraîner un démontage, en ce qu'il n'a pas la disposition adoptée dans ce but dans d'autres appareils. Les coussinets de tête de bielle ont un serrage à écrou et de plus la bielle peut être allongée par une vis en tournant les six pans de son bout. La pompe à air, dont le piston n'est autre que le fourreau déjà mentionné, se trouve par conséquent à simple effet, le clapet de tête est près du fond, et sa boîte est surmontée par un réservoir d'air servant de bâche ; le tuyau d'évacuation est entre les deux pompes à air. La pompe alimentaire est entraînée par une tige particulière fixée au grand piston. Le tiroir est mené par le double excentrique, dont la disposition diffère de celle adoptée d'habitude, en ce que la coulisse est composée de quatre branches carrées et parallèles entre lesquelles le bloc du pied de la bielle d'excentrique se trouve pris et maintenu par des saillies ; cette pièce est maintenue à la même hauteur par une tige articulée à la plaque de fondation, et ce sont les excentriques avec leur arc qui montent ou descendent pour changer la régulation des tiroirs. Le mouvement du bloc de la coulisse est transmis par une bielle articulée à un petit balancier, dont l'axe est sur le côté du condenseur à l'opposé du cylindre et dont le bout supérieur est articulé avec la tige du tiroir. Cette machine est bien exécutée, mais la disposition générale ne vaut pas celle des machines à bielle directe que M. Nillus a exécutée pour la marine.

Machine a fourreau de M. Penn.

En passant aux machines anglaises, l'attention était aussitôt attirée par la simplicité remarquable et par la confection parfaite de celles de MM. Penn et Maudslay, destinées l'une et l'autre à mouvoir l'hélice directement, c'est-à-dire sans intermédiaire d'engrenages. La position de l'arbre du propulseur parallèlement à la quille et très-près du fond du navire, a forcé de coucher les cylindres et de les mettre en travers pour que leurs bielles s'articulent aux soyes de l'arbre à vilebrequin. Ce problème a été résolu dès le principe et de la manière la plus simple par

M. Penn au moyen du fourreau, qui est un long cylindre creux attenant au piston et traversant le fond et le couvercle du cylindre à vapeur dans des presse-étoupes, de manière à être étanche tout en glissant suivant l'axe du grand cylindre. Il en résulte que le piston est par le fait un anneau plat et qu'il n'exerce d'action que par cette surface et non par le milieu du fourreau parce qu'il est vide. Ce fourreau contient dans le plan du piston un palier qui porte le tourillon du pied de la bielle dont la tête s'articule comme à l'ordinaire à la manivelle et de la sorte c'est aussi le fourreau qui sert de guide et résiste aux efforts obliques de la grande bielle. Malgré la longueur de cette dernière, pour donner moins de diamètre au fourreau dans lequel on la voit osciller, les efforts sont assez considérables et cependant M. Penn n'a jamais mis de garniture métallique. Il emploie maintenant pour ces presse-étoupes des boudins nommés *Tuck packings* (voir Pl. XI, fig. 4, 5 et 9) formés au centre d'un long caoutchouc carré de $0^m,01$ de côté, qui est entouré de toile enduite de céruse, de manière à former un boudin de $0^m,025$ de diamètre qui se tourne en spirale dans le presse-étoupe et conserve très-longtemps son élasticité : on l'emploie à toutes sortes de presse-étoupes. La garniture extérieure du piston est métallique comme les nôtres. Dans la machine de M. Penn tout ce qui regarde le mouvement est d'un côté de la quille et les paliers sont liés aux cylindres par trois châssis triangulaires en fonte, dont les pieds des branches sont unis aux cylindres par des collets boulonnés; de sorte que les déformations du navire telles que l'aplatissement des varangues n'exercent aucune influence.

Condenseur, Pompe à air, Pompe alimentaire.

Le condenseur, relégué à l'opposé, n'a pas besoin d'être aussi bien lié aux cylindres que dans d'autres machines, puisqu'il n'a de commun avec eux que les longues tiges des pistons de pompe à air; il n'est lié au cylindre que par trois petits collets à deux boulons qui ne sont pas assez forts pour résister au moindre travail du navire, et ne sont là que pour aider à maintenir la distance du condenseur avec le cylindre, et par suite la course du piston de pompe à air. Pour ces machines, il n'y a là aucun inconvénient, tous leurs mouvements étant comme on l'a vu d'un côté de la quille. Les pompes à air sont à double effet et enclavées dans le condenseur; elles ont la même course que le piston à vapeur et la garniture de leur piston est en chanvre. Les clapets sont petits et ronds, nombreux et en caoutchouc portant sur grille. Je ne crois pas que les clapets métalliques soient jamais adoptés pour le condenseur comme pour plusieurs de nos machines françaises qui en sont satisfaites. L'alimentation est prise sous le tuyau de décharge; il s'y trouve une crépine. Les presse-étoupes des pompes, de même que ceux des tiges de pompe à air, paraissent profonds et avoir un long serrage. Les deux poupes sont à la suite l'une de l'autre, noyées dans le condenseur, et au milieu de celui-ci elles sont séparées par une cavité, où sont les presse-étoupes. Du côté de la machine, la boîte alimentaire et la boîte à air appartiennent à la pompe de cale, du côté opposé elles sont pour l'alimentation. Ces pompes sont sans doute à simple effet; leurs soupapes de trop-plein ont des ressorts au lieu de contre-poids. Nulle part à l'exposition je n'ai vu sur les bâches des condenseurs les soupapes de sûreté que nous y avons placées pour éviter les résultats terribles de l'oubli des robinets ou des soupages des tuyaux de décharge. L'injection est une petite écluse adossée à la face verticale extérieure à chaque extrémité du condenseur, et menée par une tige et un renvoi de levier trop simple pour qu'il soit nécessaire de le détailler. Ces injections sont éloignées du tuyau d'évacuation de vapeur, et il y a probablement un tuyau intérieur.

Cylindres.

Les cylindres sont solidement unis l'un à l'autre par un collet boulonné, et se trouvent placés tous deux du même côté de l'arbre, ce qui est avantageux à la régularité du mouvement, et de plus sépare le chaud du froid, c'est-à-dire les deux causes opposées de l'action de la vapeur. Ils n'ont ni chemise de vapeur, ni même de traces de moyens d'y adapter une enveloppe en feutre et en bois. Cependant il y a des machines de M. Penn qui ont ces préservatifs, et les cylindres oscillants en sont toujours pourvus. Ils reposent indépendamment l'un de l'autre sur les carlingues, et en général on paraît se préoccuper beaucoup moins que nous des déformations du navire, puisqu'on ne met pas de plaque de fondation, du moins pour les appareils destinés aux navires de guerre; car sur ceux en fer, la rigidité des carlingues en tôle en tient lieu. Pour les couvercles des cylindres, on emploie des écrous en bronze, et d'après les distances respectives et les diamètres, ce boulonnage paraît faible relativement aux nôtres. Les cylindres ont des soupapes de sûreté à gros ressort en spirale; mais pas de purge continue ni même de purge à la main. On se fie à l'aspiration du condenseur pour débarrasser au bout de quelque temps les cylindres de l'eau arrivée de la chaudière, ou produite au départ par le froid de toutes les pièces.

Tiroirs.

Les tiroirs sont placés en dehors des cylindres et dans un plan vertical; ils sont à orifices simples dans les petites machines, mais doubles dans les grandes machines telles que celle de *l'Agincourt*, ils sont en coquille, à compensateur ordinaire serré seulement par quatre vis, une à chaque angle. L'action de ces compensateurs est facile à supprimer en fermant un petit robinet fixé sur le tuyau qui communique avec le condenseur. Afin de donner assez de longueur aux bielles d'excentrique, la boîte à tiroir est reportée en dehors, de sorte qu'elle se trouve en saillie, comme ceux de la canonnière (Pl. X, *fig.* 1 et 2), et si le conduit de ce côté est très-court, celui de l'opposé est plus long, ce qui ne change en rien la perte de vapeur entre les orifices des barrettes et les extrémités des cylindres, laquelle est due au peu de longueur de ce genre de tiroir. Il y a deux excentriques qui mènent l'arc fendu ou coulisse de Stephenson pour faire marcher en avant et en arrière avec autant de précision et de facilité que sur les locomotives. Ils sont manœuvrés au moyen d'un mode de relevage très-simple et toujours employé par M. Penn; c'est par une tige soulevée au bout d'un bras comme une manivelle, sur l'arbre duquel agit un segment denté dans lequel engrène la vis sans fin que les hommes tournent avec une roue à manettes. La tige du tiroir a pour guide une douille qui embrasse une grosse barre carrée fixée aux bâtis et dont la diagonale est dans le plan vertical. Tout cela est simple et léger; il en est de même des excentriques qui sont évidés et à rayons; leur collier est en bronze et le segment du côté de l'arc a en dehors une partie plate sur laquelle s'applique par deux boulons le té de la bielle d'excentrique qui est une barre de fer plat. Les articulations de ce mécanisme n'ont pas de serrage.

Petit tiroir de mise en marche.

Une des particularités de cet appareil est l'adoption nouvelle d'un petit tiroir supplémentaire placé au sommet de chaque cylindre et ayant ses communications directes avec le tuyau de vapeur et avec celui d'évacuation. Il sert à manœuvrer la machine, et par sa petitesse empêche qu'elle ne s'emporte, comme on le voit souvent avec l'hélice. De plus, dans le cas où l'on fait usage d'une grande détente, il y a des positions des manivelles où tous les orifices des tiroirs peuvent être fermés, et alors le petit tiroir y supplée. Il sert aussi à purger le condenseur en le poussant à bout de course et envoyant de la sorte la vapeur dans le tuyau d'évacuation. On purge, sans doute, par ce moyen, car cette machine n'ayant ni soupape de purge, ni reniflard, il est probable qu'elle met en train comme si elle était à haute pression, et ne commence à injecter qu'au bout de quelques tours pour se débarrasser peu à peu de l'air qui remplissait l'appareil. Quant au registre, il n'y en a qu'un seul placé sur le gros tuyau de vapeur venant des chaudières, là où il se bifurque pour aller à chacun des tiroirs, il est à papillon.

Détente variable.

C'est à la fin de cet embranchement que se trouve l'appareil à détente qu'on remarque pour la première fois dans les machines à fourreau de M. Penn, qui, jusqu'à présent, s'était contenté du registre et de la coulisse pour marcher avec une petite partie de la puissance. Son mode de fermeture est un papillon à nervures situé près du tiroir et dont l'axe vertical sort par le dessous du tuyau. Là il est articulé à une sorte de mouvement de sonnette qui, par une tringle légère, va porter par un galet sur une des trois cames situées sur l'arbre en dehors du palier extérieur, mais en dedans des excentriques. C'est l'ancien mécanisme de nos machines à balancier, et le rappel pour tenir le galet en contact des cames n'est plus le poids de l'appareil, mais un petit piston suceur se mouvant dans un cylindre à longue course ouvert d'un bout, et de l'autre communiquant avec le tuyau d'évacuation. Ce piston tire sur l'axe du papillon de détente par un mouvement de sonnette, et son effet est supendu au moyen d'une poignée et d'une vis de pression qui le maintient hors du contact des cames. Tout ce mécanisme est très-léger pour diminuer les chocs; mais tiendra-t-il à un long service avec des 50 et 60 révolutions, c'est-à-dire 120 pulsations doubles de ses organes? C'est peut-être pour éviter des chocs trop violents que le diamètre du piston est petit et sa course longue; tandis que dans des moyens de rappel semblables on avait fait le contraire en France, et il a été impossible de s'en servir longtemps.

Arbre à manivelles d'un plus grand diamètre que celui de l'arbre de l'hélice.

L'arbre à manivelles a des portées beaucoup plus longues que les nôtres; elles ont maintenant trois fois le diamètre, et nous verrons plus loin qu'on va jusqu'à cinq fois dans un autre atelier, et de plus le diamètre est plus fort pour l'arbre à manivelle que pour ceux de transmission jusqu'à l'hélice. Ainsi l'arbre d'une machine de 1.330 chevaux nominaux (avec une pression de 20 livres par pouce carré ou $1^l,404$ par centimètre carré) est $0^m,482$, tandis que celui de l'hélice est de $0^m,432$; il y a donc pour les arbres à manivelles une augmentation de 11 p. 100 du diamètre, et comme la résistance des arbres est en raison des cubes de leur diamètre, il en résulte un surcroît de solidité comme 1 : 1,39. Ce n'est certes pas trop, quand on songe combien il y a eu d'arbres cassés dans les machines dont le service a été actif, combien les métaux se détériorent vite lorsqu'ils travaillent trop, comme les essieux des anciennes diligences et des chemins de fer l'ont prouvé. On ne peut donc s'empêcher de souhaiter qu'on arrive à donner un quart, ou au moins un cinquième de plus à l'arbre à manivelle qu'à celui de l'hélice, ce qui augmenterait le poids de 0,5 ou 0,4, mais la solidité serait presque double. Heureusement on commence à entrer dans cette voie, et l'on s'approche des garanties nécessaires à un long fonctionnement en adoptant ces principes de l'atelier où les matières employées sont si bien choisies et le travail poussé à une si grande perfection. Quand on songe au rôle d'une machine marine, on ne peut que souhaiter de voir imiter M. Penn et exaucer les vœux que les marins expriment depuis longtemps. (Voir *Traité de l'Hélice*, édition 1854.) Ces arbres sont superbes; il n'ont pas un défaut; ils proviennent des Mersey iron Works, près de Liverpool. Il n'y a de collet que pour le palier de l'avant; tout le reste est libre de glisser suivant l'axe. Cette disposition est adoptée par d'autres ateliers.

Grands paliers.

Les grands paliers sont aussi simples que robustes; leur serrage est dans le sens horizontal, c'est-à-dire dans celui de l'effort de la grande bielle, ce qui devrait être toujours adopté; car avec le serrage du haut en bas, on ne supplée pas avec des coins à l'action directe des boulons. Les chapeaux sont en fonte; ils n'ont eu tout que deux gros boulons. Les coussinets débordent le palier en forme de console, mais moins que dans des machines précédentes du même atelier; il sont tous en bronze et garnis de métal doux d'une nouvelle sorte nommée Kingston's patent, qu'on dit très-supérieure et qu'on substitue généralement à l'ancien antifriction nommé Babbit's metal. Les manivelles sont, comme de coutume, venues de forge;

elles ont toutes leurs faces planes, et leurs contre-poids en fonte sont tenus par deux brides en fer qui embrassent tout et dont les écrous peuvent se serrer s'il y a du jeu, comme on le voit souvent avec les emmanchements ordinaires de ce genre de pièce. Les têtes bielles ont leur serrage à vis et leurs écrous sont maintenus par des vis enfoncées dans des trous percés sur le pourtour des six pans ou par une vis latérale et une goupille dans la fin du boulon lui-même pour plus de sécurité. La bride du coussinet est en fer forgé et un peu courbe, comme si elle avait déjà forcé. Le bronze des coussinets est très-mince, et il faut que l'ajustage soit parfait pour ne pas s'ouvrir et porter au fond par les pressions qu'ils subissent. On n'emploie nulle part des brides ou des clavettes pour serrer les coussinets. Chez M. Penn, je n'ai vu aucune trace de joint universel sur la ligne d'arbre, même lorsqu'il s'agit de navires en bois. J'ignore si sur de longues frégates comme l'*Orlando* et la *Mersey* on a pris cette précaution, que nous croyons utile d'après ce qui est arrivé sur quelques navires.

Les appareils de M. Penn remarquables par leur simplicité et leur confection.

Ces appareils sont admirables de simplicité, les chances de chocs ou d'échauffement sont diminuées dans le rapport du nombre d'articulations par rapport à celui des autres machines ; tout est en vue et sous la main, excepté le pied-bielle, sacrifice très-grand, mais indispensable au système et rendu aussi petit que possible par la disposition des boulons. Il est à remarquer que, depuis l'adoption de ce type de machine directe, M. Penn n'y a fait que des améliorations de détails imperceptibles pour un visiteur ; qu'il a eu ses idées si bien arrêtées dès le principe et les proportions si exactement combinées qu'il s'est arrêté à ce type unique pour ses machines directes à hélice, comme à ses cylindres oscillants si généralement employées à mouvoir les roues à aubes des paquebots rapides. On a reproché à ces machines de brûler plus de combustible que les autres et celles que nous avons imitées en France d'après ce système ont eu également des consommations exagérées. Cependant M. Penn qui, depuis l'*Arrogant*, a déjà fourni tant de machines de ce type à son gouvernement ou à ceux des pays étrangers, vient d'avoir récemment des commandes pour le commerce. Il participe sans doute au défaut de tous les cylindres horizontaux, que les paquebots emploient très-peu, c'est-à-dire de déformer les cylindres après un fonctionnement beaucoup moins long qu'avec les cylindres verticaux. Aussi on a changé déjà les cylindres de l'*Hymalaya* qui ne datent pas de dix ans.

Il y a dans les appareils de M. Penn une distribution des plus judicieuses de la matière, il n'y a rien de trop nulle part; on obtient la solidité possible pour le poids, grâce à la bonne qualité des métaux employés, tout est accessible et facile à démonter, qualité que les marins apprécient surtout; mais tout est cependant si léger, qu'il reste à savoir si les pièces résisteraient assez longtemps au service d'un paquebot.

Atelier de M. Penn, outils de chaudronnerie.

Les ateliers de M. Penn sont remarquables par leur simplicité; le principal luxe est dans l'outillage qui est parfait et maintenu dans un état d'exactitude qui est la meilleure garantie des travaux, puisque actuellement ils s'exécutent presque tous par des procédés mécaniques. A la chaudronnerie on remarque que toutes les feuilles de tôle sont rabotées sur leurs tranches par un outil spécial disposé comme la machine à raboter ordinaire; mais avec un couteau vertical et latéralement fixé au chariot. Cet outil découpe à la fois trois feuilles de chaudière, pour mieux assurer l'adhérence des parties en contact. Les cornières sont découpées par une cisaille spéciale dont les couteaux sont angulaires; celui qui présente l'angle saillant descend verticalement. Pour s'assurer de l'exactitude du perçage des trous, les feuilles sont mises sur un chariot percé de rangées de trous, suivant les distances à donner à ceux de la feuille et qui servent à la présenter sous le poinçon à des intervalles égaux. On perce aussi des feuilles en mettant celle déjà percée en dessus pour avoir un accord plus parfait. Les nombreux écrous nécessaires aux tirants des chaudières sont produits par une étampe à six pans ayant une broche au milieu, qui entre dans un trou préalablement percé. Les feuilles de tôle ainsi découpées ont l'air d'être préparées pour des parquets. Le taraudage est ensuite opéré avec un machine ordinaire.

MACHINES A RIVER A LA VAPEUR ET A BRAS.

On emploie la machine à river pour toutes les coutures où ce moyen est praticable; au lieu d'avoir un levier, comme les anciennes, elle agit par un piston qui, d'après son cylindre, doit avoir $0^m,35$ à $0^m,40$ de diamètre et qui écrase directement le rivet. Ce genre de machine est usité dans d'autres ateliers, il tient peu de place et sa manœuvre est très-facile. Tous les rivets sont bouterollés même ceux battus au rivoir à main. Il y a en outre un outil inventé dans l'atelier et spécialement destiné à faire les contre-têtes des rivets sur les parties plates réunies à leur bord, comme les pourtours des foyers ou des boîtes à fumée. C'est un double chariot fixé à des trous de rivets encore vides et par un mouvement combiné on présente l'outil devant chaque trou ; le rivet chaud est introduit et maintenu en arrière pour recevoir par l'autre bout la pression d'une vis à balancier à deux boules ; quand il est écrasé, on agit par percussion en donnant deux ou trois coups de balancier comme pour battre la monnaie. Le rivetage paraît très-bien exécuté et en moins de temps qu'avec le marteau. Les chaudières destinées à l'amirauté anglaise ne présentent pas de différence sensible avec les nôtres.

MACHINES A FAIRE LES RIVETS.

Les innombrables rivets nécessaires à une grande usine sont produits de même que dans d'autres ateliers, par une machine très-simple : c'est un gros anneau placé à plat, et qui sur son pourtour a dans le sens de ses rayons des trous du diamètre du rivet. Le fer coupé de longueur et encore rouge est mis dans ce trou ; on en place toujours deux ou trois à l'avance. Le plateau tourne et présente le rivet à une bouterolle qui, poussée par la vapeur, fait la tête et s'écarte aussitôt : alors le plateau tourne d'une division et un ressort fait sortir le rivet en le jetant par terre. On dit ces rivets supérieurs à ceux forgés, surtout pour la régularité ; cependant on en fait, ainsi que de petits boulons, avec un marteau à charnière sur le sol qu'on fait battre en appuyant le pied sur une pédale. Ces boulons sont polis, il ne leur manque que d'être blanchis.

Grands outils.

Les grands outils ressemblent à ceux des autres ateliers, les alésoirs sont horizontaux pour les cylindres qui doivent être placés ainsi dans les navires : ils produisent des surfaces d'une régularité remarquable, leur grand anneau portant les couteaux est soutenu par des galets fixés au cylindre. La lime n'est presque pas employée et le poli est donné par une dernière passe avec un outil très-tranchant, arrosé d'eau de savon ; les surfaces sont polies et paraissent brunies. Sur aucune des machines à raboter ce n'est l'outil qui se meut pour couper comme dans celles de

M. Cavé, c'est toujours la pièce qui se transporte et revient devant le tranchant de l'outil, quel que soit le poids mis en mouvement ; un cylindre se promenait sur un chariot. Presque tous les outils sont de M. Wilhworth, qui a fait faire tant de progrès à cette industrie devenue la base des autres.

Les hélices sont à deux ailes très-larges, elles sont emmanchées d'après les plans de l'Amirauté, dans une boule centrale par un fort tenon à la base duquel est un rebord qui entre dans une cavité de la boule, comme dans les hélices de M. Dupuy de Lôme ; mais les bords n'ont pas de cône, de sorte que c'est le plat qui porte, et tout a un excès de solidité et d'é-paisseur de matière, qui est nécessaire avec de tels emmanchements. L'entraînement est à Té comme sur tous les navires de l'Amirauté.

MACHINES DE MM. MAUDSLAY ET FIELD.

M. Maudslay est l'un des premiers ingénieurs qui ont produit les machines marines en Europe, et dont nous avons eu des appareils sur nos anciens vapeurs en même temps que ceux de M. William Fawcett de Liverpool. On lui doit de nombreux perfectionnements, et son exposition présente une variété des plus intéressantes, dont nous donnerons une idée générale d'après une série de beaux modèles qui étaient mis en mouvement par une petite machine à cylindre renversé, comme celle à pilon pour l'hélice. Ils ne comprenaient pas les machines à balancier qui ne sont plus usitées depuis longtemps à Londres, et dont les transatlantiques de la compagnie Cunard persistent seuls à se servir à cause de leur sécurité. Ces modèles commençaient, pour ainsi dire, à un appareil à cylindre oscillant qui, par ses dispositions générales avait trop d'analogie avec le type Penn pour qu'il soit utile d'en parler.

MACHINE A PISTON ANNULAIRE.

Tous les autres modèles de M. Maudslay étaient destinés au mouvement de l'hélice ; ainsi l'ancienne machine à piston annulaire que M. Maudslay avait installée pour les roues à aubes du paquebot rapide *le Dieppe*, a été renversée pour mouvoir l'hélice. Cette disposition consiste en deux cylindres concentriques, réunis par un fond et un couvercle ; celui du milieu est ouvert par les deux bouts, le piston est un anneau qui glisse entre les deux cylindres et a une garniture sur chacun de ses pourtours. Il y a deux tiges de piston placées dans le plan de l'arbre et réunies, par une traverse, qui glisse entre deux guides tenus verticalement sur le bord du trou du cylindre central. C'est le milieu de cette traverse, qui sert de soye au sommet de la grande bielle; laquelle passe dans le petit cylindre ouvert et s'articule en bas avec l'arbre. Celui-ci se trouve de la sorte situé sous les cylindres, qui sont portés par de fortes pièces de fonte. Le condenseur est sur le côté, ainsi que la pompe à air, qui est à simple effet et mue par des balanciers parallèles articulés à la traverse des tiges de piston, et dont l'axe est porté par une console adossée au cylindre : la course de la pompe à air est la moitié de celle du grand piston. Si ce n'était la complication de ce dernier mouvement, la machine à piston annulaire serait presque aussi simple que celle à pilon et elle aurait l'avantage d'abaisser beaucoup le cylindre, puisqu'il suffit que les manivelles aient leur mouvement libre en dessous; mais les parties inférieures sont moins accessibles. Quant au cylindre intérieur, c'est une surface réfrigérante, mais elle ne doit pas faire perdre autant de chaleur que celle du fourreau. Je ne crois pas que les garnitures sur le bord intérieur du piston présentent des difficultés; avec les anneaux de fonte, il importe peu qu'ils compriment les parois d'un cylindre par extension ou par contraction. Ce genre de machine est peu usité. Il en est de même de celui à double cylindre pour les roues à aubes, qui a été monté il y a environ vingt-cinq ans sur l'ancien yacht de la reine d'Angleterre, et dont l'essai en France n'a pas été heureux à bord de *l'Infernal*.

MACHINE DE 800 CHEVAUX NOMINAUX DU VALIANT.

Les autres machines sont toutes du système à bielle renversée ou en retour adopté depuis longtemps par MM. Maudslay et fils, mais avec des différences assez marquées. Nous chercherons à en donner une idée, en commençant par la machine exposée, qui est destinée au *Valiant*, et ressemble à celle de 1.000 chevaux nominaux mise à bord de la *Mersey*, où elle donne 55 tours à la minute. Sa puissance nominale est 800 chevaux, le diamètre des cylindres $2^m,080$, la course des pistons $1^m,22$; rapport $1:1,7$ et le nombre de coups de piston 50 : on m'a dit qu'on espérait aller à 60, ce qui donnerait près de 1.100 chevaux nominaux.

Cylindres.

Les cylindres sont du même côté, et d'après la disposition de l'arbre, ils se trouvent à bâbord, comme dans nos machines du même genre;

mais ils ne sont pas adjacents et leur liaison ne paraît pas solidement établie par deux caisses en fonte qui les séparent et forment une partie du condenseur, qui est en contact avec près du tiers de la surface du cylindre. Celui-ci a une chemise pleine de vapeur qui a deux portes de visite carrées sur sa surface extérieure; les plaques sont en dehors du trou et boulonnées sur leur pourtour. Il est douteux que ces portes aient un autre usage que d'enlever le sable du noyau. Les chemises ne s'étendent que jusque par le travers des couvercles et des fonds de cylindre : ceux-ci sont aussi pleins de vapeur, amenée par un petit tuyau, et ils ont au-dessous un tuyau et un robinet pour les vider et les sécher au mouillage; ils ont deux renflements avec des trous d'homme pour visiter les écrous des tiges de piston à vapeur. Les soupapes de sûreté des fonds de cylindre sont à siége, comme nos reniflards; elles sont tenues par un ressort à boudin, pressé par une traverse tenue par deux tiges comme à l'ordinaire; elles sont horizontales et appuient sur un trou à la fin d'une tubulure venue de fonte avec le fond ou le couvercle du cylindre et qui a un trou au-dessous pour être tenue sèche au mouillage. Comme il n'y a pas de purge continue ni de purge à la main, les soupapes en tiennent lieu au moyen d'une tige qui porte près de la soupape une poignée pour la lever à la main; cette tige s'élève ensuite au sommet du cylindre et s'articule avec un petit mouvement de sonnette. Il y en a un second pour la soupape du couvercle du cylindre, et toutes deux sont menées par des tiges qui s'étendent jusqu'au côté opposé de la machine où elles sont articulées avec une poignée à leviers très-différents pour produire un grand effort et soulever très-peu la soupape. Je ne sais si d'aussi grandes soupapes ne sont pas exposées à claquer quand on les emploie comme purges à la main.

Les presse-étoupes de tige de piston ont leur couronne serrée par deux boulons passés dans ses extrémités allongées; leurs écrous portent des roues striées qui sont tournées ensemble par des vis sans fin montées sur le même arbre; toutes ces pièces sont en fer, et quand on navigue longtemps ou qu'on est forcé d'arroser, il est à craindre qu'elles ne fonctionnent plus convenablement à cause de la rouille.

Tiroirs et leur mouvement.

Les tiroirs sont au nombre de deux par cylindre; ils sont appliqués obliquement sur le dessus, comme ceux des machines oscillantes sur le côté. Ils reçoivent leur vapeur de la chemise du cylindre par une boîte à détente, dont il sera question plus tard ; ils ne sont pas placés symétriquement par rapport à l'axe du cylindre, mais repoussés un peu en dehors pour laisser entre eux la place à l'arrivée de vapeur et à la boîte à détente. Ils sont en coquille à double orifice et par suite à petite course ; ils communiquent avec le condenseur par une partie de la chemise à vapeur qui leur sert de tubulure. Je crois que ces tiroirs, placés en ardoise, présentent une très-bonne disposition pour de grands appareils, en ce qu'il y a une limite à l'étendue des barrettes, et quelque parfait que soit le premier ajustage, on ne peut compter sur une longue durée avec des surfaces trop étendues. Les espaces nuisibles sont diminués et la régulation est tout aussi exacte qu'avec un seul tiroir. Il me semble que toutes les fois qu'on est forcé d'avoir deux tiges de tiroir à cause de la grande longueur des barrettes, il serait préférable d'avoir deux tiroirs, même s'ils sont dans un plan vertical ; on éviterait ainsi une partie des inconvénients dus à cette position. Les tiges de tiroirs sont très-fortes, mais d'une seule pièce et très-longues puisqu'elles vont, au côté opposé de la machine s'articuler directement avec les manivelles d'un arbre horizontal mené par les excentriques. Ces longues tiges ne sont point brisées, mais leurs deux pièces sont emmanchées à douille et clavetées ; on a compté sur leur flexion pour suivre les angles des manivelles montées en dessus de l'arbre d'excentrique ; sur leur longueur les tiges portent une traverse que tient le lécheur pour donner de l'huile aux coussinets de tête de bielle. L'arbre des tiroirs est à l'opposé des cylindres et est porté par des paliers au-dessus des glissières ; à son extrémité extérieure il porte une manivelle dont le bouton est engagé dans le bloc carré de la coulisse Stephenson ; celle-ci est très-courte et parfaitement disposée, et tout ce qui regarde le mouvement des tiroirs est très-robuste. Les tiges d'excentrique lui sont articulées sur des saillies latérales et son relevage est opéré par une bielle à fourche prenant sa partie inférieure et articulée à un balancier à contre-poids soulevé par une vis dont l'écrou est tourné par un système de roues d'angle, comme on le voit avec moins de simplicité dans quelques-unes de nos machines. Les tiges d'excentrique sont en fer et emmanchées à douille dans le bronze de l'une des moitiés du collier. Les excentriques sont en fonte d'une seule coulée et par suite emmanchés par le bout de l'arbre ; leur diamètre est petit relativement à la dimension de la machine ; deux vis servent à les empêcher de ballotter en perçant la fonte dans la partie où l'excentrique est évidé, et elles appuient sur l'arbre. C'est dans cette partie que se trouve la clavette qui unit l'excentrique à l'arbre. Il y a lieu de remarquer dans cette machine de M. Maudslay, ainsi que dans plusieurs autres, que la tige d'excentrique de la marche en arrière est seule dévoyée, afin que celle de la marche en avant qui travaille toujours soit droite et agisse mieux. Sur le côté en dehors du tiroir extérieur il y a une tubulure courbe débouchant dans la chemise du tiroir et dans celle du cylindre; elle a une soupape à siége soulevée par un mouvement de sonnette et une tringle allant de l'autre côté de la machine près de la mise en train ; elle est employée comme soupape de purge.

Détente variable.

La détente variable est disposée d'une manière nouvelle : son moyen de fermeture est établi dans une boîte conique en fonte D (Pl. XII, *fig.* 3) adossée au tiroir dans sa partie en regard de l'autre boîte ; le tuyau de vapeur débouche dans la grande base de cette boîte. Dans son intérieur est un cylindre horizontal et fixe dans lequel s'en trouve un autre mobile ; ils sont percés par des orifices rectangulaires, et c'est de la position respective de ces passages que la détente dépend. La vapeur arrivée par le centre sort à la fois par deux orifices placés à la partie inférieure de la boîte et conduisant au tiroir, chacun agit deux fois dans une révolution. Cette sorte de robinet cylindrique n'a pas le moindre cône pour compenser l'usure, il est ajusté un peu gai, et s'il a des fuites, c'est moins important que pour le tiroir. Il est monté sur un arbre horizontal dont un bout est porté par un palier intérieur sans moyen de calage. On assure que comme cela est léger et exempt d'efforts, toutes les parties durent longtemps. L'arbre dont il vient d'être question sort de la boîte à travers un presse-étoupe et se montre en A. Le mouvement est opéré au moyen de la roue dentée N, qui engrène avec une semblable montée sur l'arbre intermédiaire et transmet le mouvement à chaque jeu de détente par le petit arbre transversal (Pl. XII, *fig.* 4) qui lui est uni ou séparé par la pointe *q* portée par un plateau à coulisse *p* sur une clavette de l'arbre, et qui se transporte à droite ou à gauche par la fourche prise entre deux disques *r* au moyen du levier *r'*. Cet arbre porte à chaque bout une roue d'angle *s'* (*fig.* 3) qui engrène dans une autre de même diamètre, laquelle sert à entraîner la détente de l'un des cylindres, au moyen du mécanisme représenté. Celui-ci est composé de l'arbre A traversant celui qui porte deux plateaux B et E qui sont de la même coulée que leur arbre creux. Ces deux plateaux sont poussés en avant ou en arrière par le levier à fourche *d*, au moyen du renvoi de tringles *dd'*; celle à manette *d'* est maintenue à la position voulue par les coches d'une feuille élastique et recourbée, fixée par son pied. Lorsque les deux plateaux sont poussés vers la boîte à vapeur, les trous de celui nommé B prennent les pointes *aa*, formées par les prolongements des boulons du presse-étoupe, et alors les orifices intérieurs sont ouverts. Si le plateau n'était pas à la position voulue, on l'y amènerait par la poignée C, qui s'introduit dans les trous du pourtour de B. Lorsqu'on veut employer la détente variable, les plateaux sont poussés à l'opposé, le trou en *e* pratiqué sur le plat du disque E est rencontré par la pointe du plateau F, qui s'y introduit et lie le mouvement à celui de l'arbre *i* et de celui qui porte la roue d'angle, qui sont constamment entraînés par l'engrenage N et ses renvois de mouvement. Pour varier les détentes, l'arbre *i* passe dans celui *g* qui reçoit le mouvement; *i* porte sur le côté une saillie qui est introduite dans une rainure en spirale de cet arbre creux, lequel est transporté par la vis V tournée par la petite roue V' et par le manchon *gg'*. Il en résulte que le calage respectif de l'arbre creux et de *i* est changé et que par suite les moments de fermeture de l'espèce de robinet cylindrique intérieur sont modifiés aussi de manière à produire la détente voulue. Une partie de ce renvoi de mouvement est montée sur une grande règle en fer *kk*, qui lui sert de support. Ce mécanisme est compliqué, mais il est sous la main, et surtout il présente une garantie de durée, en ce que son mouvement est continu, qu'aucune de ses parties n'éprouve d'autre effort que celui du poids, et qu'il n'a pas toutes les causes de dérangement des mouvements de va-et-vient de nos machines rapides. Son engrenage a l'inconvénient de couper en deux le coussinet du milieu de l'arbre et d'en gêner probablement le serrage, mais il serait facilement mis ailleurs. De plus, si le grand arbre se déplace par l'usure de ses coussinets ou s'il joue par défaut de serrage, c'est le petit engrenage qui reçoit les contre-coups; mais ces dernières objections existent pour les mises en train à engrenage qui ont plus d'importance et plus d'effort à exercer pour mouvoir les tiroirs. Dans le modèle de la grande machine de 1350 chevaux, dont le tiroir est plaqué verticalement sur le côté extérieur du cylindre, ce système de détente entraîne malheureusement à une plus grande complication de longs arbres et de roues d'angle que leur petitesse expose à des avaries et qui ne sont pas à imiter.

Le tuyau de vapeur arrive derrière les deux boîtes à détente, communique avec chacune d'elles, et dans la tubulure en fonte employée à cette jonction se trouve le papillon servant de registre, dont l'arbre vertical est mû par un bras au moyen d'une longue tige horizontale, qui s'étend à l'opposé du parquet. Celle de l'injection s'étend aussi au parquet opposé, et par un mouvement de sonnette elle fait marcher verticalement une écluse située à la partie supérieure du condenseur. Tous ces organes sont relégués en arrière des cylindres et sous le tuyau de vapeur, comme si l'on avait voulu en dérober l'existence à la vue, ils sont cependant assez faciles à visiter.

Condenseur et Pompe à air.

Chaque condenseur est formé de deux parties : d'abord une grande caisse verticale située entre les cylindres et dont la partie supérieure joue seule son vrai rôle. Comme on l'a vu plus haut, elle communique par une grosse tubulure avec une autre caisse en fonte placée sous le guide de tige du piston, et qui a sur le côté la pompe à air. Cette seconde caisse contient les boîtes à clapet, dont la visite ne paraît pas facile ; vient ensuite la partie servant de bâche pour conduire au gros tuyau de décharge situé à l'opposé du cylindre. La tubulure dont il vient d'être question passe par-dessus l'arbre, de sorte qu'on ne peut toucher à celui-ci sans la démonter, et elle a deux joints placés d'équerre qui doivent être difficiles à faire, de manière à ce qu'ils ne fuient pas.

Quant à la pompe à air, elle est disposée comme celles de nos machines, tous ses clapets sont ronds, d'un petit diamètre et en caoutchouc. L'alimentation est produite par des pompes situées à l'opposé des cylindres sous le parquet de manœuvre et menée par des tiges directement attachées à la traverse du pied de bielle.

Bielle, Arbre, Traverse, Glissière.

Les grands mouvements n'ont rien de particulier, autant que l'œil peut en juger les arbres ne paraissent pas plus forts que les nôtres. Les manivelles sont découpées carrées, elles n'ont pas de contre-poids, je crois qu'on met du plomb dans le tourteau du vireur. La grande bielle a ses serrages à vis, les chapeaux des grands paliers se serrent de haut en bas, ce qui est une fâcheuse exception aux usages de l'atelier.

La traverse en Z, qui sert de tourillon au pied de bielle et reçoit le mouvement des deux tiges de piston, est d'une légèreté à laquelle nous ne sommes pas habitués ; ses deux bouts s'engagent dans les savates des guides : ceux-ci sont doubles comme dans nos machines, ils sont plats avec un petit rebord pour maintenir l'huile. Les savates ressemblent à une caisse creuse sous laquelle est une plaque frottante maintenue par des mentonnets, et qui est éloignée à volonté par une clavette et un écrou, pour relever les tiges de piston à mesure que la savate s'use ; cette disposition est très-simple et doit bien remplir son but. Les tiges de piston passent à travers des trous dans les bouts de la traverse ; à l'opposé du cylindre, c'est-à-dire à leur extrémité, elles ont un fort écrou, tandis que sur l'autre face de la traverse, elles buttent par une clavette. Les tiges paraissent avoir du jeu dans le trou où elles passent.

Tous les coussinets paraissent courts et avoir peu de surface, ils sont garnis de métal doux maintenu par des nervures à affleurer la surface frottante : ils sont tous en bronze et d'une assez grande épaisseur pour éviter les chances de s'ouvrir. Leur serrage est à vis comme on l'a toujours pratiqué chez M. Maudslay : les lécheurs pour le graissage de têtes de bielle sont représentés Pl. XIII, *fig.* 19 et 20. Ces machines sont parfaitement exécutées et mériteraient d'autres détails ; mais leur disposition est loin de valoir celle de l'appareil de 1350 chevaux, et notamment celle des canonnières qui, je crois, présentent les meilleurs types de machine à bielle en retour.

Les machines du même genre sont représentées par un des modèles, qui diffère cependant un peu, en ce que les cylindres sont plus éloignés et les condenseurs situés entre eux sont plus bas, de sorte que l'évacuation des tiroirs est opérée par deux grosses tubulures en fonte. Les pompes à air et les condenseurs présentent de l'analogie avec la disposition des machines de canonnière dont il va être question. Une note portait que l'atelier de M. Maudslay a pourvu 57 bâtiments de guerre de ces appareils, et que leur puissance totale s'élève à 31,000 chevaux nominaux.

MACHINES DE CANONNIÈRES OU DESPATCH-BOATS.

Nous parlerons de ce genre de machine avant d'autres plus importants par leur puissance, parce qu'il présente des dispositions qui paraissent préférables à la plupart de celles adoptées dans les diverses machines à bielle en retour. Les cylindres CC (Pl. X) sont réunis par des saillies latérales à collets boulonnés C"C", de sorte qu'ils ne sont pas tout à fait contigus (*fig.* 4), ils portent directement sur les quatre carlingues; il n'y a pas de plaque de fondation. Ils sont réunis aux quatre paliers par des châssis horizontaux B' venus de coulée avec le cylindre; les coussinets sont coupés dans le plan vertical, de sorte que l'arbre est serré horizontalement par deux boulons, dont les écrous pressent une grosse bride en fer forgé. Ceux du milieu sont peu accessibles dans un petit appareil à cause des tuyaux d'évacuation placés en dessus. C'est sans doute pour avoir moins de surface frottante que la partie intermédiaire de l'arbre a deux coussinets au lieu d'un très-long, qui aurait pu permettre de ne pas avoir de troisième palier; car il est toujours plus facile de tenir deux paliers en ligne droite. Quoiqu'il n'y ait pas de plaque de fondation, il paraît qu'on tient peu compte des déformations du navire, dont nous trouvons en général que la machine souffre toujours un peu. Les coussinets sont en bronze garnis de métal doux et en saillie des bâtis d'environ $\frac{1}{6}$ de leur longueur; les portées sont trop courtes; je doute qu'elles excèdent une fois et demie le diamètre de l'arbre. Les tiges de piston pp' sont d'une seule pièce et passées dessus et dessous l'arbre, ainsi qu'à droite et à gauche des manivelles, comme on le voit sur la figure 3 (1); elles sont tenues à la traverse par un gros écrou, leur presse-étoupe est serré par deux vis. Les bielles ont leurs coussinets serrés par deux écrous agissant sur une traverse en fer, et les tiges sont guidées par la savate g, *fig.* 3, ce qui dégage beaucoup tous les mouvements et est adopté par l'atelier de préférence aux doubles guides comme les nôtres et comme ceux de la machine du *Valiant*. Il résulte de la disposition de la savate qu'elle n'est retenue de bas en haut que par les rebords du guide G (*fig.* 2 et 3) sur lequel elle glisse, ce qui a peu d'importance pour la marche en avant, puisque le frottement a presque toujours lieu en dessous; tandis que dès qu'on stoppe ou qu'on marche en arrière, la savate est violemment soulevée par la bielle et ne porte que sur les bords : nous retrouverons cette disposition dans d'autres machines.

Condenseur, Pompe à air.

Comme on le voit sur les figures, le condenseur V et la bâche sont au milieu et s'étendent vers les côtés en dessous des tiges de piston; ils sont indépendants, quoique contenus dans la même caisse; les tuyaux d'éva-

---

(1) C'est par erreur que les tiges de piston situées en dehors sont tracées par-dessus l'arbre sur la figure 2.

cuation V'vont directement des cylindres au condenseur et celui de décharge est à l'opposé : les pompes à air U ont leur corps de la même coulée que le condenseur et sa bâche, et sont adossées dans l'angle; leur piston est mené directement par une tige perçant le couvercle du cylindre à vapeur. Dans aucune des machines de M. Maudslay, je n'ai vu la pompe à air menée par le bras en saillie sur la tige de piston inférieure, comme chez nous ; cette différence ne vient que de ce qu'en fixant sa tige sur le piston à vapeur, on est plus libre de placer la pompe où on veut. L'évacuation de vapeur du tiroir s'opère par la tubulure courbe C'C' qui existe au dessus du cylindre, et rejoint l'entre-deux des cylindres d'où part le gros tuyau d'évacuation. La vapeur arrivant du tiroir descend verticalement dans la partie de la grande caisse, une cloison la sépare de ce qui constitue la bâche, une grande plaque boulonnée recouvre le tout. Les clapets de pied sont sans doute dans les parties obliques *uu* en dehors des pompes à air et ceux de tête dans la grande caisse supérieure. Les condenseurs sont séparés, mais la bâche est commune comme dans la machine du *Valiant.* Les condenseurs ne sont liés au cylindre que par un petit collet et deux boulons devant chaque bâti, de sorte que si les carlingues s'affaissent, les glissières risquent de n'être plus dans l'alignement voulu pour guider les tiges de piston. Cependant ces machines sont destinées à des navires en bois.

Tiroirs, Excentriques.

Comme le montrent les figures de la planche X, le tuyau de l'arrivée de vapeur AA est placé très-bas, sans doute à cause de la petitesse du navire, il débouche à la mi-hauteur de la boîte à tiroir par une tubulure en fonte, qui contient le papillon du registre *r*; on voit par quelle tringle *r'r* les deux papillons sont menés à la fois par la poignée *r''*. Les tiroirs T ont leur boîte verticale et adossée au cylindre; comme on le voit, elle est très-courte relativement à la hauteur, cependant elle est beaucoup en saillie du cylindre à l'opposé de l'arbre; ce qui rend l'un des conduits de vapeur très-court et l'autre plus long, comme dans la machine de M. Penn; ce déplacement n'a d'autre but que de donner une longueur suffisante aux bielles d'excentrique. Il y a deux tiges de tiroir (*fig.* 1) guidées en passant dans des douilles attenantes au bâti; elles sont unies par un joug ou traverse qui porte en retour sur une saillie vers le cylindre le bouton d'excentrique, qui est pris dans le bloc carré de la coulisse S; celle-ci est double et a ses tiges articulées aux deux bouts. Le relevage est le plus simple et le mieux disposé qui existe; il agit sur un balancier en fonte, qui n'est là que pour porter le contre-poids q. Comme dans les autres appareils de M. Maudslay, il est formé d'une tige OO' terminée au sommet par une crémaillère en fer forgé dans laquelle engrène le pignon m de la roue à manettes m': un rouleau n porté par une console boulonnée sur le cylindre, maintient la crémaillère en prise, et ce même support lui sert de conduit, tout en portant le pignon. La bielle de relevage s' a cela de particulier que le trou de son pied s'', destiné à prendre le bouton du balancier, est oblong, de manière à ce que lorsque le bloc carré du bouton du tiroir est au bout de la coulisse, rien ne le fasse remuer, comme lorsque la bielle de relevage est articulée. Il doit en résulter une conservation beaucoup plus longue de cette pièce, qui est sans serrage, et prend promptement dans la coulisse un jeu qui nuit à la distribution et produit des chocs. Pour la marche en arrière, l'œil oblong porte la coulisse et le bloc est exposé à frotter; il en est de même lorsqu'on marche doucement, parce que la bielle de relevage tient la coulisse suspendue. Les excentriques E E sont pleins et unis entre eux, leur tige est de la même coulée que la moitié du collier et fortifiée par de grandes nervures; toute cette pièce est en bronze, et ce n'est pas seulement dans les petites machines que M. Maudslay emploie de la sorte ce métal, mais dans ses appareils les plus puissants, lorsque le tiroir est placé sur le côté. Aucune articulation du tiroir n'a de coussinets à serrage; il en est de même dans tous les ateliers, et si cela convient à un paquebot qui revient souvent au port et peut changer un boulon usé, il n'en est pas de même pour un navire de guerre destiné souvent à des parages lointains. Dans nos vieilles machines à balancier et à mouvement lent, il n'y avait pas une des petites pièces relative au tiroir ou au parallélogramme qui n'eût sa clavette ou sa vis de serrage, et il n'est pas rationnel de se priver de ces corrections, maintenant qu'on donne 50 coups de piston dans les grandes machines et 120 ou plus dans les petites. Je crois aussi que lorsqu'on emploie la coulisse Stephenson sur mer, où il n'y a pas lieu de manœuvrer à chaque instant comme sur une locomotive, il serait utile d'avoir le bloc carré de la coulisse pourvu de vis de pression, afin d'éviter le jeu continuel, qui avec le temps disloque ces parties.

L'alimentation x a sa pompe menée par la plus élevée des deux tiges de piston, le corps de pompe est comme le montre la figure situé en dehors du condenseur.

M. Maudslay a exécuté un grand nombre de ces machines pour le gouvernement anglais, elles ont été placées sur vingt corvettes ou *despatch boats;* leur puissance totale fournie par l'atelier s'est élevée à 4250 chevaux nominaux, et pour de petites puissances ce genre d'appareil présente, je crois, la meilleure des dispositions adoptées.

MACHINE DE 1350 CHEVAUX POUR L'AGINCOURT.

Cylindres, Pistons pleins de vapeur.

Si l'appareil dont il vient d'être question est bien disposé pour les petits navires, le modèle de celui destiné à l'*Agincourt*, et du même système que ceux de 1.000 chevaux du *Caledonia*, du *Prince-Consort*, de l'*Océan* et de la *Mersey*, est aussi un beau type de machine de 1350 chevaux nominaux. Les cylindres sont complétement réunis comme dans nos machines, ils ont des chemises de vapeur qui les enveloppent sans se croiser avec les fonds, et leurs couvercles en sont pleins, ainsi que les fonds au moyen de tuyaux spéciaux. J'ai appris depuis que M. Maudslay ajoutait à ces précautions celle de remplir le piston lui-même de vapeur. C'est sans doute au moyen d'un tuyau à coulisse, comme un trombone : cette addition est très-praticable, mais je n'en ai vu de traces nulle part. On attribue de grandes économies à cette manière de réchauffer le piston. Le diamètre du cylindre est $2^m,53$, la course $1^m,37$, de sorte que le diamètre est presque double de la course, ce qui entraîne à des frottements énormes sur les articulations, je crois que le nombre de coups de piston sera 45, ce qui mettrait la vitesse du piston à 2^m par seconde. Les renvois de mouvement du piston sont disposés comme sur la canonnière, tout y est encore plus dégagé, parce que les condenseurs sont reportés sur les extrémités et qu'il y a une grande coursive entre les glissières pour donner un accès facile aux pièces les plus importantes. Les bielles ont la forme ordinaire et paraissent solides : l'une d'elles était à l'Exposition, le diamètre de son coussinet de tête et par suite de la soie de manivelle était $0^m,515$ et sa longueur $0^m,480$, tandis que pour le coussinet de pied c'était $0^m,440$ sur $0^m,430$ de long. Je ne m'explique pas encore cette différence entre la tête et le pied de la bielle, admise par tous les ateliers et depuis les plus anciennes machines, qui n'a de raison d'être que dans les fourreaux, et qui cependant existe encore partout, quoiqu'on se rapproche un peu plus de l'égalité que par le passé : c'est cependant la soye de pied de bielle qui grippe le plus souvent. Il y a lieu de remarquer que les deux bouts sont garnis de métal doux contenu dans les nervures qui sont au nombre de quatre pour chaque demi-coussinet, et dont le bronze vient à affleurer l'antifriction. Il y a des cales en bois entre les deux portions, les bords des coussinets sont arrondis et sont de 0^m,10 en saillie des deux côtés de la bielle; nulle part je n'ai vu employer nos cales en feuilles de cuivre mince de diverses épaisseurs. Les boulons ont 0^m,180 de diamètre, la bride en fer qu'ils traversent a 0^m,335 d'épaisseur. Pour le graissage, il y a quatre godets qui passent entre les deux parties du coussinet.

Savate servant de guide aux tiges de piston.

La savate servant de tourillon au pied de bielle et de guide aux tiges de piston, est formée d'une pièce en Z, dont le tourillon est le milieu, et cette partie est prise dans les côtés verticaux de la savate (voy. Pl. X, *fig.* 3). Elle y est maintenue par deux sortes de chapeaux tenus par des boulons. Le guide du dessous est en fonte et formé par la partie supérieure d'une sorte de plaque de fondation qui réunit les deux condenseurs et se joint aux massifs des paliers par les collets dont il a été question. Les rebords qui maintiennent les savates de bas en haut sont obliques, mais je n'ai pu voir s'il y avait des moyens de rapprochement de ces parties pour compenser l'usure. Tout cela est très-solide. Les tiges de piston sont d'une seule pièce, disposées comme sur le *Valiant*, ainsi que les presse-étoupes.

Arbre à manivelles.

L'arbre est à doubles manivelles decoupées droites, ses portées sont un peu plus longues que celles de la soye de manivelles, mais elles ne dépassent pas une fois et un quart le diamètre, les coussinets sont en bronze garni de métal doux, ils sont un peu en saillie des deux côtés des paliers. Ceux-ci sont de robustes pièces de fonte presque pleines et à nervures, solidement boulonnées au cylindre. Elles s'étendent un peu au delà de l'axe de l'arbre pour s'unir par un collet boulonné avec le condenseur et les glissières. Les chapeaux de palier sont en fonte et très-robustes, ils n'ont que deux boulons chacun, leur serrage est oblique et toute cette partie de la machine de l'*Azincourt* ressemble beaucoup à ce qui est représenté sur la fig. 1 de la planche XII, à cela près cependant que les boulons du chapeau traversent un long renflement dans la fonte et ont des écrous à chaque bout.

Condenseur, Pompe à air, Tuyaux.

Au lieu d'être presque déguisé comme dans le premier appareil, chaque condenseur forme une grande caisse en deux parties de fonte réunies par un collet et situé à l'opposé du cylindre et en dehors du palier, comme sur les fig. 1 et 2, Pl. XI, et fig. 1, Pl. XII. Il reçoit la vapeur par le haut et rejette l'eau par un gros tuyau situé à mi-hauteur : la pompe à air lui est adossée et il contient ses boîtes à clapets; l'injection est au sommet du côté opposé au cylindre, elle est effectuée à l'intérieur par un tuyau percé de petites fentes, qui va d'un bout à l'autre de la caisse. Le régulateur de l'injection est une écluse plate, glissant dans la boîte où l'eau arrive comme dans plusieurs de nos anciennes machines. Ce mode de régulation m'a paru plus usité que le robinet à nombreuses fentes préféré en France. Les soupapes de pompe à air sont en rondelles de caoutchouc sur des grilles, les buttoirs sont fendus, il n'y a de clapets métalliques nulle part, ils ont des portes de visite sur les côtés, les pompes n'ont rien de particulier, je crois qu'elles ont des garnitures en chanvre avec presse-étoupe ordinaire. Sur un navire blindé dont le chargement est en grande partie en dehors, sous forme de plaques, il y aurait profit plus que partout ailleurs à disposer les condenseurs comme sur l'*Agincourt;* la place ne manque plus, c'est le poids qu'il faut économiser et un condenseur séparé ne pèse pas plus : mais il dégage tous les mouvements, les rend accessibles et transporte ses énormes tuyaux dans des parties où ils cessent d'être gênants comme au-dessus des paliers. Les grandes bielles surtout sont dégagées et aussi faciles à surveiller qu'à démonter.

Tiroirs et excentriques.

Les tiroirs sont disposés sur le côté comme sur les dessins de la Pl. X; ils sont très-courts, mais d'une grande hauteur, leur boîte dépasse le diamètre extérieur du cylindre; la course est très-courte, les orifices doubles, le compensateur placé au dos est circulaire. Les excentriques sont évidés avec un rayon, ils ont peu de diamètre et par suite une petite course; leur bielle est en bronze coulé, de la même forme que celle de la canonnière, elle est courte, mais très-solide. L'arc fendu est robuste et très-court; il est suspendu par le milieu. Toutes ces parties ont une solidité qui à première vue paraît exagérée, mais qui par le fait n'est qu'une garantie des plus utiles. Le tiroir a deux tiges guidées par des douilles rondes fixées au bâti, elles sont unies et menées par une traverse, portant le bouton auquel la coulisse du double excentrique est articulée. Le relevage est à vis comme dans l'appareil du *Valiant,* ses roues et tout ce qui regarde la manœuvre sont groupés sur un parquet supérieur. La vapeur arrive par le derrière d'une boîte cylindrique, placée au-dessus de la boîte à tiroir, et dans son plan cette boîte contient la lanterne tournante de la détente ; à l'opposé de l'arrivée de vapeur son axe sort pour être entraîné par le mécanisme déjà décrit page 228. Seulement, comme les boîtes à détente sont en dehors des cylindres et qu'on a tenu à ce que les engrenages droits fussent au milieu du palier intermédiaire, il en résulte une très-grande complication d'arbres obliques et de roues d'angle pour transporter ce mouvement du milieu aux deux bouts ; ce qui dépare cette machine remarquable par sa simplicité, ainsi que par l'accès facile de toutes ses parties.

MACHINE A TROIS CYLINDRES DE L'OCTAVIA.

L'appareil le plus nouveau de ceux exposés par M. Maudslay est celui à trois cylindres de l'*Octavia* de 500 chevaux nominaux, patenté par M. C. Sells, premier dessinateur de l'usine ; les planches XI et XII en donnent une idée, d'après les croquis exécutés en examinant le modèle de l'Exposition. Comme on le voit, les cylindres C C' sont du même côté et parallèles, mais ils sont peu liés entre eux ; leur diamètre est 1^m,65, la pression de régime est 20 lib. ou 1^k,404 par centimètre et la course 1^m,067. Les manivelles font entre elles des angles de 120°. Les tiroirs sont disposés de manière à intercepter la vapeur à 1/4 de la course du piston sans employer de mécanisme particulier pour la détente, ils sont conduits par un système d'engrenage qu'on examinera plus tard et qui permet d'interrompre l'entrée de la vapeur à 1/6 de la course du piston ainsi que de renverser promptement le mouvement. On dit que les chaudières n'ont que la moitié de la capacité ordinaire, pour la puissance nominale, qui dans les expériences de l'*Octavia* avec 69 révolutions à la minute, aurait été multipliée par 4, c'est-à-dire qu'un cheval nominal aurait valu 300 kilogrammètres mesurés par l'indicateur.

Cylindres et vapeur réchauffée

Chaque cylindre agit comme à l'ordinaire; ses tiroirs TT, placés en ardoise, reçoivent la vapeur par leurs tubulures, et comme les condenseurs V sont reportés en dehors des mouvements, l'évacuation du cylindre du milieu se fait par deux tubulures qui vont d'un cylindre à l'autre et suivent un conduit dans la chemise de vapeur du cylindre extérieur pour se rendre au condenseur; c'est mêler le chaud et le froid pour déguiser des conduits; au contraire, les cylindres extrêmes déversent directement leur vapeur au tuyau V' du condenseur. Les couvercles et les fonds sont également pleins de vapeur. Celle-ci est réchauffée par un appareil tubulaire, contenu dans la boîte à fumée au pied de la cheminée lequel a élevé sa température à 160°. Il est formé de boîtes dont les tubes en cuivre sont ronds et fixés dans les plaques de tête comme ceux des chaudières; mais ils sont aplatis sur leur longueur, afin de présenter beaucoup de surface tout en laissant plus de place à la circulation de la fumée dans le treillis qu'ils forment. Comme de la sorte on ne pourrait les introduire, on a installé un tube sur cinq ou sur six sur une plaque volante tenue par quatre boulons sur un trou assez grand pour le passage; de sorte que si un tube est à changer, il faut d'abord enlever celui-là. J'ignore les résultats du réchauffeur de l'*Octavia*. L'eau d'alimentation est aussi réchauffée dans un appareil spécial situé sur le devant de la boîte à fumée, dont le volume doit être très-augmenté pour contenir ces appareils additionnels. La pression de régime ne dépasse pas 20 livres par pouce carré ou 1ᵏ,40 par centimètre carré; en cela l'Amirauté n'a jamais varié, et elle a eu grandement raison.

Condenseurs tubulaires.

Les condenseurs V sont à tubes verticaux (Pl. XI, *fig.* 1 à gauche) dans lesquels passe la vapeur, tandis que l'eau est autour; la surface totale est égale à celle de chauffe de la chaudière, en comptant toutes les parties, tubes ou foyers, comme produisant la même évaporation. Chaque tube a sa garniture séparée comme dans les anciens condenseurs de Hall; les plaques de tête sont en cuivre jaune ainsi que les tubes. Les pompes à air UU sont proportionnées à la chaudière, et on m'a dit qu'elles avaient le même volume que si la condensation était par mélange. Il y a, en outre, une seconde pompe XX dont le seul rôle est de produire un courant d'eau froide dans les condenseurs au moyen des deux tubulures xx, de sorte que la pompe est à double effet ; les clapets $x'x''$ sont en caoutchouc, comme ceux des condenseurs ordinaires. Les tiges de ces pompes percent les couvercles et sont directement fixées aux pistons.

Tiroirs et mouvements.

Les tiroirs T, T, T sont placés en ardoise, et la figure 3, Pl. XI, en donne la section. Ils diffèrent du tiroir à double orifice ordinaire en ce qu'il ont un troisième orifice a ne servant qu'à l'introduction, tandis que les deux autres b et c remplissent les deux fonctions. Je crois que cette addition a pour but d'augmenter l'étendue des orifices d'introduction afin de pouvoir les diminuer pour détendre sans qu'il y ait trop d'étranglement. Il faudrait avoir démonté un de ces tiroirs et avoir suivi tous ses mouvements pour connaître ses propriétés. Tous les tiroirs ont des compensateurs.

Le mouvement des tiroirs est entièrement nouveau et le dessin (*fig.* 2, Pl. XII) en donne une idée. Comme on le voit un arbre spécial jj (*fig.* 1, Pl. XI) et a (*fig.* 2, Pl. XII) est porté sur des consoles et destiné à faire tourner l'excentrique de chacun des six tiroirs : entre le cylindre du milieu et celui opposé à l'arbre de l'hélice est le système de mise en train, composé d'une roue A' montée sur l'arbre à manivelle, qui engrène dans une seconde roue C, laquelle mène d qui mène a' clavetée sur l'arbre a des excentriques. Toutes ces roues ont le même diamètre, et celles du milieu sont portées entre les flasques d'un double châssis en fonte bb qui , à sa partie supérieure, porte de chaque côté un tourillon e engagé dans un bloc g' qui glisse dans un arc fendu fg dont la courbe est décrite du point a, de manière à ce que les deux roues a' et d aient toujours leurs dents en prise. Quant à la partie inférieure du châssis, elle est portée par les tiges ih, hk et kl qui sont mises en mouvement par le levier lm au moyen de la vis V tournée elle-même par les roues d'angle et la roue à manette M ; cette disposition a pour but de maintenir les dents de C en prise pendant que tout le système change de position. D'après ce qui précède on conçoit que si la roue A' est fixe, c'est-à-dire si la machine est stoppée et qu'on agisse sur la roue à manette pour faire tout descendre, il arrivera que la roue C tournera dans le sens de sa flèche, celle d dans la direction opposée et a' tournera comme c, ainsi que l'indiquent les flèches. Il en résultera que l'arbre *a* fera tourner tous les excentriques et changera la position des tiroirs par rapport aux manivelles, c'est-à-dire aux pistons restés fixes, puisque l'arbre A n'a pas bougé. Donc si l'espace parcouru et représenté par l'arc fendu *fg* se trouve assez long pour que les engrenages aient fait un demi-tour, les tiroirs auront pris la position inverse et distribueront la vapeur pour la marche en arrière, si antérieurement ils étaient placés pour celle en avant. On dit que, suivant la position donnée au bloc dans l'arc fendu, on peut détendre depuis 1/4 jusqu'à 1/7 de la course des pistons ; ce ne doit être qu'en changeant l'avance, puisque la course des tiroirs n'est pas variée, les excentriques ayant le même rayon et tout le mécanisme se bornant à modifier le calage des excentriques, c'est-à-dire l'angle qu'ils font avec les manivelles des pistons à vapeur. Ce mouvement de tiroir est ingénieux, il est établi d'une manière solide et a, sans doute, été adopté pour éviter d'avoir six excentriques dont deux difficiles à placer à cause de la position centrale d'une paire de tiroirs ; mais l'emploi d'engrenage est en général peu dans le goût des gens de mer, et on paraît préférer le double excentrique, qui est presque exclusivement employé sur les navires du commerce comme sur ceux de l'État.

Arbres, Manivelles, Bielles.

Tous les grands mouvements sont disposés comme ceux des machines ordinaires de M. Maudslay ; ils sont simples et très-accessibles. L'arbre a ses six manivelles venues de forge et tournées avec la machine à tourillonner de l'atelier. Il est porté par six paliers établis avec des coussinets en bronze garnis de métal doux dont le serrage est oblique (Pl. XII, *fig.* 1 et 2). On ne paraît pas préoccupé de la multiplicité de ces paliers, qui, par suite de la grande longueur de l'arbre et du peu de liaison longitudinale de la machine, risquent beaucoup de céder aux déformations du navire et de causer des échauffements graves, surtout lorsque tout vieillit et se déforme. Nous en avons eu assez d'exemples en France pour craindre de telles dispositions sur des navires en bois.

La machine de l'*Octavia* ressemble, par son idée générale, à celle placée il y a plusieurs années sur la frégate américaine le *Niagara*, et représentée (Pl. X, fig. 26, 27 et 28) dans la seconde édition du *Dictionnaire de Marine à vapeur*. Elle diffère cependant en ce que l'appareil américain est à bielle directe, qu'il a tous ses condenseurs groupés à l'opposé avec un tuyau direct entre eux et les tiroirs, qui sont chacun menés par un double excentrique établi entre les paliers et les manivelles. Il résulte de cette disposition que l'appareil américain occupe beaucoup plus de place, surtout suivant la largeur du navire, qu'il n'est pas plus accessible dans ses diverses parties pour cela, et qu'il évite seulement de faire évacuer la vapeur du cylindre milieu vers les condenseurs en contournant les cylindres extrêmes et les refroidissant un peu. Aussi la disposition de l'*Octavia* est certainement préférable et plus légère.

Avantages de la machine de l'Octavia.

Comme on l'a vu, l'économie espérée de la machine de l'*Octavia* est basée sur la surchauffe et sur une plus grande détente dans le même cylindre. La condensation tubulaire n'a guère pour résultat que l'absence de dépôts de sel qui, avec le temps, diminuent beaucoup la production de vapeur. Le mécanisme des trois manivelles à 120° présente aussi l'avantage d'avoir un roulement plus régulier et de diviser les efforts de ses bielles sur un plus grand nombre de soyes, ce qui écarte probablement les chances des échauffements dangereux auxquels ces pièces sont exposées. Toutefois, chaque cylindre ayant une très-grande détente produit une impulsion plus inégale et force à augmenter toutes les dimensions. Il faut donc que l'économie soit assez considérable pour compenser les poids ajoutés en mécanismes et en volume des cylindres par la réduction de l'appareil évaporatoire et de son combustible. C'est ce qui paraît avoir été obtenu sur l'*Octavia*, d'après les essais du 20 novembre 1864, avec des chaudières dont la dimension, 7^m,90 en longueur, n'était que la moitié de celles employées d'habitude pour produire la même puissance. L'économie de combustible a, dit-on, été considérable, mais aucun document n'en donne le chiffre. Le mouvement de l'appareil a été d'une douceur remarquée par ceux qui sont habitués à voir fonctionner des machines à grande vitesse. La moyenne de la vitesse obtenue a été 12, 25 nœuds, ou 22^k,7 avec soixante-huit à soixante-dix coups de piston par minute, et celle avec la moitié des chaudières, 10 nœuds (18^k,5) sur le mille mesuré, c'est-à-dire pendant cinq à six minutes à chaque passage.

L'*Octavia* est la première des trois frégates sur lesquelles l'Amirauté veut comparer l'économie des appareils de ses principaux fournisseurs, en ne leur imposant aucune condition de formes spéciales ni même de prix d'achat, et les laissant ainsi libres de résoudre chacun à leur manière le problème important d'une marche économique. Les deux autres compétiteurs sont M. Penn sur *l'Aréthuse* et MM. Randolph et Elder, de Glascow, sur *la Constance*. Puisse cette joute d'économie être exécutée avec activité et surtout pendant assez longtemps pour se rapprocher des conditions réelles d'un service militaire : puisse-t-elle éclaircir ces questions mieux que les expériences habituelles, dont les mécomptes passés laissent encore planer du doute sur les résultats.

Atelier de MM. Maudslay fils et Field.

Il convient aussi de mentionner ce qui a été remarqué chez M. Maudslay lorsqu'il a eu la bonté de me faire visiter ses ateliers, que j'avais déjà vus trois fois antérieurement, mais dans lesquels il eût été difficile de se reconnaître, tant ils avaient été changés pour suivre l'accroissement et les progrès de leur industrie ou la nature des commandes.

MACHINE A TOURILLONNER.

On y remarque ce que nous avons nommé une machine à tourillonner, qu'on a inventée pour éviter les difficultés de tourner sur des pointes les soyes des villebrequins d'arbres énormes auxquels il faut alors des contre-poids. Cette machine consiste en un grand plateau tournant dans un anneau fixé au sol dans un plan vertical ; un engrenage interne et un pignon produisent ce mouvement, et tout le système se transporte à volonté sur deux grandes règles parallèles reposant sur le sol. Le milieu de l'anneau mobile est vide et sert à passer l'arbre dont il faut tourner une des soyes et qui repose sur deux tables, l'une d'un côté du plateau, l'autre à l'opposé, de manière à ce qu'il soit horizontal et que son axe soit perpendiculaire à celui du plateau, ce dont on s'assure par des repères. Le plateau mobile porte quatre gros boulons perpendiculaires à sa surface qui ont chacun leur porte-outil et une fente pour les éloigner ou les rapprocher du plan du plateau par un mécanisme dans le genre de celui de beaucoup d'autres outils. D'après cela, les outils tournent autour de l'arbre immobile, et leurs coupants avancent progressivement le long des quatre gros boulons de manière à produire une surface cylindrique. On trouvait dans l'atelier que cet outil rendait de tels services qu'on était occupé à en construire un plus puissant pour les machines de 1.350 chevaux nominaux. J'ignore de quelle époque date cette manière de travailler et à qui en appartient le premier mérite.

M. Mazeline a, depuis longtemps, une machine du même genre qui ne diffère qu'en ce que c'est la pièce portée sur deux plateaux qui se transporte suivant son axe et l'outil qui tourne toujours dans le même plan. Elle donne de très-bons résultats, de même qu'une machine à raboter verticale dessinée par M. Cody, et dont je n'ai rencontré nulle part d'imitation.

Détails de machines.

Les différentes portions des arbres d'hélice sont réunies par des tourteaux venus de forge à chaque bout et percés de trous comme on le pratique dans d'autres ateliers. Ils sont tenus par six boulons auxquels on laisse un peu de jeu pour le cas où la quille se courberait, mais ils n'ont pas la clef, qui quelquefois réunit les deux plateaux comme garantie des boulons.

Les vireurs sont à vis sans fin disposée comme en France; ils ont un très-grand diamètre, près de $1^m,50$, pour une machine d'environ 600 chevaux. Ce grand disque en fonte est fretté. Il porte six soyes qui entrent dans des trous garnis de touches plates et pratiqués dans un autre tourteau, de manière à réunir les mouvements tout en cédant au désaccord des axes et à remplacer nos joints universels. Il n'existe pas d'embrayage; les navires de l'Amirauté n'en ont jamais à cause de leur puits, parce qu'ils n'affolent pas l'hélice comme sur les nôtres. Chez M. Maudslay, le vireur porte le seul contre-poids des pièces de la machine : c'est moins encombrant et aussi efficace. Cependant M. Penn et plusieurs autres mettent un contre-poids à chaque manivelle.

Tous les tiroirs ont des compensateurs ronds, engagés dans une engoujure venue de fonte avec le couvercle de la boîte à tiroir. Cette rainure ronde est très-profonde; on y met des ressorts plats et très-courts, une garniture en étoupe et l'anneau en fonte. Je crois que l'étoupe est entre deux anneaux pour rendre le joint étanche. Les ressorts n'ont pas de moyen de régler leur serrage, et, dans ce mode de compensateur, c'est le dos du tiroir qui est plané pour frotter sur l'anneau, tandis qu'il y a des systèmes du même genre où c'est l'inverse.

Les couronnes du presse-étoupe de tige de piston sont généralement en bronze; elles n'ont que deux boulons de serrage placés dessus et dessous la tige; leur écrou a son pourtour découpé par des dents obliques au lieu d'être à six pans, et deux vis sans fin en fer, portées sur le même axe vertical, prennent les dents des écrous et les tournent à la fois. Un pène carré qui termine le haut de cet axe en fer permet de mettre une clef à douille pour le tourner. Cette disposition n'est pas imitée par les autres ateliers.

Lorsque les tiroirs sont trop grands, on les coupe en deux parties distinctes, même lorsqu'ils sont placés dans un plan vertical, comme dans l'appareil de *l'Agincourt ;* chacun a sa tige, et tout est mené par les mêmes excentriques. Je crois cette méthode préférable, en ce qu'il est bien difficile que de très-longues barrettes ne se gauchissent pas par la pression ou par des différences de température, et qu'il n'est pas à espérer que de telles surfaces restent étanches après un long service. Aussi, pour les tiroirs en coquille surtout, il vaut mieux ne pas faire de tours de force d'ajustage, car la division est utile et donne des organes plus durables.

Les buttées des hélices sont à anneaux, moins nombreux que chez nous : il n'y en a que cinq venus de forge avec l'arbre ; leur distance est presque double. Le métal doux qui sert à les garnir est fondu par segments d'un quart de cercle, qui sont fixés séparément dans des rainures où on les enfonce à force ; il est possible de les enlever, et on en donne de rechange. Il me semble qu'il faut les changer tous à la fois, sans quoi celui qui est neuf porterait tout ou exigerait un ajustage long et difficile. On n'emploie pas de mandrin pour couler d'un coup tous les collets de buttée, comme nous le pratiquons en France. Les différentes parties de l'arbre sont réunies par des plateaux venus de forge et boulonnés entre eux, comme on le pratique à la Ciotat.

Lorsque le navire est en fer, et que tout l'arbre est à nu, on lui met néanmoins une chemise en bronze de $0^m,045$ d'épaisseur pour le frottement sur les languettes de gayac, parce que cet alliage ne perd pas son poli, et que son oxyde ne ronge pas comme celui du fer. Les languettes ont $0^m,08$ de large et sont espacées de $0^m,08$. On a été amené à l'adoption de ce genre de frottement par la manière rapide dont l'arbre et le bois se sont usés après que les navires sont restés longtemps au mouillage, et on pense que la surface du bronze est assez petite pour ne pas ronger les tôles voisines par son action galvanique. Il paraît qu'on a déjà une pratique établie à ce sujet.

L'arbre est tenu sur les extrémités du tube d'étambot, qui est très-fort, par deux portées sur des languettes de gayac de $0^m,08$ de large, ayant peu de saillie sur le métal ; celle voisine de l'étambot a près de $1^m,35$

de long, tandis que celle vers le presse-étoupe n'a que 0ᵐ30 à 0ᵐ40.

J'ai été frappé de la solidité de tous les tubes en bronze destinés à garnir les trous percés dans les carènes des navires en bois. Partout il y a des soupapes de Kingston coniques en dehors et vissées en dedans sur une rondelle appliquée sur le vaigrage ; il y a bien près de 0ᵐ,15 de filets en prise. Ces précautions sont inconnues dans notre marine.

Les machines sont tenues par des vis à bois découpées sur le tour, dont les filets sont obliques et présentent la courbe du bas d'un chapeau chinois. Ce genre de filet est plus épais sans paraître avoir plus de bois à découper.

Je n'ai entendu dire nulle part, dans les ateliers anglais non plus qu'en France, qu'on employât des tarauds à bois pour préparer les trous à recevoir les vis, au lieu de les forcer à découper le bois elles-mêmes. Il y aurait, je crois, grand avantage à procéder de la sorte, en ce qu'on pourrait laisser assez d'épaisseur aux filets pour assurer leur durée en leur donnant presque la forme de ceux destinés aux écrous en métal, ce qui ferait disparaître le contraste de boulons énormes appuyés sur des cloisons en spirale très-minces. On a déjà fait d'assez gros tarauds à bois à l'usage de la menuiserie, pour qu'il n'y ait pas de difficultés à les employer pour des boulons, et dans la manière de construire en quatre couches de bordages usitée à Aberdeen, on prépare de la sorte les trous à recevoir des gournables découpées en vis, qui exigent que le filetage intérieur soit beaucoup plus exact que pour visser du métal. Ce que je dis ici aurait une application beaucoup plus importante pour la fixation des plaques de blindage, et assurerait plus longtemps leur tenue sur le bois.

Machine de MM. Humphrey et Tennant.

Les appareils de MM. Humphrey et Tennant présentent les dispositions les plus nouvelles relativement à ceux que nous connaissons depuis longtemps en France ; c'est ce qui a engagé à les représenter sur les figures de 1 à 17 de la planche XIII, copiées d'après les gravures du journal le *Practical mechanic*, préférablement aux croquis dessinés lors de l'Exposition. Cette machine a une force nominale de 400 chevaux, elle est destinée au vaisseau de S. M. B. le *Liverpool*, et elle ressemble à celle exécutée pour le vaisseau de la marine Russe le *Nicolas I*ᵉʳ. Elle présente quelques analogies avec le genre d'appareil placé à bord de quelques-uns de nos transports par M. Nillus du Havre, dont on trouve les dessins dans les publications

de M. Du Temple, capitaine de frégate, et de M. Ledieu, professeur d'hydrographie.

Grande bielle directe et très-courte.

Le caractère principal de cet appareil est d'avoir la grande bielle directe, c'est-à-dire faisant suite à la tige de piston, et comme il y a une
limite restreinte à l'étendue des machines marines, cette pièce B (*fig.* 1 et 2)
se trouve plus courte que d'habitude. Elle n'a que deux fois deux tiers le
rayon de la manivelle, tandis que les machines à fourreau ont cinq fois
et celles des machines à hélice, ainsi que des vieux appareils à balancier,
ont quatre fois et trois quarts comme pour les bielles en retour. Il en résulte
une pression et par suite un frottement sur les guides de la tige du piston
égal à une fois trois quarts ce qu'éprouvent les autres ; mais l'obstacle
qui en résulte n'est pas dans un rapport aussi considérable. Il se trouve
compensé par l'avantage d'avoir une machine aussi simple que celle à
fourreau, moins compliquée que celle à bielle en retour et dont tous les
grands mouvements sont du même côté de la quille. Plusieurs expériences
semblent prouver qu'il n'y a pas de désavantage sérieux à employer des
bielles aussi courtes lorsque les surfaces frottantes des glissières et des
guides sont assez grandes pour ne pas s'échauffer ou s'user trop vite.

La disposition de la grande bielle B présente une particularité dont les
figures 7, 8, et 9, planche XIII, donnent l'idée : elles diffèrent des autres
en ce que la fourche que forme son pied pour embrasser la tige du piston
n'a point ses coussinets dans les deux branches comme d'habitude. Cette
dernière disposition expose à des échauffements par des inégalités de serrage, et si, par défaut d'exactitude dans la ligne d'action, l'un des coussinets force outre mesure à cause de son grand éloignement de l'autre.
Au contraire avec cette bielle la surface frottante est concentrée entre les
fourches, parce que la soye S leur est solidement liée de manière à
tourner dans les coussinets placés à la tête de la tige de piston *t* et serrés
par deux écrous pressant une traverse en fer forgé qui appuie sur le coussinet. Cette position du coussinet est très-judicieuse, seulement il y a lieu
d'observer que le serrage des boulons dans la fourche est difficile, surtout
pour l'écrou inférieur et l'on ne s'explique pas pourquoi le serrage
à vis a été préféré à celui à clavettes dans une telle position. La tête
de bielle a un serrage à vis sur une traverse en fer comme dans les autres
machines ; son graissage est opéré par un lécheur (*fig.* 16 et 17) formé
d'une plaque de bronze épaisse de $0^m,015$ dans laquelle sont deux rai-

nures verticales *a a* qui prennent l'huile du godet renversé (*fig.* 16). Celui-ci est fixé à une traverse supérieure *t* (*fig.* 18) qui est creuse et sert à verser de l'eau sur les têtes de bielle au moyen d'un segment creux *j* percé en dessous de plusieurs trous qui projettent l'eau en éventail, pour que la bielle en reçoive sur presque tout son parcours. Tous les paliers sont munis de tubes d'arrosage, et quoique presque tous les ateliers soient réduits à cet expédient nuisible, celui de cette machine est le seul qui, en exposant ces moyens de répandre l'eau, ait eu la franchise de montrer qu'avec les proportions des surfaces frottantes usitées pour les navires de guerre, il est impossible d'avoir des coussinets vraiment à l'abri des échauffements. .

Tous les coussinets sont en bronze garnis en métal doux, leurs deux parties se touchent, et de même que dans beaucoup d'autres machines, il faut enlever du métal sur les bords pour donner du serrage.

Cylindres.

Comme le montre la figure, les cylindres C, C sont contigus et sont solidement liés aux paliers par la partie formant la plaque de fondation et par une très-forte entretoise en fer forgé KK. Il y a lieu de remarquer que les pièces de fonte ont tous leurs angles arrondis quel que soit leur rôle, que dans les machines de M. Humphrey on évite tout angle qui d'habitude est le point de rupture, et que ce même principe est aussi adopté par d'autres fabricants, notamment pour les outils destinés à supporter de grands efforts. Comme il n'y a qu'une seule tige de piston, M. Humphrey lui donne une très-grande force sans doute pour résister à des efforts obliques du piston par la résistance de la pompe à air, car près de la soye de pied de bielle il y a autour de la tige de piston une rainure en congé qui en diminue sensiblement la force à ce point.

Purge des cylindres.

La purge à la main de M. Humphrey est opérée par de gros robinets placés à chaque bout des cylindres et les quatre sont menés par un seul levier placé à gauche de la roue de mise en train près de *f* (*fig.* 2); l'autre levier placé à côté sert pour la soupape de purge du condenseur et les deux à droite sont pour le registre de vapeur et l'injection. Les robinets de purge à la main sont à trois fins, leur boisseau est de la même coulée que le cylindre, et la tubulure de chacun est pourvue d'une soupape en caoutchouc s'ouvrant en dehors. Il en résulte que ces robinets peuvent être entièrement ouverts même si les machines marchent à toute volée, et ces soupapes empêchent toute introduction d'air dans le cylindre, tandis que la vapeur condensée ou l'eau provenant de projections de la chaudière est libre de s'échapper. Cette disposition fonctionne bien et présente l'avantage d'éviter de soulever des poids ou de faire plier des ressorts : elle préserve des morceaux de charbon ou d'étoupe engagés dans les siéges de ces soupapes lorsqu'on les soulève ainsi pendant un moment, et qui les empêchent de fermer lorsqu'elles retombent sur leur liége.

Guides et graissage des tiges de piston.

Au lieu d'un godet graisseur ordinaire, les tiges de piston t, de tiroir ou autres ont leur presse-étoupe terminé par un espace annulaire vide (*fig.* 10, pl. XIII) qui contient de l'étoupe peu comprimée autour de la tige. L'huile versée par les trous de l'anneau creux pénètre dans l'étoupe et graisse la tige avec plus de régularité que les godets ordinaires, dont l'huile est rapidement sucée par le vide, lorsque le presse-étoupe n'est pas assez serré.

La glissière $g\,g$ (*fig.* 8 et 9, pl. XIII) servant de guide à la tige de piston est à savate comme celle des canonnières de M. Maudslay (Pl. X, *fig.* 1); elle est unie à la tige de piston et elle est plus forte ; sa surface est plus étendue à cause des efforts d'une bielle aussi courte, sa partie inférieure et frottante est garnie d'une semelle que je crois en bronze et qui est tenue par deux boulons pour être changée ou pour interposer des cales à mesure de l'usure. Les rebords du guide fixe qui sont posés sur la plaque de fondation, et qui prennent la glissière ont une beaucoup plus grande surface que sur les autres navires, à cause des efforts de bas en haut de la marche en arrière. Il paraît que malgré l'étendue de sa surface, la savate est exposée à chauffer, car tout est disposé pour l'arroser.

Les paliers des arbres sont de la même coulée que la plaque de fondation, tous leurs angles sont arrondis ; le serrage de leurs coussinets est dans le sens horizontal et sur une forte traverse en fer comme dans presque toutes les machines anglaises ; ils ont aussi des tuyaux d'arrosage.

Condenseur, Pompe à air et Alimentation.

Les deux condenseurs situés à l'opposé sont de la même coulée et presque indépendants des cylindres. La disposition intérieure représentée à

la droite du dessin sur la figure 3, planche XIII, n'a rien de particulier ;
on y voit comment les clapets sont installés ; ceux-ci sont carrés, leur
grille (*fig.* 11) est plus serrée que dans nos machines, le buttoir supérieur
est percé de trous ; la dimension de chacun de ces clapets est à peu près la
même que lorsque leur forme est ronde comme dans les machines de
M. Penn. Toutes ces parties sont solides et d'un ajustage soigné. L'injection arrive au milieu du condenseur, mais son régulateur est éloigné. Le
dessus du condenseur est plat et fermé par deux plaques rondes dont la
plus grande est un anneau ; elles donnent accès dans la bâche ; les clapets
ont des portes de visite latérales qu'on voit sur l'élévation (*fig.* 1). La
pompe à air U est en bronze, elle n'est tenue que par son milieu au moyen
de la cloison qui sépare le condenseur en deux parties. C'est sans doute
parce qu'elle ne supporte réellement que le frottement de son piston. Celui-ci a une garniture en chanvre avec presse-étoupe sans gorge, mais à
angle droit ; il peut être visité par les deux bouts.

Les alimentations sont sur les côtés dans des caisses en fonte de la
même coulée que le condenseur ; le piston de leur pompe est à garniture
de seringue. Ce n'est pas un plongeur parce que ces pompes sont à double
effet et ont un jeu de soupapes à chaque bout ; celles-ci sont à siége et métalliques avec des guides, comme dans nos machines à balancier. Il en est
de même de la soupape de trop-plein, qui est intérieure et maintenue par
un ressort à boudin.

Tiroir et son mouvement.

Le tiroir est placé sur le côté, il est en coquille semblable par ses orifices à celui représenté planche XI, figure 3 ; il a le dos garni d'un très-
grand cadre de compensateur ; la hauteur du tiroir paraît égale au diamètre du cylindre, de sorte que les barrettes sont très-longues. Les deux
excentriques contigus m'ont paru être de la même coulée : entre les
rayons, ils ont une vis qui les serre sur l'axe. Les colliers sont en fer,
très-robustes et garnis de bronze en dedans, leurs deux parties se touchent, comme celles de tous les coussinets, le graissage est opéré par un
godet en saillie sur le haut. Le mouvement du tiroir est remarquable par
sa disposition, en ce que l'arc fendu, généralement adopté pour le double
excentrique, est remplacé par une barre courbe de section carrée EE
(*fig.* 12, 13 et 14, Pl. XIII), sur les bouts de laquelle les bielles d'excentrique $e'' e''$ sont articulées sans serrage à leurs coussinets ; elles sont dé-

voyées toutes les deux, leur fourche étant sur le côté, *fig.* 2. Cet arc E passe dans une coulisse garnie de deux portions de cylindre en bronze *m m*, (*fig.* 12 et 14), dont la partie courbe appuie sur des coussinets *n n,* l'un fixe du côté du tiroir, l'autre poussé par une vis de pression *o* avec contre-écrou, de manière à compenser les usures et à éviter des ballottements qui deviennent bientôt nuisibles avec des allures rapides. Il en résulte aussi, comme le montrent les figures 2 et 14, que la tige du tiroir est dans le plan de l'arc et qu'on évite ainsi le porte-à-faux du bloc carré de la coulisse ordinaire, qui porte sur le côté le bouton joint à la tige.

Avec cette disposition le point d'attache de la bielle d'excentrique c'' ou e' ne peut jamais être mis en ligne droite avec la tige *t*, comme avec l'arc fendu ordinaire, et que le mouvement du tiroir est influencé par le mouvement de l'autre excentrique quand on marche à toute vapeur, comme lorsqu'on fonctionne modérément, ce qui ne doit pas présenter de résultats fâcheux lorsque les barrettes ont été découpées d'après les effets de ce mouvement combiné. Le guide de la tige du tiroir est très-robuste, en ce qu'il est formé d'une sorte de glissière de porte-outil (*fig.* 13), dont les angles sont pris dans les rainures obliques d'un guide; celui-ci R (*fig.* 4, 5 et 6), est fixé sur le fond du cylindre par des vis, il est en fonte creuse et présente des angles rentrants au chariot (*fig,* 12 et 13) attenant à la tige de tiroir. Il y a sur l'une des parties frottantes une bande tenue par des vis, qui, sans doute, peut être changée ou recevoir en arrière une cale mince si l'usure donne du jeu. Les machines de M. Humphrey n'ont pas de détente variable.

Relevage de la coulisse d'excentrique.

Le relevage de la coulisse est opéré par le renvoi de mouvement de sonnette *bcb'* et de tiges que montre la figure 1, planche XIII, et la grande tige *bf* est terminée par une crémaillère, dans laquelle prend un pignon *h* d'une roue dentée adjacente, entraînée elle-même par le pignon de la roue à manette *g* et un rouleau *k* porté sur le même axe et sans doute fou, maintient la crémaillère en prise. C'est plus d'effort produit avec autant de simplicité que le relevage des machines de canonnière de M. Maudslay *m* et *o* (*fig.* 1, Pl. X), et je ne crois pas qu'il y ait de mécanisme préférable et d'un entretien plus facile.

En résumé, l'appareil de MM. Humphrey et Tennant est l'un des plus simples et des plus accessibles dans ses diverses parties, et s'il a une bielle plus courte que de coutume, cet inconvénient paraît compensé par les avantages de la disposition générale. Plusieurs détails montrent des idées justes et pratiques encore nouvelles pour nous. La confection paraît aussi parfaite que celle des autres ateliers.

MACHINE DU SYSTÈME DE WOOLF DU MOOLTAN, DU MYSOR ET DU RANGOON.

Le modèle de la machine du Mooltan, paquebot de la Compagnie Orientale péninsulaire, exposé par M. Humphrey, attire surtout l'attention par l'application du système de Woolf sur mer et avec une pression aussi peu élevée que celle des autres machines. J'ai cherché à en donner une idée par les croquis représentés sur les figures des planches XIV et XV. Comme on le voit, c'est une machine à cylindre renversé, dite à *pilon*, dont le petit cylindre est au-dessus du grand, ce qui existe dans d'autres appareils mais dans le seul but de contre-balancer le poids du piston et de ses accessoires par une succion supérieure. Ici au contraire le petit cylindre a un travail direct comme le grand, et la vapeur arrivée par le tuyau a entoure le tiroir inférieur T, remplit les caisses latérales CC (*fig.* 1) et la chemise J (Pl. XIV). Elle envelope ainsi les deux cylindres et passe dans le tuyau vertical $b\,b$ pour entrer dans le tiroir supérieur. C'est là que se trouve le registre qui, par des tringles $b'\,b'$ (*fig.* 2, Pl. XIV) des bras b'' et des tiges b''' tourne pour les deux paires de cylindres à la fois, au moyen de mouvements de sonnette qui, en passant sous les cylindres, viennent se mettre à portée du mécanicien près de la roue à manette s'.

Dimensions et force de la machine du Mooltan.

Avant d'aller plus loin, il convient de donner les dimensions principales de l'appareil; diamètre du grand cylindre $2^m,438$, du petit $1^m,091$, course commune $0^m,915$; les surfaces des deux pistons, et par suite les volumes des deux cylindres sont :: $1 : 5,01$. Cette machine donne 60 coups de piston. Les quatre condenseurs contiennent $390^{m2},18$ de surface réfrigérante tandis que les chaudières en ont $445^{m2},85$ de chauffe. La puissance nominale est de 400 chevaux, celle développée effectivement est 1730 ou plus du quadruple. Il est assez difficile de savoir ce qu'on entend par la puissance nominale d'une telle machine : est-ce relativement au volume du petit cylindre seul, ce qui ne donnerait que 230 chevaux environ, et le grand n'est-il considéré que pour la détente? on ne l'a probablement pas encore déterminé. Les chaudières doivent suffire à remplir le petit cylindre, de sorte que cela donne une pression constante sur les pistons et une détente de 1 à 5. L'eau du réfrigérant est changée par une pompe centrifuge du système Appol, dont il n'y avait pas de trace sur le modèle. Les chaudières sont du système de Lamb, ainsi que le surchauffeur ; la surface de ce dernier est égale à environ 1/3 de celle de chauffe de la chaudière. La pression de régime est 20 livres, $1^k,404$ par centimètre carré. Dans les expériences, la machine a développé 1734 chevaux par l'indicateur avec 64 révolutions, ce qui donne $1^m,95$ de vitesse de piston par seconde ; elle a dépensé 3500 livres ou 1587^k par heure, ce qui ferait $0^k,915$ par le cheval de l'indicateur. On assure que ces résultats ont été maintenus en navigation, comme on le verra plus loin.

Cylindres.

Les cylindres sont coulés séparément, celui du haut l'est avec la chemise conique et les conduits entre les orifices et les tiroirs comme on le voit sur la partie gauche de la *fig.* 1, Pl. XIV. La grande pièce qui sert de fond au petit cylindre et de couvercle au grand est creuse ; j'ignore si elle est pleine de vapeur ; elle sert à la réunion supérieure des cylindres. La chemise du cylindre inférieur est en fonte dans les parties en regard et près du tiroir ; mais sur le reste du pourtour elle est formée d'une tôle tenue sur ses bords par des boulons vissés dans la fonte ; il faut que ce soit très-solide pour résister à la pression sur une aussi grande surface.

Pistons.

Je n'ai vu à l'atelier que le grand piston, il était plus épais et avait plus de cône que sur le dessin, et je ne m'explique pas les raisons d'un pareil poids surtout dans une machine verticale. Il faut qu'il y ait dans la régulation des tiroirs des différences très-grandes d'introduction de vapeur pour compenser l'effet d'un pareil poids ; encore peut-il en résulter de l'irrégularité quand on part et qu'on marche doucement ; les pompes à air compensent peut-être cet effet. Les deux pistons sont réunis par une même tige d'un très-fort diamètre, j'ignore si le mode de jonction avec le grand piston est réellement un écrou comme sur le dessin. Le passage d'un cylindre à l'autre se fait au travers d'une bague d'acier, laissée en blanc pour la distinguer; on dit quelle dure très-longtemps et qu'elle peut se visiter. Elle est probablement entourée avec de l'étoupe et du caoutchouc derrière et elle est accessible par le grand cylindre, qui a un trou d'homme sur son couvercle. Ce joint doit être très-bien fait, parce que d'après la distribution de vapeur il y a une forte pression dans le petit cylindre, juste lorsque le vide existe dans le haut du grand, pour laisser monter le piston; la moindre fuite ferait donc beaucoup perdre.

Tiroirs et passages de la vapeur.

Les tiroirs sont indépendants l'un de l'autre et menés par une même tige à travers une bague en acier comme celle des tiges de piston, et qu'on dit facile à visiter. Ils sont à double orifice et ressemblent, d'après ce qui m'a été dit, à ceux de l'*Octavia* (*fig.* 3, Pl. XI); comme on ne les a pas vus, ils ont été tracés sur les dessins comme des tiroirs en coquille de locomotive et seulement pour faire comprendre le mode de distribution de vapeur. Après être arrivée au tiroir supérieur, comme nous l'avons dit, la vapeur est distribuée dans le petit cylindre de la manière indiquée par les flèches; comme on le remarque les conduits sont très-longs et occupent un grand volume, surtout pour l'évacuation, et il n'y a pas à cela un inconvénient marqué comme dans une machine ordinaire, où les espaces morts sont remplis d'une vapeur qui ne travaille pas, et qu'il faut cependant condenser. Dans la machine dont il s'agit, ces conduits doivent être très-refroidis pendant l'évacuation du petit cylindre vers le grand, et ils exercent probablement une influence fâcheuse à cause de leur grande surface et pendant qu'ils servent à l'introduction de la vapeur arrivée de la chaudière. La vapeur du petit cylindre va au grand en passant probablement par le tube c qui débouche dans la grande caisse supérieure pour donner cette vapeur au tiroir inférieur. Les volumes de toutes ces parties doivent servir à compenser les désaccords entre les introductions et les détentes produites par les barrettes du tiroir; car l'évacuation du petit cylindre ne ressemble pas à celle d'une machine à basse pression. Sa vapeur n'est pas détruite, et si le grand cylindre a un peu de détente, ce qui ne peut manquer d'avoir lieu par le tiroir, il faut que la vapeur sortie du petit trouve à se loger quelque part, puisqu'elle est poussée hors de son cylindre et que l'entrée dans l'autre est encore bouchée par la détente. Le conduit d'évacuation du grand cylindre doit avoir une communication directe avec le condenseur, comme dans une machine ordinaire. Il n'a pas été possible de voir la disposition de ces conduits, mais ils sont faciles à comprendre; seulement il est probable qu'ils mettent le froid et le chaud en contact dans quelques parties.

Condenseurs tubulaires.

Les condenseurs sont dans les quatre boîtes UU, qui sont en fonte et très-solides. Leur partie supérieure au niveau des cylindres sert à l'arrivée de la vapeur, tandis que le vrai condenseur est au-dessous. Les tubes sont horizontaux, ils m'ont paru avoir près de 2 mètres de long, $0^m,012$ de diamètre intérieur et 1 millimètre au moins d'épaisseur; ils sont étirés au banc, sans soudures, et à la fin on les écrouit par quelques passages à la filière sans recuit. Les plaques de tête ont 12 millimètres d'épaisseur, elles sont en cuivre rouge, parce qu'on a observé qu'avec tous les trous dont elles sont percées il leur arrivait de se fondre lorsqu'on les faisait en cuivre jaune. Les tubes débordent la plaque et ne sont tenus à chaque bout que par le frottement des garnitures. Pour établir celles-ci, les trous dans les plaques sont agrandis et taraudés sans aller jusqu'au fond, de manière à servir de siége à la garniture, qui est formée d'anneaux en gros cordon plat de coton tourné sur lui-même. Par-dessus est un presse-étoupe embrassant le tube à frottement et taraudé au dehors pour se visser dans le trou de la plaque de tête, au moyen d'une clef à fourche introduite dans deux fentes supérieures de cette sorte d'écrou-presse-étoupe. Ces petites pièces sont faites au moyen d'un tube plus épais ayant pour diamètre intérieur l'extérieur de celui du condenseur; on le met sur un banc de tour et on lui fait un filet de bout en bout; il est coupé de longueur par une petite scie, poli sur un plateau et les deux coches faites avec une lime qui ne ronge que sur le camp. Tout cela est exécuté avec la célérité nécessaire à un objet si souvent rejeté dans un condenseur et c'est facile à visiter et à rendre étanche par un coup de clef. Ces garnitures ressemblent à celles adoptées par M. Hall pour ses premiers condenseurs tubulaires. S'il faut nettoyer les tubes, on pourrait les retirer : je n'ai point remarqué comment les portes de visite sont disposées. Il a été assuré que ces condenseurs ont travaillé 1400 heures ou 58 jours sans réparations : Ce serait un bien beau résultat relativement aux condenseurs de Hall, qui donnaient un vide de plus en plus imparfait à mesure que le trajet était plus long, bien qu'on ne se servît que d'huile pour le graissage des pistons, comme on le fait sur le Mooltan.

Pompe à air.

Les quatre pompes à air (il n'y en a qu'une seule représentée) sont en dessous des cylindres et mues directement par des tiges fixées au piston à vapeur : d'après leur extérieur elles sont à simple effet, et je crois qu'elles sont à clapets renversée, c'est-à-dire qu'elles reçoivent l'eau par le dessus de leur piston et la refoulent par en dessous pour la faire probablement sortir par le vase horizontal *o* et le tuyau *o'*. Ce n'est qu'une hypothèse, mais il paraît évident que dans une pareille position et avec le poids des pistons le travail de la machine serait trop irrégulier si la pompe aspirait de bas en haut. D'un autre côté le genre d'action dont il est question ne s'accorde pas avec les bonnes conditions d'une telle pompe, en ce qu'elle n'expulse pas aussi bien l'air.

Bielle.

Les mouvements sont d'une simplicité remarquable. La grande bielle V et V (*fig.* 1, Pl. XIV et XV, est double, c'est-à-dire formée de deux longues tiges parallèles. Elle embrasse l'extrémité de la tige du piston *t* comme le feraient les branches d'une fourche, mais au lieu de porter les coussinets, elle maintient la soye *v'* qui, passée dans l'œil qui termine les tiges, leur est fixée et tourne dans les coussinets serrés par les écrous de la tige du piston. C'est le même principe que pour la machine de navire de guerre (page 247). Du côté de la soye de manivelle le serrage est disposé de même ; les écrous sont en dessous. Ces bielles doubles sont encore peu usitées, quoiqu'elles présentent autant de garantie au moins que celles à tés, en ce qu'elles sont formées de longues barres de fer que rien ne découpe contrairement au fil ; de plus elles doivent coûter moins cher. Le *Great-Eastern* avait de pareilles bielles et M. Bourne les avait aussi adoptées.

La glissière de la tige de piston *g* (*fig.* 1, Pl. XV) est disposée comme celle de la tige de tiroir (*fig.* 13, Pl. XIII) dont il a été question ; ses guides sont de longues règles *u u* (*fig.* 1, Pl. XIV) réunies entre elles et fixées verticalement sous le fond du cylindre : elles sont probablement munies de moyens de compenser les usures. Il en est de même des tiges du tiroir.

Mouvement des Tiroirs.

Le mouvement des tiroirs est à peu près la coulisse Stephenson disposée d'après la manière de M. Humphrey ; l'arc porte à sa suite une queue plate e'' (*fig.* 1, Pl. XV) qui glisse dans une coulisse $e'''e'''$ fixée au bâti, pour que l'excentrique, qui ne travaille pas, ne fasse point vibrer sa tige en l'air. Ce qu'on appelle d'habitude le relevage, c'est-à-dire le mécanisme poussant ou tirant la coulisse pour changer d'excentrique, est obtenu d'une manière très-simple au moyen d'une bielle ff et d'une manivelle r' clavetée au bout d'un arbre mm tourné au moyen de la roue à manette s' par un mécanisme renfermé dans l'espèce de colonne plate s (Pl. XIV, *fig.* 1). Les excentriques ont des colliers en bronze, mais leurs tiges sont en fer plat.

Arbre à manivelle à grande portée.

L'arbre à manivelle de cette machine est très-robuste ; il est porté par trois paliers ; ceux des extrémités ont près de trois fois et demie le diamètre, celui du milieu près de cinq fois ; c'est-à-dire que l'arbre est pris dans des coussinets partout où il n'y a pas à laisser le passage des manivelles, et les excentriques sont en dehors des bâtis. Comme marine, j'admire beaucoup cette disposition, si propre à éviter des échauffements et à maintenir les pièces dans leurs lignes en empêchant des usures. Les coussinets sont en bronze sans métal doux et durent très-longtemps. Afin de ne pas exagérer leurs surfaces frottantes, on a supprimé celle qui, à bien dire, est inutile lorsqu'il s'agit de résister à un mouvement de va-et-vient comme pour un arbre. Pour cela M. Humphrey a fait enlever du métal sur environ un quart de la circonférence à partir de chaque bord de ses coussinets ; il lui reste encore assez de surface, et il évite ainsi que l'arbre ne soit coincé entre ces parties des coussinets, comme cela se présente lorsque les milieux se sont creusés sous l'effort qu'eux seuls éprouvent. C'était cette cause qui faisait échauffer les coussinets des bielles pendantes de nos anciennes machines à balancier. Les intervalles sont, je crois, remplis d'étoupe ou de tresses très-peu serrées de manière à garder la graisse et empêcher les saletés d'entrer, et il paraît que cette disposition fonctionne très-bien. Il y a lieu d'observer que ce n'est que pour les navires du commerce que les coussinets en bronze sont employés ; le gouvernement les demande en métal doux et de peu de surface. On remarque aussi un contraste remarquable entre ces deux genres de machines, même chez M. Humphrey, où celles destinées aux navires de guerre sont relativement robustes; c'est que le commerce qui, en se servant de machines plus fortes, les paye plus cher et surtout voit sa cargaison réduite par l'excès de poids, c'est-à-dire ses profits diminués, exige cependant pour ses machines plus de solidité que les gouvernements pour les leurs. C'est uniquement parce que les unes servent avec toute leur énergie dès leur sortie de l'atelier, qu'ensuite elles travaillent toujours et surtout qu'elles font beaucoup perdre par leurs avaries ou leurs chômages : pour les autres, au contraire, dès que le procès-verbal est signé, leur inaction est complète ou elles n'emploient que la moitié de leur force, de sorte qu'elles ne montrent jamais directement ce qu'elles éprouveraient au jour de l'action.

Chaudières.

Il y a eu de ces machines employées avec des chaudières à lames d'eau de M. Lamb, mais celles en construction chez M. Humphrey avaient des tubes en laiton sur seulement sept ou huit rangées au lieu de dix, et ces tubes n'étaient pas placés en quinconce, de sorte que la surface tubulaire paraissait moindre par rapport aux foyers, et surtout il y a moins de tubes en hauteur; cela s'accorde avec ce qu'on a observé sur la manière dont chaque rangée reçoit la flamme. Les tubes ont des bagues dans la boîte à feu, mais non sur le devant, et c'est aussi l'usage des autres ateliers et des chaudières de l'Amirauté. Avant d'être mis en place, les tubes sont recuits aux deux bouts pour être plus ductiles quand on fait leur rivure. Ces tubes ont cela de remarquable qu'ils n'ont pas la même épaisseur aux deux bouts, afin de pouvoir les entrer et surtout les sortir plus facilement. Ils sont laminés de la sorte, et s'ils sont fabriqués par des procédés analogues à ceux employés au Havre, cette différence d'épaisseur n'est qu'une question d'excentricité des laminoirs qui ne font jamais une révolution complète et retournent sur leurs pas pour se rapprocher et écraser de nouveau. Les foyers n'ont point cet élargissement chaudronné qui, dans nos chaudières, force à démolir la devanture lorsqu'il faut les sortir pour les changer; chez M. Humphrey, leurs côtés droits sont tenus par une cornière dont il suffit de faire sauter les rivets pour sortir le foyer. Il n'en résulte pas plus de rayonnement sur les chauffeurs.

Résultats généraux du Mooltan.

Le *Mooltan* a frappé l'opinion par la faiblesse de sa puissance nominale, seule connue du public, qui ne l'apprécie pas mieux que les fabricants de machines, et surtout par la petitesse de sa chaudière qui, relativement au navire et à sa marche, n'est guère que la moitié de celle des machines ordinaires. Dans un de ses voyages à Alexandrie, le *Mooltan* a parcouru 2.951 milles en 268 heures 1/2 en brûlant 305 tonneaux de charbon, ce qui donne 10,9 de vitesse moyenne, ou $20^k,19$ en brûlant 1.136^k par heure et 103^k par mille parcouru. En revenant il a mis 286 heures et brûlé 325^r de charbon, ou $10^m,35$ ($19^k,12$), ce qui fait 110^k par mille et 1.137^k par heure.

Il en résulte que pour un parcours de près de 6.000 milles ou 11.120^k, on a brûlé 630 tonneaux, tandis que les navires de même grandeur employés sur la même ligne en brûlent près de 1.200 . On rapporte que pour une consommation moyenne de 1.167^k par heure on a trouvé, en prenant des courbes d'indicateur à chaque quart, 1.230 chevaux, chacun desquels ne brûlerait en navigation que $0^k,948$ par heure. Le navire avait alors $5^m,89$ de tirant d'eau moyen, une maîtresse section de $51^{mq},83$ et son déplacement de 3.335 tonneaux. Si l'on emploie ces éléments à calculer l'utilisation par les méthodes habituelles, on trouve 56,09 pour celle rapportée à la maîtresse section et à la puissance par l'indicateur ou $\frac{V^3 B^2}{P}$, ce qui n'est pas très-supérieur à des résultats d'autres navires ; mais si l'on se rapporte au charbon, en établissant $\frac{V^3 B^2}{charbon}$, on trouve 59,03 ; tandis que pour *l'Impératrice*, qui est un plus grand navire et qui est doublée en cuivre, on n'a obtenu que 25,8 pour moyenne des expériences, et pour *l'Impétueuse* seulement 19,5. Si l'on se rapporte à la valeur du tonneau de déplacement transporté à un mille de distance, on trouve $0^k,031$ à 11 nœuds, ou en ramenant à 10 nœuds c'est une dépense de seulement $0^k,024$ par tonneau de déplacement, tandis que malgré sa grandeur et l'économie de sa machine, *l'Algésiras* a dépensé $0^k,043$, *le Napoléon* $0^k,051$, *la Bretagne* $0^k,057$ et *l'Arcole* $0^k,087$. En comparant les frégates *l'Impératrice* et *l'Impétueuse* dont les déplacements sont 3.796 et 3.784^r, c'est-à-dire se rapprochant de celui du *Mooltan*, on trouve pour les expériences $0^k,077$ et $0^k,081$, c'est-à-dire plus de trois fois et près de quatre fois autant de dépense que le *Mooltan*. Il ne faut pas, toutefois, attribuer uniquement ces résultats à la machine; les proportions allongées du navire y sont pour beaucoup. Les chaudières donnaient de la vapeur en abondance à 1ᵏ,40, et les condenseurs tubulaires ont 0ᵐ,69 de mercure de vide. On fait observer que les résultats du *Mooltan* ont été obtenus pendant deux longs voyages sur la ligne d'une compagnie, qui a de nombreux paquebots, pour servir de comparaison, et qui s'est aussitôt adressée à M. Humphrey pour avoir des machines du même genre d'une plus grande puissance. C'est un beau résultat d'arriver sur mer à ne pas plus brûler que les machines économiques à terre. Il est à regretter de n'avoir pas connu le poids de cette machine et celui de sa chaudière, pour savoir si l'addition des cylindres et des condenseurs tubulaires a son poids compensé par celui de la chaudière, et si l'économie de combustible signalée est un gain réel, non-seulement en argent, mais en marchandises embarquées. La simplicité du mécanisme contribuera au succès de ce genre d'appareil, dans lequel le condenseur tubulaire est la seule partie qui laisse des doutes, en ce qu'il ressemble, comme tous les autres, à celui de Hall qu'il a été préférable d'abandonner. Ce que fera la Compagnie orientale péninsulaire sera le meilleur indice des qualités réelles de cet appareil, en ce qu'elle les emploie constamment à un service très-actif, et les connaît réellement, autant par leurs œuvres qu'en les comparant à ses autres paquebots.

Machines de MM. Randolph et Elder sur le Bogota, le Lima et autres.

Les appareils économiques présentent un si grand intérêt, que nous croyons utile de grouper succinctement ici ce qu'il a été possible de recueillir à leur sujet, en commençant par celui de MM. Randolph et Elder, qui a ouvert la marche en établissant, dès 1858, des machines à double cylindre sur les paquebots de la Compagnie du Pacifique faisant le service de Valparaiso à Panama. Il y a maintenant 12 de ces machines en action sur cette ligne et bientôt deux autres vont entrer en service. Les premières de ce genre ont été destinées aux roues à aubes pour les navires *Bogota* et *Lima* de 82ᵐ,35 de long, 74ᵐ,42 de quille, 9ᵐ,15 de bau. Aux essais avec 3ᵐ,35 et 3ᵐ,66 de tirant d'eau, le déplacement était de 1.345ᵀ et la maîtresse section de 28ᵐ𐞥,05. La vitesse obtenue fut alors 12 nœuds, tandis que celle des trajets entre Panama et Valparaiso ou en retour, sur les quels il y a de très-nombreuses escales, n'est que 8,5 et 8,7. Ces deux bâtiments ont présenté une expérience curieuse, en ce qu'ils faisaient antérieurement le même service avec d'anciennes machines à balanciers et avec quatre chaudières à carneaux construites par M. Napier. Elles avaient deux cylindres de 1ᵐ,85 de diamètre et 1ᵐ,83 de course de piston, développant environ 1.300 chevaux de 75ᵏᵐ. Les navires furent rappelés en Europe, reçurent quelques modifications, et leurs machines furent remplacées par celles de MM. Randolph et Elder. Le poids total est resté le même dans les deux cas, 220ʳ, parce que la chaudière, réduite à la moitié de ce qu'elle était, a compensé le poids de deux cylindres de plus. Le volume occupé par la machine proprement dite est plus grand que celui des cylindres oscillants, mais moindre que celui des appareils à balanciers, de sorte que la réduction de la chaudière a donné un espace libre considérable pour établir de nouveaux emménagements. La réduction de charbon brûlé a été remarquable. Ainsi, comparant les eesais entre eux, le *Lima* est tombé de 3.046ᵏ par heure à 1.361ᵏ, ou à 0,44 pour filer 12 nœuds (22ᵏ,2) ; mais les traversées donnent des résultats moins incertains : ainsi le *Bogota*, en allant de Liverpool à Madère avec ses anciennes machines, a filé 9,75 nœuds (18ᵏ) sur la carte en brûlant 1.929ᵏ par heure. On le rappelle de la mer du Sud pour lui mettre une nouvelle machine, des modifications intérieures augmentent son déplacement, et il parcourt une distance de 2.470 milles (4.566ʰ) avec une vitesse sur la carte de 10′,42 en ne brûlant que 965ᵏ par heure, la puissance moyenne étant 950 chevaux de 75ᵏᵐ par l'indicateur, ce qui mettrait la dépense d'un cheval de 75ᵏᵐ à moins d'un kilogramme en service courant. En calculant en raison des carrés des vitesses et des consommations, le profit serait ainsi de 59 p. 100. Ces économies ne sont pas attribuées au seul emploi de deux cylindres, mais à de vastes foyers et à la surchauffe ; car *la condensation par contact n'était pas encore employée.* D'après les rapports sur les services courants, c'est-à-dire entre Valparaiso et Panama, les anciennes machines brûlaient 1.689ᵏ par heure, et les nouvelles 958ᵏ. Pour d'autres navires les résultats ont été aussi avantageux, et sans faire des raisonnements d'après des dessins ou des chiffres d'une appréciation difficile, il suffit d'observer qu'il est probable qu'une compagnie commerciale a reconnu des qualités réelles dans un genre d'appareil puisqu'elle l'adopte presque exclusivement, et cela dans une station où le charbon est très-cher, mais où les ressources industrielles manquent pour opérer des réparations.

Détails de l'appareil du Bogota et du Lima.

Il y a donc quelque intérêt à donner une idée des appareils de MM. Randolph et Elder, d'après ce qui en a été publié et d'après les dessins exposés à Londres. Les dimensions de la machine du *Bogota* sont : diamètre du grand cylindre 2ᵐ,28, du petit cylindre 1ᵐ,78, course commune 1ᵐ,52, rapport des volumes, 1 : 3 ; ils sont adjacents et entourés d'une chemise de vapeur qui circule également dans le couvercle et le fond. Ils sont séparés par le tiroir qui envoie au grand cylindre la vapeur déjà utilisée dans le petit : celui-ci la reçoit directement de la chaudière pendant un tiers de sa course, et par conséquent la pression de cette vapeur est réduite au tiers de ce qu'elle était, lorsque le piston arrive à fin de course. Alors elle entre dans le second cylindre, où elle agit pendant toute la course, et par conséquent est détendue jusqu'à 9 fois son volume primitif. Ainsi de la vapeur à 2ᵏ,95 occupant un volume 9 fois aussi grand est détendue à 0ᵏ,34, c'est-à-dire de 2ᵏ,95 à 0ᵏ,98 dans le petit cylindre pour entrer dans le grand à cette pression et s'y détendre jusqu'à 0ᵏ,34. Mais comme le second piston a une surface triple de celle du premier, son travail est par le fait le même sur tous les renvois de mouvement et sur la rotation de la machine. Il en résulte que si la température du grand cylindre n'est pas tenue à 100°, il y aura de la vapeur perdue pendant l'introduction ; il faut aussi que le petit cylindre soit tenu à la plus haute température possible, et pour cela qu'il reçoive de la vapeur surchauffée, tandis que la chemise du grand cylindre peut être remplie par la vapeur de la chaudière.

C'est pour cela que la vapeur était surchauffée à environ 205° et ses tuyaux étaient assez grands pour amener cette vapeur, afin qu'elle épargne de la chaleur qui, sans cela, s'en irait au condenseur. Une grande économie est attribuée à cette combinaison.

Passage direct de la vapeur d'un cylindre à l'autre.

Pour donner une idée de la manière dont fonctionne cette machine à roues à aubes, il faut décrire sa disposition : elle a un arbre à deux paires de manivelles ; mais au lieu d'être à angle droit, elles sont dans le même plan et opposées l'une à l'autre de manière à s'équilibrer comme dans la machine de *l'Isly* et de *l'Eylau* par M. le contre-amiral Labrousse. Comme ce sont celles de la paire de cylindre en avant qui occupent cette position inverse par rapport à celles de l'arrière, il faut pour passer les points morts que les cylindres de tribord fassent un angle avec ceux de bâbord ; cet angle n'est que de 65°. De plus, comme les deux petits cylindres sont du côté de la chaudière et les grands sur l'arrière, une des manivelles reçoit l'impulsion des deux petits, l'autre des deux grands. D'après les positions opposées des manivelles les deux pistons du même bord marchent à l'envers l'un de l'autre et il en résulte qu'au lieu d'être forcée de passer du haut d'un cylindre au bas de l'autre comme dans les machines de Woolf ordinaires et dans celle du *Mooltan*, la vapeur sortie du bas du cylindre, par exemple, entre directement du petit dans le grand et la communication restant ouverte pendant toute la course, on peut dire que la vapeur abandonne un des cylindres à mesure qu'elle remplit l'autre en se dilatant dans les deux. C'est dans le but d'obtenir cet écoulement direct, qu'on a pris le parti d'avoir des cylindres agissant à l'envers l'un de l'autre, au lieu de rendre leur action commune par une seule tige comme dans la machine de M. Humphrey.

Courbes d'indicateur, ce qu'on en déduit.

Les courbes d'indicateur reproduites figures 4 et 5, Planche XX, montrent par leur position croisée combien il y a peu de vapeur perdue par le passage d'un cylindre dans l'autre ; ainsi pour la figure 5, l'évacuation du petit cylindre se fait par la partie gauche de la courbe supérieure et tombe à la pression atmosphérique représentée par la ligne droite ; aussitôt elle produit l'introduction dans le grand cylindre représenté à la partie gauche de la courbe inférieure. L'intervalle qui existe entre les deux courbes exprime ce qu'il y a eu de pression perdue en passant de l'un à l'autre, puisque si toute la pression de la vapeur sortante était utilisée dans le second cylindre, il y aurait autant de pression contraire sous l'un des pistons que favorable sur l'autre et les deux courbes se confondraient. En plaçant ainsi les courbes des machines à doubles cylindres de toutes sortes, on aura une idée des pertes dues à leur mode de fonctionnement et aux refroidissements ; c'est la meilleure manière de les apprécier pour les effets physiques intérieurs et tout à fait en dehors des mécanismes. La surchauffe contribue sans doute autant que le passage direct à produire cette coïncidence en ce qu'elle évite à la détente opérée dans le petit cylindre de refroidir la vapeur d'une manière nuisible. Lorsqu'elle est suffisante, elle doit même compenser en partie les pertes des passages d'un bout du cylindre à l'autre, comme dans la machine du *Mooltan*, dont les courbes seraient bien curieuses à comparer à celles du *Bogota*. L'effet de la surchauffe dont il vient d'être question est montré par les courbes d'indicateur qui prennent une grande extension lorsque le robinet de la chemise de vapeur est ouvert et se contractent au contraire quand il est fermé. Pendant les expériences qui ont duré une demijournée chacune, on a eu 23 à 26 tours et 1.000 à 1.300 chevaux de 75ᵏ pour une consommation de 1.045 à 1.270ᵏ avec l'extraction de la surface ouverte. Le *Callao* a brûlé 0ᵏ,907 et *le Lima* 1ᵏ,12 par cheval de l'indicateur. Les plans de ces machines et de leurs chaudières ont paru dans la publication anglaise l'*Artizan*.

Détails et mise en train du Tiroir.

D'après les figures des machines du *Bogota* et du *Lima*, il est difficile de comprendre comment on arrive au tiroir intermédiaire situé entre les deux cylindres, pour l'entretenir ou le réparer au besoin. Les condenseurs sont situés au-dessous de l'arbre de couche entre les cylindres et servent à réunir les machines des bords opposés. Les pompes à air situées tribord et bâbord sont verticales, à simple effet et à clapets métalliques; leur piston est soulevé par les doubles bielles d'excentriques spéciaux montés sur l'arbre en dehors des bâtis et qui mènent les pompes alimentaires.

Les tiges de piston sont guidées par une traverse servant de soye à la grande bielle et percée par deux grosses tiges attenantes au couvercle du cylindre et au bâti. Le tiroir du petit cylindre est à grilles et a beaucoup de recouvrement pour produire de la détente, tandis que celui qui, placé entre les cylindres sert à l'éduction du petit et à l'introduction dans le grand, n'a pas de recouvrement et introduit pendant toute la course.

La marche de la machine est renversée par un mécanisme particulier; l'excentrique est monté fou sur l'arbre spécial des tiroirs et mené par une saillie engagée dans une spirale creusée dans cet arbre, de sorte que si celui-ci glisse suivant son axe, le calage de l'excentrique, c'est-à-dire l'angle des deux centres par rapport à la manivelle, est changé de manière à passer de la marche en avant à celle en arrière. Pour faire glisser cet arbre, il y a une crémaillère dans laquelle engrène un pignon mû par des tiges et des roues d'angle assez compliquées, au moyen d'une petite machine spéciale. La direction de celle-ci est changée par un tiroir particulier au moyen d'un levier placé à l'une des trois encoches de la marche en avant, de celle en arrière et de celle du milieu qui place le tiroir de ce petit cheval à mi-course et stoppe la machine. Cette manière de changer la marche par une spirale présente quelques analogies avec celle employée par M. Barnes dans sa machine du *Charlemagne* construite à la Ciotat. Elle n'a pas toujours été employée par MM. Randolph et Elder, qui sur *le Valparaiso* ont fait usage du système d'engrenage et de |pignon satellite dont M. Dupuy de Lôme et M. Cody se servent aussi depuis longtemps.

Chaudière.

Les machines dont il vient d'être question reçoivent la vapeur de quatre chaudières tubulaires en retour à trois foyers chacune, dont les tubes sont très-inclinés en s'élevant de la boîte à feu vers celle à fumée. La surchauffe est produite par des appendices de la chambre de la vapeur qui s'élèvent obliquement et sont traversés par de hautes culottes de cheminées débouchant dans le tuyau commun. L'eau alimentaire est chauffée par de longs tubes s'élevant en ligne droite dans les 4 culottes pour tapisser ensuite le pourtour de la partie supérieure de la cheminée par de nombreux plis de spirale et redescendre porter leur eau d'alimentation à la chaudière.

Sur le *San Carlos* et le *Guayaquil* M. Elder a placé un autre genre de chaudière formée d'une série de 22 tubes de $7^m,32$ de longueur et $0^m,325$ de diamètre, leur partie inférieure se rétrécit suivant un cône sur une longueur de $0^m,9$ comme un tuyau d'orgue. Tous ces tubes sont placés verticalement en rond près des parois cylindriques et verticales de la chaudière ; l'entrée des onze foyers a lieu entre les parties rétrécies, et la grille forme une grande plate-forme ronde. Au centre est un autre tube vertical de $9^m,15$ de haut et $0^m,85$ de diamètre et entre lui et les premières circule en spirale, faisant quatre tours complets, un autre gros tube de $0^m,85$ de diamètre qui s'élève jusqu'au sommet de la chaudière. Les tubes sont pleins d'eau qui arrive d'abord dans celui en spirale et circule dans ceux des côtés pour sortir par l'un d'eux et produire l'extraction. Le niveau de l'eau ne s'élève pas jusqu'au sommet des tubes dont la partie supérieure sert par le fait de surchauffeur. La flamme circule entre tous ces gros tubes et s'élève directement par la cheminée qui surmonte le tout. La grosseur des tubes permet de pénétrer partout pour enlever le sel ou la suie, et la confection, même de ceux en spirale, est rendue très-économique par les procédés faciles de rouler et de river mécaniquement les tôles. Cette chaudière est représentée et décrite en détail ainsi que la précédente dans la publication de l'*Artizan* en 1860.

Machine de la Constance, par MM. Randolph et Elder.

Après avoir employé les appareils à hélice de leur système sur les paquebots le *San Carlos* et le *Guayaquil*, Messieurs Randolph et Elder viennent d'exécuter pour l'Amirauté anglaise l'appareil dit de 400 chevaux, destiné à être comparé à ceux de l'*Aréthuse* de M. Penn, et de l'*Octavia* de M. Maudslay. Cette machine intéressante par sa nouveauté et le problème si important qu'elle cherche à résoudre, est montée sur la frégate la *Constance* semblable aux autres, et grâce à l'obligeance de M. Elder, elle se trouve représentée sur les figures des Planches XIX et XX.

Cylindres.

Comme on le voit, elle se compose de deux jeux de trois cylindres C C' C placés en regard des deux côtés de l'arbre *a*, et leurs pistons agissent par des bielles directes B sur les manivelles *m m* et *m' m'*. L'ensemble de chaque jeu a été dévié vers l'avant ou vers l'arrière de l'épaisseur des bielles (Pl. XX, *fig.* 1), afin de conserver leur forme rectiligne à ces pièces importantes. Les cylindres sont boulonnés entre eux et sur une énorme plaque de fondation d'une seule coulée, contenant les condenseurs et les pompes à air et s'étendant d'un bord à l'autre du navire (Pl. XIX, *fig.* 2 et Pl. XX, *fig.* 2 et 3). Les cylindres sont entièrement entourés de vapeur. Leur axe fait avec la verticale un angle de 60°, de sorte qu'ils forment entre eux l'angle de 120° qui est le plus favorable à la régularité de la marche lorsque les cylindres sont placés à l'opposé l'un de l'autre (Voir *Traité de l'hélice propulsive*). Le cylindre du milieu C' ne paraît pas avoir la moitié du volume de chacun des deux autres. Il reçoit directement la vapeur de la chaudière par le tuyau A, qui se bifurque vers chaque jeu de machines et débouche dans une boîte placée entre les deux tiroirs T et T, qui donnent la vapeur au petit cylindre et l'évacuent ensuite dans les grands, d'où elle va se perdre dans les condenseurs.

Arbre à manivelle.

L'arbre à manivelle joue relativement à la distribution de vapeur le même rôle que dans les machines du *Bogota* et du *Lima*. Les manivelles sont opposées l'une à l'autre comme on le voit sur les figures 1 et 2, Planche XIX : sur cette dernière, la manivelle *m'*, *m'* du cylindre intermédiaire est en haut, les deux autres *m*, *m*, *m* sont en bas. Il en résulte que le piston du petit cylindre marche toujours à l'inverse des deux autres, qui se meuvent parallèlement, et qu'au sortir du cylindre du milieu la vapeur trouve une issue directe vers les deux autres. De plus le passage restant ouvert tout le temps de la course, la vapeur sort du petit cylindre à mesure que le piston s'avance et remplit les grands à mesure que leur piston se retire. C'est, comme on l'a observé plus haut, le caractère principal de la machine de MM. Randolph et Elder, celui auquel elle doit l'accord des courbes d'indicateur de la Planche XX, résultat qu'il obtiendra sans doute aussi sur l'*Aréthuse* malgré la rapidité du mouvement. L'arbre de cette machine présente encore un fait remarquable : c'est que pour éviter la multiplicité des portées, M. Elder s'est borné aux trois indispensables, et a mis sa dernière manivelle en porte-à-faux comme dans les machines de terre. En donnant aux arbres plus de force et aux coussinets plus d'étendue, il est probable qu'il y aurait sécurité à n'avoir que deux portées dans nos machines ordinaires, pour éviter les désaccords que la déformation du navire et l'inégalité des usures produisent. Il y a aussi lieu de remarquer que les coussinets *a'* *a'* ont le plus de longueur possible pour soutenir l'arbre partout où il n'y a pas de manivelle. Le peu de longueur du dernier à gauche présente cependant un contraste peu explicable.

Mouvement des Tiroirs.

Les tiroirs TT placés comme on l'a dit entre le cylindre central et les deux autres se trouvent menés par un mécanisme d'arbres et de manivelles. Celui du milieu destiné au cylindre central seul, est mis en mouvement par *n'n'* qui est indépendant de l'arbre *nn* : celui-ci porte les petites manivelles *co*, qui mènent en même temps les deux tiroirs latéraux lesquels marchent ensemble à cause des positions des manivelles. Chaque arbre a son excentrique E, et le renversement de mouvement est opéré par le mécanisme porté à la droite de la figure 2, Planche XIX. La soye de la manivelle est traversée par une pièce cylindrique $e'e$ rapproché de l'axe de rotation de l'arbre, et sur laquelle les deux excentriques sont fixés. C'est donc de la position de cette pièce représentée en ponctué $e\,e'$ que dépend la distribution. Pour la changer et placer les excentriques à l'angle convenable avec les manivelles, il existe un système de roues dentées ; l'une est fixée à l'extrémité du boulon porteur des excentriques e'; elle engrène dans un pignon m', monté sur un petit arbre spécial situé juste dans l'axe du grand arbre à manivelles, de sorte que si cet arbre est fixe, la roue de e' tournera autour du pignon m' comme un satellite, et il n'y aura aucun mouvement de produit, c'est-à-dire que $e\,e'$ ne sera pas forcé de tourner. Mais si on agit sur le pignon m''' ou forcera m'' à faire tourner le petit arbre et par suite la roue m', qui, par l'arbre $e\,e'$, changera la position des excentriques E. En suivant la figure, ce mécanisme est facile à comprendre. Il est probable qu'il est mis en mouvement par les deux petits cylindres q et q (*fig.* 1, Pl. XIX). Cette petite mise en train est ingénieuse, mais trop compliquée pour la navigation ; elle est placée très-bas, dans une partie de navire toujours humide, et surtout la liaison du mouvement de ses pièces délicates avec celui l'arbre moteur, porte à craindre que si celui-ci éprouve la moindre déviation de sa ligne d'action, ou s'il faut le rendre gai pour éviter des échauffements, les frêles engrenages de la mise en train ne souffrent beaucoup des chocs de l'arbre.

Condenseurs, Pompes à air.

Les condenseurs V sont tubulaires, comme dans toutes les machines nouvelles en Angleterre ; leur grande caisse, formant la plaque de fondation, s'étend d'un bout à l'autre de la machine. Leurs tubes sont horizontaux et se visitent par les deux bouts. Les deux pompes à air UU sont situées du côté de l'arbre de l'hélice près du vireur S, parce que l'autre extrémité de l'appareil est occupé par la mise en train.

Elles sont mises en mouvement par un mécanisme assez compliqué, composé des petits balanciers spéciaux DD menés par de petites bielles articulées sur les bouts de la soye de grande bielle ; ces demi-balanciers D font osciller un arbre f qui, par d'autres petits balanciers d, fait mouvoir en même temps la pompe à air U et la pompe alimentaire x, ainsi qu'une autre placée verticalement, dont le rôle probable est la circulation de l'eau froide dans le condenseur. Le tuyau de décharge V' débouche sous la flottaison et est bouché à volonté par une vanne V, son diamètre paraît considérable pour un condenseur tubulaire. Les pompes à air à simple effet employées sur l'*Aréthuse* donnent un meilleur vide que celle à double effet et à mouvement rapide ; elles le doivent en partie à la lenteur de leur marche, puisque leur course n'est généralement que la moitié de celle des pistons. Mais ces avantages sont plus que compensés par la complication inévitable de leur mécanisme placé dans des positions occultes, et dont nous avons reconnu les graves inconvénients dans plusieurs de nos appareils.

Résumé.

D'après les analogies qui existent entre cette machine et celles du *Bogota* et du *Lima*, toutes les précautions sont prises pour mettre la vapeur dans de bonnes conditions de fonctionnement au moyen de chemises de vapeur, de surchauffe et de voies directes d'un cylindre à l'autre. M. Elder veut en tirer tout le parti possible jusqu'à ce qu'elle n'ait plus que $0^k,14$ de pression par centimètre carré au-dessus du condenseur ; mais ces résultats seront en parties compensés par une complication de mécanisme qui exige une sécurité complète pour atténuer ses inconvénients. Sur mer il y a des convenances impérieuses qu'il est fâcheux de ne point satisfaire. Il est à souhaiter que la rapidité du mouvement nécessaire à l'hélice ne change pas les conditions de fonctionnement et donne sur l'*Aréthuse* les mêmes résultats que sur les paquebots de la compagnie du *Pacifique*. Certes, l'économie du combustible est l'une des questions les plus importantes de la navigation à vapeur, nul n'en souhaitait plus le succès que les marins. Mais parmi les divers moyens de parvenir à la réaliser, il y a encore une variété qui empêche d'établir des opinions arrêtées et fait attendre avec impatience les résultats d'une comparaison aussi curieuse que la prochaine joute économique entre la *Constance* de M. Elder, l'*Aréthuse* de M. Penn et l'*Octavia* de M. Maudslay. Puisque ces expériences sont si prochaines, il serait encore plus téméraire de chercher à établir un jugement entre les trois constructeurs célèbres qui vont entrer en lice.

DIVERSES MACHINES A TROIS CYLINDRES.

L'idée des machines à trois cylindres, c'est-à-dire détendant la vapeur d'un premier dans deux autres, n'est pas nouvelle, et MM. Steel et Atkins sont probablement les premiers qui en aient exécuté. En France

M. le Gavrian, de Lille, qui depuis longtemps faisait avec succès des machines de Woolf, a exécuté aussi des machines de ce nouveau genre; mais il a fait agir les pistons sur deux manivelles séparées et placées à 120° pour égaliser le mouvement. M. Halette, d'Arras, avait aussi voulu faire des machines du système de Woolf avec deux cylindres attelés sur une seule manivelle et faisant entre eux un angle pour passer les points morts. Il est probable qu'il y a eu beaucoup d'autres tentatives de ce genre et celles-ci ont été ignorées jusqu'à ce que l'importance de l'économie du combustible ait été assez appréciée pour attirer l'attention et faire consentir à un surcroît de dépenses, d'achat et de poids des appareils. Pendant longtemps on a cru que les pressions de 3 à 4^k par centimètre carré étaient nécessaires à ces machines, et les dangers de tensions aussi élevées, employées dans le fond des cales, ont été une des principales causes des obstacles à leur adoption sur mer.

MACHINES A TROIS CYLINDRES DE M. ROWAN DE GLASGOW.

Il y a eu aussi les machines à trois cylindres de Rowan employées à mouvoir directement l'hélice au moyen de deux jeux de trois cylindres verticaux placés l'un contre l'autre sur des colonnes de fonte avec leurs tiges de piston sortant par en dessous, comme dans les machines à pilon; mais cette fois les trois tiges étaient réunies par un joug et agissaient sur la même bielle placée en dessous, comme dans les machines à double cylindre de M. Maudslay et de M. Rossin sur *l'Infernal*. Le cylindre du milieu de chaque jeu est plus petit que les autres et reçoit la vapeur à la pression élevée de la chaudière; il la renvoie aux cylindres latéraux qui l'amènent ensuite dans de grands condenseurs tubulaires servant de bâtis, et un agitateur assure l'action réfrigérante de l'eau sur la vapeur à travers les parois des tubes. Une pompe à air spéciale sert à maintenir le vide de l'intérieur des condenseurs tubulaires, et pour empêcher le suif des pistons de se déposer sur les surfaces, le tuyau d'évacuation est garni de toiles métalliques avec un récipient pour recueillir les matières grasses figées. Il y a eu de ces machines montées à bord de navires marchands, mais leurs résultats n'ont point été connus : elles n'étaient point représentées à l'Exposition. D'après les courbes d'indicateur qui en ont été publiées il y a beaucoup plus d'intervalle entre celle du petit cylindre et celles des grands, qu'entre les mêmes courbes du *Bogota* (*fig.* 4 et 5, Pl. XX), c'est-à-dire une perte plus forte de vapeur dans ces dernières machines que dans celles de MM. Randolph et Elder.

Machine a trois cylindres de M. Mazeline.

D'autres machines du même genre ont été exécutées en France, il y a plus d'un an, par M. Mazeline et montées à bord du transport *le Loiret*. Elles sont de la force nominale de 120 chevaux, ont trois cylindres égaux placés comme ceux de *l'Octavia* (Planche XI) mais boulonnés entre eux ; ils sont égaux, et leur diamètre est de $0^m,950$ et la course de $0^m,50$. Leurs tiroirs plats sont en dessus et conduits par le mécanisme à engrenage adopté depuis longtemps par M. Mazeline et par M. Dupuy de Lôme et qui est connu de toute la marine. Le même arbre de la roue dentée supérieure mène à la fois les trois tiroirs au moyen de trois vilebrequins.

L'arbre de couche a trois doubles manivelles et quatre portées maintenues par les bâtis qui relient les cylindres aux condenseurs. La disposition de ces derniers est la même que dans les autres appareils du même atelier, c'est-à-dire que leur grande caisse de fonte est située au-dessus des tiges de piston et du pied de grande bielle, qui fonctionnent ainsi dans une sorte de tunnel obscur, excepté cette fois pour le cylindre du milieu qui n'a pas de condenseur.

Distribution de vapeur, Réservoir nécessaire.

Pour régulariser le mouvement, les détentes par les tiroirs ont été calculées de manière à introduire pendant 0,82 de la course dans le cylindre du milieu et 0,75 dans ceux de côté ; de plus, les trois paires de manivelles forgées d'une seule pièce avec l'arbre sont placées à 120° l'une de l'autre, ce qui doit produire une rotation très-régulière. Mais il résulte de cette disposition dont la Planche XI donne une idée exacte, que puisqu'on introduit du cylindre du milieu dans les deux autres, les moments des ouvertures et des fermetures des tiroirs ne coïncident pas et que la vapeur sortant du cylindre intermédiaire arriverait trop tard pour un des deux latéraux et ne pourrait entrer encore dans l'autre. Cette impossibilité d'employer simultanément la vapeur, a fait adopter un vaste réservoir placé en arrière des cylindres ; il est aussi long que l'appareil entier et son volume intérieur est environ cinq fois celui d'un cylindre. Ce réservoir est construit en tôle et cylindrique au milieu avec une demi-sphère à chaque bout. Il est enveloppé par un autre réservoir semblable, et la vapeur arrivée de la chaudière remplit l'intervalle afin de chercher à maintenir la température de l'intérieur. De l'entre-deux des réservoirs elle va par un tuyau direct et avec la pression de la chaudière travailler dans le cylindre du milieu; une fois son effet terminé, elle est évacuée par deux tuyaux latéraux au premier, qui traversent l'entre-deux de l'enveloppe de vapeur et pénètrent dans le réservoir intérieur qui, par son volume, sert à bien dire à régulariser les inégalités de pression dues à celles des évacuations. De là elle sort avec la pression qui lui reste par deux autres tuyaux extérieurs aux premiers, elle entre dans les tiroirs des cylindres latéraux et va se condenser comme à l'ordinaire. D'après les résultats de la machine du *Loiret* on fait exécuter deux machines semblables de la force de 1.000 chevaux nominaux chacune.

Différences de cet appareil et des précédents.

Il y a lieu d'observer que ce genre de machines n'a pas de condenseur tubulaire, et la surchauffe employée a une surface peu étendue dont l'influence n'a pu être appréciée séparément pour savoir l'économie réellement produite par les trois cylindres, parce que l'action des surfaces servant à réchauffer la vapeur ne peut être interrompue comme dans plusieurs autres appareils du même genre.

Ce système n'a pas des chances d'économies aussi considérables que ceux qui nous ont occupé, puisqu'il se borne presque au profit d'une détente d'un cylindre dans deux autres et que le rapport des volumes est seulement de un à deux au lieu de un à quatre ou à cinq. Mais il y a lieu d'observer qu'en distribuant l'effort total sur trois bielles au lieu de deux et employant de plus longues introductions dans chaque cylindre à détente totale égale, il décharge notablement les grandes bielles. Avec les marches rapides et l'énormité des pressions de nos pistons à petite course comme des machines à river, ces pièces importantes sont devenues un sujet d'inquiétudes et de dangers par leurs échauffements, surtout lorsqu'elles développent une grande puissance. Ce genre d'appareil présente un intermédiaire entre *l'Octavia*, qui ne détend pas d'un cylindre dans l'autre, mais emploie la surchauffe, et les vraies conditions de la machine de Woolf adoptées dans les appareils de Humphrey, d'Elder et d'autres en ayant des cylindres dans le rapport de 1 à 4 et de 1 à 5.

Conditions relatives des machines économiques et de la durée des trajets.

Les avantages et les inconvénients de ces machines sous le rapport de leur poids et de leur économie de combustible changent suivant les navires. Si l'économie opérée permet à la diminution de poids de la chaudière de compenser l'addition des cylindres, il y a évidemment profit pour toutes sortes de navires, en ce que n'eût-on que quelques heures de chauffe on gagnerait en sus de l'argent, et de la place, si ce n'est du poids. Mais si cette compensation n'est pas bien constatée et qu'il y ait un excédant de poids dans les appareils eux-mêmes, il peut se faire que le peu de charbon embarqué ne permette pas de chauffer assez longtemps pour racheter le surcroît de poids et que par le fait le navire soit constamment surchargé et ait ses sabords encore plus voisins de l'eau. Au contraire sur les bâtiments destinés à parcourir de grandes distances, tout appareil économique augmente de valeur en raison de la longueur du trajet. Si le poids additionnel est gagné dans huit jours, ce qui suppose un gain pratique de 12 pour 100, on en profitera par exemple, pendant huit autres jours, on prendra plus de cargaison et on économisera de l'argent. Mais si un navire n'a que cinq jours à toute volée, il faut une économie avérée de 20 pour 100, pour qu'il se trouve aussi peu chargé à la fin du trajet ; mais après avoir été trop enfoncé dans l'eau surtout au commencement. Il faut donc seulement que les économies soient assez considérables et bien constatées ; car il n'y a pas à contester leurs énormes avantages. Ainsi dans le cas où les 50 pour 100, annoncés par les courtes expériences de quelques paquebots, seraient des vérités pratiques, ils procureraient une plus grande provision de charbon, un armement beaucoup plus considérable, une machine capable de donner un nœud et demi de vitesse de plus, ou $0^m,20$ à $0^m,30$ centimètres de tirant d'eau de moins, qualités toutes aussi précieuses les unes que les autres et entre lesquelles il faudrait choisir.

MACHINE DE CANONNIÈRE SUÉDOISE PAR M. FRESTADIUS.

Ce joli petit appareil paraît construit d'après des idées toutes différentes des précédentes en ce que la simplicité du mécanisme semble avoir été le premier but. Il a été exécuté pour la première fois en 1860 à l'usine de Bergsund par M. Frestadius ; depuis cette époque cet atelier en a exécuté quatorze, et cinq autres lui sont commandées. Ces machines sont parfaitement assorties aux petites dimensions des canonnières, elles ont bien fonctionné et ont économisé environ un tiers du combustible relativement à des machines ordinaires. Cependant elles n'emploient ni surchauffe ni condensation tubulaire, et leurs profits ne peuvent être basés que sur la détente en cylindre séparé. Mais elles diffèrent de la précédente, en ce qu'elles sont de véritables machines de Woolf, puisque le rapport des volumes des cylindres est presque de 1 à 4. La vapeur employée est à 45 livres par pouce carré de pression ou 3 k. par centimètre carré et une seconde soupape de sûreté est chargée à 60 livres ou 4 centimètres.

Nous sommes heureux de pouvoir substituer à nos croquis un plan exact que M. Frestadius a eu l'obligeance de nous communiquer et qu'on trouvera planche XVIII.

Disposition du double cylindre.

Les deux cylindres sont concentriques, comme dans plusieurs machines d'atelier, qui avaient paru à l'exposition de 1850 et comme leurs pistons agissent sur une seule manivelle, c'est comme s'il n'y en avait qu'un et il y a les deux points morts à passer. Le cylindre intérieur c' a $0^m,328$ de diamètre; il n'est pas de la même coulée que le grand, mais appartient au couvercle situé à l'opposé des manivelles et son autre extrémité est engagée dans une rainure circulaire (voir *fig.* 2) pratiquée dans la fonte du couvercle situé du côté de l'arbre : on met de l'étoupe ou du caoutchouc dans le fond de cette rainure. Les passages de la vapeur entre le tiroir et le petit cylindre se trouvent pratiqués dans les couvercles, et la boîte à tiroir T ainsi que les orifices sont de la même coulée que le cylindre extérieur c. Le passage pour l'évacuation est formé par un canal annulaire (*fig.* 4), qui entoure la moitié du cylindre et va déboucher à l'opposé du tiroir dans le condenseur V comme on le voit sur la même figure.

Le diamètre intérieur du grand cylindre est $0^m,372$ et celui de l'extérieur $0^m,742$; d'après ces dimensions, la surface annulaire du grand piston est 3,237 centimètres carrés et celle du petit piston est 845. La course commune étant $0^m,592$, les deux volumes sont 1,916 centimètres cubes et 500 centimètres cubes. Le rapport du petit cylindre au grand est donc 1 : 3,83. La surface du piston de pompe à air est 181 centimètres carrés, sa course égale celle du piston et son volume est 107 centimètres cubes. Le rapport avec le grand cylindre est 1/18. Cette pompe est à simple effet comme on le verra plus loin. Dans les machines de terre M. Frestadius met une chemise de vapeur au cylindre, mais sur les canonnières il n'y aurait pas assez de place et ce serait un poids considérable.

Pistons et Garnitures.

Les garnitures des pistons sont, sur leur pourtour extérieur, semblables à celles inventées par M. Carlsund à Motala, en Suède, c'est-à-dire formées de deux anneaux minces encastrés dans des rainures de la surface des pistons. Celles placées en dedans du piston annulaire, sont formées de deux couches concentriques d'anneaux séparés en trois segments par des fentes obliques et situées de manière à ce que celles d'un anneau correspondent au plein de l'autre. Pour le commerce ils sont en fonte de fer dans les deux cas, et agissent par leur propre ressort. Mais dans les machines de l'État on a trouvé que les anneaux en fonte se collaient par l'oxydation, lorsque la machine restait longtemps sans marcher, aussi la marine exige que les anneaux soient en cuivre jaune, et comme ils ne conservent pas leur élasticité, on leur met en arrière des ressorts plats. Les pistons sont sortis et visités par le côté des tiges.

Les siéges des presse-étoupe des tiges de piston sont formés par des douilles en bronze introduites dans la cavité pratiquée dans le couvercle; ces douilles sont taraudées en dedans à leur extrémité extérieure, et le presse-étoupe est un écrou à six pans vissé dans la douille, comme on le fait quelquefois pour de petites tiges.

Tiroir.

Le tiroir opère la distribution des deux cylindres, en ce qu'à bien dire il est double lui-même, comme le montre la coupe de la figure 2, sur laquelle on voit un passage intérieur entre les deux jeux de barrettes. La direction des flèches montre que le piston va retourner à l'autre bout de sa course; la vapeur arrive directement dans le petit cylindre c' par l'orifice de droite 3; tandis que celle qui est à l'opposé de son piston s'échappe par l'orifice 2 et le canal du couvercle pour passer dans l'entre-deux des parties du tiroir et suivre le canal direct 2 qui la mène à l'autre bout du piston annulaire. La vapeur détendue dans le cylindre annulaire c, c suit la voie ordinaire des tiroirs en coquille pour se rendre au condenseur par l'orifice du milieu. Le tiroir est à compensateur au moyen d'un anneau enfoui dans une engoujure pratiquée dans le dos à l'opposé des barrettes, et qui frotte de manière à être étanche contre le couvercle plat de la boîte à tiroir. Ce procédé est fréquemment employé, et dans la machine suédoise il n'a de particularité que sa garniture. Celle-ci est formée de l'anneau en dessous duquel est un boudin en caoutchouc, pressé entre le plan incliné du dessous de l'anneau et celui d'un autre anneau mobile en dessous duquel est une cale en cuivre ; tout cela est contenu dans la rainure annulaire du dos du tiroir, et les ressorts employés d'habitude sont remplacés par de la vapeur introduite par un petit orifice qui comprime le tout et colle l'anneau supérieur contre le dos du tiroir.

Il y a lieu de remarquer que l'arbre à manivelle étant au-dessous de l'axe du cylindre, comme on le dira plus tard, il a fallu placer la tige du tiroir plus bas que le centre de figure de ce dernier et presque à sa partie inférieure, comme on le voit en examinant la partie gauche de la figure 1. Il en résulte des efforts obliques et nuisibles qu'une très-forte tige doit seule compenser.

Mouvement du Tiroir.

Le mouvement du tiroir ressemble à celui déjà employé par M. Carlsund ; sa simplicité est remarquable ; et comme il n'a jamais été employé chez nous, il mérite quelques détails. Il n'y a qu'un excentrique c (*fig.* 1 et 2) dont la bielle à longue fourche e' mène directement la tige du tiroir t, guidée par une douille e'' fixée au bâti. Cet excentrique est creux et monté à frottement doux sur l'arbre ; il contient dans son intérieur une rainure en spirale dont le pas et la longueur sont suffisants pour produire un demi-tour, afin de changer le calage de la marche en avant pour celle vers l'arrière. L'arbre de la machine est creux ; il contient une sorte de gros boulon, glissant suivant son axe à frottement doux et qui porte une saillie plate sur le coté ; celle-ci traverse une fente pratiquée dans l'arbre de la machine parallèlement à l'axe, et s'engage dans la rainure en spirale de l'excentrique, de sorte qu'en glissant suivant l'axe de l'arbre, elle change le calage, et par suite la distribution de vapeur. Ce glissement est obtenu au moyen d'anneaux saillants comme ceux d'une buttée d'hélice, qui entourent à l'extérieur le gros boulon glissant et sont toujours engrenés par les dents d'un pignon k (*fig.* 1) fixé au pied de la tige $k'k$ qu'on tourne avec l'un des leviers à manette k''. Il en résulte que lorsque la machine marche, les collets passent librement dans les dents du pignon, et que lorsque celui-ci est tourné, ils servent d'appui pour pousser ou tirer le boulon intérieur. Ce système ne peut être installé qu'à l'extrémité de l'arbre; ses parties ne frottent que lorsqu'on manœuvre la machine et ont ainsi des chances de longue durée. Malgré cela ses pièces intérieures sont exposées à être gommées par la rouille, et le rôle du mécanisme se borne à renverser la marche. Il est donc douteux qu'il ait les avantages du double excentrique et il présente une simplification plus apparente que réelle.

Registre de vapeur.

La vapeur arrive par un tuyau latéral dans la boîte D qui surmonte le tiroir, et son introduction est réglée par une plaque tournante en bronze (*fig.* 10, 11 et 12) à laquelle le mouvement est donné par un bras latéral d' D (*fig.* 1 et 4), et par une tige $d'\ d''$ venant s'articuler à un second bras d''', monté sur la plus à gauche des trois tiges qu'on remarque au-dessus de l'arbre de la machine. Comme on le voit, cette tige monte ainsi que les deux autres jusque sur le pont du navire où des manettes permettent de manœuvrer, le registre, l'injection et de renverser l'excentrique, comme on l'a vu plus haut. La plaque tournante ouvre et ferme les deux orifices, comme on le voit sur les figures 10, 11 et 12, dont la première montre la machine arrêtée; la troisième la machine en marche et n'admettant la vapeur que dans le petit cylindre. La seconde, située entre les deux autres, montre la position dans laquelle la vapeur est admise dans les deux cylindres à la fois, lorsqu'il s'agit de mettre en marche afin d'exercer plus de force pour passer le point mort; cela est effectué en mettant le trou a de la plaque (*fig.* 10) en regard d'un trou correspondant qui débouche dans la fente longitudinale qu'on voit sur le côté des orifices de la figure 1, et qui descend à travers la fonte de la boîte à tiroir, par le passage d (*fig.* 4), jusqu'à l'intervalle qui sépare le tiroir lui-même en deux et sert de passage à la vapeur pour aller du petit cylindre au grand. Des marques sur le cadran de la manette servent à prendre ces positions, et comme la machine n'a pas de détente particulière, elle marche doucement en faisant tourner la plaque pour diminuer l'orifice.

Pour régler la vitesse des machines fixes du même genre, M. Frestadius emploie une soupape équilibrée à détente variable, qui agit au moyen d'un régulateur.

Pompe à air.

La petitesse de l'appareil a permis de simplifier la pompe à air U (*fig.* 4 et 5), en la faisant à piston plongeur U', comme les pompes alimentaires ; sa garniture peut être serrée en marche au moyen d'un presse-étoupe vissé dans la boîte, et qui a son pourtour percé de trous pour le tourner comme un écrou. Il en résulte qu'elle est à simple effet. Son piston est tenu par une vis u''' au prolongement de la traverse oo des tiges de piston, et par suite elle a la même course que les pistons à vapeur. Comme le montre la figure 5, elle n'a que les deux clapets V' en haut et V en bas ; l'un et l'autre sont formés d'une grande rondelle en caoutchouc portant sur grillage, celui d'aspiration a en dessous un tuyau en cuivre rouge plongeant jusqu'au fond du condenseur V, qui sans cela serait exposé à se remplir d'eau très-promptement à cause de sa forme longue et de son peu de hauteur. En dessous est le reniflard R, dont la soupape à siége est remplacée par une boule, et en dessus de la pompe est un réservoir à air u' pour remplacer la bâche, qui, à bien dire, n'existe pas, et régulariser l'écoulement par le tuyau de décharge u' u'' (*fig.* 4) qui débouche au-dessous de la flottaison et dans laquelle est une soupape à siége et libre s, garnie de caoutchouc pour empêcher l'eau extérieure de remplir la pompe à air.

Condenseur.

Le condenseur V (*fig.* 2, 3 et 4) est formé par le bâti de l'arrière qui supporte l'effort de la machine, il s'étend depuis le cylindre à vapeur jusqu'à la pompe à air, comme on le voit sur les figures. Il résulte de sa position, à l'opposé du tiroir, que la vapeur échappée de ce dernier est forcée de suivre le canal annulaire c''V (*fig.* 4), dont il a été question sur la moitié du pourtour du cylindre. ce qui est une cause de refroidissement pour ce dernier ; mais cela est compensé par la solidité que le condenseur permet de donner sans additions de poids au côté de la machine qui porte l'arbre et fatigue le plus, ainsi que par la position plus commode du tuyau de décharge. Avec le peu de creux des navires auxquels ces machines sont destinées, il n'y aurait pas eu assez de place pour mettre le condenseur sous le tiroir. L'injection I est près du cylindre, et agit à l'arrivée de la vapeur dans le condenseur ; elle est opérée par un robinet qui est tourné par la tringle $i'\,i'$ et par les manettes $i'\,i''$ situées haut et bas aux points où se trouvent les mouvements de tous les organes de la machine.

Alimentation.

Il y a deux pompes alimentaires à piston plongeur a et a, placées l'une au-dessus de l'autre, et menées par le prolongement de la traverse des tiges de piston $o\,o$ à l'opposé de la pompe à air, elles sont à piston plongeur a' avec une garniture comme celle des tiges de piston, elles prennent leur eau par un tuyau $o\,o$, qui passe sous la machine et va déboucher dans le tuyau de décharge u' de la pompe à air. Ces tuyaux d'aspiration ont des robinets servant à régler la quantité d'eau à introduire dans la chaudière ou bien à annuler l'action de l'une des deux pompes. Les clapets sont remplacés par des boules $l\,n\,m$ (*fig.* 5), placées l'une au-dessus de l'autre : la plus élevée est surmontée d'un réservoir d'air, qui contient en contre-bas le buttoir de la boule supérieure. Le tuyau de refoulement g' descend dans une boîte inférieure qui contient la soupape de trop-plein n, maintenue par un contre-poids à levier (*fig.* 1), et de laquelle part le tuyau alimentaire a''' allant à la chaudière. En dessous du bout de l'arbre, on remarque une autre pompe alimentaire z, qui est mise en mouvement à bras ou par la machine.

Mouvements de la Machine de M. Frestadius.

Le renvoi de mouvement est celui que nous nommons à bielle en retour. La tige du piston central p' perce le milieu d'un té, et y est maintenue par un écrou, tandis que les deux tiges du piston annulaire p traversent des douilles aux extrémités de ce té et y sont tenues par une clavette, de sorte que les trois tiges sont dans un même plan horizontal. Celles du piston annulaire se prolongent en dehors des manivelles et au-dessus de l'arbre pour aller se fixer par leurs écrous dans les extrémités de la traverse $o\,o$ (*fig.* 2 et 6) qui sert de soye au pied de grande bielle B et qui a sur les côtés des glissières p'', prises dans des guides en fonte $o'\,o'$ fixés sur les bâtis XX.

D'après cette disposition l'axe du cylindre est plus élevé que celui de l'arbre comme on le voit sur la *fig.* 3, et la grande bielle ne fait pas des angles égaux de chaque côté ; mais comme sa longueur est cinq fois et demie celle de la manivelle, il n'en résulte pas d'irrégularité de mouvement, et le cylindre est aussi exhaussé que le nécessite le peu de profondeur du navire, qui n'a que 2^m,63 de tirant d'eau. Si les glissières tendent à jouer davantage entre les guides, ce n'est que pour la marche en arrière.

Vireur servant de volant.

Il y a aussi lieu de rappeler que puisqu'il n'y a qu'une seule machine, le mouvement s'arrêterait à chaque point mort, si on n'avait pas donné beaucoup de diamètre et de poids au vireur q (*fig.* 1 en ponctué et *fig.* 3), pour qu'il serve de volant: en outre on a placé un contre-poids des pièces de la machine entre deux de ses quatre rayons. Afin d'éloigner la machine du point mort, s'il lui arrive de s'arrêter dans cette position on a denté l'extérieur de la jante du volant pour le faire tourner au moyen d'une saillie q' (*fig.* 1 et 2) placée sur le côté d'un arbre $q'q'''$ poussée par un levier à manette q'' de manière à ce que cette saillie prenne entre deux dents et fasse faire une fraction de tour au vireur pour reprendre plus loin et opérer de même. L'arbre $q'\,q'''$, qui porte cette saillie, glisse sur un arbre plein de manière à dégager la saillie q' et à la maintenir en dehors du plan des dents quand elle est inutile ou que la machine fonctionne; alors elle occupe la position représentée (*fig.* 3). Cette disposition évite les chances d'accident que présenterait un pignon, si la machine se mettait en marche pendant qu'on manœuvrait le méca-nisme.

Chaudière.

Quoique la chaudière n'ait point paru à l'exposition, il est utile d'en donner la description et les éléments d'après les dessins communiqués par M. Frestadius. Elle est formée de deux corps cylindriques, ayant entre eux un intervalle 0^m,15. Leur diamètre dans le sens horizontal est 1^m,84 et dans le sens vertical 1^m,069 leur longueur totale est 3^m,25. Ils sont réunis par des entretoises en tôle et par une chambre de vapeur commune de peu d'étendue, qui placée au-dessus des portes du foyer contient les soupapes de sûreté. Dans la partie inférieure se trouve le foyer formé d'un cylindre de 0^m,780 de diamètre et 2^m,63 de long qui contient la grille et se termine par la boîte à feu dont il forme presque tout le pourtour. Les tubes sont placés par rangées verticales autour du foyer; dans le sens horizontal ils sont en quinconce; il n'y a que trois rangées qui se trouvent au-dessus du ciel du foyer; les autres sont en contre-bas sur les côtés, suite naturelle des conditions d'une chaudière de canonnière ; mais il ne s'en trouve pas de placés plus bas que la hauteur moyenne de la grille. Tous ces tubes sont en fer. Le foyer est entièrement entouré d'eau c'est-à-dire qu'il y en a en dessous du cendrier. Le fonds du corps de chaudière est lié au tube du cendrier par une rangée de tirants, il en est de même entre le haut du foyer et celui de la chaudière, comme toutes les surfaces sont cylindriques ce sont les seules jonctions additionnelles, excepté au fond de la chaudière, qui est la seule partie plate. Les tubes sont disposés de manière à ce qu'il y ait retour de flamme vers la porte du foyer, comme dans nos chaudières ; ils débouchent dans une boîte à fumée au-dessus de laquelle s'élève la cheminée et ils ont deux battants de porte pour permettre de les écouvillonner en marche. Les prises de vapeur sont sur le devant et à l'intérieur elles ont sur toute la longueur des tuyaux en cuivre pour séparer l'eau de la vapeur, précaution nécessaire pour éviter les projections, lorsque les chambres de vapeur n'ont que $0^m,44$ de hauteur, comme dans la chaudière dont il s'agit. Outre la soupape de sûreté ordinaire placée sur la prise de vapeur et chargée pour 45 liv. par pouce carré ou $3^k,0$ par centimètre, il y en a une seconde intérieure chargée pour 60 livres ou 4 kilogrammes par centimètre carré ; elle débouche dans la boîte à fumée, son contre-poids est à la surface de l'eau.

Il est intéressant de connaître les éléments principaux de la chaudière pour les comparer à ceux de la machine ; les voici déduits du plan.

Longueur d'un corps de chaudière.		$3^m,25$
Diamètre horizontal.		$1^m,84$
Diamètre vertical.		$1^m,69$
Diamètre d'un foyer (il n'y en a qu'un par corps de chaudière).		$0^m,780$
Grille	Longueur.	$1^m,85$
	Largeur.	$0^m,78$
	Surface.	$1^{mq},443$
	Surface par cheval nominal.	$4^{dq},8$
Tubes	Diamètre.	$0^m,08$
	Longueur.	$2^m,65$
	Surface de chauffe d'un tube.	$0^{mq},583$
	Nombre de tubes d'un corps de chaudière.	70
	Surface tubulaire.	$40^{mq},81$
	Passage de la flamme dans un tube.	$50^{mq},2$
	Passage total.	$0^{mq},351$
Plaque de tête. Surface d'une plaque, moins les passages des tubes.		$0^{mq},94$
Surface de chauffe du jeu des tubes et de ses deux plaques de tête.		$41^{mq},89$

Foyer		
	Surface de chauffe en dessus du plan de la grille.	3mq,39
	Surface du fond de la boîte à feu.	0m,85
	Pourtour de la boîte à feu.	1m,50
	Surface de chauffe directe.	5mq,74
	Surface totale d'un corps de chaudière.	47mq,63
	Surface de chauffe de tout l'appareil.	95mq,26
	Par cheval nominal.	1mq,59
Cheminée	Diamètre.	0m,81
	Surface.	0m,515
	Par cheval nominal.	8dq,6

MACHINE A DOUBLE CYLINDRE DE MM. GEORGE RENNIE ET FILS.

Cette machine, dont la figure 15, Planche XIII est une section horizontale, ressemble beaucoup à celle de M. Humphrey sur le *Mooltan* mise à plat, à cela près que son mouvement est opéré par une bielle en retour au moyen des deux tiges du grand piston P; mais, comme on le voit, les deux pistons sont réunis par une seule tige P passée dans un presse-étoupe qui, par sa position, est impossible à visiter sans sortir le petit piston. La distribution de la vapeur est opérée par un seul tiroir dont la disposition est trop simple pour nécessiter des explications. Les pistons ont pour garniture ces petits anneaux minces enfoncés dans une rainure et employés par plusieurs fabricants, notamment en Suède par M. Carlsund. Les deux cylindres sont solidement réunis, et les petits sont en porte-à-faux. Le tiroir est sur les côtés et la tige sort du côté de l'arbre; elle est menée par le double excentrique. Les condenseurs sont à l'opposé des cylindres et reportés sur les côtés, de manière à dégager tous les mouvements. Les pompes à air sont horizontales et directement menées par le grand piston. Cette machine a un mécanisme aussi simple que si elle n'était pas à double cylindre; si elle est plus encombrante, c'est plutôt par le surcroît de diamètre de son grand cylindre que par l'addition du petit, qui prend seulement un peu de place dans une soute à charbon. MM. Rennie pensent pouvoir garantir la marche de ces appareils, à raison de 0k,907 à 1k,123 de charbon par cheval de l'indicateur, c'est-à-dire à peu près la moitié de la consommation actuelle.

Pour éviter les pertes dues au passage de la vapeur d'une extrémité d'un cylindre à celle de l'autre, comme dans l'appareil précédent, M. Rennie fils a voulu obtenir l'écoulement direct en disposant le mouvement à bielle en retour du grand cylindre comme s'il devait fonctionner seul, mais le petit est placé en dessus du grand, sa tige de piston sort dans le même sens et est guidée par une glissière, et sa bielle qui lui fait suite, va s'articuler à la partie la plus haute d'un balancier dont l'axe est sur le haut du condenseur situé de l'autre côté de la quille du navire par rapport au cylindre. Ce balancier est réuni par une bielle au pied de celle qui reçoit l'impulsion du grand piston, de sorte que les deux mouvements sont liés à la même manivelle, et les bras opposés du balancier donnent aux pistons des mouvements inverses qui permettent à la vapeur d'aller directement d'un cylindre à l'autre, comme dans la machine de M. Elder. Seulement, il y a lieu de douter qu'avec la rapidité des machines à hélice, un balancier puisse résister à mettre d'accord les mouvements des deux pistons. Ce genre d'appareil n'a pas été exécuté.

Machine Suisse.

MM. Wyss et Escher, de Zurick, avaient exposé une petite machine à double cylindre destinée à mouvoir des roues à aubes sur les lacs ou les fleuves. Elle était formée de deux groupes de cylindres parallèles et inclinés, comme ceux des machines hollandaises et du *Vauban* en France. Les pistons à haute pression avaient leur mouvement uni avec celui à basse pression par un balancier, et la grande bielle était articulée sur ce dernier. Ce mouvement était un peu compliqué, mais la différence entre cette machine et les autres consistait surtout dans les pompes à air, qui, placées tout à fait à part en arrière des cylindres, étaient mises en mouvement par une machine spéciale, qui menait aussi les pompes alimentaires. On ne se rend pas compte des raisons qui ont engagé à cette séparation, surtout dans une machine à roues, dont le mouvement a la lenteur qui convient au bon travail des pompes à air. Cette séparation paraîtrait mieux assortie aux machines si rapides qui entraînent nos hélices. Les roues étaient à aubes articulées et bien disposées. Cette petite machine était surtout remarquable par le soin apporté à toutes ses parties, et une perfection de travail qui égale celle des meilleurs fabricants.

Machine d'atelier de M. Walter May.

Quoique cet appareil soit disposé pour un atelier, il convient d'en dire quelques mots à cause de son mode d'action; il est disposé pour obtenir une rotation uniforme et l'économie de combustible; ses cylindres sont à plat et contigus, leurs diamètres sont 0^m,250 et 0^m,525 et la longueur de la course 0,61 ; ils sont renfermés dans une chemise pleine de la vapeur de la chaudière dont la pression est 40 livres par pouce carré ou $2^k,81$. La vapeur entrée dans le petit cylindre est interrompue à mi-course, se détend et s'écoule dans un réservoir de tôle placé sous les cylindres et enveloppé de la vapeur sortant de la chaudière. Ce réservoir sert à contenir la vapeur pour obvier au désaccord des évacuations et des introductions des deux cylindres, parce que les deux manivelles sont à angle droit. Chaque cylindre a son tiroir, de sorte que la vapeur remplit le petit jusqu'à la moitié et s'en va dans le réservoir en attendant que le second tiroir ouvre le passage vers le grand cylindre, où la détente commence également à mi-course. La pression arrive ainsi à n'être plus que 5 livres ou $0^k,35$ par centimètre carré ; elle se rend ensuite au condenseur, qui est tubulaire ou ordinaire, suivant les cas, et la pompe à air, mue par un mécanisme spécial, monté sur l'arbre à l'opposé du volant, est à simple effet et verticale afin d'avoir un meilleur vide. La régularité de la rotation a été obtenue en construisant les courbes d'indicateur de ce que donnerait chaque cylindre, et l'on en a déduit les points de la course auxquels la détente devait commencer pour égaliser le travail dans chacun des cylindres. Il y avait aussi un condenseur tubulaire de M. Walter-May, qui paraissait bien disposé pour les petites machines.

MACHINE DE MM. CARRET ET MARSHAL.

La machine du système de Woolf de ces fabricants emploie, au contraire, les manivelles équilibrées pour que les pistons marchent à l'envers l'un de l'autre et que la vapeur circule directement entre les cylindres. La vapeur est distribuée par un seul tiroir, et l'introduction est variée par un changement de levier de l'excentrique en mettant la bielle de ce dernier à des trous différents.

MACHINE A SURCHAUFFEUR INTERMÉDIAIRE, DITE A CONTRE-PRESSION, DE M. F. VERRIER.

On ne peut quitter les machines dont l'économie est le but sans parler de celle de M. Verrier, de Marseille, dont les idées, émises en 1859 et exécutées depuis, ont donné de bons résultats sur de petits paquebots du Havre. Cet appareil (Pl. XVIII, *fig.* 7 et 8) est composé de deux cylindres C et C' établis l'un à côté de l'autre avec leur tige de piston sortant par le dessous, comme dans les machines à pilon. Les diamètres sont dans le rapport de 1 à 2 et les courses égales : les cylindres peuvent aussi avoir leur volume dans le rapport de 1 : 3 ; ils sont l'un et l'autre entourés de vapeur, et les manivelles de leurs pistons sont placées à angle droit ; de sorte qu'il y a le même désaccord dans les introductions que dans la machine de M. W. May et dans celle du Loiret. M. Verrier compte employer une pression de 6 atmosphères, même sur mer ; il admet par le tuyau I dans le tiroir T du petit cylindre C, de la vapeur déjà surchauffée à 180°, qui ne travaille dans le petit cylindre que pendant le tiers de la course. Alors elle est évacuée par le tuyau E et se rend dans un réservoir muni d'un réchauffeur, afin de lui rendre la température qu'elle avait étant à haute pression ; elle revient alors à la machine par le tuyau D, et à travers le tiroir T' elle fonctionne dans le grand cylindre C' en ayant son introduction arrêtée au tiers de la course ; de sorte qu'à la fin de son action elle occupe neuf fois le volume primitif. Chacun des tiroirs est mené par un double excentrique E et E'. Comme on le voit, ce système diffère du précédent en ce que la vapeur qui se rend d'un cylindre à l'autre est réchauffée par son passage à travers les tubes d'une chaudière spéciale servant à la fois de réservoir et de surchauffeur. Cette chaudière ne recevant la vapeur qu'à sa sortie du petit cylindre, c'est-à-dire à la pression qui reste après la détente, constitue une vraie chaudière à basse pression, dont l'eau de mer donne de la vapeur par la chaleur des foyers et dont cette vapeur est réchauffée par le mélange de celle qui arrive du petit cylindre à travers le réchauffeur. Il y a donc dans cette chaudière un chauffage intermédiaire, dont l'idée paraît appartenir à M. Verrier, et une compensation des pertes de chaleur et même de celles d'eau douce, qui ne coûte rien à l'appareil, puisqu'elle est prise à la chaleur perdue dans la cheminée. Comme ce surchauffeur doit être isolé de la chaudière à haute pression, il est établi dans la vaste boîte à fumée d'une chaudière à retour de flamme par des carneaux latéraux dont le niveau dépasse peu les ciels des foyers, afin de laisser plus de place aux tubes du surchauffeur. Ceux-ci sont des doubles S dont la première branche reçoit la vapeur, qui débouche par la quatrième, et des cloisons intermédiaires assurent la circulation. Le surchauffeur est placé dans une grande boîte servant de raccordement aux courants de flamme de quatre chaudières, et de son sommet part le tuyau de la cheminée.

Différences de cette machine et de celle de Woolf.

L'appareil de M. Verrier diffère aussi de la machine de Woolf ordinaire, en ce que dans celle-ci la communication d'un cylindre à l'autre restant ouverte pendant toute la course, la détente qui s'opère dans l'un a également lieu dans l'autre pendant l'évacuation, et s'il en résulte des refroidissements moins considérables à cause de la différence de surface de chaque cylindre; mais ils sont cependant occasionnés par les mêmes causes qu'avec une grande détente dans le même cylindre. Dans la machine qui nous occupe, les deux appareils sont séparés par le réchauffeur, comme dans celle du Loiret ils le sont par le réservoir. Mais il se présente une différence très-notable dans les conditions de la vapeur; sur le Loiret, le réservoir n'est qu'un régulateur du désaccord des introductions, sa vaste surface lui fait nécessairement perdre de la vapeur, puisqu'elle est entourée de celle qui arrive de la chaudière, c'est-à-dire d'un appareil qui en a reçu, mais n'en produit plus. Au contraire, dans l'appareil de M. Verrier, le volume du réchauffeur et de ses tuyaux remplit le même but et il égalise les actions de la vapeur, mais il présente dans son organe intermédiaire un moyen énergique de conservation, et peut-être même d'accroissement de force, par l'emprunt d'une chaleur qui, sans cela, serait perdue par la cheminée. M. Verrier a, par le fait, une machine à haute pression qui déverse sa vapeur dans le réchauffeur au lieu de le faire dans l'atmosphère, et un cylindre à basse pression qui, au lieu de prendre sa vapeur à la chaudière, la tire de ce réservoir avec une chaleur additionnelle pour la condenser ensuite et maintenir le vide par sa pompe à air U. Il n'y a donc de refroidissement, que par rayonnement et chaque cylindre se trouve dans les conditions ordinaires d'une détente modérée ; mais aussi la vapeur du petit cylindre ne suivant plus, pour ainsi dire, le piston du grand à mesure qu'il s'avance comme dans les appareils de Woolf, il y a compression dans le réchauffeur, et la pression minimum du petit cylindre correspond toujours au maximum de celle du grand comme sur le Loiret. S'il n'y a pas de chaleur perdue, il n'y a aucun inconvénient à ce qu'il en soit ainsi, et les deux lignes de l'évacuation du petit cylindre et de l'introduction dans le grand qui se suivent et se confondent presque sur les figures 4 et 5 de la planche XX, en ayant une direction oblique, se confondront aussi avec la nouvelle machine, mais en décrivant des lignes droites parallèles à la

ligne zéro. Si la chaleur intermédiaire a donné un surcroît de pression,
elles se doubleront d'une quantité qui exprimera le gain de force, comme
leur intervalle en exprime la perte. Ainsi le petit cylindre, recevant de la
vapeur à 6 atmosphères et détendant à 1/3, rend de la vapeur à 2 atmosphères ou 121°, au lieu de 80°, comme ceux des cylindres qui se
communiquent et n'ont plus que 1/2 atmosphère de pression à fin
de course. Mais il résulte aussi du système de M. Verrier que la vapeur
en train de sortir du petit cylindre, trouve plus d'obstacle et produit
une contre-pression qui sert à l'auteur à désigner son appareil pour le
distinguer des autres; si elle ne nuit pas à l'économie de vapeur, elle
est, à volume de cylindre égal, une cause de perte de force de cette machine, ou à force égale elle exige plus de volume, et il faudrait avoir
des courbes d'indicateur et les comparer à celles d'une machine de
Woolf ordinaire pour se faire une idée des profits et pertes de chacun des
deux systèmes.

La pression élevée de ces machines entraîne naturellement l'usage de
la condensation tubulaire, puisque l'eau douce est nécessaire avec de
telles températures. Quant à la surchauffe, elle est produite dans une
vaste boîte à fumée entre les chaudières et au-dessus de la chambre de
chauffe d'un appareil tubulaire à retour de flamme au moyen de tubes
en fer faisant trois replis en U formés de manière à produire beaucoup
de surface dans un petit volume. La disposition des boîtes dans lesquelles
débouchent la première et la quatrième branche de chaque tube, force
la vapeur à en suivre les contours.

Comme on vient de le voir, les idées de M. Verrier sont très-justes; elles
tendent à mettre la vapeur dans de bonnes conditions, à lui restituer à
propos ce que la détente lui a fait perdre, et en permettant ainsi de détendre dans chacun des cylindres, elle rend possible l'emploi de détentes
très-considérables sans trop exagérer la disproportion des deux cylindres.
Les principes énoncés sont, je crois, applicables à toutes sortes de pressions, et quoique celle de 6 atmosphères, qu'on voudrait employer, présente plus de chances d'économie, elle est si peu assortie aux conditions
de la navigation, même en admettant que les condenseurs tubulaires aient
les qualités qu'on leur suppose, ce qui est très-douteux, que les marins
ne sont pas d'avis de l'adopter. Aussi, pour éviter les mécomptes de l'essai
simultané de plusieurs choses nouvelles, serait-il à souhaiter que les premières expériences fussent effectuées avec les pressions de 1ᵏ,40. Après
n'avoir pu exécuter sa machine en France, M. Verrier est allé en Italie

chercher les chances d'en faire l'application, et la justesse ainsi que la nouveauté des idées qu'il a émises dès 1859 méritent une réussite dont la navigation profitera sans doute beaucoup.

Machine de M. Benjamin Normand, sur l'Éclair.

M. Benjamin Normand, fils du constructeur du *Napoléon* de la poste, en 1840, et de plusieurs navires ayant une marche et des qualités nautiques très-remarquables, a fait au Havre plusieurs applications des idées précédentes en modifiant d'anciennes machines de paquebots et les rendant très-économiques relativement à leur premier état. Ainsi le paquebot du Havre à Caen, *l'Éclair*, qui avait des cylindres oscillants système de Penn et construits par Ravenhill, de 0^m,876 de diamètre et 0^m,914 de course, a eu un de ses cylindres remplacé par un plus petit de 0^m,596 ayant la même course que le premier, de sorte que les volumes sont comme 1 : 2,17. M. Normand adopterait le rapport de 1 à 4 pour des appareils neufs qui n'imposent pas les exigences d'un ancien matériel et du navire auquel il est assorti. Sur *l'Éclair*, les bâtis, la plaque de fondation et les paliers des tourillons de cylindre n'ont pas été modifiés. La vapeur de la chaudière a 6 ou 7^k de pression arrive au tourillon central dans une boîte où se trouve, le registre et elle s'introduit dans le petit jusqu'à mi-course, s'échappe par le tourillon extérieur et se rend dans un réservoir intermédiaire placé à l'avant de la machine et formant une caisse de 1^m,60 de haut sur 0^m,82 carré, dont le bas repose sur le navire. Cette caisse a sur le côté une tubulure munie d'une soupape de sûreté pour le cas où la pression intérieure serait trop élevée, et elle communique à volonté par un tuyau avec celui d'arrivée de vapeur. De la partie supérieure de cette caisse située à l'opposé, c'est-à-dire parallèlement à l'axe de l'arbre, part une autre caisse ronde solidement rivée, de 3^m,80 de long et 0^m,380 de diamètre qui contient 48 tubes horizontaux de 0^m,05 de diamètre et environ 3^m de long, ce qui donne de 22 à 23 mètres carrés de surface. De l'extrémité opposée du réservoir part le tuyau de vapeur qui va déboucher dans le tourillon du grand cylindre où l'introduction dure jusqu'à mi-course, et l'évacuation s'opère par le tourillon du milieu pour se rendre au condenseur qui de même que la pompe d'air est disposé comme à l'ordinaire. D'après cette description, voici comment fonctionne le surchauffeur : la vapeur déjà détendue dans le petit cylindre, arrive dans le réservoir par un tuyau plongeant pour que l'eau qu'elle contiendrait tombe au fond, un robinet la laisse sortir ; cette vapeur passe dans l'intérieur des tubes et se rend au grand cylindre avec la chaleur reçue de la vapeur arrivée de la chaudière par un tuyau spécial pour remplir le réchauffeur. Il résulte de cette disposition qu'à partir de sa sortie de la chaudière, la vapeur ne reçoit plus de chaleur et que son action économique est due aux conditions dans lesquelles on la maintient. Sur le paquebot à hélice *l'Albert*, M. Benjamin Normand a employé avec succès la surchauffe intermédiaire.

L'intérêt et la nouveauté de ces machines méritent de relater ce qui a été recueilli sur leur origine. Dès 1836, M. Benjamin Normand en avait établi les principes ; il devait en construire une pour l'Exposition de 1855, mais des obstacles imprévus empêchèrent de réaliser ce projet. Dans un brevet du 26 juin 1856, M. Normand expose ainsi les principes du nouveau mode de fonctionnement :

« Dans les machines de Woolf, où la vapeur exerce une action expansive dans deux cylindres successifs de volumes croissants, le refroidissement extérieur qui peut avoir eu lieu dans le premier cylindre et celui qui résulte de la première portion du travail déjà fournie opère la condensation d'une partie de la vapeur. Cette vapeur ainsi mélangée intimement de parcelles liquides est d'un emploi désavantageux, auquel ne remédient qu'imparfaitement les enveloppes de vapeur du second cylindre.

« Je propose de faire passer la vapeur dans son circuit du premier au second cylindre dans un réservoir pour séparer toutes les parties condensées. Je propose aussi de dessécher cette vapeur dans un appareil spécial et même de la surchauffer légèrement pour prévenir toute condensation dans la seconde partie de son travail. Pour éviter toute élévation exagérée de température, ce surchauffeur serait opéré par des tubes chauffés par de la vapeur à haute pression, soit dans le réservoir de la vapeur, soit une capacité spéciale. »

Cette nouvelle manière d'employer la vapeur a permis de simplifier le mécanisme en conjuguant deux cylindres à angle droit et en se servant du surchauffeur pour compenser les désaccords des introductions et des évacuations, comme on a vu qu'on l'a fait tout récemment dans l'appareil du Loiret. Malgré ses efforts, M. Normand n'a pu faire d'applications que dans les conditions défavorables de quatre machines modifiées, l'une de 50 chevaux, celle du *Furet* de 24, de *l'Éclair* de 80 et de *l'Albert* de 100.

Les idées de M. Normand se sont trouvées, comme on l'a vu, presque simultanément émises par M. Pierre Verrier, de Marseille, qui, à la date du 11 février 1860, a pris un brevet pour la machine dite à contre-pression et à grande détente dont il a été question plus haut. En présence d'une conformité presque complète d'idées et de moyens, MM. B. Normand et P. Verrier se sont réunis pour l'exploitation en commun de leurs brevets respectifs.

Expériences de l'Éclair et de l'Orne.

Des expériences très-intéressantes viennent d'être faites entre deux machines, jadis semblables, dont l'une a été modifiée par M. Normand ; elles ont été exécutées avec soin par M. le général Morin, directeur du Conservatoire, et par le sous-directeur, M. Tresca. Les deux navires *l'Orne* et *l'Éclair* ont été construits par M. Normand père, ils sont presque semblables, et pendant longtemps tous les deux ont eu les machines à cylindre oscillant construites par M. Ravenhill. La seule modification extérieure a été celle des roues à aubes articulées dont le diamètre au centre de suspension des aubes est 3^m,20 sur *l'Éclair*, au lieu de 3^m,36 sur *l'Orne*. Le 1er juillet 1863, on a fait le trajet du Havre à Rouen et retour ; seulement, *l'Orne* est parti, les deux fois, quelque temps avant *l'Éclair* et a eu ses feux dans des conditions différentes, lorsqu'on a commencé chacun des parcours. On a obtenu les résultats suivants :

	Orne.	Éclair.
Course des pistons.	0^m,915	0^m,915
Diamètres des cylindres.	0^m,890	{ 0^m,876 0^m,596
Heures de marche du Havre à Rouen.	5^h,0'	4^h,34
— de Rouen au Havre.	5^h,38'	5^h,36'
Durée des deux trajets.	10^h,38'	10^h,10'
Nombre total de tours.	24.670	27.820
Moyenne par minute.	38,96	45,60
Vitesse estimée en nœuds	11.50	12,00
Pression aux chaudières (moyenne).	1^{at},8	5^{at},20
Pression moyenne dans le cylindre à basse pression à l'indicateur.	1^k,20	1^k,20
— dans le cylindre à haute pression de *l'Éclair*.		2^k,20
Puissance moyenne développée en chevaux de 76^{km}.	230^k	250^k
Charbon consommé pour tout le temps de marche (allumage non compris).	6.050^k	3.770^k
Nombres proportionnels.	100^k	62^k
Charbon dépensé par heure.	570^k	370^k
Charbon par cheval sur les pistons.	2^k,45	1^k,50

Il est à regretter qu'on n'ait pas connu d'une manière ausssi positive les résultats de la machine à hélice dans laquelle M. B. Normand a plus complétement exécuté ses idées, et dont on va dire quelques mots.

Machines a hélice de l'Albert.

Sur le paquebot de ce nom, M. Normand a disposé la surchauffe intermédiaire d'une manière plus complète; la machine à cylindres oscillants a été transformée de la même manière que sur *l'Éclair*, mais les chaudières et la condensation ont reçu des modifications importantes. La première se compose de trois corps parallèles à la quille, ayant la forme des chaudières de locomotives, c'est-à-dire avec une boîte à foyer carrée et une longue boîte à tube cylindrique. Les deux chaudières extrêmes sont à haute pression, c'est-à-dire 6 à 7^k par centimètre; elles n'emploient que de l'eau distillée. Au contraire, celle du milieu ne vaporise que de l'eau de mer et ne reproduit de vapeur qu'à une pression peu élevée, 2^k à $1^k,50$ par centimètre.

Elle sert de réservoir intermédiaire et en même temps de distillateur pour produire de l'eau douce, lorsque celle du condenseur n'est pas suffisante. La vapeur des deux chaudières extrêmes fonctionne dans le cylindre à haute pression et quand elle a déjà été détendue, elle se rend à la chaudière intermédiaire où elle se mêle à la vapeur directement produite, en lui prenant ou lui rendant de la chaleur suivant les différences; de la sorte il n'y a rien de perdu, et cette chaudière intermédiaire remplit le rôle de réservoir pour compenser le désaccord des introductions d'une manière beaucoup plus utile que sur *l'Éclair*.

Condensation par mélange avec de l'eau refroidie.

La principale particularité de l'appareil de M. Benjamin Normand consiste dans la manière qu'il adopte pour produire la condensation afin d'avoir l'eau douce indispensable à sa pression de régime. Il emploie le mélange par une injection ordinaire, mais il ne le fait qu'avec de l'eau douce qui, après avoir eu sa température élevée en prenant la chaleur latente de la vapeur, va se refroidir dans un appareil spécial disposé comme un condenseur tubulaire. C'est une grande caisse de 2^m de large, $3^m,80$ de long et $1^m,30$ de haut que le manque de place a fait mettre sous les longues boîtes à tubes des trois chaudières et qui a été entourée de poussier pour la préserver de la chaleur contraire à son rôle. Elle a une chambre à chacune de ses extrémités, et ses tubes, de 2^m,20 de longueur, sont engagés dans deux plaques de tête ; ils sont horizontaux, placés en travers du navire sur 20 rangées horizontales et 24 verticales. De la sorte, un mètre cube de l'ensemble contient 100 mètres carrés de surface réfrigérante et suffit pour refroidir l'eau nécessaire à 100 chevaux de 200^{km} ou 266 chevaux de 75^{km}. L'eau de la mer entrée par le coin de l'avant remplit les intervalles entre les tubes et sort par un tuyau opposé ; de sorte que la vitesse du navire suffit à la circulation. Quant à l'eau tiède du condenseur, elle a son parcours augmenté par deux cloisons entre des plaques de tête, de manière à la forcer de parcourir trois ou quatre fois la longueur des tubes avant de retourner au condenseur pour remplir son rôle habituel. Il résulte de la conservation du condenseur par mélange que la pompe à air a le même volume, mais son travail est diminué, parce qu'elle n'a pas de colonne d'eau élevée à vaincre.

Nous observerons au sujet du procédé adopté que, par le fait, il faut toujours enlever la même quantité de chaleur, que ce soit directement à la vapeur ou à l'eau qui s'en est déjà emparée ; seulement il y a cette différence que, dans le premier cas on s'adresse avec de l'eau à 15° ou 20° à de la vapeur qui a 70 ou 80° ou plus, suivant les machines ; tandis que dans le second il s'agit de refroidir de l'eau à 40°, si le vide est bon, avec celle qui est à 20°. Il y a donc une très-petite différence, ce qui s'oppose au passage d'une grande quantité de chaleur dans le même temps ; de même qu'une colonne d'eau peu élevée n'occasionne qu'un écoulement lent, et comme il s'agit de refroidir beaucoup d'eau à la fois, il faut compenser la lenteur par l'étendue de l'action, c'est-à-dire de surface. Il reste à savoir si l'eau qui s'empare mieux de la chaleur à l'état liquide qu'à celui gazeux, ou en vapeur, ne compense pas le peu de différence de température par cette qualité. Il est probable qu'il en est ainsi, puisqu'on peut avec ce procédé maintenir le vide à 0^m,66 de mercure. M. Normand donne à son réfrigérant une surface à peu près égale à celle de chauffe, ce qui le rend aussi volumineux et plus lourd que celui de la vapeur ; mais comme il ne produit pas de force par les différences de pression, il n'a pas besoin de la perfection de tous les joints pour éviter des fuites nuisibles. L'eau sortie du condenseur est à 30°, et l'eau douce refroidie pour servir de nouveau est à 20° ; ces températures varient suivant celles de la mer, et dans les pays chauds il y aurait perte de vide avec ce système comme avec les condenseurs ordinaires. Dans les détroits de Malacca et de la Sonde, l'eau est assez échauffée pour rendre la pompe à air insuffisante et pour nuire au vide.

La quantité d'eau en circulation est assez faible pour ne pas être considérée comme une surcharge; mais aussi le graissage des tiroirs et des pistons doit la charger très-promptement de matières nuisibles à son fonctionnement, en ce qu'à mesure qu'elle se mêle à des matières grasses, elle perd les qualités de l'eau pour se rapprocher de celles des corps gras ou des huiles et couvre les surfaces d'une couche de matière non conductrice dont l'effet doit être aussi nuisible pour refroidir de l'eau que de la vapeur. Cependant M. Normand assure que les réfrigérants de *l'Albert* font des trajets de huit jours, sans que le condenseur s'en ressente beaucoup et sans perdre assez pour forcer à s'arrêter pour nettoyer, et il ajoute qu'on a fait jusqu'à 20 trajets sans rien visiter. Pour nettoyer les tubes, on se sert de savon noir, qui est préférable à la potasse. Si ce système arrive à soutenir un long service, et si, par les sels de cuivre qu'il est aussi exposé que tout autre à contenir dans son eau, il ne nuit pas aux chaudières en tôle, on croit pouvoir avancer déjà que les marins auront une tendance naturelle à le préférer. En se servant de l'injection ordinaire, il permet de revenir aussitôt à l'emploi de l'eau de mer sans courir les risques d'avoir sa marche diminuée par un vide devenu chaque jour plus mauvais, comme les condenseurs de Hall l'ont éprouvé si longtemps, ou même sans être exposé à se voir arrêté inopinément par une fuite de l'un de ses innombrables tubes. En marine il faut pouvoir marcher mal s'il arrive un accident, mais ne jamais courir les chances d'être arrêté complétement.

MACHINE THERMO-EXPANSIVE DE M. WENHAM.

Le réchauffage intermédiaire montrait une de ses dispositions dans une locomobile exposée par M. Wenham. Le croquis (*fig.* 5 et 6, Pl. XVI) en donne une idée générale, et voici quel en est le fonctionnement : la vapeur arrivée de la chaudière travaille dans le petit cylindre *b*, elle en sort par le tuyau *e* et pénètre dans un régénérateur ou chambre à réchauffer placée à l'extrémité de la chaudière, ou dans la boîte à fumée dont on voit les tubes sur la figure 5. De là elle sort par le tuyau *f*, fonctionne dans le grand cylindre *a* et sort par le tuyau *h* pour utiliser ce qui lui reste de pression à activer le tirage de la cheminée *i*. Les cylindres sont placés sur le sommet de la chaudière comme dans les locomobiles ordinaires ; ils ont chacun leur mouvement et agissent sur des manivelles placées à angle droit l'une de l'autre. Pour mettre en marche, il y a un robinet qui introduit à volonté la vapeur de la chaudière dans le grand cylindre ; la détente séparée ne commence que lorsque le robinet est fermé. Comme cette machine ne condense pas, les pistons seront très-échauffés ; il reste donc à savoir comment ils se comporteront, de même que leurs cylindres, et s'ils ne seront pas grippés par l'absence de graissage et d'humidité. L'inventeur applique son système aux machines à condensation et il veut même le pousser jusqu'à détendre dans trois cylindres successifs avec des réchauffages intermédiaires.

Idées du docteur Williamson.

M. Williamson, professeur à l'*University college*, faisait exécuter une machine de 80 chevaux, pour pousser très-loin la détente successive. Il comptait avoir quatre cylindres parallèles ayant chacun leur manivelle et employer de la vapeur à 9 atmosphères. Il introduit dans deux premiers cylindres à simple effet, pour n'agir qu'à l'opposé de la tige du piston, parce qu'à de telles pressions les garnitures seraient brûlées. Les deux premiers cylindres devaient agir sur des manivelles opposées ou équilibrées. La vapeur se détendait ensuite dans le troisième, puis dans le quatrième cylindre, de sorte que les deux premiers étant à simple effet, c'est comme s'il y avait trois cylindres à double effet. A chaque sortie, la vapeur retournait vers la chaudière pour y prendre de nouvelle chaleur avant de travailler dans le suivant. Il sera curieux de connaître les résultats de ces détails et de ces surchauffes successives, qui, poussées si loin, finissent presque par transformer la machine à vapeur en machine à gaz.

Machine de MM. Allen et Stewart.

Enfin, et seulement pour ne rien omettre, il y avait à l'Exposition un modèle en verre et en bois d'une machine à double piston patentée par MM. Allen et Stewart, dont le croquis (*fig.* 4, Pl. XVI) donne une idée. Elle est composée d'un énorme cylindre bouché aux deux bouts, dans lequel se meuvent deux pistons *a* et *b*, guidés par la barre de fer *d d*, et réunis entre eux par des tiges *c* qui, en sortant du grand cylindre, servent à transmettre la force et le mouvement à l'extérieur. De plus ces deux pistons sont réunis par un cylindre *c c* qui glisse dans des presse-étoupes $c'c'$, établis tout autour du trou pratiqué dans la cloison fixe $m\,m$. Il en résulte que l'espace annulaire compris entre le cylindre extérieur et celui qui est mobile en dedans $c\,c$, représente le petit cylindre d'une machine de Woolf ordinaire. Il pousse tantôt la partie annulaire de l'un des pistons, tantôt l'autre, et tout l'intérieur du cylindre mobile $c\,c$ ne sert à rien. Quant aux pistons extrêmes, il est évident que chacun d'eux est à simple effet. Il en résulte qu'il faut, indépendamment des épaisseurs des deux pistons, de la cloison et des deux couvercles, une longueur de machine égale à trois fois la course et un volume presque quadruple de celui d'une machine ordinaire, ce qui rend ce système impraticable sur mer. C'est le même tiroir qui opère la distribution des trois cylindres par six orifices, placés à la suite les uns des autres sur une face plate adossée verticalement au cylindre.

Parmi les machines de terre, il y avait celle de M. Scribe, en Belgique, ayant une course très-considérable et néanmoins ses cylindres se trouvaient bout à bout, ce qui entraînait à des conduits de distribution dont la longueur devait nuire au fonctionnement.

RÉSUMÉ.

Les machines, dont le but est d'économiser la vapeur produite par la détente dans un second cylindre, et connues généralement sous le nom de *machines de Woolf*, présentent les caractères suivants :

Machines à balancier.

1° La plus ancienne est la machine de terre à balancier supérieur dont les cylindres adossés sont placés verticalement et articulent leurs tiges de piston au parallélogramme, celle du cylindre extérieur est à l'extrémité et celle d'en dedans au milieu de la tige intérieure de ce même parallélogramme. Les pistons ont alors des courses un peu différentes. La vapeur entre d'abord dans le petit cylindre, et passe dans l'extrémité opposée du grand. La distribution est par conséquent croisée, et les conduits qu'elle suit ainsi ont toute la longueur des cylindres.

D'anciens appareils ordinaires ont été transformés après coup en machines de Woolf, surtout à Manchester, et ont donné de bons résultats économiques. Nos vieilles machines à balancier, à roues à aubes subiraient aussi avec avantage une telle transformation, et la solidité de leurs pièces résisterait probablement au surcroît de puissance qui en résulterait.

Cylindres l'un au bout de l'autre.

2° On peut aussi placer les cylindres bout à bout avec leurs pistons, menés par la même tige ou par trois tiges réunies sur une traverse, celle du milieu pour le petit piston et les deux autres passant des deux côtés du petit cylindre.

En augmentant la longueur de la traverse et installant le mouvement avec des bielles pendantes, on pourrait avoir deux paires de cylindres opposés et inclinés, dont les quatre bielles s'articuleraient à l'arbre placé entre les deux cylindres, qui aurait toute sa longueur prise dans un seul coussinet, ou du moins il n'en aurait que deux. Cette disposition serait une des plus simples et des plus compactes, tout en ayant ses parties accessibles et des presse-étoupes extérieurs pour toutes ses tiges de piston.

Le plus souvent les deux pistons sont sur la même tige, et alors la bielle est à la suite de la sortie par le grand cylindre, comme dans la machine du *Mooltan*, ou bien si le cylindre est couché, le grand cylindre a deux tiges, et les mouvements sont disposés en bielle en retour. Dans ces deux dispositions la vapeur va d'un tiroir à l'autre et parcourt de très-longs conduits.

3° On peut aussi faire marcher les deux cylindres avec des bielles directes articulées sur des manivelles parallèles; cette disposition n'est pas usitée, et la vapeur parcourt aussi la distance d'un bout d'un cylindre à celui de l'autre.

Cylindres concentriques.

4° Les deux cylindres sont aussi placés l'un dans l'autre, celui à haute pression au centre, et le second a dès lors un piston annulaire avec garnitures en dehors et en dedans. Les deux tiges et celle du piston central sont réunies dans une même traverse du milieu de laquelle part la grande bielle qui est directe ou en retour.

Introduction directe d'un cylindre à l'autre.

Dans toutes les dispositions précédentes, les deux pistons marchent ensemble, et la vapeur qui sort par le bout de l'un est forcée d'aller cher-

cher l'extrémité opposée de l'autre. On a cherché à éviter cet inconvénient en faisant marcher les pistons à l'envers l'un de l'autre, pour que
les introductions comme les évacuations se fassent directement. On attribue beaucoup d'économie à cette disposition, au point de se laisser
entraîner à des mécanismes trop compliqués.

5° Pour obtenir ce résultat, on pourrait articuler les deux machines aux
deux extrémités d'un balancier, comme page 283 : ce n'est pas usité.

Manivelles équilibrées.

6° On a plutôt adopté le mouvement des manivelles opposées ou équilibrées, placées chacune devant un des cylindres, pour que l'un des pistons
monte quand l'autre descend. Mais comme de la sorte, ainsi que pour
tous les mouvements précédents, on a en même temps les deux bielles en
ligne droite avec leurs manivelles, il a fallu avoir deux jeux de machine
ou un volant pour éviter les arrêts aux points morts et régulariser le
mouvement, ce qui a porté le nombre des cylindres à quatre.

Machines à trois cylindres.

7° Enfin on a disposé des machines avec trois cylindres adjacents de
diamètres égaux ou différents, celui du milieu recevant la vapeur de la
chaudière et la détendant ensuite dans les deux voisins, qui la déchargent
dans les condenseurs. Les trois pistons ont eu leur mouvement lié par une
traverse et ont marché ensemble, ce qui forçait la vapeur à aller d'une
extrémité à l'opposé. On a voulu arriver à l'introduction directe en mettant la manivelle du cylindre milieu à l'opposé de celles des cylindres
latéraux pour que les pistons marchent à l'envers ; mais alors les points
morts ont forcé à l'adoption de deux jeux de trois cylindres chacun
placés à l'opposé l'un de l'autre. Enfin, pour éviter cette complication et
cependant obtenir une rotation régulière, on s'est borné à trois cylindres
adjacents, avec leurs trois jeux de manivelles à 120° l'un de l'autre ; mais
dès lors il y a eu désaccord entre les évacuations et les introductions du
cylindre situé au milieu et des deux extrêmes, ce qui a conduit forcément
à l'adoption d'un réservoir d'une capacité suffisante pour compenser ces
désaccords par son volume et maintenir une pression assez uniforme.

Dans toutes ces combinaisons, la vapeur est employée telle qu'elle est sortie de la chaudière; si elle a été réchauffée, elle fonctionne mieux, mais ne subit pas de modifications postérieures.

Vapeur surchauffée entre les deux cylindres.

8° La vapeur a donc encore des pertes par le refroidissement, et l'on a cherché à les éviter en la faisant retourner vers un surchauffeur particulier et isolé, ou contenu dans la boîte à fumée ou la culotte de la cheminée, pour y prendre de nouvelle chaleur avant d'agir dans le deuxième cylindre; le volume de ce réchauffeur a servi à compenser le désaccord des pistons. Si la surchauffe n'est pas poussée au point de nuire aux cylindres, surtout lorsqu'ils sont horizontaux, il y a beaucoup à espérer de cette combinaison.

Pressions de régime différentes.

9° À toute cette variété il faut ajouter les différences des pression employées, quel que soit le mouvement. On a voulu l'élever à huit ou neuf atmosphères; mais de telles tensions sont dangereuses et presque impraticables dès que les chaudières deviennent grandes; aussi l'on s'est borné à quatre ou cinq atmosphères effectives, et pendant longtemps il a été admis que ces pressions étaient indispensables au fonctionnement de la machine de Woolf. C'est ce qui a empêché l'adoption de ce genre d'appareil sur mer; car se servît-on d'eau douce pendant des trajets d'une durée courte, il sera toujours dangereux d'avoir des pressions élevées dans le fond des cales, parce que le moindre accident a des conséquences très-graves. Ainsi, à bord du *Comte d'Eu*, il est sorti de trois chaudières à deux foyers chacune, travaillant alors à $4^k,75$ par centimètre carré une masse de vapeur de 4.500 mètres cubes avant que la pression fût tombée à celle de l'air ambiant. L'imagination est effrayée des terribles conséquences d'un pareil événement dans un vaisseau. Il est bien plus à craindre sur mer qu'à terre, tant à cause des localités que de la corrosion inévitable qu'éprouvent les tôles et les rivets dans le fond d'une cale humide, et avec un manque d'espace qui empêche d'entretenir non-seulement le fond des chaudières, mais le plus souvent trois de leurs quatre faces verticales. Quels que soient les perfectionnements des chaudières, ce ne seront jamais ceux qui connaissent dans quelles conditions on les met à bord qui consentiront à élever les pressions à ce qu'elles sont sans danger à terre. Aussi la véritable application pratique et maritime des machines à double cylindre date de l'époque où l'on a cru que leur principe était applicable aux pressions usitées maintenant, c'est-à-dire à une atmosphère et demie ou une et trois quarts, limite que l'amirauté et le commerce anglais ne dépassent pas plus que notre marine. Mais alors l'emploi de chemises et le réchauffage de la vapeur deviennent nécessaires pour arriver à une économie qui soit en rapport avec les sacrifices effectués.

Obstacles à l'emploi des hautes pressions sur mer.

Aux dangers dont il vient d'être question, l'eau de mer ajoute des obstacles probablement insurmontables à l'emploi des hautes pressions, du moins pour un long service, car dans les expériences de courte durée, il est rare que les espérances de toutes natures ne soient point réalisées. Cet obstacle est la propriété de l'eau de dissoudre d'autant moins de sel qu'elle est plus chaude. S'il y a une température où elle tient le plus de sel possible en dissolution, il y en a aussi une à laquelle ce corps étranger se sépare spontanément et tombe comme si c'était de la terre glaise ou du sable. C'est vers 140° à 150°, c'est-à-dire à 4 ou 5 atmosphères de pression, et l'on a établi une table des quantités de sel qu'on pouvait dissoudre depuis 100° jusqu'à 150°. Il résulte de ce phénomène que les extractions par lesquelles nous parvenons à préserver nos chaudières d'incrustations trop épaisses doivent être d'autant plus abondantes que les pressions sont plus élevées, qu'elles arrivent alors à un sacrifice plus grand que les profits des hautes pressions ou qu'elles laissent les chaudières s'encombrer de sel, si elles ne sont pas suffisantes. De plus, il y a une limite assez restreinte, à laquelle la chaudière se remplirait de sel en dépit des extractions.

Nous en avons eu des preuves dans les chaudières de nos canonnières, et ce n'est qu'en ne s'élevant pas à leur pression maximum qu'on a pu les employer. Encore est-il possible que l'explosion certaine de l'une d'elles et probable de l'autre aient été dues à quelque cause de ce genre. Il est à regretter qu'on n'ait pas approfondi cette question sur des chaudières semblables et encore existantes. C'eût été au moins une sécurité pour l'avenir et une instruction acquise, puisque la vie des équipages n'a point paru avoir assez de valeur pour mériter un procès-verbal afin de justifier les événements de leur perte comme de celle d'un aviron. On a laissé passer sans plus d'attention les causes de leur mort que de celle des quatorze hommes du *Comte d'Eu* et des vingt-deux du *Roland*. C'est très-peu flatteur et très-peu rassurant pour les familles des marins qui naviguent.

Les condenseurs tubulaires permettent-ils l'emploi des pressions élevées?

Comme il faut de l'eau douce pour les hautes pressions, il semble en effet que les condenseurs tubulaires sont la vraie solution du problème et qu'ils présentent la sécurité désirable, puisqu'ils donnent de l'eau distillée et ne la mêlent qu'à de la graisse provenant des pistons et des tiroirs. Malheureusement, il est à craindre que, malgré la nouvelle faveur dont ils jouissent, ces condenseurs ne réalisent pas les espérances, et ils ont été si peu modifiés qu'ils font craindre les mécomptes de ceux qui les ont précédés. S'ils se bornent à refroidir de l'eau, ils sont exposés aussi à ne plus bien fonctionner, mais au moins alors nous avons vu qu'on pouvait se passer d'eux.

Dans les deux cas ils menacent cependant de nuire à la chaudière qu'ils ont pour but de conserver en la préservant du sel, et quoiqu'il n'y ait pas encore de faits bien avérés, ils inspirent des craintes assez sérieuses pour porter à n'adopter ces procédés qu'avec prudence. Ainsi le cuivre de tous leurs tubes est toujours en contact avec l'eau et la graisse par toute sa vaste surface, et cette eau qui est en petite quantité circule rapidement de la chaudière au condenseur et du condenseur à la chaudière; cet effet n'est jamais interrompu, et il doit finir par y avoir du cuivre dans cette eau graisseuse. Il en résulte que, puisqu'elle va baigner les tôles des chaudières, elle expose à une influence galvanique et à une cause de destruction semblable, mais moins active que celle qui ronge les plaques de fer des navires blindés doublés de cuivre. Il y a déjà dans la Méditerranée une chaudière dont la fin prématurée a été attribuée à cette cause, qui est d'autant plus énergique que la durée des trajets est plus longue, et qui doit être presque nulle dans les machines qui prennent souvent de nouvelle eau douce. On peut être étonné que ces effets n'aient pas été signalés jadis; c'est sans doute parce que les condenseurs de Hall furent généralement employés pour préserver des chaudières en cuivre rouge, comme sur les anciens paquebots de la compagnie des Indes, et que la similitude des métaux éloignait toute influence mutuelle. Il y a dans ce qui vient d'être dit un sujet de graves préoccupations et une nécessité urgente de connaître les résultats à mesure qu'ils se présentent.

Les profits de la haute pression sont peu considérables sur mer.

Quoique sur mer chaque tonneau ait sa valeur, il est probable qu'on exagère les profits des hautes pressions ; ainsi pour la machine ils ne consistent que dans une réduction du volume du cylindre et du tiroir ; car, à puissance égale, ce sont les seuls organes qu'on puisse modifier. Tous les renvois de mouvement : tiges de piston, bielles, arbres, doivent rester les mêmes, ainsi que les bâtis et les paliers ; car ces pièces sont uniquement destinées à résister aux efforts, et peu leur importe d'être poussées par un piston d'un demi-mètre carré de surface avec une pression de 4^k par centimètre carré, ou par un piston de 2^m de surface soumis à à 1^k de pression : les efforts sont les mêmes, et c'est notre peu de pression qui seule rend possibles ces pistons ayant en diamètre près de deux fois leur course, qui ressemblent par ces proportions à ceux des poinçons perçant les tôles ou des boutroles écrasant les rivets. Quant aux chaudières, il leur faut la même surface de chauffe et de grille, puisque la quantité de chaleur est la même quelle que soit la pression ; il n'y a guère de gain que sur la chambre de vapeur qui contient un gaz plus dense et sur la quantité d'eau. Mais l'élévation de la pression force à consolider les chaudières par de nombreuses armatures, elle limite l'étendue des surfaces, même lorsqu'elles sont cylindriques, et elle forcerait à une multiplicité de corps de chaudières qu'il serait impossible de faire entrer dans un navire. En outre les dangers de parties affaiblies par la rouille augmentent au moins en raison des pressions ; ils diminueraient la durée des appareils ou exposeraient à des catastrophes. Tout ce qui vient d'être exposé montre donc qu'il faudrait de bien grands profits pour compenser de tels défauts, et que si, avec de grandes détentes, les pressions élevées sont avantageuses, il est possible d'amener celles de nos chaudières marines à les équivaloir par la surchauffe.

Raisons d'être des Machines à double cylindre.

On peut demander pourquoi la détente séparée, dont on vient de parler si longuement, présente assez d'avantages pour entraîner à des complications mécaniques et à des poids additionnels, lorsqu'il est facile de produire l'expansion dans le même cylindre. Ainsi pourquoi y a-t-il une différence entre produire la même puissance en introduisant de la vapeur pendant le quart de la course d'un grand cylindre pour la détendre ensuite et avoir des cylindres dans le rapport d'un à quatre qu'on remplit successivement tous les deux? Il semble que c'est exactement la même chose. En effet, ce serait vrai si la manière de fonctionner de la vapeur n'occasionnait pas des refroidissements intérieurs. Ainsi toute sa force utilisée provient d'alternatives de pressions fortes ou faibles, et comme il y a une liaison inévitable entre les pressions et les températures, il en résulte que l'action du piston est due à des alternatives de chaud et de froid. Dès lors il y a des différences suivant les durées respectives de ces alternatives, et pour en donner une idée, supposons que le cylindre reçoive de la vapeur pendant toute la course; il en résulte que ses parois ainsi que les deux faces des pistons seront la moitié du temps en contact avec la vapeur de la chaudière, 125° par exemple, et l'autre moitié avec celle du condenseur 40°. Si donc il n'y avait aucune influence extérieure, la température du piston et de tout l'intérieur du cylindre serait la moyenne, 82° par exemple. La vapeur qui entre trouvera donc des parois à environ 82°, et c'est évidemment la température la plus élevée possible, en admettant qu'il n'y a aucune cause extérieure. Si au contraire on n'introduit que pendant le quart de la course, il ne sera entré que le quart de la chaleur, et comme le vide est à la même température, tout l'intérieur sera beaucoup plus froid, 36° environ. Or que se passe-t-il? La vapeur à 125° arrive tant que l'orifice du tiroir est ouvert, et quand même elle serait en partie condensée par le froid relatif des parois, elle ne changerait pas de pression, puisqu'il en vient de nouvelle pour la soutenir; mais toute cette vapeur, accourue pour réchauffer la première ne produit pas d'effet dynamique, elle est perdue comme force, elle empêche seulement la première de perdre la sienne. Cet effet est d'autant plus sensible que dans nos machines à course très-courte, la surface couverte des gouttes de la condensation précédente sur le fond du cylindre et sur le piston est énorme relativement au volume, et il y a nécessairement de la vapeur condensée, que les courbes d'indicateur ne montrent pas, puisqu'elles ne mesurent que des pressions. C'est ce qui a fait croire si longtemps que les avantages de la détente de la vapeur pouvaient être calculés d'après la loi de Mariotte, comme s'il s'était agi d'un gaz. Il en est résulté de graves erreurs et surtout des chaudières insuffisantes qu'il a fallu changer, ou des consommations de charbon beaucoup plus élevées que les calculs de cette théorie.

Cependant il est possible de se faire une idée de ce qui se passe dans les cylindres, en se rappelant que les températures et les pressions se correspondent d'après des observations directes portées sur une table spéciale et que la rapidité de la condensation dans les cylindres en est une preuve. D'après ce principe, il n'y a qu'à prendre les ordonnées aux différents points de la course et voir sur la table des pressions quelles sont les températures correspondantes pour obtenir la température moyenne du cylindre. Pour bien faire, il faut se rapporter au cercle de la manivelle et non à la course du piston, afin que les temps pendant lesquels chaque température s'est présentée soient égaux. Ainsi prenant les températures d'après les courbes à diverses détentes d'une de nos anciennes machines à basse pression, on trouve les chiffres suivants :

	TIROIR. 0,8 d'introduction.		2e CAME. 0,5 d'introduction.		5e CAME. 0,15 d'introduction.	
	Vapeur.	Vide.	Vapeur.	Vide.	Vapeur.	Vide.
Moyennes...............	100°	65°,9	94°	57°,6	85°	57°
Température moyenne dans le cylindre. .	81°,9		75°,8		70°,0	
Différence entre la température pendant l'introduction et la détente et celle pendant le vide.	56°,1		50°,4		25°,7	
Différence entre la température moyenne et celle de l'introduction..	20°,1		26°,2		52°,0	

On voit d'après ces chiffres que toute la force de la vapeur dans nos machines est produite par une bien petite différence de température moyenne 36° au plus et 25°,7 au moins; tout le travail est dû à la chaleur latente ; or en considérant la différence de température de l'introduction à ce quelle est en moyenne, on voit que si l'on introduit pendant 0,8 de la course, la vapeur entrante trouve probablement des parois à 20° seulement au-dessous de sa température et que de plus son volume est très-grand relativement aux surfaces moins chaudes qu'elle touche. Au contraire quand on n'a que 0,15 d'introduction, la vapeur trouve en arrivant une surface de 32° c'est-à-dire de 38 p. 100 plus froide. De plus, quand on ne remplit que le quart de la course, la surface du cylindre compris entre le piston et le couvercle est très-grande par rapport au volume et cette surface est couverte des gouttes froides de la vapeur qui vient de se condenser un instant avant. Il n'est donc pas étonnant qu'il y ait beaucoup de vapeur employée seulement à maintenir la pression de celle qui arrive dans cette sorte de condenseur par surface. Du reste, l'expérience a montré qu'avec des machines à quatre cylindres, il n'y avait pas profit à détendre beaucoup dans l'appareil complet, relativement à ce qu'on obtenait en introduisant pendant presque toute la course dans deux cylindres et en ne se servant dans les deux cas que de la moitié de l'appareil évaporatoire. (Pour plus de détail, voir la deuxième édition du *Catéchisme du marin et du mécanicien* page 196.)

Il résulte de ce qui précède que le profit de la machine de Woolf est basé sur ce qu'introduisant pendant presque toute la course dans ses deux cylindres, elle maintient chacun d'eux dans les meilleures conditions. Selon toute probabilité, il ne lui est pas profitable de trop détendre dans chacun d'eux en n'introduisant que pendant le tiers comme nous l'avons vu, et alors c'est plutôt la surchauffe qui donne des profits. Ainsi en réduisant la pression au sixième de celle à l'entrée, il vaudrait mieux que les volumes fussent dans le rapport de 1 à 6, si pour le fonctionnement il n'y avait pas avantage à détendre un peu à la fin de la course et à mettre les cylindres dans le rapport de 1 à 4 ou de 1 à 5 comme on le fait d'habitude, en fermant la barrette à environ 0,8 de la course. S'il n'y avait pas de surchauffe, ce serait préférable à deux introductions pendant le tiers seulement pour arriver à occuper un volume 9 fois plus grand, comme nous l'avons vu plus haut. Les convenances locales, surtout à bord des navires, et peut-être les irrégularités de la marche empêchent ce qui vient d'être dit d'être toujours applicable sur mer.

Avant de terminer cet aperçu des effets de la détente, il faut observer que si elle est poussée très-loin dans le même cylindre, le volume doit non-seulement être augmenté dans le rapport de cette durée de l'expansion relativement à celle de l'introduction, mais que toutes les pièces de transmission de mouvement doivent être plus fortes. En effet, ce n'est pas au travail moyen qu'elles ont à résister, mais bien à l'effort maximum au commencement de la course, alors que la vapeur agit sur un piston dont la surface est exagérée en raison de la détente. Il y a donc là une compensation notable de l'addition d'un second cylindre, en ce qu'on doit à cette dernière combinaison de régulariser le travail pendant toute la course et, par suite, de diminuer la fatigue des pièces et même l'irrégularité de marche.

Effets de la surchauffe et moyens de la produire.

Ce qui précède amène à observer que, puisqu'il s'agit de préserver la vapeur des pertes inhérentes à son mode de fonctionnement, il serait peut-être aussi utile de lui donner à l'avance un surcroît de chaleur pour couvrir ses pertes, que d'éloigner les causes qui lui sont nuisibles. C'est ce qu'on a cherché à obtenir depuis quelque temps au moyen de la surchauffe de la vapeur. Pour cela on la fait passer dans des tuyaux de diverses formes plongés dans les gaz chauds qui s'élèvent dans la cheminée, et dont la température est en général tellement au-dessus de ce qui est nécessaire à un bon tirage, que par le fait on obtient la restitution de beaucoup de chaleur, sans avoir à faire la moindre dépense pour la produire. Aussi presque tous les appareils de ce genre ont été placés dans la boîte à fumée ou dans la partie inférieure de la cheminée désignée sous le nom de culotte. Quelques réchauffeurs ont une boîte à tubes droits rivés par leurs bouts à des plaques de tête ; la vapeur circule entre ces deux plaques et la fumée passe à travers les tubes placés verticalement dans la base de la cheminée. M. Maudslay a formé son surchauffeur d'une caisse de tubes placés horizontalement et par rangées verticales dans le haut de la boîte à fumée élargie en conséquence. Ces tubes, longs de $1^m,50$, ont leurs extrémités rivées dans des plaques de tête. Ils reçoivent la vapeur par un bout et la laissent sortir par l'autre, tandis que la fumée remonte entre eux vers la cheminée. Pour laisser plus de passage libre dans le même volume, ces tubes ont été aplatis sur leur longueur, mais non à leur rivure, et des portes tenues par des boulons servent à les introduire. L'eau alimentaire est aussi chauffée entre deux feuilles réunies par des boulons pour résister à la pression, et cette caisse plate est placée sur le devant de la boîte à fumée. Dans d'autres appareils les surchauffeurs sont des tuyaux s'élevant dans la cheminée, tandis que l'eau d'alimentation suit les longs replis d'un serpenteau qui tapisse les parois de la cheminée. Il y a beaucoup d'autres dispositions, mais toujours elles ont été placées dans la boîte à fumée. Souvent elles ont eu des fuites par des différences de dilatation, beaucoup plus à craindre dans des appareils destinés à chauffer un gaz et où les températures sont d'autant plus inégales qu'il y a des moments où rien ne circule dans les tubes. Ainsi, quand on chauffe avant de partir, l'appareil est vide et cependant plongé dans le feu le plus actif. C'est en général le défaut des appareils à tubes droits

20

disposés comme ceux de l'intérieur des chaudières, en ce que leurs différences de dilatation tendent à les faire sortir ou rentrer du trou de la plaque de tête et fatiguent le joint qui doit être étanche.

Surchauffeur Lafond sur le Fontenoy et la Gloire.

Pour éviter ces inconvénients des dilatations inégales, M. Lafond, capitaine de frégate, a composé son surchauffeur d'anneaux en fonte horizontaux, placés par étages au nombre de deux ou de trois dans la base de la cheminée; ils communiquent entre eux, mais leur ensemble est séparé en quatre parties par quatre cloisons verticales d'un côté desquelles arrive la vapeur de la chaudière, tandis que de l'autre elle s'écoule vers la machine. Ces anneaux sont percés à leur partie supérieure de trous sur lesquels on tient par des collets boulonnés des tubes en fer assez épais et ployés en U renversé; ils s'élèvent dans la cheminée, et forcent la vapeur arrêtée par les cloisons à suivre tout leur circuit pour se réchauffer. La Compagnie Arnault et Touache, de Marseille, les a adoptés pour tous ses navires. Deux d'entre eux, *le Zouave* et *l'Oasis*, ont prouvé par un long service qu'après avoir brûlé 119^k et 86^k par mille parcouru pour ne filer que $7',9$ et $7,8$, ils avaient obtenu par la surchauffe de filer $9,07$ et $9,03$ en ne brûlant que 99^k et 86^k; ce qui, en admettant les résistances proportionnelles au carré des vitesses, donne 37 et 26 p. 100 de gain. Ce sont les résultats d'un service de plus de 3.000 heures de chauffe pour chacun de ces navires, sans que les appareils aient souffert. *Le Fontenoy*, dont la machine était la plus économique de l'Escadre française après celle de *l'Algésiras*, a reçu un surchauffeur de M. Lafond et a fait des expériences qui, sans établir des chiffres aussi exacts que ceux obtenus à la suite d'un long service réel, ont montré clairement le genre de bénéfice qu'il faut en attendre. Ainsi, avec tout l'appareil évaporatoire allumé, le gain n'a été que de 12 p. 100, avec la moitié des chaudières 25 p. 100, tandis qu'avec le quart des feux en action le bénéfice s'est élevé à 37 p. 100 du combustible, en comparant chaque fois plusieurs heures de marche sans surchauffe à un nombre égal en surchauffant. Ces résultats montrent combien il y a de pertes dans une détente exagérée, et prouvent que c'est alors qu'il est important de donner un surcroît de chaleur. Voici les proportions qui ont été adoptées pour ces appareils: $0^{m2},185$ par cheval nominal, ou $2^{m2},80$ par mètre carré de grille, ce qui donne 43° de plus à la vapeur arrivant au cylindre qu'à celle qui monte dans les chambres de vapeur. C'est suffisant pour ne pas brûler les garnitures en chanvre, et surtout avec des cylindres horizontaux qu'il faut craindre d'user rapidement, si la chaleur est poussée trop loin et empêche les graisses et même un peu de rosée d'adoucir les frottements. Cette crainte a produit de l'aversion pour les surchauffeurs, surtout tant qu'on n'a pas été maître de les régler ; mais sur *le Fontenoy* on avait disposé les tuyaux de manière que, au moyen d'une sorte de registre en papillon, il était facile de faire passer instantanément la vapeur hors du surchauffeur pour baisser aussitôt la température, et même de mélanger les vapeurs sèches et humides de manière à obtenir la température désirée à l'entrée dans le cylindre. Il y a des thermomètres métalliques, celui de M. Desbordes, par exemple, qui sont assez solides pour être mis entre les mains des chauffeurs et pour permettre de régler la surchauffe avec autant d'exactitude que l'alimentation, l'injection ou toute autre fonction organique de la machine. En principe, il faut établir que son seul but est de s'opposer aux refroidissements, d'empêcher la force de la vapeur d'être perdue, mais nullement de produire elle-même un surcroît de force en augmentant la dilatation de la vapeur. Il n'y a qu'à considérer qu'alors la vapeur n'est plus qu'un gaz et qu'il faudrait élever sa température de 267° pour doubler son volume. La surchauffe sert surtout à vaporiser après coup la quantité considérable d'eau entraînée par la vapeur en s'évaporant dans la chaudière, et c'est sous ce rapport qu'elle a rendu de grands services sur les locomotives, sans détériorer les cylindres et les tiroirs.

La détente en cylindre séparé est-elle préférable à la surchauffe ?

Il serait très-difficile de connaître la part à faire à chacune des causes d'économie mentionnées, excepté lorsqu'elles sont employées ensemble : alors cette étude serait facile avec un surchauffeur bien disposé, en ce qu'il n'y aurait qu'à le supprimer pour connaître ce que la détente à la manière de Woolf produit par elle-même, et pour la comparer aux deux moyens réunis. Il est à regretter qu'aucune publication n'ait mentionné des essais de ce genre pour fixer les idées, afin d'adopter ce qui convient au rôle que l'appareil doit jouer, et surtout pour mettre à même d'obtenir quelques chiffres assez avérés pour baser des calculs à venir. Ce serait s'exposer à des erreurs que de coordonner des expériences isolées en cherchant à combler cette lacune.

Machine de MM. Ravenhill et Salkeld.

Mais revenons aux machines ordinaires dont nous avons été détourné par l'intérêt que présentent les appareils dans lesquels l'économie de combustible est le but principal, et reprenons l'examen de ce qui était exposé dans l'Annexe.

Nous remarquerons d'abord, quoiqu'elle ne soit représentée que par son modèle, la machine de M. Ravenhill qui, à l'époque où il était associé à M. Miller, a le premier exécuté des machines à bielle en retour mises à plat pour mouvoir directement l'hélice, lorsqu'en 1843 il fit l'appareil de *l'Amphion* d'après les plans de l'ingénieur Suédois, M. Holm. Cette machine montra, ainsi que celle de *la Pomone* en France, les premières pompes à air à double effet marchant directement par le piston à vapeur et employant des clapets en toile à voile avant l'invention du caoutchouc vulcanisé. Ce fut le perfectionnement le plus important de l'époque, celui qui a rendu pratique les machines battant un grand nombre de coups de piston. Lorsqu'on s'en est écarté pour en revenir aux grandes pompes à air à simple effet on a eu lieu de s'en repentir, et les exemples ont été nombreux en Angleterre comme en France. M. Ravenhill a exécuté 42 machines de cette sorte pour la marine royale Anglaise.

L'appareil exposé est à bielle en retour, ses cylindres sont horizontaux et situés du même côté de l'arbre : le tiroir vertical est en dehors, il a trois orifices et une longue course, sa boîte déborde le cylindre aux deux bouts. Il n'a qu'une tige guidée par une traverse terminée à chaque extrémité par un demi-cercle, qui glisse en frottant sur des tiges rondes servant de guide. Les bielles des excentriques sont un peu courtes. La coulisse Stephenson a la disposition ordinaire, elle est relevée par un bras tourné par une vis sans fin, comme dans les appareils de M. Penn. Les tiroirs reçoivent la vapeur par en dessus et la rejettent par côté, entre eux et le haut du cylindre. Les tuyaux d'évacuation se courbent pour se réunir au milieu et devenir parallèles jusqu'au sommet du condenseur, ce qui en dégageant les grandes bielles, amène ces tuyaux au-dessus du palier intermédiaire. Chaque condenseur est pour ainsi dire divisé en trois caisses communiquant par le bas et laissant entre elles le passage des tiges de piston, mais le milieu ne sert qu'à recevoir la vapeur ; les guides de tiges de piston sont en dessus et les pompes à air au-dessous sont adossée aux caisses extérieures qui contiennent les boîtes à clapet. Les bâtis au nombre de trois sont triangulaires et ne tiennent qu'au cylindre par des collets, la liaison avec le condenseur n'est pas mieux établie que dans les autres machines. Le serrage des trois coussinets est horizontal et opéré par deux boulons dont les écrous agissent sur un chapeau de palier en fer forgé, qui déborde et embrasse les bâtis par des crochets. Les portées paraissent avoir deux fois et demi le diamètre. Les manivelles n'ont pas de contre-poids. La pompe alimentaire est menée par le haut de la traverse en Z du pied de grande bielle; le corps de cette pompe est en saillie sur le côté de la caisse extérieure ou bâche, et très-facile à visiter, l'injection est à écluse et à l'arrivée de la vapeur du cylindre. Tous les presse-étoupes ont une boîte supérieure destinée sans doute à recevoir du suif, pour le cas d'un échauffement.

M. Ravenhill a aussi exposé une machine du même genre, mais à condensation par surface, qui ne diffère de la première que par les deux grandes caisses latérales destinées à contenir les tubes. La pompe à air a la même position, les tuyaux d'évacuation vont directement du tiroir au condenseur, le tuyau de décharge a la position ordinaire, mais les portes de visite sont entre les deux condenseurs et entre les paires de guides des glissières de tige de piston. La circulation de l'eau entre les tubes est produite par une pompe centrifuge placée de l'autre côté du grand arbre et communiquant par un gros tuyau avec le condenseur. Cette pompe est mise en mouvement par une roue dentée montée sur l'arbre et un pignon sur celui de la pompe. Ces deux engrenages sont dans le rapport de 4:13 et pour produire une circulation rapide sans avoir l'inertie d'une colonne d'eau à vaincre à chaque coup de piston, il est probable que ce genre de pompe agit au moins aussi bien que celles à mouvement alternatif.

MACHINES A CYLINDRE OSCILLANT.

Le même ingénieur exposait le modèle de la machine du Connaught, dont il a été question plus haut page 148. Ce sont les plus puissants cylindres oscillants qu'on ait faits, ils ont développé 4750 chevaux de 75^k : ils ont 2^m,49 de diamètre, seulement 1^m,98 de course 1:0,76, et pèsent 20^r; le condenseur d'une seule coulée en pèse 22^r. Ces machines sont d'une simplicité remarquable et qui est imitée de celle qui a contribué à tant répandre l'usage des cylindres oscillants de M. Penn. Elles sont alimentées par huit chaudières quatre en avant et quatre en arrière, et la paire de chaque bord a sa cheminée au-dessus d'elle, de sorte qu'il y a deux rangées de deux cheminées. Elles contiennent 4176 tubes d'une longueur totale de 7644 mètres. La première paire de machines de ce genre a été montée en 1838 et depuis l'établissement en a produit une puissance nominale de 22.000 chevaux. Les roues sont à palettes articulées avec l'excentrique sur l'élongis de tambour; la bielle motrice est formée de deux tiges, qui s'ouvrent pour venir se fixer sur les bords de l'excentrique, afin d'avoir la roideur nécessaire par leur empâture. Les axes des palettes sont sur une saillie latérale des rayons, qui sont courbés et placés en dehors des aubes, ce qui permet de les consolider en les joignant par un cercle extérieur, comme les anciennes roues à aubes fixes. L'arbre de cette roue est beaucoup plus gros au point où il porte dans le palier de la chaise que près des manivelles, c'est parce que la roue est en porte-à-faux sur la muraille du navire et qu'on a voulu qu'il résiste à la flexion. Ces machines travaillent avec une sécurité parfaite et sont certes le meilleur type pour les paquebots rapides, mais elles n'ont pas été adoptées pour le service transatlantique parce qu'elles n'ont jamais approché de l'économie des appareils à balancier, tandis que pour aller de Holyhead à Kingston avec une vitesse moyenne de 15ᵐ,5 de service courant (28ᵏ,73) il vaut mieux un appareil léger qu'économique.

L'établissement de M. Ravenhill exposait une petite machine de 100 chevaux à cylindres oscillants placés en regard, sous un angle moyen de 45 avec la verticale et agissant par leur tige sur la même manivelle. La soye de celle-ci était brisée en deux parties pour que l'une des machines pût marcher indépendamment de l'autre et elles étaient réunies par une sorte de manchon carré et une clavette. C'était tout au plus solide pour un lac. Les tiroirs disposés comme à l'ordinaire étaient mus par un excentrique avec une tige à enclanche et dont le pied était pris dans une coulisse guidée par des barres de fer rond sur le côté; cette coulisse portait une crémaillère, qui poussée par un pignon servait de mise en train.

MACHINE DE M. JOHN LAIRD.

Ce célèbre constructeur de navires a exposé une petite machine de 80 chevaux destinée aux navires de S. M. B. *le Jaseur* et le *Newport*. Les cylindres sont du même côté et boulonnés ensemble; ils ont des soupapes de sûreté, mais pas de purge continue. Le tiroir est sur le côté dans un plan vertical, l'arrivée de vapeur a lieu par un renflement de la boîte situé en dessus dans le genre de M. Penn. Il est mené par un double excentrique, et sa tige est maintenue par des guides ronds et un peu grêles tenus par des supports boulonnés sur les boîtes ; les articulations du renvoi de mouvement de tiroir n'ont pas de serrage. La détente a pour moyen de fermeture deux segments de cylindre placés aux bouts d'un double bras monté sur un arbre. Ils tournent dans un cylindre à orifices placé à l'arrivée de vapeur et les bouchent pendant leur passage. Ce moyen ne doit pas être longtemps étanche et il peut se décentrer. Son mouvement est assez compliqué, il se compose de roues dentées montées sur l'arbre de manière à doubler la vitesse et transmettant le mouvement par une roue d'angle à un arbre oblique qui monte au tuyau de vapeur et tourne la détente par deux autres roues d'angle. Un embrayage à empreintes sert à employer cette détente ou à la rendre indépendante et le calage pour varier les degrés d'introduction est changé par une saillie glissant dans une spirale comme nous l'avons déjà expliqué au sujet de la machine suédoise. Quant au renvoi de mouvement il est à bielle directe comme celui de M. Humphry (Pl. XIII, fig. 1 et 2), la bielle est assemblée à la tige de la même manière et celle-ci est maintenue en ligne droite par une savate à coulisse. Le serrage des coussinets est horizontal sur une plaque de fer. Le condenseur placé à l'opposé est à peine lié au cylindre, la pompe à air et celle d'alimentation sont directement menées par le grand piston : celle-ci forme sur le côté deux pompes successives noyées dans le condenseur, qui a une cavité pour serrer les deux presse-étoupes, les boîtes à clapets sont en dehors. C'est une disposition semblable à celle de M. Penn. Le tuyau du cylindre au condenseur est direct et au lieu d'un presse-étoupe pour parer aux différences de dilatation, il a au milieu un joint avec une rondelle de caoutchouc très-épaisse.

MACHINE DE M. RENNIE.

M. Rennie a exposé une machine de 200 chevaux nominaux, destinée au navire de S. M. B., le *Reindeer*. Les cylindres sont croisés, c'est-à-dire que leurs pistons agissent à l'envers l'un de l'autre sur les manivelles, et que chacun d'eux est adossé au condenseur de l'autre appareil. La liaison des parties opposées n'est point opérée par une plaque de fondation, mais seulement par trois longrines de fonte, qui s'étendent du support de palier au condenseur et sont tenues par deux boulons. Les pistons sont à un seul fourreau, de sorte que leur garniture et les parois du cylindre supportent seuls les efforts obliques de la bielle ; et comme le pied de celle-ci ne peut être visité, M. Rennie a disposé le serrage d'une manière particulière. Il a donné à cette extrémité de la bielle la même forme qu'un serrage à bride et à clavette, mais tout est d'une pièce de forge; les coussinets sont logés dans cette sorte de rectangle, et celui du côté de l'arbre est poussé par une cale en acier sur laquelle agit une tige aussi en acier, qui traverse la bielle dans un trou rond pratiqué suivant son axe. En dehors du fourreau, une clavette avec écrou et contre-écrou sert à pousser cette tige pour donner au pied de la bielle le serrage convenable. Le fourreau est bouché par une plaque de cuivre fendue pour le passage de la bielle, et sur le devant de cette plaque il y a un lécheur pour conduire de l'huile au pied de bielle. Les pompes à air sont aussi à fourreau, placées à l'opposé des cylindres à vapeur, avec leur bielle disposée de la même manière et articulée sur la même soye que la grande; mais le pied de la bielle, dont le diamètre paraît un peu petit, ne peut être visité ni serré sans démonter le fond de la pompe à air et le piston. Ce dernier est formé par le fourreau lui-même qui est bouché. Elle est par conséquent à simple effet, et aspire ou refoule dans une chambre où elle n'entre pas, et qui a ses clapets d'aspiration en bas et ceux de refoulement en dessus. Ces clapets sont en caoutchouc, découpés en rectangle; ils portent sur une grille et ont un buttoir courbe percé de trous. Le condenseur est placé très-bas relativement à la pompe, et celle-ci doit difficilement refouler l'air introduit dans le condenseur. Les tiroirs et l'arbre n'ont rien de particulier; les coussinets de ce dernier sont en quatre pièces, deux serrées de haut en bas par le chapeau de palier, et les deux autres par des coins latéraux tirés par des écrous; leur longueur est un peu moins du double du diamètre. En général, cette machine a des dispositions qu'il serait désavantageux d'imiter.

Machines de M. Caird de Greenock.

C'est un appareil à bielle en retour, ayant beaucoup d'analogie avec celui de MM. Ravenhill et Salked; mais il a un aspect plus robuste, et les condenseurs sont reportés en avant et en arrière. Cet appareil ne présente de particulier que la disposition de sa coulisse de tiroir, qui est formée de deux flasques parallèles, écartées du diamètre de la tige qui passe entre elles dans un bloc cylindrique, qui par les côtés embrasse les flasques courbes de la coulisse et qui tourne dans un œil formé par la tige du tiroir, de manière à permettre de glisser pour changer la marche et d'osciller pour suivre les mouvements des deux excentriques. Ces parties n'ont point de serrage, quoiqu'elles présentent quelque analogie avec la disposition adoptée par M. Humphrey (Pl. XIII, *fig.* 12 et 14). La détente est disposée de la même manière ; seulement son arc double passe dans un second bloc cylindrique qui lui sert d'appui, tandis que l'autre mène la glissière destinée à fermer. Il en résulte que la distance des deux blocs étant invariable, on change le levier de l'arc et par suite la course des glissières, en élevant ou abaissant l'arc au haut duquel la bielle d'un excentrique est articulé.

MACHINE DE M. JOHN KEY.

C'est encore un appareil à hélice, mais la bielle est directe au lieu d'être en retour ; les cylindres sont adjacents, réunis au palier par des châssis triangulaires en fonte : le serrage de l'arbre est horizontal. Les tiges de pistons sont guidées par des savates à coulisse ; la bielle est à fourche à son pied, mais chacune de ses branches a un serrage particulier et à clavette, comme celui de la tête de bielle. La pompe à air est menée par une saillie de la soye de pied de bielle sur laquelle sa tige est écrouée ; il en est de même de la pompe alimentaire située à l'opposé. Les tiroirs sont sur le côté et menés par des doubles excentriques dont les bielles sont en fer et sont boulonnées sur des colliers en bronze. Les condenseurs sont à l'opposé et peu liés aux paliers ; les pompes à air sont horizontales et menées directement par les pistons. Enfin l'on peut dire que, comme disposition générale, cette machine a de l'analogie avec celle de MM. Humphrey et Tennant, représentée planche XIII, mais que sa bielle est un peu plus longue, et que par conséquent l'appareil occupe plus de place en travers. Dans ses détails, elle ne compensait pas la perfection de dessin et de distribution de matière de la machine de M. Humphry, par la profusion de bronze poli qu'elle étalait.

MACHINE DE MM. BURGH ET COWAN.

Ces ingénieurs ont cherché à éviter la perte de surface du piston due à l'emploi du fourreau, ou l'excédant de diamètre du cylindre qui en résulte à puissance égale, et surtout les refroidissements dus aux sorties du fourreau. Ils ont cependant tenu à conserver les avantages d'une bielle longue d'environ cinq fois la manivelle et la position de tous les mouvements du même côté de la quille. Pour cela, ils ont mis deux tiges à leur piston et les ont réunies aux deux bouts des petites branches d'un T majuscule, dont l'extrémité de la grande tige est liée au tourillon de pied de bielle, et lui sert de guide en frottant dans un fourneau s'enfonçant dans le cylindre. C'est une disposition à peu près analogue à celle du piston annulaire de M. Maudslay. Le fourreau fixe dont il est question est de la même coulée que le côté du grand cylindre en regard de l'arbre, il s'étend sur toute sa longueur. De la sorte le pied de bielle et sa glissière sont impossibles à visiter, non plus que la soie, sans sortir entièrement la grande bielle. Le piston est annulaire, et pour que toute sa surface reçoive l'impulsion de la vapeur, il porte un autre fourreau assez grand et assez profond pour ne pas rencontrer le premier, qui est fixe, et dont il a été question ; de plus, comme il lui faut aussi son jeu, le fond du cylindre porte un grand fourreau bouché et d'une longueur suffisante, il en résulte qu'il y a trois fourreaux, un grand, fixe en arrière, un moyen mobile avec le piston, et un plus petit passant dans ce dernier, lequel joue entre les deux autres. De sorte que la vapeur passe dans les entre-deux pour agir sur les deux côtés du fond, de celui du piston, et compléter ainsi la surface de ce dernier. L'inventeur observe que cette disposition est bien assortie aux machines à double cylindre, en ce que celui à haute pression est en dessous de celui à haute pression et en dedans de celui à basse, et que toute la surface est utilisée, tout en dispensant d'avoir un piston annulaire avec ses deux énormes garnitures et leur frottement, puisque tous ces fourreaux sont les uns dans les autres sans se toucher. Il faudrait que ces avantages, et quelques autres assez contestables énumérés par l'inventeur, fussent au-dessus des probabilités pour compenser l'inconvénient de ne pouvoir visiter une articulation aussi importante que le pied de bielle, et dont le graissage est si incertain dans la position qu'on lui donne. On a obvié en partie, à ce défaut, en évidant l'entrée du petit fourreau fixe, et en faisant venir la glissière à affleurer le bout du cylindre. Les paliers sont liés à ce dernier par des châssis en fonte ; le serrage de l'arbre est dans le sens horizontal. Le condenseur est à l'opposé des cylindres et sa pompe à air est horizontale et menée par une tige directement articulée au piston.

MACHINE A TROIS CYLINDRES DE M. SCOTT RUSSELL.

M. Scott Russell a exposé un dessin d'une machine à trois cylindres, de 100 chevaux nominaux, dont les axes sont placés dans le même plan transversal au navire, et font entre eux des angles de 120°, de sorte qu'ils rayonnent, pour ainsi dire, autour de l'arbre. Ces cylindres sont oscillants; leur diamètre est 0ᵐ,750, et leur course 0ᵐ,91 ; leurs tourillons sont portés par des paliers situés en dedans et près du sommet des angles de deux bâtis placés en travers du navire, et comprenant entre eux les trois cylindres. Ces grands châssis sont des triangles équilatéraux, dont un des côtés est horizontal, de sorte que le cylindre supérieur est renversé. Un autre ingénieur anglais, M. Whitehead, avait eu déjà l'idée d'une pareille disposition. L'axe de l'arbre de l'hélice est au centre de figure du triangle, et se trouve porté par une traverse horizontale qui existe dans chaque cadre et est venue de fonte avec le reste. Les trois tiges de piston agissent sur la même soye de manivelle, l'une à côté de l'autre, et les cylindres sont dévoyés de la largeur des coussinets, les bâtis étant suffisamment éloignés pour cela. Il n'y a qu'un excentrique, placé sur le bout de l'arrière de l'arbre, il fait marcher à la fois les trois tiroirs; une seule roue de mise en train fait aussi agir les trois cylindres à la fois. Les condenseurs sont tubulaires, comme dans toutes les nouvelles conceptions de machines ; ils sont placés sur l'avant et ont entre eux la pompe à air menée directement. Des tuyaux de vapeur vont aux trois tourillons, et ceux de l'opposé des cylindres inférieurs déversent directement leur vapeur au condenseur, tandis que celui du haut a un tuyau spécial. Ces machines ont aussi leur vapeur surchauffée. Une telle disposition ne convient nullement à un navire de guerre, et, pour ceux du commerce, il est aussi douteux que des cylindres oscillants résistent mieux à la rapidité d'une connexion directe avec l'hélice, parce qu'ils sont rayonnants vers le même point, que lorsqu'ils étaient horizontaux, comme sur le *Simoon* en Angleterre, et sur *le d'Assas* en France. On ne secoue pas à 150 tours, c'est-à-dire 300 fois par minute, une masse comme un cylindre oscillant, et si, pour une plus grande puissance, la rotation est moins rapide, le poids augmente dans un rapport encore plus grand. Il est de plus très-douteux que l'élévation de l'axe de l'arbre nécessitée par les cylindres inférieurs permette de placer ces machines dans un navire ordinaire, dès qu'elles auraient une puissance relative un peu considérable.

MACHINE DE MM. KNOWELDEN ET EDWARDS.

Ces deux autres inventeurs veulent employer des machines à fourreau simple placées de la même manière que les cylindres oscillants qui précèdent et tenues par des collets à un bâti dont la forme générale est celle du cylindre appuyé par des saillies latérales sur le plat des carlingues. Comme les bielles sont courtes, pour concentrer davantage les machines vers l'arbre, les fourreaux deviennent très-grands, et comme il n'y en a que du côté regardant l'arbre, l'effet du piston est très-différent suivant qu'il agit par un côté ou par l'autre. On compte profiter de cette différence pour que la vapeur qui vient d'agir dans le plus petit volume, c'est-à-dire du côté du fourreau, aille se détendre dans le côté opposé du cylindre suivant pour produire l'effet des appareils à double piston. Il n'y a pas eu de ces machines construites et il est très-douteux qu'elles aient assez d'avantages pour être adoptées.

Machine de MM. Tod et Mac Gregor, de Glasgow.

Après avoir passé en revue tous les appareils plus ou moins assortis aux navires de guerre, il est curieux d'examiner spécialement ceux destinés aux navires de commerce et malheureusement ils étaient en petit nombre à l'Exposition.

La machine d'environ 120 chevaux exposée par MM. Tod et Mac Gregor de Glasgow, était à cylindre renversé, comme on le voit sur les figures de 1 à 7, Planche XVII. Les deux cylindres sont solidement réunis par les boîtes à tiroir et à détente situées entre eux comme dans les appareils représentés figure 9 et Planche XVI, figure 2. Les cylindres sont portés par quatre bâtis proportionnellement aussi solides que ceux d'un marteau pilon ; ils reposent sur une plaque de fondation à laquelle appartiennent les quatre paliers de l'arbre dont les coussinets ont une longueur d'environ deux fois le diamètre. Les deux doubles manivelles sont venues de forge, elles sont très-robustes, leur contre-poids est fixé comme on le voit sur la figure 6, au moyen d'une queue d'aronde et d'un boulon c, c qui traverse la manivelle m et le contre-poids p. Entre les paliers du milieu sont les quatre excentriques de la marche en avant et de celle en arrière ; chaque paire a sa coulisse Stephenson et au milieu il y en a deux spéciaux pour la détente, de sorte que ces six excentriques se croisent rapidement l'un à côté de l'autre. Des poignées placées en dehors servent à manœuvrer facilement tous les organes de la machine. La coulisse Stephenson est remplacée par une barre courbe à section rectangulaire passée entre deux coussinets dans une mortaise de la tige de tiroir ; celle-ci se prolonge en-dessous et glisse dans une douille qui lui sert de guide. Cette disposition présente beaucoup d'analogie avec celle de M. Humphrey, représentée Planche XIII, figures 12, 13 et 14. Chacun des excentriques de détente agit par sa tige sur un seul arc formé d'une pièce de fer courbe, glissant dans une crapaudine arrondie et qui change l'introduction par les barrettes glissant sur le dos des boîtes à tiroir suivant la longueur du levier qu'on lui donne. Pour cela cet arc a pour point fixe un tourillon qui glisse horizontalement autour d'une barre de fer fixe, dont le bout sert de guide au bas de la tige des glissières de détente. Il en résulte que lorsque la coulisse qui passe dans la tige des glissières, comme dans celle des tiroirs, est poussée de manière à ce que sa bielle d'excentrique soit très-voisine, on a le maximum d'introduction, tandis qu'en la retirant, le levier devient moindre, et par suite, la course des glissières et la détente, et l'introduction de vapeur est interrompue plutôt. Comme il y a deux de ces glissières, elles agissent chacune pour l'extrémité du cylindre où elles se trouvent et ne nécessitent pas un mouvement deux fois plus rapide comme les papillons ou les soupapes.

Les montants qui portent les cylindres servent en même temps de guide à la tige de piston, qui est terminée de chaque côté par un Té plat emmanché entre les flasques d'une longue glissière en bronze g qui frotte sur la surface verticale des guides. Le té est maintenu par un renflement en dessous et à l'opposé par le boulon h qui, une fois retiré, permet de descendre et de visiter la savate et de mettre au besoin une calle entre elle et le té ; car dans cette position verticale la glissière garde difficilement l'huile ou la graisse, et son usure doit être plus rapide. La grande bielle est très-forte, sa soye est attenante aux branches de sa fourche et tourne dans des coussinets serrés par les boulons du dessous du té de la tige de piston.

Condenseur tubulaire et Pompe à air.

Cette machine présente surtout de l'intérêt pour son condenseur tubulaire dont la disposition est nouvelle et très-usitée à Glascow. Les tubes sont en cuivre jaune, placés horizontalement et disposés en quinconce, suivant des rangées verticales. Leur longueur est d'environ 2 mètres, le diamètre intérieur est de $0^m,017$, l'épaisseur de $0^m,002$, la distance $0^m,019$. Ils sont introduits à frottement doux dans deux plaques de tête verticales qui sont fixées sur des saillies venues de fonte avec la grande caisse $C'C'$ qui forme le corps du condenseur et qui a $2^m,60$ de long. Les tubes sortent de cette plaque *qq* (*fig.* 4) d'une longueur de 0^m,013 et pour les rendre étanches, il y a une feuille de caoutchouc de 0^m,003 d'épaisseur et aussi grande que la plaque de tête, qui est percée de trous, qui ont à peine les deux tiers du diamètre extérieur des tubes. Le caoutchouc peut cependant être enfoncé autour des tubes à cause de son élasticité, mais il se rebrousse tout autour comme le montre *kk* en section sur la figure 4. Pour le comprimer, il y a une seconde plaque de tête volante *oo*, qui prend les tubes à frottement doux, mais a ses rebords découpés obliquement comme ceux d'un presse-étoupe sur une profondeur de 0^m,013, de manière à ce qu'en la poussant contre la vraie plaque de tête *qq*, le caoutchouc ait non-seulement sa partie plate comprimée, mais que celle qui est rebroussée se trouve aussi pressée par la gorge. Cette fausse plaque en fonte de fer est très-forte, elle a en tout une épaisseur de 0^m,032 et comme cependant elle ne comprimerait pas autant au milieu, elle est soutenue par une traverse. Le tout est bouché par la grande plaque creuse P (*fig.* 2), tenue sur son pourtour par des boulons.

On dit du bien de cette sorte de garniture, cependant il est difficile de croire que la pression soit assez égale sur tout ce caoutchouc et que les différences de dilatation des plaques n'occasionnent pas quelques fuites. Sa simplicité doit permettre de sortir facilement les tubes pour les nettoyer quand ils sont couverts de graisse qui empêche la chaleur de passer. La vapeur arrive dans ce condenseur par le tuyau V' et après sa condensation, elle est extraite par deux pompes à air, menées chacune par une saillie du bouton de manivelle qui tourne dans la pièce en bronze *kk*, figure 1 et figure 7, cette pièce glisse verticalement dans l'anneau allongé en fer *ii*, auquel la tige de pompe à air est tenue à gauche et les deux pompes d'alimentation et probablement celles de cales *xx'* à droite, cette pièce agit ainsi à la manière d'un excentrique. Il n'y a aucune trace de moyens de serrage pour suppléer à l'usure; et avec la rapidité de ce genre d'appareil à hélice, ce mécanisme n'inspire pas autant de confiance que ceux dont la disposition est plus simple. Les pompes à air sont à double effet et situées sous le condenseur; leurs clapets *uu* qu'on aperçoit par la porte de visite sont de grands rectangles en caoutchouc. Toutes les parties mobiles ou fixes de cet appareil ont un aspect de force auquel on n'est pas habitué et qui inspire la confiance.

Machines a Pilon de M. Morrison.

Cette machine construite à Newcastle-upon-Tyne a une disposition très-simple comme le montre la figure 8 et 9, planche XVII, elle est de la force de trente chevaux, a des cylindres de $0^m,457$ de diamètre et une course égale au diamètre. Elle doit fonctionner à une pression de 4 kil., 212 par centimètre carré et introduire au plus pendant un sixième de la course. Cette machine est aussi à cylindres renversés et contigus, ayant entre eux leur tiroir et leur détente. Tout est entouré de vapeur et l'extérieur est garni de bois. Les bâtis B séparés d'un côté, sont réunis du bord opposé d'un bout à l'autre de l'appareil et forment un condenseur à surface V. L'arbre supporté par quatre paliers venus de fonte avec la plaque de fondation porte au milieu quatre excentriques dont les tiges *dd* et *ee* s'élèvent jusqu'aux tiroirs. Ceux placés en dehors servent à la distribution, ils sont fous sur l'arbre et buttent sur des tocs pour la marche en avant ou pour celle en arrière, de même que dans nos vieilles machines à balancier. Comme il n'y a pas de moyen de mouvoir les tiroirs à bras, on met la machine en route dans la direction voulue, au moyen d'un petit tiroir additionnel, qui fait faire un premier tour et les excentriques se trouvent naturellement placés. Les deux excentriques du milieu sont destinés à la détente, ils sont aussi fous sur l'arbre et pourvus de tocs pour se disposer d'eux-mêmes pour la marche en avant comme pour celle en arrière.

Leurs barrettes de détente sont placées dans le centre de la boîte des tiroirs, là où la vapeur arrive; chacune d'elles flotte sur le dos du tiroir qui a deux conduits pour faire arriver la vapeur à sa barrette d'introduction. Pour varier la détente, les deux barrettes du dos sont montées sur une la même tige avec des filets de vis renversés de sorte qu'en tournant la roue supérieure, qui monte et descend avec elles, on peut varier leur distance respective pendant la marche. Le degré de détente dépend du rapprochement de ces barrettes et du mouvement de leur excentrique par rapport à celui du tiroir, comme dans plusieurs de nos anciens appareils de 220 chevaux. Les pompes à air V sont placées sous les cylindres et menées directement par une tige fixée au grand piston; elles sont à simple effet et ont des clapets à leur piston, elles communiquent par le haut et le bas au moyen de conduits venus de fonte qui servent en même temps à maintenir la pompe contre le condenseur. Toutes les parties de cette petite machine sont très-robustes, elles sont aussi accessibles que le permet la dimension : sauf le tiroir et la détente qu'il est impossible de visiter ni de réparer dans la position qu'on lui a donnée entre les deux cylindres ; c'est aussi le défaut de l'appareil précédent.

MACHINE DE M. THOMSON, DE GLASGOW.

Cet appareil représenté figure 1, 2 et 3, planche XVI, diffère surtout des précédents en ce que la pompe à air U de chacun de ses cylindres C a une course moitié de celle du piston et est menée par un mécanisme de double balancier *mn* et de bielles, articulées *o, o* en dehors de la tige de la grande bielle qui est guidée entre les montants destinés à porter les cylindres. Ces bâtis ressemblent par leur forme et leur solidité aux pièces semblables des marteaux pilons. Le condenseur V est placé en dehors et devant l'entre-deux des montants, comme on le voit sur les figures, il ne sert pas à la jonction des diverses parties non plus que la bâche U'. Les tiroirs placés entre les cylindres paraissent aussi difficiles à visiter que dans l'appareil précédent. Ils sont mus par des doubles excentriques *ee'* dont la coulisse est tirée ou poussée dans le sens horizontal pour renverser la marche. Enfin un autre excentrique *e''* mène la détente, qui est à glissière et variée par la longueur du levier qui sert à la mouvoir, comme on l'a vu au sujet de plusieurs machines précédentes. La disposition de cet appareil est la première qu'on ait adopté sur des navires de commerce à hélice et notamment sur *le Francfort,* qui fut remarqué par la quantité de marchandises qu'il transportait, grâce au peu d'espace occupé par sa machine. Aussi ce genre d'appareil a été imité depuis par de nombreux constructeurs de machines.

MACHINE A PILON DE M. RICHARDSON, DE HARTLEPOOL.

Les figures de la planche XVI ont été données pour montrer la disposition de la petite machine de M. Richardson, et dont un modèle à grande échelle marchait tous les jours dans l'Annexe.

Les machines à pilon sont moins usitées maintenant.

Après avoir eu beaucoup de vogue et avoir été employée même pour de très-grandes puissances, la disposition dont il est question se trouve actuellement abandonnée sur quelques navires, parce qu'elle exhausse tellement les poids, qu'elle nuit à leur stabilité lorsqu'ils ont peu de chargement et de charbon. Elle avait été surtout adoptée par les charbonniers et les caboteurs à hélice, en ce qu'elle était parfaitement assortie aux formes fines de l'arrière du navire, où on la reléguait ainsi que sa chaudière pour conserver une cale de chargement presque aussi vaste que celle d'un navire à voiles. Cependant l'extrême simplicité de mécanisme, la facilité de lui donner plus de solidité sans augmenter autant le poids qu'avec d'autres systèmes et la possibilité de surveiller et de graisser toutes les parties, sont des avantages trop marqués pour que la machine à pilon puisse être considérée comme bientôt abandonnée par les petits navires du commerce, tant qu'ils ne se résigneront pas à l'emploi de lourds engrenages. Des formes de navires plus stables ou du lest peuvent compenser l'élévation des cylindres et la rigidité des carènes en fer ou le voisinage de leurs cloisons étanches présentent des assises assez solides pour établir ces cylindres élevés sur leurs colonnes.

Machine Allen.

La variété des objets à examiner dans une aussi nombreuse réunion, empêche souvent d'en considérer quelques-uns avec l'intérêt qu'ils méritent. C'est ce qui porte à relater ici ce que dit un journal industriel anglais au sujet d'un appareil américain qui employé à mouvoir des métiers, n'a pas assez attiré mon attention. Lorsqu'il se présente des inventions aussi intéressantes, il vaut mieux réparer l'oubli en transmettant ce que d'autres ont observé.

« La machine la plus intéressante et la plus importante de l'exposition est sans contredit celle de M. Charles Porter de New-York, appelée par lui la machine Allen du nom de l'inventeur, qu'on dit être un ouvrier de New-York. Cette petite machine est restée inaperçue par des dizaines de milliers de visiteurs dont l'attention était attirée par la brillante exécution des autres appareils plutôt que par leur mérites réels. C'est un appareil sans condensation dont les cylindres ont seulement $0^m.200$ de diamètre et 0.61 de course. La forme de la plaque de fondation peut paraître peu gracieuse de même que quelques autres parties. Cependant le constructeur peut donner de bonnes raisons de tout ce qu'il a exécuté, et en admettant qu'en fait de machines la forme la plus convenable est toujours la plus jolie, nous ne pouvons trouver mauvaise celle assez mal tournée de la plaque de fondation ni de quelques autres parties. Le travail quoique bon ne vaut pas non plus ce qui se fait en Angleterre; mais l'exposant déclare n'avoir eu que peu de temps pour l'exécuter et l'expédier. Cette machine était située dans l'annexe de l'Ouest, elle faisait 150 tours à la minute et donnait le mouvement à la plupart des métiers à tisser exposés. Elle appartient à la classe des machines à détente variable et ses principales particularités consistent dans la construction des tiroirs et de leur mouvement et dans celle du modérateur qui leur est uni. »

Tiroirs particuliers de la machine Allen.

Les tiroirs opèrent deux ouvertures dans le même orifice, l'une au bout de la fin de course du tiroir lui-même, comme d'habitude et l'autre à travers un trou percé dans la barrette du tiroir et surmontant le côté opposé du siége ou bande du cylindre. Deux de ces tiroirs réunis d'une manière rigide et présentant quatre ouvertures dans deux orifices sont employés pour l'introduction à chaque bout du cylindre. Un tiroir semblable, produit l'éduction en ouvrant deux passages égaux, l'un en-dessus l'autre en-dessous pour laisser échapper la vapeur par l'orifice d'éduction. On gagne ainsi d'ouvrir et de fermer rapidement de grands orifices par un petit mouvement. Un modèle grandeur naturelle montrait une manière basée sur la même invention, de donner une ouverture double aux tiroirs, qui remplissent la double fonction d'admettre et de laisser échapper la vapeur, sans pour cela avoir recours à un surcroît de dimension ou de longueur de course.

Le mouvement des tiroirs comprend un arrangement par lequel un arc oscillant reçoit son mouvement particulier d'un seul excentrique. Celui-ci est fixé sur l'arbre dans la même position relativement à la manivelle, l'arc est rigidement attaché au collier d'excentrique et pivote sur un support à charnière qui le soutient. La course horizontale de l'excentrique donne un mouvement oscillant au support à charnière et la course perpendiculaire fait que l'axe, qui participe au mouvement, glisse ou s'élève vers le pivot et donne de la sorte un bras de levier différent aux branches d'un mouvement de sonnette. Le mouvement variable est donné aux tiroirs par l'emploi du principe du *toggle joint* (charnière), et la disposition est telle que le tiroir d'introduction et celui d'éduction reçoivent leur mouvement d'un seul arc mû par l'excentrique. Dans la machine exposée c'est disposé de manière à ce que la vapeur admise au commencement de la course, continue à suivre le piston à une distance variable depuis la plus petite introduction jusqu'à 11/26 de la course suivant ce que règle le modérateur ; elle est déchargée invariablement à 2/24 avant la fin de course : et la compression à l'opposé du piston commence au même instant. On a aussi arrangé les choses pour que le mouvement du tiroir soit très-accéléré pendant que l'orifice est ouvert, c'est-à-dire quand les deux faces de la barrette sont en équilibre ; mais quand les orifices sont fermés, ce mouvement est très-retardé, c'est le contraire avec les tiroirs ordinaires. Dans la machine exposée cela varie de 1^{po},825 (0^m,046) à seulement 0^{po},5 (0^m,012), de sorte que les tiroirs peuvent être plus petits qu'à l'ordinaire et demandent moins de force pour leur mouvement.

Ces tiroirs ainsi que leur renvoi de mouvement peuvent être aussi bien appliqués aux machines à condensation, à celles des locomotives et à celles usitées sur mer. Les parties ne sont pas plus nombreuses que celles d'un appareil marin, qui a un système de détente variable, la force employée à mouvoir ces organes est plus petite que d'habitude, tandis que la pression de la chaudière est entièrement utilisée dans le cylindre et l'étranglement est évité, en détendant avec un piston marchant à de grandes vitesses.

Les méthodes par lesquelles ces avantages sont obtenus présentent le plus haut intérêt et un caractère marqué de nouveauté, elles montrent une intelligence et un coup d'œil remarquables pour obtenir une des conditions importantes réclamées par la théorie pour un bon fonctionnement de la vapeur. Plusieurs des parties élémentaires employées ensemble n'ont rien de nouveau. Ainsi le principe du *toggle point* fut appliqué par Watt au mouvement du tiroir, quoique avec un but et un résultat tout différent, tandis que les modérateurs de Brunel ou de Silver présentent plus ou moins de ressemblance avec ce qui est employé ici. Mais l'ensemble de la combinaison nous paraît nouvelle et le résultat est important.

Les courbes d'indicateur prises sur la machine employée dans l'annexe montrent que la pression totale de la chaudière obtenue au commencement de la course est maintenue sans fléchir jusqu'à l'endroit où la détente commence, sans qu'il y ait le moindre étranglement : à une vitesse du piston de 3 mètres par seconde, la ligne de la détente descend à l'atmosphère et il n'y a pas de contre-pression due à la machine, quoique souvent il s'en présente un peu sur les courbes à cause de la grande longueur du tuyau d'évacuation sous le parquet de l'Annexe.

Les tiroirs d'introduction ouvrent simultanément quatre orifices à la vapeur, deux par les extrémités à la manière habituelle et deux par des ouvertures pratiquées dans les barrettes du tiroir, et quand ils ne couvrent pas les orifices, ils sont presque en équilibre. L'aire du passage de la vapeur est environ un onzième de celle du cylindre et l'orifice est entièrement ouvert quand le passage de la vapeur est interrompu un peu après le quart de la course. Les tiroirs d'évacuation sont dans le même genre et ouvrent deux passages qui équivalent à un huitième de l'aire du cylindre.

La grande vitesse du piston diminue beaucoup la perte par la condensation dans le cylindre, et permet à la machine de passer parfaitement les points morts avec l'aide d'un volant très-léger, et d'avoir une régularité de mouvement qui, dans beaucoup de cas, rendrait inutile l'emploi de deux machines conjuguées.

MODÉRATEUR PORTER.

Ce modérateur conduit le bloc de l'axe du tiroir avec une grande exactitude, et maintient une uniformité de vitesse qu'il est presque impossible de déranger, par les changements les plus brusques de la résistance ; même en jetant de côté la courroie du tambour, c'est-à-dire en enlevant tout travail, le modérateur réagit aussitôt et ne permet qu'une accélération à peine visible.

Le modérateur Porter, qui obtient ces résultats, est représenté planche XVII, figure 17 ; il est basé sur le même principe que celui de Watt, mais ses boules sont très-légères et se meuvent avec une grande rapidité, ce qui leur donne beaucoup plus de sensibilité en élevant le lourd contrepoids suspendu à leur axe de rotation, parce que la pesanteur de ce poids réagit plus puissamment sur le registre, dès que les boules lui permettent de descendre, que si les boules elles-mêmes n'avaient que leur poids pour produire le même effet.

Dans le modérateur Porter, les boules font 350 tours par minute, elles sont tenues par deux paires de tiges à branches très-écartées, pour leur donner le mouvement avec le moins de frottement possible. Le mouvement vertical des contre-poids est à peu près le double de l'écartement des boules. M. Porter a également appliqué le principe d'une rotation rapide et d'une force contraire, au lieu de celle de la pesanteur pour agir contre celle qui écarte les boules, dans la construction de son modérateur pour les navires, où il remplace cette dernière par un ressort. Il décrit ainsi cette disposition.

Un modérateur destiné à une machine de mer doit être construit de manière à n'être pas affecté par les mouvements du navire ; car c'est lorsque ceux-ci ont le plus de violence qu'il doit fonctionner avec le plus de précision ; il faut qu'il soit assez sensible pour qu'une légère variation dans la vitesse lui fasse parcourir tout son mouvement, et il lui faut assez de force pour surmonter tout ce qui résisterait à son action.

Dans cet instrument la force centrifuge est produite par la révolution des boules et celle qui lui est opposée, c'est-à-dire la force contractante l'est par la résistance d'un ressort, d'où il suit que ce modérateur peut être placé dans toutes sortes de positions. Pour permettre de modifier la force des machines on emploie les poulies à cônes renversés, comme pour varier les vitesses dans les ateliers. La cause de la sensibilité et de la force de cet instrument demande à être brièvement expliquée. Elle repose sur la compression donnée en premier lieu au ressort, au moyen d'un écrou vissé sur l'axe. Le cercle dans lequel les boules tournent a $0^m,250$ de diamètre, et il s'étend jusqu'à $0^m,375$ de diamètre. Cet élargissement de la position des boules donne au ressort une compression de $0^m,025$. La force centrifuge d'un corps faisant un certain nombre de tours par minute, varie en raison directe du cercle qu'il décrit, et la résistance d'un ressort change dans le rapport de sa déformation ou plutôt de la longueur dont il a cédé. L'expansion des boules ajoute 50 pour 100 du diamètre au cercle qu'elles décrivaient d'abord, et 50 pour 100 à la compression du ressort. Par conséquent, si la force centrifuge des boules et la résistance du ressort sont en équilibre dans cette position, elles le seront aussi dans toute autre, le nombre de révolutions par minute restant le même. Si le ressort a une compression initiale d'un quart de pouce ($0^m,006$), alors un accroissement de 82 pour 100 dans le nombre des révolutions sera nécessaire pour que les boules passent du plus petit cercle au plus grand. Si le ressort était comprimé de un demi-pouce ($0^m,012$), il faudrait 40 pour 100 de tours de plus. Si sa compression est d'un pouce ($0^m,025$), il faudra 15 pour 100. Mais s'il est comprimé de deux pouces ($0^m,050$), de manière que la compression primitive est dans la même proportion avec le cercle primitif que le mouvement du ressort avec l'effort expansif des boules ; alors, il n'y a pas lieu d'augmenter.

A un certain nombre de révolutions par minute, les boules tournent dans n'importe quel cercle, et une sensibilité infinie est obtenue. Cependant en pratique on trouve qu'il faut un accroissement de 2 à 3 pour 100 dans le nombre de tours, la sensibilité théorique ne peut être atteinte, et ce n'est point désirable.

Cette mesure de la sensibilité est la même, que le ressort soit faible ou fort, et que les boules soient légères ou lourdes, ou enfin que leur mouvement soit lent ou rapide. Le modérateur sur lequel ces éléments sont pris a un ressort qui cède de un pouce ($0^m,025$), sous une pression de 800 livres (362^k); de deux pouces ($0^m,050$) sous celle de 1,600 (724^k), et de trois ($0^m,075$) pour 2,400 (1087^k).

Les boules ont $0^m,100$ de diamètre, pèsent 12 livres chacune ($5^k,436$) et font 450 tours par minute. La force centrifuge étant comme le carré de la vitesse, une variation de 1 pour 100 dans la vitesse de ces boules, développe une force du modérateur pour vaincre la résistance des organes, qui est 32 livres ($14^k,5$), dans le plus petit cercle et 48 ($21^k,7$), dans le plus grand. Nonobstant cela, ce modérateur a une telle force contractante, c'est-à-dire opposée à celle des boules, que la plus petite différence entre ces deux forces produit aussitôt une telle prépondérance sur l'autre, qu'une très-petite courroie suffit pour donner le mouvement de rotation. La rapidité du mouvement ne doit pas être objectée, puisque les parties tournantes sont balancées, que la pression sur les supports est très-légère. Dans certaines limites raisonnables, on trouve préférable d'augmenter la puissance du modérateur par une accélération de vitesse des boules plutôt que par une addition faite à leur poids; car si le poids des boules est doublé, l'action centrifuge n'est que doublée puisque leur moment est doublé aussi, la vitesse de la courroie qui la mène restant alors la même; mais si le nombre de tours est doublé, la force centrifuge est quadruplée, tandis que la vitesse de la courroie n'est que doublée non plus que le moment.

Nous ne sommes pas certains que ce modérateur ne sera pas influencé par le tangage ou le roulis, lorsqu'ils sont violents, toutefois, il présente un progrès incontestable sur celui de Watt, tant sur mer que sur terre, et nous n'entendons cependant pas garantir tout ce que l'inventeur vient d'avancer. (Extrait du *Record of the great Exhibition*, du *Practical Mechanic's Journal*, de Glasgow, page 231.)

Machine de terre américaine de Corliss.

On a remarqué à l'extrémité de l'annexe des machines un appareil dont la distribution de vapeur présentait un caractère particulier. C'est une machine à cylindre horizontal d'une assez grande dimension et parfaitement exécutée, qui travaille par détente au moyen de la disposition remarquable connue aux États-Unis d'Amérique sous le nom de *Corliss valve gear*, qui était antérieurement tout à fait ignorée en Angleterre et en France. La plaque de fondation consiste en un long guide en fonte creuse à section rectangulaire, plane sur toute sa surface et reposant à ses extrémités sur deux supports. Les guides de tige de piston, la bielle et la manivelle sont placées d'un côté tandis que de l'autre se trouvent le modérateur et le mouvement des tiroirs. Il y a quatre valves, deux pour l'introduction, sur le haut du cylindre, deux pour l'évacuation placées en bas ; elles sont toutes placées très-près des extrémités des cylindres. Chacune de ces valves consiste en une ouverture cylindrique placée à l'angle droit avec l'axe du cylindre, avec un orifice long et étroit pratiqué dans la surface courbée du cylindre. Au-dessus se met en va-et-vient un secteur glissant dans un axe autour de l'axe ou broche sur laquelle la soupape est libre de se mouvoir ou de rester reposer sur l'orifice. Au milieu entre ces quatre soupapes est placé un disque plat, qui est forcé de tourner en va-et-vient autour de son centre de rotation, par un bouton planté sur le côté de sa partie supérieure et sur lequel est enclanchée la tige du seul excentrique de la machine. Les deux soupapes inférieures destinées à l'évacuation sont constamment mises en mouvement par deux petites bielles articulées sur deux boutons placés au bas du disque dont il a été question, et leur mouvement est calculé pour laisser les soupapes d'évacuation ouvertes pendant le temps suffisant pour la sortie complète de la vapeur. Le disque tournant a en outre deux boutons plantés sur sa surface au-dessus de son axe de rotation, et sur lesquels sont articulées deux tiges de soupapes, se terminant chacune par un ressort d'une forme particulière et sur lequel porte un mouvement de sonnette dont une des branches verticales est dirigée vers le bas. Les leviers à fourche articulés sur les tiges des soupapes d'introduction se trouvent avoir à leur partie inférieure des mâchoires qui prennent dans les mouvements de sonnette dont il vient d'être question. La particularité de cette partie du mécanisme, consiste en ce que ces mouvements de sonnette de la tige à ressort qui tient et par suite entraîne les branches verticales de la bielle à fourche de la soupape, sont séparés d'abord par les angles variables que fait en oscillant la tige de soupape avec son levier, qui, ajusté dans le principe d'après la force du ressort, détermine la proportion invariable de la détente; secondement l'introduction est modifié par l'action du modérateur qui fait glisser deux barres plates et découpées en coin qui appuient plus tôt ou plus tard sur les ressorts et déterminent les différents degrés de détente variable. Les soupapes d'introduction élèvent en s'ouvrant un poids attaché à une tige unie à la branche horizontale du mouvement de sonnette. Ces poids sont des cylindres se mouvant dans de petits cylindres d'air et arrangés de telle sorte que leur chute ferme subitement les soupapes et interrompt l'entrée de vapeur dès l'instant que la branche du mouvement de sonnette n'est plus soutenue et l'air comprimé dans le fond des petits cylindres de ces poids, évite les chocs de ce mouvement malgré sa rapidité. L'une des deux machines de cette sorte qu'on a remarquée à l'Exposition employait le modérateur Porter dont il a été question plus haut. On assure qu'il y a plus de deux mille machines de cette sorte qui fonctionnent en Amérique et que l'usage en est de plus en plus répandu. Bien certainement elle a été représentée par des figures et décrite beaucoup mieux qu'on n'a pu le faire ici, mais pour la connaître il a fallu que les Allemands nous en montrent deux exemples et nous prouvent ainsi qu'il y a de grands avantages à se tenir au courant des œuvres des autres nations au lieu de se renfermer dans l'approbation des siennes.

MACHINES A ROTATION IMMÉDIATE.

Les machines rotatives n'ont pas été oubliées, et la Suède en présentait deux de M. Hallstrom et de M. Scheutz. Celle-ci cherchait à éviter le défaut du manque de serrage, pour compenser les usures, qu'on reproche à toutes les machines de cette sorte. Pour cela le cylindre tournant a été changé en un tronc de cône assez prononcé de manière à être avancé suivant son axe comme un robinet. Les cloisons qui remplacent les pistons glissent dans des coulisses suivant le rayon, et elles sont forcées de rentrer par des courbes excentriques. Il faudrait une figure pour expliquer ces dispositions, qui du reste présentent beaucoup d'analogie avec celles employées déjà dans le même but. La forme conique est par le fait la seule différence marquée de la machine suédoise. On propose ces machines pour les arbres d'hélice de petites canonnières et surtout des chaloupes parce quelles sont légères, très-peu encombrantes et d'une manœuvre très-facile, M. Frestadius, dont la machine de canonnière est donnée plus haut, ferait ces machines avec leur chaudière et leur propulseur pour 650 francs par force de cheval. Si ce n'était la rouille, qui dans une telle machine est plus difficile à empêcher que dans celles à piston et qui est plus nuisible à cause de l'étendue et de la rapidité de mouvement de toutes les pièces, ces petites machines conviendraient peut-être par leur légèreté à des services accidentels dont les convenances passent avant l'économie de combustible.

MACHINE A CYLINDRE COURBE.

M. le prince de Polignac a exposé une machine dont la singularité attire seule l'attention. Son cylindre est courbe, c'est-à-dire que c'est le volume engendré par un cercle se mouvant au bout d'un levier et non en suivant une ligne droite ; c'est à bien dire un tuyau courbe. Le piston porte deux tiges courbées aussi, qui par leurs extrémités se joignant à deux bras, s'élèvent vers l'arbre pour lui être unis. De la sorte, quand le piston se promène d'un bout à l'autre du cylindre, ces deux tiges donnent à l'arbre un mouvement alternatif d'un assez petit nombre de degrés qui exige d'autres moyens de transmission de mouvement pour être utilisé.

Remarques générales sur les Machines de l'Exposition.

Tel est à peu près le tableau général des machines exposées en 1862 ; il serait trop long de s'étendre au delà et de rendre compte de la variété de machines à vapeur destinées aux ateliers et surtout aux travaux de l'agriculture. Souvent on remarque plus de bizarrerie que d'utilité réelle dans les arrangements adoptés et surtout un désir ardent de ne pas imiter les autres et d'avoir sa marque de fabrique dans la forme et l'aspect de l'appareil. Il en est résulté non-seulement une variété fâcheuse ; mais le fréquent sacrifice de dispositions préférables, par cela seul qu'elles ont été employées par d'autres ateliers ; sur mer nous avons aussi de fâcheux exemples de ce désir de diversifier. (Voy. page 200.)

En se renfermant dans ce qui regarde les machines marines, on peut établir qu'il y a eu des progrès remarquables dans leur confection, que la perfection du travail est poussée plus haut que jamais et donne des garanties lorsqu'elle est conservée par des soins éclairés : mais on doit dire que les appareils de navigation sont loin de présenter des idées aussi nouvelles et aussi ingénieuses que les deux machines de terre dont on vient de donner une faible idée, afin de les faire apprécier. A cette exposition, l'ancien continent est forcé d'avouer que les idées réellement nouvelles et pratiques appartiennent aux Américains. Sur mer, on a réuni d'anciens perfectionnements déjà essayés ; on les a groupés de diverses manières, et en les examinant on est porté à croire que c'est sans beaucoup de soins, et qu'il y en a pour lesquels on ne remarque guère que de l'engouement, dans plusieurs cas, du moins. Il y a cependant une observation générale à faire, c'est la solidité des machines destinées au commerce qu'on remarque tant sur les appareils exposés que sur les navires qu'on a occasion de visiter. Lorsqu'on descend dans les machines des paquebots Cunard, qui n'ont jamais manqué au dur service de l'Altantique, on admire cette solidité de toutes les parties, qui inspire la même confiance que l'aspect de ces gréments et de ces mâtures de clippers où rien n'est inutile, mais où tout est disposé pour une lutte hardie contre les plus mauvais temps. J'avoue qu'en examinant les machines fabriquées à Londres on éprouve une impression contraire, et on se dit plutôt comment cela peut-il résister à 400, à 800, à 1,350 chevaux de plus de 200 kilogrammes. On est presque aussi surpris de la hardiesse qu'on était rassuré par la prudence. Cette impression générale est à peu près traduite en se disant : à Londres, on fait d'admirable carrosserie très-élégante, et certainement aussi solide que le comporte son poids ; tandis qu'à Glasgow on construit des diligences, des wagons et des prolonges destinés au dur service du commerce et assorties sans doute à celui aussi pénible de la guerre.

L'Exposition renfermait beaucoup d'objets qui, bien qu'étrangers à la marine, s'y rattachent indirectement ; tels sont les divers instruments tels que manomètres, niveaux, répétiteurs de commandements, qui, par leur importance et leur multiplicité, sont devenus l'objet d'industries spéciales. Les outils destinés à la confection des machines étaient remarquables par leur perfection, leur simplicité et surtout par une solidité de toutes les parties à laquelle nous sommes peu habitués, sauf pour ceux confectionnés en Alsace, qui présentent les mêmes types que ceux exposés par le Zollverein. Ces derniers approchent de la perfection et de la force des outils exposés par MM. Witworth et Fairbairn. C'est aussi par la perfection du travail que ces outils se font surtout remarquer, et s'ils présentent quelques idées nouvelles, c'est dans le but de spécialiser le travail, suite naturelle de l'activité croissante de l'industrie, qui permet d'occuper un outil à confectionner toujours le même objet, au lieu de le disposer pour en produire plusieurs, comme ce serait utile pour ne pas le laisser inactif.

OUTILS POUR RABOUTER LES TUBES.

Parmi les outils qui peuvent être utiles à bord, nous mentionnerons ceux représentés Planche XVII, figures 10 à 15, et qui sont disposés pour préparer les extrémités de deux vieux tubes et les réunir ensemble par de la soudure, avec plus de célérité ainsi que de perfection qu'à la main. Leur aspect montre les opérations qu'ils servent à effectuer.

INDICATEUR DE M. CHARLES B. RICHARDS.

Avant de terminer ce qui regarde les machines, il est utile de mentionner plusieurs des détails qui les concernent. Ainsi, M. Charles T. Porter, de New-York, a exposé l'indicateur de M. Charles B. Richards du Connecticut qui a tracé les courbes de la machine Allen, lorsqu'elle donnait 150 coups de piston, avec une netteté et une rectitude aussi parfaite que les diagrammes pris sur nos anciennes machines à balancier. Le perfectionnement consiste à employer des pièces très-légères attachées à un ressort très-fort et qui par conséquent cède très-peu, au lieu d'avoir le piston lié à un ressort assez faible pour laisser parcourir une longue course. Le mouvement du piston est multiplié par un levier du troisième ordre et par un parallélogramme de manière à ce que le crayon décrive une ligne parallèle à l'axe. Cet instrument est peu volumineux et très-bien assorti aux mouvements rapides.

INDICATEUR DE M. BOURDON.

Le succès de cet instrument fait regretter qu'on ait laissé dans l'oubli celui exécuté il y a une dizaine d'années par M. Bourdon, à Paris sur des principes exactement semblables et où l'amplification du mouvement du ressort était aussi obtenue par un levier de troisième ordre dont le bras était assez long pour produire peu d'erreurs sur la forme de la courbe. M. Bourdon avait aussi appliqué l'idée de son manomètre à l'indicateur et obtenu un instrument très-délicat quoique peu influencé par les impulsions rapides d'un grand nombre de coups de piston. Le premier de ces deux indicateurs offre de grandes analogies avec celui de M. Richards ; seulement il est moins compacte et n'a point de parallélogramme pour rendre le tracé du crayon tout à fait rectiligne, ce qui exigeait de comparer la courbe à des arcs de cercle décrits avec le rayon du porte-crayon. On peut avoir une idée de ces deux indicateurs dans la seconde édition du *Catéchisme du marin et du mécanicien*, pages 159 et 161.

Indicateur Clair.

Les effets de l'inertie des pièces de l'instrument, qui produisent des tremblements si marqués et jettent tant d'incertitude sur les résultats, ont été évités d'un autre manière par M. Clair, en conservant les dispositions des anciens instruments, mais en remplaçant toutes les pièces mobiles par le plus léger des métaux, par l'aluminium, recouvert d'une couche de cuivre par la pile galvanique pour le préserver de l'oxydation.

Cet instrument donne des courbes très-peu tremblées et qui par leur différence avec celles des indicateurs en cuivre montrent combien les résultats sont influencés par sa disposition, combien ils sont incertains et à quelles erreurs fâcheuses ils exposent lorsqu'on base sur ses courbes des calculs qui n'ont d'exact que leurs règles d'arithmétique. Nous n'avons pas d'autre guide que l'indicateur, tout ce qu'il nous dévoile est précieux et beaucoup de phénomènes intérieurs seraient inconnus sans lui. Mais il est funeste de le considérer comme une balance pour peser les grandes puissances, il y aurait moins d'erreurs à connaître le poids de l'or sur la bascule où passent la diligences. Quand on songe que la force totale, c'est-à-dire une machine de 1.000 chevaux valant 1.500.000 fr., est exprimée par la surface de cette petite courbe saccadée, influencée par le moindre frottement, par ses tuyaux, par l'ouverture d'un de ses robinets, par la trempe incertaine de son ressort, on ne trouve plus que la comparaison qui vient d'être faite est exagérée et on peut dire que la largeur du trait de crayon vaut à elle seule 30.000 ou 40.000 fr.

INDICATEUR MAGNÉTIQUE DE M. LETHUILLIER-PINEL.

M. Lethuillier-Pinel a voulu éviter, par une application de l'attraction magnétique, les accidents de rupture de tubes de niveau quelquefois funestes aux chauffeurs avec de hautes pressions. Pour cela, un flotteur éprouvé à une pression de trois fois au moins celle de la chaudière est surmonté d'une tige portant un aimant puissant qui monte et descend librement dans une boîte en cuivre en communication directe avec l'intérieur de la chaudière, de sorte que le flotteur n'a aucun frottement à vaincre. Pour faire connaître ses variations en dehors, il y a sous une glace une partie plane et blanche sur laquelle une aiguille est collée par l'attraction de l'aimant et qui suit en tournant tous ses mouvements pour monter ou descendre, de manière à marquer clairement le niveau par sa raie noire. Sur les côtés de la plaque blanche sont des graduations au-dessus et au-dessous du niveau moyen. A ces indications on a ajouté des sifflets et pour ne pas multiplier les trous dans la chaudière la soupape de sûreté elle-même est montée sur une tubulure de l'appareil. Il paraît qu'il y a plus de 6.000 de ces indicateurs de niveau qui fonctionnent en France et à l'étranger.

CRIC HYDRAULIQUE.

Le cric à crémaillère et pignon est souvent remplacé par de petites presses hydrauliques parfaitement disposées, plus simples et plus légères que nos vieux moyens d'élever de grands poids ; elles sont moins volumineuses ; leur cuir dure très-longtemps et est très-facile à changer. L'usage de ces petites presses est déjà répandu, et à Beyrouth nous en avions vu à bord de la frégate russe *Général-Amiral* qui les avaient prises avec sa machine en Amérique où on n'emploie guère d'autre moyen de soulever. Le prix est de 200^f pour lever 4^t, 262^f pour 6^t, 312^f pour 8^t, 375^f pour 10^t; 450^f pour 12^t, et 1.250^f pour lever 50^t. Les presses ont un croc de pied pour lequel on paye 25 à 37^f suivant la dimension.

L'Exposition renfermait beaucoup d'autres objets indirectement utiles à la marine ; mais ce serait se lancer dans de trop longs détails que de chercher à les faire connaître. Il faut borner son cadre à ce qui concerne réellement le sujet à traiter et, comme on le voit, l'examen de ce qui regarde spécialement l'art naval à notre époque a été le sujet de nombreuses pages. Toutefois il ne faut pas se dissimuler que ce n'est qu'un jalon destiné à définir l'état des choses au moment présent, car bientôt ce qui existe sera modifié, des objets nouveaux vont apparaître, et ce qui vient d'être rédigé pour l'Exposition de 1862 devra être renouvelé pour celle qui la suivra.

CHAPITRE VI.

PROPULSEURS.

HÉLICE.

Les hélices employées en Angleterre, et représentées par plusieurs modèles, présentent un aspect très-différent de celles usitées en France. Chez nous la forme des ailes n'a jamais été regardée comme importante, on s'est borné à des portions d'hélicoïde assez semblables à des ailes de moulin à vent métalliques, et proportionnellement plus courtes que celles en toile. Les différences les plus marquantes sont dans le nombre de ces ailes et suivant leurs dispositions respectives. On voit des hélices à six ou à quatre ailes, rarement à deux, ou bien celles à deux ailes doubles, placées l'une devant l'autre, comme si un trait de scie avait coupé les deux ailes d'une ancienne hélice, et qu'en faisant tourner sur l'axe, on les eût placées l'une devant l'autre. Ce sont surtout les proportions de diamètre, de surface, de pas et de fraction de pas qui ont été le plus étudiées en France par des expériences faites avec beaucoup de soin par MM. Bourgois et Moll sur *le Pélican*. M. Taurines en a aussi exécuté de très-précises sur un petit bateau, en se servant des dynanomètres remarquables qu'il a inventés pour mesurer simultanément, et par deux instruments spéciaux, l'effort de rotation de l'arbre sur l'hélice, en même temps que l'impulsion suivant son axe imprimé au navire par le propulseur. Il en est résulté peu de doute sur la proportion à déterminer *à priori*, et les utilisations ont été généralement satisfaisantes lorsque les machines ont bien fonctionné. Toutefois, il y a lieu d'observer que toutes les expériences précitées ont été faites sur une mer unie, et presque toujours avec la seule circonstance de temps qu'il soit possible de déterminer clairement, c'est-à-dire avec du calme. Elles ne sont donc point la véritable représentation de la navigation avec l'hélice, et l'on a déjà reconnu que les proportions convenables pour une marche facile sur une mer à peine dépolie n'étaient nullement assorties à la lutte contre de la houle et du vent. Ainsi les pas très-allongés qui donnent de belles marches dans le premier cas, tendent à remuer inutilement de l'eau dans le second. Aussi doit-on de la reconnaissance à l'administration éclairée des paquebots des Messageries impériales, pour avoir déjà fait exécuter par M. Flambeau, capitaine du *Borysthène*, une série d'expériences en comparant ce que chaque hélice a donné sur les eaux tranquilles des îles d'Hyères, et pendant une navigation par tous les temps entre Alger et Marseille. Ce sont là les vraies données que réclament les marins, puisqu'ils sont exposés aux chances si variées de la mer, et que les moyens remis entre leurs mains ne peuvent être sainement jugés sur ce qui ne représente que la plus agréable des circonstances de la navigation, le calme.

HÉLICES DES NAVIRES DE GUERRE.

En Angleterre, la forme des ailes paraît avoir beaucoup d'importance en ce que c'est surtout elle qui sert de marque et fait reconnaître l'inventeur. Les résultats réels ne paraissent pas avoir été étudiés avec autant de soin que les propriétés générales, telles que la comparaison avec les roues à aubes, lors de l'apparition de l'hélice par les expériences entre *le Rattler* et *l'Alecto*, ainsi qu'entre *le Basilic* et *le Niger*. Sur les navires de guerre, on a invariablement deux ailes et un appareil de remontage à travers un vaste puits découpé dans l'arrière. L'arbre de l'hélice est pris par ses deux extrémités dans des coussinets garnis de bois de gaïac, établis au bout de chacune des deux branches d'un cadre en bronze, dont les côtés verticaux glissent dans les coulisses pratiquées sur les faces verticales et en regard des deux étambots. Le mouvement de rotation de l'arbre de la machine est invariablement transmis par une traverse ou té, qui termine l'arbre de l'hélice sur l'avant et en dehors du cadre. Cette traverse reste engagée dans la coulisse de l'étambot avant et maintient les ailes verticales pendant qu'on hisse ou qu'on descend l'hélice. Lorsqu'elle est arrivée en bas, elle se trouve engagée dans la fente pratiquée dans une sorte de demi-sphère, clavetée au bord de l'arbre de la machine de manière à joindre les mouvements de rotation. Mais il résulte de cet entraînement, que si les axes de l'arbre de l'hélice et de celui de la machine ne sont pas en ligne droite, il y a entre ces pièces un travail qui ébranle la charpente et détériore les parties frottantes. C'est sans doute à la dimension nécessairement très-grande des ailes qui projettent de l'eau sur l'étambot et le gouvernail, ainsi qu'au jeu inévitable de ces mécanismes au fond de l'eau, qu'il faut attribuer en partie la dislocation de la charpente, et notamment de l'arrière des nouvelles frégates anglaises remarquables par la rapidité de leur marche. (Voir la note à la fin.)

En France, au contraire, on a été longtemps indécis sur la question des hélices amovibles ou à remonter, comparées à celles invariablement placées au fond de l'eau. Tant que la question n'a pas été éclaircie par la pratique, on a installé les navires de guerre des deux manières et sans raisons déterminantes ; seulement, lorsqu'on a démonté les hélices, on a bientôt observé les secousses produites par les entraînements à té, ainsi que l'usure rapide de leurs parties portantes. On a donc employé l'entraînement pyramidal, c'est-à-dire l'arbre de la machine terminé en dehors de l'étambot par un tronc de pyramide octogonale s'enfonçant ou se retirant d'une cavité de même forme, pratiquée dans le bout de l'avant de l'arbre de l'hélice. Il en est résulté que les deux pièces sont restées centrées et ont évité les chocs violents de l'autre méthode. Enfin, on adopte de plus en plus l'idée de bannir toute sorte de mécanisme au fond de l'eau en fixant l'hélice à l'arbre et en ne la relevant même plus, comme M. Dupuy de Lôme l'avait fait il y a longtemps. Il avait alors imaginé un coussinet placé dans une cavité au bout d'une tige, qui se descendait par un petit puits jusques entre les flasques d'une chaise fixée à l'étambot arrière ; le bout de l'arbre disposé en tourillon entrait dans cette cavité, et l'on n'avait qu'à le retirer vers l'avant pour le dégager et permettre de hisser la tige afin de visiter ou de changer le coussinet. Maintenant qu'on emploie le gaïac, dont la durée est très-longue avec des surfaces suffisantes, on préfère prendre l'arbre dans une forte chaise située à la sortie du navire et solidement fixée à l'étambot de l'avant. Comme dès lors on ne peut plus rien visiter ni changer, il a fallu donner une très-grande longueur aux languettes de gaïac, afin de rendre leur usure insignifiante. Il est à regretter que la solidité des hélices n'ait pas été assortie à cette disposition permanente et qu'on ait cassé de nombreuses ailes, qui ont forcé chacune au travail et au chômage d'une entrée au bassin.

La méthode dont il vient d'être question convient surtout aux navires en fer dont le tube d'étambot est partie intégrante de la construction et contient les languettes de gaïac ; elle paraît adoptée par l'Amirauté comme le montraient le modèle du *Northumberland* et les arbres vus dans des ateliers.

22

HÉLICE GRIFFITH.

Le type le plus adopté maintenant par l'Amirauté, et même par quelques navires marchands, est celui de M. Griffith, dont le caractère principal est d'avoir une très-grosse boule centrale dans laquelle sont plantées les ailes de l'hélice. Celles-ci sont très-écornées à leur partie extrême et ont à plusieurs reprises changé de forme. Une des hélices Griffith actuelles est représentée planche XV, de 9 à 13. Comme on le voit, les ailes sont indépendantes de la boule traversée par l'arbre a; elles ont une très-forte embase cylindrique ou tenon t enfoncé dans une cavité semblable de la boule et tenu par une clavette c, aux écrous de laquelle on arrive par des trous pratiqués dans la boule et bouchés par les plaques marquées sur la figure 11. En desserrant cette clavette et la plaque pp tenue par des boulons, le collet servant de base et le gros tenon sont libres, et l'angle de l'aile peut être changé en se rapportant à une graduation g fig. 12, tracée avec beaucoup de soin. Lorsqu'on a resserré la clavette, on remplit tous les intervalles avec des coins de bois et l'on serre les écrous de la plaque, qui, de même que les autres, sont maintenus par une petite clavette fendue. Les figures 10 et 13 montrent clairement comment ces pièces sont emmanchées; toutes les parties sont très-solides, et l'on a remarqué que beaucoup d'ailes avaient été cassées par des accidents, mais que la boule centrale n'avait jamais souffert depuis les dispositions adoptées dans la patente de 1858. Ces dispositions ne conviennent naturellement qu'aux hélices en bronze; avec le fer elles ne seraient bientôt plus qu'une masse de rouille.

« Ainsi qu'on vient de le voir, M. Griffith s'est réservé la ressource de corriger un peu son hélice; mais comme de la sorte la forme de l'aile n'est pas modifiée, on ne change pas à bien dire, le pas de sa surface hélicoïdale, mais seulement la position de l'ensemble par rapport à l'axe de rotation. L'expérience a prouvé que les mécanismes destinés à changer le pas sans démonter le propulseur étaient trop exposés à des avaries et que leur peu d'avantage ne compensait pas ce grave inconvénient. M. Griffith dit que, d'après les expériences qu'il a récemment faites, les extrémités des ailes ordinaires ne poussent pas, mais renvoient l'eau vers le milieu ou le centre de l'hélice. Celle-ci est une sorte de ventilateur qui entraîne une colonne d'eau dans son disque pendant quelle agit, et pour

ne pas en manquer il faut qu'elle en attire de tout son pourtour;
comme l'eau est poussée par la force agissante, elle forme une courbe
en dehors du disque et est aussi forcée de passer de la face avant à la
face poussant de l'aile. M. Griffith dit avoir trouvé qu'en courbant l'aile vers
l'avant comme le montre la figure 9, cela donne un plus grand appui
sur l'eau et présente plus de résistance à la force de la machine parce que
l'eau qui est tirée du disque extérieur en avant vient contre la face
agissante ou de l'arrière au lieu de celle de l'avant, comme c'est le cas
avec les ailes droites. Il est bien reconnu par tous les ingénieurs, qui ont
de l'expérience, que les hélices qui ont beaucoup servi ne montrent pas
de traces d'usure, excepté à la partie avant de l'arête coupante, ce qui
est occasionné de la manière suivante. L'eau attirée dans le disque est
divisée par l'arête entrante de l'aile, qui frappe continuellement sur le
derrière ou la face du côté du navire. Cette action est cause de la plus
grande usure qu'on remarque à cette partie de l'aile. On évite la plus
grande partie de cette résistance et par conséquent on épargne de la force
m otrice en courbant les ailes sur l'avant, c'est-à-dire vers le navire. »

« Mais la plus grande valeur de ce perfectionnement consiste dans la
suppression du défaut sérieux de l'hélice ordinaire employée avec la
voilure. L'hélice travaille dans le remous, lequel est très-augmenté lorsque
le navire est poussé par ses voiles. Lorsque la brise ferait faire à elle
seule 10 ou 12 nœuds, l'action des ailes n'ajoute presque rien au sillage,
ce qui est attribué par quelques ingénieurs à ce que le navire dépasse son
hélice. Cela ne peut être; car les machines donnant toute leur force et
faisant plus de tours, la puissance par l'indicateur sera égale, si ce n'est
plus grande que lorsque la voilure n'était pas établie. »

« Un fort remous existe à l'arrière pour remplir le vide que le navire
tend à laisser derrière lui; l'hélice travaille dans ce remous, lequel est
considérablement augmenté lorsque le sillage dépasse celui que la
machine ferait avoir en calme. Avec 10 à 12 nœuds par l'impulsion des
voiles ajoutée à celle de la vapeur, la partie avant des ailes, lorsqu'elles
sont de l'un des deux côtés ou au bas du navire, se trouve en contact
avec l'eau du remous, qui empêche l'hélice de pousser et occasionne un
retard dans les anneaux de la butée, de sorte que la puissance produite
par la machine est perdue. M. Griffith a étudié pendant plusieurs années
comment ce défaut pouvait être corrigé, et, après avoir fait un grand
nombre d'expériences, il dit avoir réussi en courbant les ailes vers l'avant;
cette courbe commence à peu près au milieu de l'aile et augmente en

approchant de l'extrémité, de sorte que l'eau du remous au lieu de venir en contact avec la face avant, c'est-à-dire non agissante, vient du côté qui pousse et de la sorte aide à l'impulsion du navire au lieu de le retarder. Les effets de ce perfectionnement ont été, dit-il, évidents pour tous les ingénieurs des navires auxquels il a été appliqué. Les machines se tiennent fixement à la même vitesse que lorsque le navire n'a point de voilure et il n'y a pas de retard dans l'hélice, la vitesse du navire est aussi augmentée au *prorata* de la force déployée par les machines. »

« Dans l'essai fait avec le *Warrior* et la *Revenge*, on a trouvé qu'avec la voile seule celle-ci gagnait le premier ; mais lorsque les deux navires furent essayés avec voile et vapeur, le *Warrior* gagna parce qu'il avait ses ailes courbes et que l'autre les avait droites. »

« Le perfectionnement des nouvelles hélices Griffith consiste dans l'adoption pour les tenons d'une forte clef en fer ou en laiton qui passe à travers le tenon des ailes et qui écarte toute chance d'accident de ce côté ; il augmente aussi beaucoup le diamètre des tenons et il les dispose de manière qu'on puisse varier l'angle ou changer une aile avariée avec beaucoup plus de facilité qu'antérieurement. »

« M. Griffith attribue à son propulseur d'imprimer plus de vitesse, comme beaucoup d'expériences de l'Amirauté ainsi que de navires du commerce l'auraient prouvé. Il épargne la puissance motrice parce que sa partie centrale est remplie par une sphère, tandis que les autres hélices ont leur centre aussi petit qu'il le faut pour donner de la force aux ailes ; par suite leur surface est dans cette partie presque à angle droit avec la ligne du mouvement, et il y a une grande force employée à pousser de l'eau en dehors au lieu de la rejeter vers l'arrière, ce qui détourne beaucoup celle sur laquelle agissent les parties les plus utiles de l'aile. »

« Son hélice fait moins trembler l'arrière du navire, elle n'est pas aussi gênante pour les passagers et garantit en partie la charpente de l'arrière des ébranlements qui la disloquent avec l'hélice ordinaire. Il attribue cet effet à sa sphère centrale qui empêche l'action centrifuge des autres hélices, ainsi qu'à la forme de ses ailes qui ressemble à ce que la nature a fait pour faire avancer les oiseaux ou les poissons. »

« Jusqu'à présent il n'y a pas eu de règles assez certaine pour déterminer *à priori* le meilleur pas d'une hélice suivant le navire qu'elle pousse et la machine qui la fait tourner, et il est très-douteux qu'on y parvienne jamais. On donne le pas qu'on espère tenir la machine au nombre de tours adopté ; si l'essai prouve que c'est exact, l'hélice est laissée en place, sinon on en essaye d'autres sans avoir des bases plus certaines. Il résulte de telles lenteurs d'un pareil procédé que souvent on laisse des hélices mal proportionnés, parce qu'on n'a pas le temps de les changer. L'expérience de nombreuses années a convaincu M. Griffith que des essais réels avec différents pas peuvent seuls établir celui qui est préférable. Il y a tant d'éléments dans le fonctionnement d'une hélice, leurs bases sont si peu certaines, que cette complication défie les calculs. Ainsi la puissance employée relativement au navire, le propulseur comparé à ces deux premières causes, et enfin les formes de la carène, surtout à l'arrière, sont autant d'éléments aussi influents que peu connus. M. Griffith a vu des navires avec des machines et des hélices semblables, mais l'un avait un arrière plein, tandis que les lignes de l'autre étaient plus fines. Aux essais le premier ne faisait que 54 tours d'hélice, le second 75. Sur un navire on obtint un nœud en réduisant le pas, quoique la machine ne tournât pas plus vite et que la pression ainsi que le vide n'eussent pas changé. Il attribue surtout ces anomalies aux différences qui existent entre presque tous les navires dans la vitesse et la quantité d'eau entraînée par le remous, qui exerce une grande influence sur le propulseur, qui tourne dans cette eau déjà remuée et de là résulte la nécessité d'assortir le pas à ces conditions aussi variées qu'inconnues. Le pas de cette hélice peut être changé lorsque le navire est au bassin et même quand il est à flot en se servant du scaphandre, ou en émergeant l'arrière par des poids placés en avant. Ce dernier moyen a été souvent employé sur des eaux tranquilles. Avec cette hélice il suffit d'avoir des ailes de rechange au lieu d'un propulseur entier, qui est très-difficile à loger dans un navire. » (Les navires de l'Amirauté ont presque tous une hélice ou au moins des ailes de rechange ; en France, on n'embarque aucun de ces objets, et leur utilité est assez contestable pour porter à croire qu'on a raison.)

« M. Griffith continue et observe qu'avec l'hélice ordinaire (celle à deux ailes très-larges) le sillage est arrêté de un à trois nœuds lorsqu'elle est au fond de l'eau ; on y remédie de trois manières, en hissant l'hélice, en changeant l'angle de ses ailes ou en adoptant son hélice patentée. Le grand nombre d'hommes des navires de guerre permet d'exécuter rapidement la première opération, pour marcher facilement à la voile. Le second procédé a été employé il y a une dizaine d'années sur huit ou dix navires d'une compagnie ; les hélices étaient en bronze exécutées par les meilleurs ingénieurs, malgré cela elles ont été bientôt abandonnées à cause de leurs fréquentes avaries. L'hélice Griffith peut être placée verticalement et n'opposer qu'une résistance insignifiante à la vitesse et à l'action du gouvernail, il en en est de même si on la rend folle, et il n'y a pas de différence sensible entre les deux moyens. M. Griffith dit que des expériences récentes ont prouvé à bord d'un navire en bois qu'il y avait moins de résistance à sa marche quand l'hélice était stoppée verticalement que lorsqu'elle était hissée ; cela venait de l'épaisseur des étambots. »

Nous avons tenu à donner une traduction presque littérale de la brochure de M. Griffith pour faire connaître quelles étaient les idées les plus adoptées en Angleterre. Comme on a pu le voir, elles s'accordent peu avec les nôtres, et les divers essais exécutés en France avec ce propulseur étranger n'ont pas été de nature à le faire adopter. Il est probable que la supériorité reconnue en Angleterre à ce genre d'hélice provient surtout de l'infériorité de celle habituellement employée qui est très-pesante et a deux ailes très-larges, dont toute la surface ne saurait avoir une action utile. Mais la comparaison avec nos hélices, pour ce qui regarde l'utilisation et notamment avec celles à ailes doubles pour la facilité de hisser, le peu de tremblement imprimé à l'arrière et le peu d'obstacle à la voile serait probablement loin d'être favorable aux hélices Griffith. Il y a lieu de remarquer dans ces dernières que si la forme courbée de l'extrémité de l'aile a de l'analogie avec celle des queues de poisson pendant une partie de leur action, elle n'en a nullement à la fin, où l'élasticité de la surface animée fait reprendre la forme plane et donner une dernière impulsion avant de prendre la courbure opposée. Cette forme tend à disperser l'eau, à la projeter dans le plan perpendiculaire à l'axe, et en cela elle contraste avec les tentatives faites en France pour concentrer l'action et chercher à projeter l'eau suivant un cylindre ; ce fut le but de l'hélice à cuiller de M. Holm, de celle à cannelures de M. Vergne, et de beaucoup d'autres dispositions qui n'ont pas donné de résultats assez satisfaisants pour entraîner à leur adoption.

HÉLICE HIRSCH.

Ce propulseur est une modification de l'ancienne hélice de M. Sauvage et de celle nommée en Angleterre *Boomerang-Propeller* (voir *Traité de l'hélice propulsive*) d'après des analogies entre sa forme et celle de l'arme des naturels de l'Australie, qui porte ce nom. Elle paraît être le contre-pied de la précédente, en ce qu'elle a beaucoup plus de surface à la circonférence extérieure qu'au milieu de l'aile. Au lieu de disperser l'eau, le but est de la repousser vers l'arrière pour utiliser l'impulsion dans la direction de la quille. L'arête coupante est inclinée de manière à entrer presque sans résistance dans l'eau encore inerte, afin de ne la pousser que graduellement et d'obtenir une pression uniforme sur toute la surface. L'hélice à ailes droites agit comme un ventilateur; non-seulement elle repousse l'eau vers l'arrière, mais elle la disperse par côté, et, par cette action oblique, elle perd de son impulsion sur le navire, en même temps qu'elle prive le gouvernail d'une partie de son action en occasionnant des remous violents. Dans le propulseur Hirsch, les ailes sont courbés en dedans, afin de pousser l'eau en colonne uniforme et directement en arrière. Aucune action n'est oblique, et le gouvernail placé dans un courant rapide et régulier acquiert plus de force pour faire tourner. En outre, tandis que l'aile supérieure d'une hélice ordinaire déplace l'eau avec facilité, celle située en bas éprouve une grande résistance, ce qui tend à entraîner le navire par côté; cette différence d'action, répétée deux fois par tour, ébranle tellement l'arrière qu'il y a des navires qu'on n'ose pas lancer à toute volée, et qu'à des vitesses modérées l'étambot est ébranlé, tandis que la courbure du propulseur en question fait agir graduellement chaque partie en perdant moins de force. Le patenté actuel de cette hélice, M. Imbray, a disposé des hélices de ce genre de manière à séparer les ailes ou bien à changer leur pas, au moyen d'une jonction très-solide opérée par deux boulons et leurs écrous noyés dans l'épaisseur du métal comme le montrent les figures 2 et 3, planche XV. Cette hélice a été essayée en mai 1861 sur l'aviso *le Cuvier* avec des temps variables, des courants et des tirants d'eau différents; aussi n'a-t-on pas eu confiance dans les résultats. L'hélice faite à Cherbourg d'après le modèle approuvé par l'inventeur avait 2^m,50 de diamètre, 5^m,34, 5^m,57 et 5^m,80 de pas à chacune de ses deux ailes; l'ancienne hélice était à quatre ailes avec 2^m,54 de diamètre, 4^m,97 de pas moyen et 0^m,233 de fraction de pas; d'après des essais faits en août 1862, comparés à des expériences antérieures, cette dernière a donné un avantage de près d'un nœud et surtout un recul beaucoup moindre. Voici ces chiffres :

NATURE DE L'HÉLICE.	MAITRE couple.	VITESSE en nœuds.	NOMBRE de tours.	RECUL.
	m.q.			
Ordinaire à quatre ailes (30 mai 1861)	13,3	11,39	88	0,195
Hélice Hirck { obliquité moyenne	13,8	10,37	96	0,370
{ obliquité minimum.	13,8	10,48	96,3	0,575

Nous ignorons si l'on a poursuivi plus loin ces expériences.

Non Fouling propeller ou Hélice qui ne peut être engagée.

Parmi les hélices exposées, il y en avait une qui, par sa forme, présentait de l'analogie avec celle essayée sur la Seine, sous le nom de Turbinelle, mais qui était situé à l'arrière au lieu de se trouver à l'avant, comme à Paris. Elle était installée sur le modèle de navire blindé de M. Roberts (Pl. V, *fig.* 18 et 20), et dans une lecture à l'*United Service Institution*, le commandeur Symonds en a détaillé les avantages. Il observe qu'un navire privé de son hélice n'est plus qu'un corps flottant livré aux caprices des vagues, qu'il devient inepte à se mouvoir, et que dans un combat, les conséquences d'une telle position seront désastreuses. Si l'invulnérabilité est une cause de succès, la préservation de la faculté de se mouvoir n'en est que plus importante. En outre, la rapidité, ainsi que le peu d'étendue des évolutions sont devenus d'autant plus nécessaires qu'on se battra de plus près, et quand on songe au temps et à l'espace qu'il faut au *Warrior*, on comprend les avantages d'un navire blindé plus petit et doué de plus d'agilité. Celui-ci évitera bien des coups par ses changements inattendus de position et il dirigera mieux les siens, puisqu'il prévoit ses propres manœuvres. Il faudrait tourner dans un espace égal à la longueur du navire et gouverner en reculant comme en avançant. Une autre condition des nouveaux navires réagit sur leur propulseur, c'est l'utilité d'avoir peu de tirant d'eau pour aller en tous lieux et cependant de marcher rapidement. Avec une seule hélice, on ne saurait y arriver, sa surface insuffisante repousserait l'eau sans faire avancer autant que la machine serait capable de le faire. Il faudrait donc en venir à deux hélices latérales, que des bateaux de rivières ou de canaux, tels que l'*Étoile* à Paris (voir *Traité de l'hélice*), et des canonnières ont déjà employées avec succès. Mais on double ainsi les chances d'avoir des cordages entortillés entre les ailes, et l'on est entraîné à des rotations d'une rapidité extrême, parce que les formes du navire qui réduisent le diamètre et diminuent aussi le pas. M. Symonds propose donc deux propulseurs placés comme sur les figures 18 et 20 de la planche V et représentés sur une plus grande échelle par la figure 4, planche XV. Comme on le voit, ce sont des ailes peu saillantes et enroulées sur un très-gros noyau qui fait suite au tube par lequel sort l'arbre. Les ailes sont en fer forgé ou en acier et assujetties à des saillies en spirale sur le noyau. Comme elles ont une longue racine, elles peuvent être plus minces et éprouver moins d'obstacle à couper l'eau, et de plus elles peuvent être remplacées. Ces ailes sont prolongées à la base en avant comme en arrière, et quelle que soit leur direction, elles forment un cône tournant qui écartera les objets flottant entre deux eaux, tels que des cordes. Par leur forme, ces hélices ébranleront moins les arrières que les autres. L'arbre du navire s'emmanche sur une grande longueur dans celui de l'hélice qui est creux, et ils sont réunis par une clavette. On suppose que de la sorte il sera possible de démonter le propulseur. Les filets de ces sortes de grosses vis à bois sont renversés, c'est-à-dire qu'elles tournent dans des directions opposées pour pousser le navire de l'avant, et leur mouvement étant indépendant, elles peuvent tourner de manière que l'une poussant en avant, l'autre en arrière, on espère pouvoir gouverner et tourner court, indépendamment des deux gouvernails placés en dessous des tubes de chacun de leurs arbres. On prétend qu'on a déjà essayé ces hélices avec succès, et que l'absence du massif de l'étambot situé au milieu favorise aussi l'évolution.

Avantages de deux Hélices.

L'emploi de deux hélices est souvent commandé par le peu de tirant d'eau des navires, et il convient surtout aux batteries flottantes en ce qu'il double la surface pour le même tirant d'eau et place les hélices sur le côté dans une position où l'eau est renouvelée et où elle ne cède pas aussi facilement au tournoiement des ailes. Il est probable que nos premières batteries flottantes auraient gagné beaucoup à être poussées par deux hélices. Il en est de même de la plupart des canonnières et peut-être que pour d'autres raisons l'expérience, prouverait qu'on a profit à augmenter ainsi la surface d'action des ailes sur des navires d'un assez grand tirant d'eau. En effet, nous avons vu p. 113, qu'une des difficultés de l'augmentation des puissances pour pousser plus vite des navires plus grands, était le tirant d'eau limité par la profondeur des ports et des bassins de radoub. Cette limite en impose une au diamètre ainsi qu'à la surface de l'hélice et ce propulseur exige, comme tout autre, une étendue assez grande pour agir sur une masse d'eau suffisante pour lui servir d'appui; sans cela il repousse l'eau inutilement et il est dans le cas de rames dont la surface est trop réduite. Si donc les petits navires construits avec peu de tirant d'eau pour des cas particuliers gagnent beaucoup à se servir de deux hélices, il en sera de même de ceux qui par leur grandeur se rapprochent de leurs proportions relatives en ce qu'ils ont aussi trop de force pour la surface qui leur sert de point d'appui. Il est donc très-probable que des navires tels que le *Great-Eastern*, le *Northumberland* et bien d'autres trouveraient beaucoup d'avantages à se servir d'hélices latérales, c'est-à-dire à doubler presque la surface agissante de leur propulseur. Il y a de nombreuses espèces de navires qui en tireraient un grand profit, notamment tous ceux dont le tirant d'eau trop faible ne permet pas de donner une surface suffisante au propulseur. Nos grandes gabares-écuries sont dans ce cas.

Influence des Hélices doubles sur les Machines.

En considérant la question qui nous occupe sous le rapport du mécanisme, il y a aussi des avantages marqués à se servir de deux propulseurs, dès qu'on s'élève à de trop grandes puissances dont les organes mécaniques deviennent aussi difficiles à produire qu'ils menacent d'être peu sûrs à employer. Ainsi, au lieu de concentrer les efforts de deux, trois ou quatre cylindres sur une dernière manivelle et de trembler à l'aspect d'énormes bielles en mouvement, le mécanisme peut être doublé sans que chacune de ses grandes divisions soit plus compliquée : car il y a une différence notable entre quatre pistons agissant sur le même arbre et deux fois deux pistons sur deux arbres différents. Ce serait faire en mécanique ce qu'il a fallu adopter pour la mâture et avoir un grand mât, ainsi qu'un mât de misaine avec leurs voiles et leurs vergues semblables, mais indépendantes. L'agrandissement des navires a diminué la force relative des hommes et a jadis entraîné à diviser la voilure en de nombreuses parties, chacune assez réduite pour devenir maniable. C'est à cela que nous avons dû de manœuvrer nos grands vaisseaux, tandis que matériaux et hommes se seraient trouvés insuffisants pour leur donner une voilure de goëlette de la même surface que la somme des anciennes voiles. L'adoption des huniers doubles sur les clippers est une preuve de ces avantages, comme l'abandon des énormes voiles latines des pinques et même des chebecs a montré l'inconvénient des surfaces trop étendues. Si en mécanique les limites naturelles sont moins marquées que pour les objets précités, elles n'en existent pas moins, et en faisant des machines en tout proportionnelles à leur puissance, on ne les rend pas proportionnelles à leur travail, surtout pour les frottements de leurs articulations, lorsque les différences de dimensions deviennent très-grandes. Si donc il faut avant peu faire des machines de 1,800 chevaux nominaux, on aura de bien meilleures chances de réussite en les divisant en deux groupes indépendants de 900 chevaux dont l'usage est reconnu assez sûr et qui fonctionneront chacune sur leur ancienne hélice au lieu de faire supporter à cette dernière un effort double. La seule objection sera l'augmentation de poids, car quatre cylindres, deux arbres de transmission et deux hélices pèseront un peu plus que deux cylindres et un arbre de même force avec son propulseur; mais nous sommes sur la limite des puissances, où il faudra sacrifier ce surcroît de poids à la sécurité, peut-être même à la possibilité de fonctionner. Quant au mécanisme, il est facile de concevoir qu'en disposant les cylindres comme dans les meilleures machines à engrenage qui aient été faites pour les navires de guerre, on aurait l'avantage de concentrer les poids sur la quille et de ne pas occuper plus de place en longueur. Dans les machines précitées et employées sur *la Biche* et sur *le Rolland*, M. Mazeline avait mis ses cylindres dos à dos et par leur bielle en retour chacun d'eux faisait tourner une grande roue dentée venant s'engrener dans un pignon commun de l'arbre de l'hélice. Dans le cas qui nous occupe, la divergence des arbres, pour pouvoir donner assez de diamètre aux hélices, serait plus avantageuse que son obliquité adoptée quelquefois pour mettre la machine plus haut. Elle s'accorderait avec l'inégalité de diamètre des cylindres, avec la sortie du navire et même avec l'action sur l'eau en amenant l'impulsion divergente à s'appuyer sur une plus grande masse de liquide.

Les Hélices doubles applicables aux Navires en fer.

Comme il est à espérer qu'on a fait comprendre les avantages des hélices doubles sur les très-grands navires, il reste à examiner quelles sont les constructions auxquelles cette disposition serait assortie. Il est probable que celles en bois se prêteraient très-peu au passage d'un arbre dans un grand nombre des varangues acculées de leur partie arrière; le gros tube en bronze de l'arbre forcerait à découper le bois et à en faire des massifs énormes, dont la solidité serait loin d'être en raison du poids. De plus, comme la finesse des lignes et le diamètre nécessaire forcent alors à projeter en dehors de la carène une très-longue partie de l'arbre, il faut nécessairement que ce dernier tourne dans un support latéral voisin de l'étambot. La fixation des pieds de ce support serait un peu difficile sur le bois, du moins avec de grandes puissances destinées à fonctionner longtemps. Mais avec le fer toutes ces difficultés disparaissent ; le tube est une partie du navire lui-même, et le support s'appuie sur une surface aussi dure que lui. Les couples en cornières ont peu d'épaisseur et se contournent comme on le veut sans perdre de leur force ; le frottement du bout de l'arbre sur le gaïac du support n'usera pas plus les surfaces que sur les coussinets actuels de l'étambot avant. Il est donc très-probable que les grandes constructions en fer auront au moins autant d'avantages à employer deux hélices que les plus petites, et cela parce qu'elles ont des analogies de proportions de force et de tirant d'eau, qui n'existent pas pour les navires moyens. Une des objections aux hélices latérales est l'obstacle des deux branches du support de leur arbre, forcées à traverser l'eau dans un courant accéléré par l'impulsion de l'hélice ; mais il y a lieu d'observer que, dans la disposition ordinaire, on a la surface des deux étambots de la cage de l'hélice, qui d'une manière inverse produisent chacune un obstacle à peu près égal à celui des deux supports et que cet obstacle est supprimé, puisque le massif arrière est rétabli comme sur un navire ordinaire. Qu'on me pardonne d'exposer ces idées qui, je crois, n'ont pas encore été émises et serviraient de base à un brevet d'invention important ; elles me sont suggérées par des analogies générales, et nous sommes dans un temps où il est utile que chacun présente ses observations sur les nouveautés destinées à nous servir plus tard.

Application naturelle des Hélices doubles aux Machines de Woolf.

Il y aurait aussi là une application toute naturelle de la machine de Woolf, car je ne comprends pas que, pour se tenir dans ses conditions générales, il faille absolument que les deux pistons soient forcés de marcher ensemble, alternativement ou à l'envers, suivant la disposition des mécanismes, et notamment la position des manivelles. On peut, je crois, produire les mêmes effets de détente dans des cylindres dont les pistons ont des mouvements tout à fait indépendants. C'est une question de distribution de vapeur ; le tiroir réglera aussi bien les mouvements relatifs que des mécanismes ; de plus, il le fera sans tiraillements d'un piston à l'autre. Chaque machine partira suivant les instants où elle recevra de la vapeur, et, à bien dire, sans s'inquiéter de ce que fera l'autre ; pourtant les mouvements seront aussi bien combinés. Ainsi, admettant une paire de deux cylindres à haute pression, adossée à celle à basse pression, le même tiroir peut les faire marcher à l'envers sans qu'aucun mouvement mécanique le commande, et par suite sans la moindre complication. Chaque paire fera tourner son arbre de son côté, et il suffira de calculer les surfaces des pistons en raison des pressions, pour que chaque côté exerce la même force sur son hélice. Le même principe serait applicable à la plupart des machines à deux cylindres que nous avons examinées ; il lèverait beaucoup de difficultés et débarrasserait de nombreuses complications mécaniques. De plus, pour ménager la place, on pourrait alterner les grands et les petits cylindres, et, en les adossant, continuer à les faire marcher à l'envers. Cette combinaison toute nouvelle mérite d'être étudiée ; elle écarte des inconvénients très-graves lorsqu'on arrive à de grandes puissances ; si elle multiplie les mécanismes, elle n'en complique aucun, et même, pour de petites forces, elle s'assortit aux dispositions des machines économiques.

TURBINELLE BUSSON.

Au mois de mai 1861, on a essayé sur la Seine un propulseur qui, pour avoir un aspect à peu près semblable à celui du précédent, n'en diffère pas moins autant par sa position que par son mode d'action. C'est aussi un tire-bouchon pointu, mais il est placé à l'avant et sa grande base s'appuie sur une partie ronde du bateau, de sorte que s'il ne tournait pas il en continuerait la forme comme un éperon. La spirale ne forme une surface hélicoïdale que sur l'avant, elle n'a qu'un rebord peu saillant en arrière et de côté, son creux est presque rempli par le noyau. Il en résulte qu'en tournant elle appelle l'eau par l'avant et ne la refoule presque pas vers l'arrière ; elle suce à bien dire le bateau en tire-bouchonnant devant lui dans l'eau. Le bateau de M. Busson a souvent marché entre les ponts de Paris ; mais nous ignorons si son propulseur s'est approché de l'utilisation obtenue avec des hélices ordinaires.

PROPULSEUR TRUSS.

Parmi les propulseurs exposés figurait celui de M. Truss, dont les figures 5 et 6, planche XV, montrent la forme singulière ; ce sont de larges ailes, concentrées vers l'axe de manière à ramasser pour ainsi dire l'eau au lieu d'aider à sa dispersion comme la courbure des hélices Griffith. On n'a aucune donnée sur la manière de fonctionner et sur les résultats de ce propulseur.

HÉLICE FAIVRE.

M. Faivre, de Nantes, expose une petite hélice (Pl. XV, *fig.* 8) dont les ailes, en fonte de fer, sont clavetées sur une partie aplatie et arrondie sur le pourtour de l'arbre venu de forge avec son té d'entraînement. Un boulon traverse les parties plates de l'arbre ainsi que les embases des ailes, et chacune de celles-ci est tenue par une clavette *c, c*, passée dans une cavité de la base de l'aile ; cet emmanchement paraît solide en ce que la fonte de l'aile n'éprouve que de la compression sous l'effort de la clavette, et que toute la force qui tend à arracher est produite sur le fer de la tige. Cette disposition a pour but de pouvoir desserrer la clavette pour changer le pas, s'il a été reconnu trop long ou trop court ; elle ne modifie pas la forme de l'aile, mais seulement son angle, et à moins de se borner à des variations insignifiantes, il est aussi douteux, que pour l'hélice Griffith, que la surface soit en harmonie avec la nouvelle position qu'on lui donne.

HÉLICES DES MODÈLES DES NAVIRES.

Les modèles exposés présentent des différences dans leurs hélices ; celle du *Poonah* avait ses deux ailes un peu inclinées vers l'arrière, comme pour s'opposer à l'action centrifuge. Le tourillon de l'arrière était engagé dans l'étambot en fer du gouvernail, et il pouvait sans doute être visité ou changé par une coche pratiquée dans l'avant du safran. Le *Hansa* de M. Caird avait trois ailes très-larges semblables jusqu'à leur base ; le tourillon de l'arbre était engagé dans une chaise sur l'avant de l'étambot. L'*Euryalus*, frégate anglaise de 51 canons, avait deux ailes beaucoup plus larges vers les bords qu'à la base. Un grand navire de James Mac-Gregor avait trois ailes de la même forme et avec les coins arrondis, dont le tourillon de l'arrière était pris dans l'étambot sans qu'on vît aucun moyen de le visiter, si ce n'est en rentrant l'arbre.

L'*Hymalaya* avait deux ailes très-larges, aussi grandes à la base qu'au bord extérieur ; elles partaient d'une grosse boule, comme les hélices Griffith ; l'arbre entrait dans un renflement de l'étambot arrière. Une frégate en construction pour l'Espagne avait l'hélice Griffith, mais sans la courbure extérieure dont il a été question plus haut ; elle était montée sur un cadre à peu près semblable à celui de l'Amirauté. Quant au modèle du *Northumberland*, il portait une hélice Griffith, dans le genre de celle représentée figure 9, planche XV ; mais elle était à poste, et son arbre était en porte-à-faux sur l'étambot avant avec un gros écrou pour l'hélice. Celle-ci était en bronze, ainsi que l'écrou; nous ignorons s'il en sera ainsi en réalité sur ces navires en fer, mais d'après le soin remarquable avec lequel ce modèle était exécuté, on serait porté à le croire.

HÉLICE EN CAOUTCHOUC.

On proposait une petite hélice formée de deux quarts de cercle en caoutchouc *cc* (Pl. XV, *fig.* 7) fixés suivant un des rayons à une armature sur l'arbre et par son pourtour sur les deux branches d'un demi-cercle *bb* qui était sur l'arbre *aa*. Il en résultait que l'effort de rotation de l'arbre faisait changer la position du demi-cercle *ab*, et que, par son élasticité, le caoutchouc prenait une surface gauche qui devait se rapprocher un peu de celle d'une hélice, et dont le pas augmentait avec l'effort de l'axe. Ce serait tout au plus applicable pour des embarcations dont le propulseur est si petit, qu'avec les formes ordinaires il serait tout aussi réparable que ce mécanisme, et aurait du moins l'avantage d'être dans de bonnes conditions d'utilisation.

PROPULSEURS DIVERS.

Il se trouvait d'autres propulseurs répétés déjà plusieurs fois par des inventeurs, et aussi peu praticables les uns que les autres, dont il faut cependant dire quelques mots, parce qu'ils étaient représentés à l'Exposition : l'un d'eux consistait à remplacer les aubes par trois anneaux en tôle montés dans le plan de chaque jeu des rayons, de sorte que leur frottement seul servait d'appui à la force de la machine pour pousser le navire.

Un autre modèle cherchait à obtenir quelque résistance en plissant les mêmes disques dans le sens du rayon, de manière que cette surface ondulée rencontrât quelque obstacle à son passage dans l'eau.

Les aubes d'une roue d'un autre genre étaient à charnière sur celui des trois rayons qui était placé au milieu ; elles tournaient autour d'un point situé en dehors de leur centre de figure de manière que, si l'eau les poussait en arrière, elles devenaient folles et se plaçaient naturellement presque dans le plan du sillage; si, au contraire, elles étaient poussées vers l'arrière par la machine, elles basculaient, venaient buter contre les rayons et se trouvaient dans la position des palettes ordinaires. Les temps perdus par les mouvements des surfaces et surtout les chocs contre les rayons rendent un tel système impraticable.

L'idée de pousser l'eau directement était aussi représentée par un appareil composé de deux tiges de chaque bord traversant horizontalement les côtés de l'arrière du navire et recevant, suivant leur longueur, un mouvement de va-et-vient des machines; chacune de ces tiges avait deux volets à charnière se fermant lorsqu'ils allaient vers l'avant et s'ouvrant pour buter sur des traverses et se trouver dans le plan perpendiculaire à la tige lorsqu'on les poussait en arrière. Outre les chocs qui les détérioreraient ces mécanismes ont, comme tous ceux qui sont alternatifs, le désavantage de perdre en longueur le temps qu'il leur faut pour s'ouvrir, et quoique pliés, d'opposer une résistance notable lorsqu'ils retournent en avant avec la somme de leur vitesse et de celle du navire.

Un modèle reproduit le gouvernail double essayé sans succès sur *la Pomone* lors de sa construction. Ce sont deux gouvernails engagés de chaque côté du masif d'étambot dans une cavité égale à l'épaisseur du safran, un mécanisme relié à la barre abandonne un de ces battants de porte dès qu'il ouvre l'autre : mais l'eau n'entrant pas dans l'espace laissé entre la surface du gouvernail et celle du massif arrière, il en résultait sur *la Pomone* un effort énorme, et cette saillie latérale ne suffisait pas pour faire gouverner. Aussi fallut-il l'abandonner et installer un gouvernail ordinaire en plaçant l'hélice dans une cage découpée dans le navire, que la disposition adoptée avait eu pour but d'éviter, pour ne pas affaiblir l'arrière. Dans ce but le massif d'étambot avait été fait assez épais pour permettre le passage de l'arbre afin d'établir l'hélice en porte-à-faux sur l'arrière de l'étambot.

Une autre disposition aussi peu praticable était représentée par un modèle : elle consistait en lattes horizontales noyées dans une cavité du bordé, assez sur l'avant de l'étambot pour se trouver dans une partie déjà renflée de la carène. Ces lattes étaient à charnière sur l'avant et réunies vers l'arrière par une armature qui, par un arc de cercle passé dans un presse-étoupe, servait à les pousser en dehors.

Les roues à aubes ne présentaient rien de nouveau, il n'y en avait pas de modèle spécial. Les unes étaient à aubes fixes, d'autres à palettes articulées d'après la disposition des roues Morgan connues depuis longtemps.

Telle était l'exposition relative aux propulseurs. Comme on a pu le voir, elle n'offrait pas à beaucoup près autant d'intérêt que les autres parties relatives à la marine, et elle ne montrait pas de progrès dans cette partie importante de la navigation à vapeur.

NOTES.

La première partie de cet ouvrage était déjà imprimée lorsque la discussion de la chambre des communes à Londres est venue jeter un nouveau jour sur les questions que nous avions tenté d'exposer, et elle a confirmé ce que nous avions osé avancer. Dans un pays parlementaire et aussi intéressé à tout ce qui concerne la marine, les vérités se montrent presque toujours dans les discussions des chambres, où de nombreux hommes de mérite débattent publiquement les grandes questions de l'État. L'extrait qui suit doit donc être considéré comme un complément très-intéressant du premier chapitre de cet ouvrage, de celui qui traite de la question maritime la plus importante de notre époque, celle des navires cuirassés.

Rapport de l'Amiral Robinson, surveyor general.

(Extrait du *Times* du 11 mars 1865.)

En admettant qu'il faut à notre pays un certain nombre de navires cuirassés en fer au moins égal à celui des autres puissances, il y a lieu de considérer s'il faut les construire en bois ou en fer. Un navire de fer peut être fait plus grand, et être très-solide, il a plus de rigidité qu'en bois, quoique plus partiellement faible et facile à pénétrer par des coups, qui ne feraient aucun mal au bois. Certaines parties du navire en fer durent plus longtemps, c'est en réalité toutes celles où il n'y a pas contact de l'eau. Après de longues années une membrure en fer n'aura presque rien souffert relativement à celle en bois.

Mais contre ces avantages il faut présenter les dangers sérieux de la faiblesse locale des feuilles minces du fond, si elles touchaient sur des rochers et de là naît la nécessité de faire des doubles fonds, des compartiments, des cloisons étanches et des écluses qui ajoutent au poids et à la dépense. Il faut mentionner la rapidité avec laquelle les carènes se salissent et l'énorme perte des qualités du navire qui en résulte. On n'a pas trouvé de remède à ce mal, les passages au bassin et les peintures fréquentes sont jusqu'à présent le seul.

En outre il y a lieu de mentionner l'extrême incertitude sur la qualité de la matière employée, la petite quantité de fer réellement bon qui se trouve sur le marché, les ravages prodigieux causés par les éclats quand les tôles sont frappées par le boulet, et la plus grande facilité avec laquelle les fonds des navires en fer peuvent être percés par des canons sous-marins.

Enfin, comme les progrès faits par l'artillerie et tous les agents destructeurs de la guerre sont sans limites, le prix énorme payé pour obtenir de la durée ne peut être regardé comme un avantage, en ce que de nouvelles formes de navires de guerre seront avant peu indispensables. Le navire de fer d'aujourd'hui, qui a été payé si cher, peut ne plus être un instrument de guerre demain.

Il est donc plus sage et plus économique de subvenir aux besoins du moment par des structures moins durables, mais moins chères aussi et qui du reste sont de la même nature que celles contre lesquelles nous avons à lutter. Le très-habile dessinateur de navires de guerre d'Europe, M. Dupuy, de Lôme, est de cette opinion et il construit en bois les navires qui doivent former la force de la France.

La seconde question est : où et par qui les navires, qu'ils soient en fer ou en bois, doivent-ils être construits? Si c'est le fer, il y a le choix de dépenser de grandes sommes pour mettre nos arsenaux en état ou de les faire construire par des marchés. Il n'y a que Chatham où l'on puisse construire en fer sans nouvelle dépense. Si nous construisons par marché, nous aurons les désavantages sérieux suivants : en premier lieu, jamais les contracteurs des marchés n'ont été prêts à l'époque promise et n'ont exécuté pour le prix convenu. Il n'y a d'exemple que pour un de nos navires en fer qui a été délivré dans le temps voulu, les autres l'ont été plusieurs mois après. Il n'y a pas un contracteur de marché ou un constructeur en fer qui n'ait manqué à ses engagements, et cela montre la grande incertitude de ce mode de construction.

Il y a deux autres difficultés : 1° l'éloignement des travaux exécutés qui rend la présence d'un inspecteur de l'amirauté nécessaire sur les lieux et amène beaucoup de difficultés; 2° la grande tentation qui, par la difficulté de se procurer du fer bon, mais d'un prix élevé, entraîne les fournisseurs à se servir de mauvais et à bas prix. Après un marché passé il y a impossibilité de faire un perfectionnement quelque grand qu'il soit, sans être forcé de passer par les exigences du constructeur. Les chômages des ouvriers et ceux des charbonniers viennent influer sur les travaux et toujours au préjudice de l'État.

Mais si on emploie le bois, les constructions se feront dans nos propres ateliers, avec les matériaux que nous possédons déjà, et il ne faudra pas ajouter aux crédits ; tandis que si l'on adopte le fer, il faudra dépenser ce qui sera nécessaire pour former les ateliers. Les dépenses du pays ne seront que très-peu diminuées par le secours de quelques ouvriers des arsenaux qui en pareil cas ont droit à des pensions ou à des gratifications : car il faudra toujours garder cette grande quantité d'hommes nécessaires pour entretenir les coques et armer ou désarmer les navires, dont les plus petits sont nécessaires à la protection de notre commerce dans toutes les parties du monde.

Il en résulte que de toutes les manières il est plus cher de construire des navires en fer par des marchés que des navires en bois dans les arsenaux.

Quoique les navires en bois soient moins bien liés, nous devons en croire les écrits détaillés que nous en avons vus de *la Gloire*, de *la Normandie*, du *Magenta* et du *Solferino*, dont les charpentes sont parfaitement suffisantes pour porter les poids qu'on leur a mis ; un très-mauvais temps n'a eu aucun effet sur *la Gloire*, quoiqu'elle soit blindée de bout en bout et plus exposée à la fatigue qu'aucun de nos navires actuels qui n'ont pas de cuirasses aux extrémités.

On a beaucoup fortifié les navires en bois par des baux, des ponts de fer, des mailles pleines, des bandes diagonales, et tout bien considéré il semble préférable de faire nos navires blindés en bois dans nos arsenaux qu'en fer dans ceux du commerce.

Comme comparaison des prix *l'Hector* et le *Valiant* ont été adoptés, quoiqu'ils ne soient pas complétement finis et que les comptes n'en soient point terminés. Coût d'un navire en fer de 4.063 tonneaux partiellement blindé, s'il est construit par marché, 206.000 liv. st. (5.150.000 fr.). Il faut ajouter 8.000 liv. st. (200.000 fr.) s'il est entièrement couvert, soit 214.000 liv. st. (5.350.000 fr.). S'il est construit en bois, de 4.200ᵀ, et plus solide que ceux déjà construits et entièrement blindé, 170.000 liv. st. (4.250.000 fr.) ; en ajoutant pour les dépenses imprévues 10 pour 100 comme dans les ateliers particuliers, soit 187.000 liv. st. (4.675.000 fr.). Le coût du *Royal Oak* donné par l'arsenal de Chatham, où il est construit, avec 2 pour 100 ajouté, est 151.970 liv. st. (3.799.250 fr.), y compris les matériaux avant la transformation ; ajoutant 10 pour 100 comme dans un établissement particulier, la construction du *Royal Oak* coûtera environ 168.000 liv. st. (4.200.000 fr.) avec les corrections quand on réglera les comptes. Le temps pour construire un navire de fer par marché a été 25 mois, il n'en faudrait pas plus pour le construire en bois à loisir ; mais si l'on était aussi pressé que les constructeurs l'ont été pour *l'Hector* et si les travailleurs n'étaient jamais interrompus, le temps nécessaire serait réduit à 21 mois.

Discussion dans la Chambre des communes (séance du 12 mars)

(Extrait du *Times* du 13 mars 1865.)

M. Lindsay. On a dernièrement agité la question de savoir s'il y avait lieu d'employer le fer ou le bois, et l'on avait admis que s'il est convenable de couvrir de plaques les navires existants, il ne l'était pas de construire des navires neufs de la sorte, et le noble lord qui est à la tête du gouvernement avait promis que les cinq navires, que l'on devait construire, ne seraient commencés qu'après la discussion de la chambre à ce sujet. La question est de savoir lequel du bois ou du fer convient aux navires de guerre. Il a été établi que le second est dix fois aussi fort que le premier, c'est-à-dire qu'une planche de un pouce de fer équivaut à dix pouces de bois. La quille, l'étrave, l'étambot et beaucoup de pièces importantes sont nécessairement courtes et réunies par des chevilles quand il s'agit du bois, tandis qu'avec le fer les pièces sont comme soudées ensemble de manière à avoir une grande longueur et à former un tout beaucoup plus solide.

M. Lindsay déclare qu'il n'a aucun intérêt dans l'industrie du fer, mais qu'il possède comme armateur des navires des deux sortes, et que depuis dix ans, il n'a pas fait construire un seul navire en bois, et est arrivé à conclure que le fer est plus solide, plus durable, et préférable au bois.

L'Amirauté a déposé un rapport sur les qualités et les dépenses respectives dans les deux cas : ce document est signé par l'amiral Robinson, et l'Amirauté admet que quoique le fer soit plus solide, elle croit pour d'autres raisons qu'il y aurait lieu de continuer à employer le bois et à le couvrir de plaques de fer.

Entre autres raisons l'Amirauté dit qu'elle ne peut jamais se fier à la qualité des fers employés. Ce n'est qu'une question de prix, les plaques épaisses de $0^m,112$ en fer ordinaire coûtent 1.000 fr. les 1.000^k ; mais on peut avoir de meilleur fer, celui de Lowmoor par exemple ; les fers au charbon de bois de Suède et de Norwége sont meilleurs et plus durables, mais ils coûteraient 1.200 fr. et 1.250 fr. Toutefois pour un navire de guerre la différence de prix, qu'elle soit grande ou petite est une considération secondaire, et si l'Amirauté ne se procure pas des navires en bon fer, c'est sa faute.

On a aussi avancé les dangers des erreurs des compas ; mais il y a maintenant des navires en fer qui parcourent toutes les parties du monde, sans des difficultés sérieuses pour la correction de leurs compas.

On a dit que les navires en fer se salissaient après un voyage de douze mois ; il est vrai que les carènes sont sales ; mais d'après l'expérience des navires du commerce l'amirauté a exagéré la difficulté de tenir les navires propres. Il est un fait remarquable, c'est que lorsqu'un navire en fer entre dans l'eau douce comme dans l'Hougly, ou une des rivières innombrables de la côte de Chine, les berniques sont enlevées de la carène comme si celle-ci eût été grattée. On peut aussi nettoyer les navires dans les docks.

Une des autres objections est que les tôles sont percées très-facilement par les projectiles. Là-dessus je n'ai pas d'opinion personnelle, mais je puis citer celle de gens expérimentés, un grand constructeur de navires en fer et un post-captain. Dans deux brochures, M. Scott Russel a discuté cette question et a conclu que les navires en fer pouvaient être construits aussi solidement que ceux en bois de même dimension, qu'ils pouvaient porter de plus grands poids, qu'ils sont plus durables, plus forts à la mer contre l'incendie, les obus explosifs, les boulets rouges et les obus pleins de fonte en fusion. Il établit que l'on pourrait les rendre impénétrables au boulet plein. Telle est l'opinion d'une personne très-expérimentée en théorie comme en pratique dans la construction des navires en fer. Les expériences de M. Scott Russell sont soutenues par le membre de Birkenhead (M. Laird), qui en sait plus en pareille matière que le contrôleur de la marine lui-même.

En 1861 et 1862 le capitaine Halsted a fait une série de lectures devant de nombreux auditeurs distingués qui auraient contredit ses opinions si elles n'avaient pas été fondées. Les conclusions furent les mêmes que celles de M. Scott Russell. L'Angleterre, dit-il, possède une plus grande supériorité pour le fer, qui permet d'obtenir plus de force pour produire des pièces de toute grosseur, elle peut produire des navires de toutes dimensions, plus économiques, plus durables, plus faciles à réparer et qui offrent plus de garantie contre les voies d'eau.

Contre les opinions d'hommes tels que M. Scott Russell et le capitaine Halsted l'Amirauté n'eut à prétexter que les ravages des affreux éclats du fer : était-elle en état de le soutenir par des faits? L'orateur pense qu'on n'a pas fait d'expériences réelles à ce sujet en tirant sur des navires en fer. Il est vrai qu'il y a près de seize ans on a fait celles sur le *Ruby*, navire de seulement 20ᵗ, servant de bâtiment de servitude dans un arsenal et entièrement usé. Il n'est pas étonnant que des bordées aient fait des ravages prodigieux dans ce navire hors d'état. Un des témoins, le capitaine Hall, de *la Némésis*, navire en fer employé en Chine avait une opinion favorable du fer, et les navires en bois eurent plus besoin de réparations que le sien : *la Némésis* reçut plusieurs boulets dont l'un passa de part en part ; il n'y eut pas d'éclats, les boulets traversant comme dans du papier, et les trous furent facilement bouchés. Le capitaine Charlwood émet les mêmes opinions ; il croit les navires en fer plus forts, et qu'en les frappant les boulets causeraient moins d'éclats.

L'Amirauté admet aussi que non-seulement le fer est plus fort, mais qu'il consolide le bois. M. Laird pense que non-seulement l'armure n'ajoute rien à la solidité des coques en bois, mais que plutôt elle tend à l'affaiblir et à faire travailler la charpente dans un coup de vent.

Un témoignage français a été présenté par l'Amirauté pour prouver que le bois était assez solide pour ce qu'on voulait en faire. L'orateur ne pense pas qu'il y ait besoin d'aller en France ou tout autre pays pour s'éclairer sur ces questions. L'Amirauté doit savoir de ses propres constructeurs que, indépendamment de la fatigue causée par les plaques, il est impossible de rendre l'arrière assez solide pour résister aux chocs violents de l'hélice. Sur l'*Edgar* de 90 construit à Sheerness, l'ébranlement de l'arrière fut si grand que le maître charpentier s'écria : « Pour l'amour de Dieu stoppez la machine, nous arracherons l'étambot du navire. » (Rires.)

Il y a aussi la question de savoir si dans le cas où on ferait des navires en fer, il convient de les construire dans les chantiers de Sa Majesté. L'Amirauté a porté des sortes d'accusations sur les constructeurs du commerce, et il est bon d'y répondre. L'une des premières observations de l'amiral Robinson est que, dans aucun cas, les soumissionnaires n'ont rempli leurs engagements tant pour le temps que pour la dépense, qu'il ne croyait pas que plus d'un navire sur quatre commandés serait prêt avant plusieurs mois après date fixée par le marché, et que tous ont manqué à leurs engagements, ce qui indiquait clairement une des grandes difficultés de ce mode d'agir. Il dit que l'extrême lenteur des travaux des chantiers du commerce exigeait la présence prolongée d'un inspecteur ; il cite la grande tentation de fournir de mauvais matériaux, et surtout la difficulté d'opérer des modifications postérieures à la signature du marché, sans être forcé de passer par les exigences exagérées des fournisseurs.

Ce sont de graves imputations, mais sont-elles vraies ? M. Samuda écrit du continent qu'il a été surpris de lire le rapport de l'amiral Robinson et qu'il lui paraît : 1° que les coques de bois ne peuvent être construites plus vite dans les arsenaux que celles en fer dans les établissements privés que par suite des conditions et de l'intervention de l'Amirauté ; 2° par conséquent que si l'Amirauté montre une nécessité pressante et ne se fie pas aux constructeurs, les coques en bois seront plutôt prêtes ; 3° mais rien ne presse la chambre d'ordonner d'aller si vite parce que des coques en bois couvertes de fer sont un jeu de dupe comme on l'a fort bien dit (voir page 97) ; 4° il ne pense pas qu'avec les conventions, l'inspection, la direction et l'intervention de l'Amirauté, on puisse construire en fer plus vite qu'on ne le fait, 1° parce que les marchés sont compliqués à l'excès ; 2° parce que l'Amirauté, veut diriger les moindres détails ; 3° parce qu'elle n'a pas des idées arrêtées dans ses plans ni dans les détails ; 4° parce qu'elle établit dans chaque troisième ligne de ses marchés, que tous les détails inexpliqués doivent être faits comme le surveillant le veut ; mais le surveillant est très-lent et s'adresse à d'autres départements au-dessus de lui avant de prendre un parti, de sorte que, contrairement à ce que dit l'amiral Robinson, la période d'exécution dépend plus de l'Amirauté que du contracteur. Celui-ci est lié par les pieds et par les mains, il ne peut employer son savoir ni avancer sans avoir chaque point déterminé par l'Amirauté, et par conséquent tous les systèmes par lesquels de grands travaux peuvent être exécutés promptement, en préparant des matériaux et distribuant mieux l'ouvrage, lui sont complétement interdits.

Enfin M. Samuda pense que dans ces conditions les navires en fer ne peuvent pas être construits à meilleur marché que ceux qui l'ont été avec toutes les dépenses supplémentaires ; il pense que les contracteurs ont à peine couvert leurs frais et que plusieurs ont perdu, que les constructeurs ne méritent pas les imputations du gouvernement et que les travaux du *Royal oak* et du *Prince consort* ne sont pas assez avancés pour en estimer les dépenses.

Comme le *Times* a répandu le rapport de l'amiral Robinson dans le monde entier et que les constructeurs, et notamment ceux du *Varrior*, ont envoyé une réponse qui n'est pas encore insérée, M. Samuda demande à lire cette lettre.

« A toutes ces accusations nous donnons un démenti positif, nous défions le contrôleur et ses employés de montrer un exemple de lenteur et de mauvais matériaux ; nous en appelons à tous ceux qui ont vu le *Warrior*, à toutes les grandes compagnies pour lesquelles nous avons construit les plus beaux navires à flot, aux gouvernements étrangers qui nous ont si souvent employés, aux particuliers qui nous ont fait des commandes ; nous avons acquis une réputation qui nous met à l'abri des coups portés même par une autorité comme celle du contrôleur. Il se trompe dans ce qu'il dit sur le marché du *Warrior*, parce qu'on a fait des changements énormes au *Warrior*. Tous les comptes furent soumis à l'Amirauté, les frais payés avec 5 p. 100 de profit au lieu de 12 p. 100 que demandait le constructeur. Nous avouons qui si l'on n'avait rien changé nous aurions été de deux ou trois mois en retard pour le *Warrior*, mais en dehors de cela tous les délais sont du fait de l'Amirauté.

« Quant à la question technique, on a tort de blâmer les doubles fonds et les cloisons, et de les regarder comme des complications et des dépenses inutiles ; ce sont au contraire des avantages précieux dont les constructions en bois sont totalement privées. Le *Great-Eastern* a dernièrement touché sur un rocher et a été sauvé par sa coque double ; d'autres navires ont été sauvés par leurs cloisons, et ces avantages seuls devraient faire préférer le fer. Toutes les grandes compagnies ont abandonné le bois. »

L'orateur prouve que les chiffres montrant l'économie du bois ne sont pas exacts ; il réfute ce que dit l'amiral Robinson, qui prétend qu'en construisant dans les dock-yards, il n'y aurait pas d'autres crédits à demander. L'*Achilles* a été commencé en 1860, il n'est pas à moitié ; le *Warrior* a été fait dans ce temps-là. Le résultat de ce que dit le contrôleur est que pour le savoir, l'honnêteté, la qualité du travail et des matières, il vaut mieux s'adresser à la France ou à l'Amérique qu'à l'Angleterre. La *Thames ship-building company* a des commandes pour les gouvernements étrangers pour 15 millions de francs, M. Napier pour 20 millions, la company Mill wall, pour 7.500.000 fr., M. Laird pour 7.500.000 fr., de sorte que ces trois compagnies ont passé des marchés pour 2 millions de livres, c'est-à-dire 50 millions de francs ; ils emploient 10.000 ouvriers, et environ 50.000 sont indirectement occupés pour eux. Ce qu'on a dit est nuisible à cette vaste industrie, et les usines d'Angleterre sont assez en souffrance pour que le contrôleur y ait pensé, avant de chercher à nuire à une de leurs branches importantes.

Il cite un rapport du noble lord, avant qu'il fût à l'Amirauté, qui dit que la chambre n'a pas l'idée de ce qui s'est passé dans les arsenaux pour couper, tronquer les navires, et il conclut en disant qu'il fallait reconstituer l'Amirauté. Il y est depuis cinq ans et rien n'est changé.

L'amiral Stuart, dans un rapport publié en 1850, dit qu'il y a dans les arsenaux une apathie incroyable, qu'on n'y fait pas attention aux dépenses ; les ouvriers ne travaillent pas, quittent l'ouvrage avant l'heure, ce que prouveraient des comparaisons de prix avec les établissements particuliers.

Il y a une mauvaise distribution de l'autorité, absence de responsabilité ; à Pembroke, qui n'est qu'un port de construction, les dépenses sont énormes.

Lord Clarence Paget répond à M. Lindsay, que les navires en fer vont bien par tout le monde, mais qu'ils perdent promptement leur marche. Le capitaine Cockrane dit que pour le *Warrior* six semaines font perdre un nœud. Pourquoi la *Défense* a-t-elle gagné la *Résistance*? parce qu'il y avait deux mois de moins qu'elle avait passé au bassin. Il ne faut pas comparer le commerce et la marine : celle-ci reste dans les ports où elle prend des coquilles

Il dit plus loin que M. Dupuy de Lôme a écrit une lettre où il paraît préférer le bois.

Il cite aussi le rapport lu par l'amiral Pâris à l'Institut et en extrait des passages relatifs à la défense du bois(1). Il parle aussi du bec de l'ancre de la *Défense* qui l'a frappée près de la flottaison et l'aurait crevée si elle eût été en fer, et il ajoute qu'il a questionné beaucoup d'officiers, que la plupart préfèrent les navires en bois.

M. Napier dit qu'on exige que les fers employés portent 22 tonnes par pouce carré, 55^k,7 par millimètre carré, que c'est beaucoup plus que n'exige le commerce.

Lord Clarence Paget demande à la chambre si quelqu'un sait ce dont nous avons besoin. (On rit.) Mais savons-nous si ce sont de grands navires ou des tourelles? on est dans l'indécision et les expériences. Avant qu'un navire soit

---

(1) Je n'ai parlé que de généralités, et elles sont plutôt favorables au fer qu'au bois.

fini, on a changé d'idées. On dit : Mais pourquoi ne vous arrangez-vous pas avec le commerce pour le changer? oui, nous l'avons fait, mais nous nous sommes brûlé les doigts.

On n'a pas connu les épaisseurs à donner, et il vient d'y avoir des expériences qui ont prouvé que nous avions eu raison de choisir 0^m,125 de fer et 0^m,225 de bois.

La question est de savoir si l'on aura des plaques plus épaisses et du bois moins épais. Les Américains sont pour les *turrets*, mais le *Monitor* est au fond de l'eau, il ne faut pas que nous armions des navires qui coulent, mais ceux qui ont de bonnes qualités. Il y en a qui ne croient pas aux *turrets*; elles ne sont pas encore assez expérimentées. M. Reed met, à vrai dire, une tour carrée au centre et blinde la flottaison; ce système n'est pas encore essayé.

Lord Lovaine est pour laisser l'exécution entière à l'Amirauté, sans discuter le choix des matériaux.

M. Dalglish laisserait bien faire le gouvernement, s'il n'y avait pas l'exemple des quatre dernières années. On a dit que le *Warrior* perdait un nœud toutes les six semaines; comme il y a dix mois qu'il est dehors, il aurait perdu cinq nœuds, et cependant il en a fait 11 1/4 avec à peu près la moitié de ses chaudières. Le noble lord a dit que les navires cuirassés en bois devaient être plus solides que les anciens. A-t-il parlé de la voile ou de l'hélice? Sait-il ce qui est arrivé à l'*Orlando* qui, en allant à Halifax, a ouvert ses coutures, au point qu'il a fallu y mettre des cordes de 3 pouces (de tour)? L'orateur ne comprend pas pourquoi l'on ne trouve pas encore les expériences concluantes, que les paquebots font un service inconnu à l'État, que les navires de celui-ci n'y tiendraient probablement pas, qu'on ne se figure pas les difficultés dont on accable les constructeurs. On a dit que les cloisons n'étaient pas étanches, cependant elles ont sauvé beaucoup de navires. Il faut que la chambre se garde bien de croire que les dock-yards peuvent avoir de la supériorité sur les chantiers privés; les arsenaux n'ont aucune expérience des constructions en fer.

M. Laird dit que le noble lord a donné la meilleure raison pour l'adoption du fer en déclarant que la majeure partie des gages dans les arsenaux passait en réparation; certes, il faut chercher quelque matière qui ne ruine pas le pays par ces réparations continuelles. Le noble lord dit qu'on a souvent à changer un plan, surtout avec les indécisions actuelles. Est-ce plus cher avec le fer qu'avec le bois? Tout le monde sait que le *Warrior* était un navire en fer complétement terminé avant qu'on lui eût mis une cuirasse, et si une armure plus efficace était inventée, on pourrait la mettre à la place de l'ancienne, tandis que pour un navire en bois le bordé serait mis en pièces et la membrure resterait percée de trous inutiles.

Il a dit que les carènes en fer se salissaient; mais il a cité le cas le plus défavorable, celui du *Warrior*. Cela était contre ce qu'il avance. Quant à l'*Alabama* et à l'*Hatteras*, dont l'orateur ne connaissait la rencontre que par les journaux, c'est la supériorité de force du premier et non la carène sale du second qui a décidé la question. L'amiral Robinson a dit que les navires en fer craignaient plus les boulets sous l'eau, le *Great-Eastern* s'est crevé sur un rocher à New-York et navigue sans réparation; *la Némésis*, en allant de Liverpool à New-York, s'est crevée, le compartiment de l'avant s'est seul rempli et elle a rallié Portsmouth, où elle a été réparée en une semaine pour 1.000 fr. Beaucoup de navires en fer se sont sauvés là où ceux en bois se seraient perdus; en tout cas, les premiers n'éprouvent jamais qu'un mal tout à fait local. A Liverpool, il n'y a pas un navire en bois en chantier; les armateurs n'en veulent plus, ils trouvent le fer plus économique. La compagnie péninsulaire orientale les a exclusivement adoptés. Les paquebots Cunard, qui bravent les tempêtes de l'Océan atlantique et arrivent à l'heure, sont en fer.

Si un obus éclate au ras de l'eau, le navire en bois coulera, celui en fer n'aura qu'un compartiment rempli. C'est une grande erreur de croire que les plaques de blindage consolident les navires, elles les fatiguent par leur énorme poids.

Le noble lord dit qu'on peut construire plus vite en bois; mais tout le monde sait que même des bateaux construits trop vite sont bientôt reconnus hors d'état, telles ont été les canonnières de Crimée; que l'Amirauté prenne garde d'avoir le *dry rot* (pourriture sèche) dans les navires qu'elle aura construits trop vite.

Il serait bon de savoir comment les navires blindés en bois tiendront dans un coup de vent. Quand la France commença à reconstruire sa marine, elle ne put le faire en fer et s'adressa à M. Laird. L'empereur donne de grands encouragements aux établissements particuliers, et le résultat est que les Français sont devenus presque experts dans ce genre de travail.

Tant qu'on a employé le bois, il a fallu que l'Angleterre en aille chercher ailleurs; elle a le fer chez elle. L'important est d'avoir des navires qui naviguent longtemps sans réparations : ce sont les seuls qui, en fin de compte, soient à meilleur marché. Il est hors de doute que le rapport de l'Amirauté a jeté des soupçons fâcheux sur tous les constructeurs et les fabricants de fer. S'il y en a qui ont donné de mauvais matériaux, qu'on les désigne publiquement; mais que ceux qui ont été consciencieux soient à l'abri de ces soupçons. Il y a eu certainement quelques difficultés à se procurer du fer aussi bon que l'Amirauté le souhaitait.

Le système actuel des marchés est mauvais; pour les machines, l'ingénieur envoie ses plans, on les examine, et une fois acceptés, il les exécute. C'est ce système qui a mis nos fabricants de machines à la tête du monde, et si on l'adoptait pour les navires, on aurait des résultats aussi beaux, on développerait le talent de la construction en Angleterre, et on placerait notre armée dans une position qu'elle n'a jamais eue. Si l'Amirauté abandonnait ses constructions actuelles, elles seraient converties en quelques mois en autre chose, et il ne resterait presque rien du bois employé primitivement. Il regardait ce qu'on a fait comme un essai pour arriver au petit bout du coin. On dépense de 32.500.000 fr. ou 37.500.000 fr., sous le prétexte que nous allons seulement dépenser 12.500 fr. ou 15.000 fr.

Il vaudrait mieux vendre le bois et attendre quelques mois, jusqu'à ce qu'on sache ce que le navire du capitaine Coles et le *Royal Oak* feront. Nous avons essayé nos navires en fer; que le gouvernement mette ses équipages sur quatre de ses navires et les envoie pendant douze mois dans l'Atlantique, et alors on saura s'il faut construire en bois ou en fer.

M. Ewart dit que la compagnie péninsulaire a 41 navires en fer de 61.700ᵀ. On en a fait 6 autres de 12.000ᵀ; ils sont exécutés par des noms connus; deux qui avaient de vieilles formes sont devenus des navires à voiles et sont en très-bon état; l'un d'eux a été construit en 1843. Il cite les paquebots de Holyhead, où l'on n'a désigné que des conditions générales et qui ont eu un succès éclatant. Comme grand propriétaire de navires, il a toute confiance dans l'exécution par contrat.

M. Cunningham dit qu'il a été toujours pour la construction des navires par contrat.

M. Jackson dit que la difficulté n'est pas de construire en fer ou en bois; mais que ferons-nous des ouvriers de nos ports? l'Amirauté est gênée par l'officialisme (c'est sans doute la bureaucratie), on paye maintenant 3.500.000 liv. en superannuation; il demande si l'Amirauté a pris des précautions pour diminuer le nombre des *non-effectives*. Il n'y a pas de raison pour que les ouvriers des arsenaux ne soient pas engagés par semaine.

M. Bentinck dit que la discussion entre le fer et le bois n'est pas la plus importante ni la réelle, que l'amiral Robinson l'a bien expliqué, qu'on en dira encore long, avant de prouver ce qui vaut mieux, qu'une guerre seule le décidera. Il croit au mélange des deux matières, des membrures en fer et du bordé en bois pour construire des navires durables. La question est si on sera dépendant ou non des établissements particuliers; il ne croit pas prudent d'être entièrement à la merci de ces derniers. On a dit que les constructeurs étaient gênés par l'Amirauté? celle-ci a prouvé qu'il n'y avait pas économie à se servir des autres; il serait impolitique de réduire les arsenaux à l'impuissance. On a dit hautement que l'Amirauté avait eu constamment à lutter contre l'introduction de mauvaises matières dans les constructions, et que le fer employé pour le commerce différait de celui pour le gouvernement.

Il pense que la rivalité entre les employés des dock-yards et les constructeurs est utile au pays, et il espère que le système mixte continuera à être employé; mais s'il surgissait une incompatibilité, il n'hésiterait pas à tout remettre entre les mains des arsenaux; il ne faut pas que la chambre se mêle d'administrer la marine. Si ceux qui la dirigent ne le font pas bien, qu'elle use de son influence pour les faire changer.

M. H. Robertson. Les raisons de l'amiral Robinson pour engager à construire en bois sont juste celles qui doivent faire adopter le fer ; les retards du commerce ne sont venus que de ce que les plans de l'Amirauté n'étaient pas arrêtés ; elle en a envoyé qui étaient inexécutables sans changements; cela augmentait les frais. Par exemple, pour le *Warrior*, le premier prix était 210.000 liv. (5.2500.000 fr.), le coût réel a été 6.250.000 fr. ; la différence a été pour des travaux imprévus. Pour les navires en fer, il n'y a qu'à dire une fois pour toutes ce qu'on veut. L'Amirauté paye les plaques plus cher parce qu'elle n'a pas l'idée des vraies qualités du fer, et que les règles établies ne sont pas justes, et ce sont ceux qui exécutent qui en souffrent. Il est d'avis qu'il faut de la concurrence.

M. Beecroft justifie les fabricants de fer parce qu'on leur a fait des demandes à trop courts délais; ils ont déployé de l'énergie. A Sheffield seulement, on a pu fournir assez de fer pour le *Warrior*; les constructeurs perdraient leur réputation s'ils employaient de mauvais fer. Le gouvernement doit nommer ceux qui l'ont mal servi; il dit que les Français construisent leurs frégates tout en fer, et que les navires en fer ont une immense supériorité.

M. Peto. L'Amirauté a dit qu'on ne connaissait pas assez l'avenir pour savoir clairement ce qu'il faudrait faire. Tout ce que le lord de l'Amirauté a dit est qu'il fera tout ce qu'il faudra pour l'honneur et la défense du pays.

Ce qu'il faudrait, c'est que les arsenaux fussent conduits d'une manière commerciale, de manière à bien faire sans gaspiller les fonds.

Un fait remarquable est le *Great-Eastern*, qui, après avoir eu un grand et huit petits trous dans son fond, n'a pas fait d'eau comme un navire ordinaire; le *Great-Britain* a été une autre preuve dans la baie de Dundrum; il y a bien d'autres exemples.

Sir H. Davy a pensé qu'une quille de zinc préserverait le cuivre, mais aussitôt il s'est sali. L'action galvanique du cuivre et du zinc existe aussi pour le fer et le cuivre, et la présence du fer en haut et du cuivre en bas préservera celui-ci, mais le privera de la faculté d'être propre, parce que cette propreté n'est due, à bien dire, qu'à l'usure continuelle du cuivre.

Les Français ont trouvé que, relativement à *la Gloire*, on a récemment enlevé 40 tonneaux de berniques et d'accumulation d'herbes quand on l'a mise au bassin. Il croit que les éclats du fer ne sont pas plus à craindre que ceux de bois, et que si la flottaison était blindée, il serait indifférent d'être en fer ou en bois.

Quant à ne pas construire en fer, parce qu'on peut perfectionner plus tard, ce n'est pas une raison pour ne pas avoir, dès à présent, ce qu'il y a de mieux. Si la France avait pu employer le fer, elle l'aurait préféré.

Il opine pour que les dock-yards soient disposés pour les réparations, et que les constructions neuves soient faites au commerce, comme pour les machines à vapeur. Quant aux retards, si les dessins n'ont pas été complets, la faute est à l'Amirauté; s'ils l'ont été, elle est aux constructeurs; avec de bons marchés, il n'y a jamais de délai. L'*Achilles* a été plus long à construire. Nous construisons maintenant pour une valeur de 3 millions de livres (75 millions de francs) de navires de fer pour les autres nations.

M. Hay dit que l'amiral Robinson a dit que les navires en fer étaient plus rigides et duraient plus longtemps; il serait singulier que pour les chances de quelques changements, on préférât des matériaux périssables. Depuis les chemins de fer, on a fait des ponts tubulaires : on a d'abord mis du bois pour amortir les coups, et mis les rails par-dessus le fer; il en est de même pour les navires en fer; la construction en fer, le bois et les plaques, sont le meilleur. Abandonner les navires en fer, c'est revenir aux échafaudages en bois. Il est d'accord avec l'Amirauté pour dire qu'il est à souhaiter d'avoir des navires cuivrés; que M. Grantham a deux navires à la mer d'après son système. (Voir page 153.)

Un des avantages de la tôle, du bois et des plaques est de n'avoir pas à craindre d'incendie. Il doit mentionner l'effort que doit supporter le fer dans les essais; on exige 22^{t} par pouce (35^k par millimètre). L'acier peut porter 40^{t} (65^k par millimètre), on peut donc exiger 22^{t} comme un minimum. Il sait que dans l'Amirauté il n'y a personne de responsable, qu'en France le ministre répond de tout.

M. Barring croit que la question n'est pas la reconstruction de l'administration de l'Amirauté; qu'il n'y a pas un premier lord qui ne se soit regardé comme responsable. Il ne connaît pas assez les constructions pour avoir une opinion, mais il sait que beaucoup d'officiers préfèrent le bois; qu'en France on l'a adopté. Il s'étonne de la hardiesse avec laquelle on a émis l'opinion contraire; il admet qu'il y a dans le rapport de l'amiral Robinson des expressions peu convenables, qu'il y a de bons soumissionnaires comme de mauvais. Il n'est pas étonnant que pour ses premiers navires en fer l'Amirauté ait hésité, et qu'il en soit résulté des difficultés avec les contracteurs. Quand on a commencé à adopter le fer, les autorités d'Angleterre et de France lui ont été contraires, et à cette époque la chambre n'en aurait pas voulu. M. Peto a dit que les navires en fer dureraient cinquante ans; si ceux en bois en font autant, sera-ce économique dans ces temps de changement? Si l'on a été pour le fer, il ne sera peut-être pas bon dans quelque temps; il convient donc de suivre les perfectionnements du jour. M. Bentinck a demandé qui est-ce qui est responsable, l'Amirauté ou la chambre? Quelle que soit l'organisation de l'Amirauté, elle doit être responsable.

Pour tout ce qui regarde la construction et l'administration, il n'est ni politique, ni constitutionel que la chambre se mêle des détails, et s'introduise partout. Maintenant, c'est le premier lord qui est responsable ; l'Amirauté dit qu'alors il faudra plus d'argent, et on le lui votera. S'il faut suivre la voie la plus dispendieuse, le gouvernement de la reine ne restera pas moins responsable de l'exécution. Ce n'est pas non plus à la chambre à pousser le gouvernement à la dépense, en accroissant le matériel plus qu'il ne le croit convenable.

Sir John Packington. Le vote qu'on va émettre est de la plus haute importance pour la marine et pour les finances. Il n'y a jamais eu à la chambre une question aussi débattue des deux côtés. Il pense qu'il faut garder du travail abondant pour les arsenaux, mais ne pas rejeter non plus le secours d'une industrie aussi avancée. Sans se mêler des détails, on peut opiner dans le sens le plus utile. Il ne connaît les intentions de l'amiral Robinson que par le rapport qu'il a publié, et c'est une preuve que l'Amirauté s'est trompée dans cette discussion. On doit regarder le rapport de l'amiral comme l'expression de sa pensée. Or il dit qu'il serait aussi long de construire en bois à loisir, mais que si les ouvriers n'étaient pas détournés, on irait plus vite, en vingt et un mois, par exemple ; d'après cela il a été étonné d'entendre le premier lord dire qu'on les construirait en douze mois. Rien n'est plus dangereux que de presser une construction en bois, et si on le faisait on aurait des navires qui ne dureraient rien. Le navire en bois n'a certes aucun avantage sur celui en fer quant au temps de sa construction ; il n'y a pas non plus à économiser sur les premiers frais, c'est le meilleur et le plus durable qu'il faut au pays.

Le rapport dit que le fer est plus durable surtout là où il n'est pas en contact du bois, et après des années les coques en fer n'auront rien souffert relativement au bois. Le sens commun dit donc que le fer est préférable.

Il croit dans les échouages le danger plus grand pour le bois, s'il n'y pas de cloisons étanches. On a dit des navires en fer qu'ils seraient trop durables ; mais est-ce une raison, ne peut-on les employer autrement ? La France a préféré le bois, le rapport s'appuie là-dessus. Il a entendu parler et reparler de la célèbre *Gloire,* elle n'est allée que de Toulon à Alger et retour, et est fatiguée au point de faire hésiter en France pour continuer à employer le bois. La *Normandie,* le *Magenta* et le *Solferino* n'ont pas encore été essayés réellement, comme le *Warrior* dans le golfe de Gascogne, où aucun navire de guerre n'a été plus éprouvé et n'est rentré dans de meilleures conditions. Les navires en bois sont forcés de passer au bassin après chaque mauvais temps.

Il ne comprend pas comment le bureau de l'amirauté a pu placer sur la table de la chambre un rapport, où il y avait des expressions aussi peu convenables contre des gens aussi honorables que les constructeurs dont il est question ; il n'y a pas d'exception. Le membre de Birkenhead (M. Laird) très-respecté ainsi que ses fils, s'est levé avec raison pour repousser ce blâme injuste. Que doit penser ce vénérable M. Napier que l'orateur est si fier de nommer son ami ? La *Thames iron work company* a fait le *Warrior*, M. Napier le *Black Prince*, de quel droit vient-on les accuser? Cette affaire a été mal menée, l'amirauté regrettera ce qu'elle a fait.

Lord Palmerston dit qu'on a parlé de reconstruire l'*Amirauté*; qu'il ne sait pas si c'est en bois ou en fer, ou si c'est par marché. (On rit.) Ceux qui auront entendu ces débats sauront que l'Amirauté a persisté à construire en bois et que d'un autre côté on a prouvé que le fer était préférable. La Chambre a le droit d'arrêter l'Amirauté si elle est dans une mauvaise voie, et de l'empêcher de construire en bois. Mais est-il vrai qu'elle ait renoncé au fer et aux constructions par contrat. Sur 21 navires 11 sont en fer et 10 construits par le commerce, elle n'est donc pas si opposée à ces systèmes. L'*Achilles* est le seul qu'elle fasse. Nous avons 11 navires à flot et 4 en bois couverts de fer, 16 en tout; les Français sont en train d'en construire 27. L'Amirauté a-t-elle tort de vouloir en ajouter 4 aux 16 qu'on construit, lord Paget dit que les Français vont en avoir 31.

On a beaucoup parlé de bois et de fer, et avancé que si l'Amirauté avait à commander un navire en fer elle ne saurait comment le faire; je serais aussi fort embarrassé, tant on a parlé pour et contre. On a dit que le *Warrior* perdait un nœud toutes les six semaines qu'il est à flot, ceux qui ont parlé pour le fer ont confondu le paquebot avec le navire de guerre. Si un navire marchand perd de sa marche, son voyage sera plus long, voilà tout. S'il gouverne plus mal, il n'y a pas grand inconvénient non plus. Il n'en est pas de même pour la guerre ; des défauts peuvent faire perdre une bataille et personne ne peut prévoir les effets désastreux de l'économie en pareille matière.

Il est reconnu qu'il faut repeindre souvent les navires en fer, qu'on ne peut l'exécuter dans les stations lointaines : on ne peut envoyer le *Warrior* aux Indes occidentales. Mais nos navires en bois vaudront-ils moins que ceux des autres nations ? On se figure qu'un navire blindé en bois est comme un navire ordinaire, mais il est fortifié de tous côtés, et là où un navire en bois ordinaire fatiguera, il résistera. Beaucoup d'officiers préfèrent le bois. Que doit faire l'Amirauté?

Cet été on essayera le *Royal Oak*, navire en bois fortifié, et l'*Hector*, navire du même genre en fer; la comparaison instruira l'Amirauté. Mais on veut ici que ce soit la Chambre qui hâtivement pousse dans une voie, ce qui ne lui appartient pas.

Lord Palmerston rappelle l'inconvénient de la trop grande durée des navires à cause des changements. Il réfute ce qu'on a dit sur ce que la déclaration de l'amiral Robinson montrait qu'il faudrait plus de temps avec le bois. Il dit qu'on peut faire un navire en fer en deux ans et en bois en 12 mois.

Il conclut en disant qu'il espère que la Chambre laissera au ministère la liberté de faire ce qui est convenable pour la défense du pays, et de décider le genre de navires qui conviendra le mieux (applaudissements).

M. *Henley* résume la question. Le noble lord a placé la question dans une position différente de ce qu'elle était. Il dit : laissez le gouvernement faire celle des deux choses qu'il préférera. Le gouvernement a mis des rapports sur la table, les retire-t-il? Le noble lord dit qu'il nous faut cinq navires pour être en mesure contre les Français. Le secrétaire de l'Amirauté dit : nous devons marcher, mais comment ? Le secrétaire dit qu'il n'y a que l'expérience pour savoir s'il faut des navires armés sur les côtes ou des tourelles, et que cependant il ne faut pas rester en arrière des Français. Le rapport établit que les navires en fer ou en bois prennent le même temps à construire, et le noble lord dit que s'ils sont montés en bois tors, il faut 12 mois pour les finir; mais combien faut-il pour les monter en bois tors? Puisque le gouvernement a communiqué le rapport, la Chambre doit s'en occuper. Il montre la vérité du proverbe : donnez-moi votre opinion, mais ne me donnez pas vos raisons. Depuis le commencement jusqu'à la fin on a été en contradiction avec la conclusion. Il pense que le meilleur marché, c'est ce qui dure le plus. Il est évident que le noble lord à la tête du gouvernement, est en faveur des navires en fer plutôt qu'en bois, et le papier du contrôleur conduit à la même conclusion. Mais il finit en disant que, comme les navires en fer ne peuvent être construits dans les arsenaux, il vaut mieux pour le moment les faire en bois, quoique ce soit plus mauvais. Le lord de l'Amirauté a dit que le contrôleur n'avait pas voulu jeter de blâme sur les fournisseurs ; mais s'il regarde le rapport qu'il a signé comme un salut amical, que le bon Dieu bénisse les contracteurs si jamais le galant amiral leur envoie une bordée. Quelle foi la Chambre peut-elle avoir dans ce rapport? il est fâcheux qu'on l'ait publié. Il conclut en disant qu'il ne faut pas lier les mains du gouvernement.

La Chambre va aux voix ; le résultat donne pour l'amendement de M. Lindsay 81 voix, contre 164 ; majorité, 83.

Expériences importantes à Shoeburyness.

Il vient d'y avoir le 15 mars 1865 une de ces expériences qui renversent toutes les théories sur l'invulnérabilité des navires cuirassés. Une foule inusitée de personnages distingués, de savants et d'officiers militaires assistaient à ces essais destinés, à savoir s'il y avait des plaques capables de résister à toutes sortes de projectiles.

Les expériences étaient disposées de manière à éclaircir autant que possible ces questions et les canons employés étaient :

1° L'ancien canon à âme lisse.

2° Le canon de service de 110 lib. (49^k,87) de sir William Armstrong avec un boulet particulier en acier coupé à la base pour le réduire à 65 lib. ($27^k,44$).

3° Le canon de 300 liv. (130^k) de sir **W**. Armstrong se chargeant par la bouche et rayé.

4° Le canon de M. Withworth de 7^p ($0^m,178$) de 150 liv. ($68^k,01$).

5° Le canon de 300 liv. (136^k) de 9^p ($0^m,228$) rayé se chargeant par la bouche.

Ces deux derniers ont été faits par le colonel Anderson à Woolwich d'après le principe à rubans adopté par sir **W**. Armstrong et tous deux étaient d'admirables spécimens de travail. Avant les expériences on avait vu que le canon de M. Withworth avait une paille dans le tube d'acier central autour duquel les rubans de fer doux sont enroulés et soudés pendant la confection de la pièce. Ce défaut a empêché de l'employer excepté une seule fois avec un obus (live shell).

Le canon de M. Thomas était une énorme pièce de près de 18^{ps} de long ($5^m,49$), pesant 16^{T} ($16,240^k$) avec une épaisseur de métal de $0^m,432$ au bout de la chambre de la culasse. Quoique nominalement de 300 liv. (136^k), ce canon peut lancer des projectiles de différentes formes ou de poids variés depuis $83^k,35$ jusqu'à $185^k,89$. Le canon de 300 liv. de sir **W**. Armstrong pèse moins de 12^{T} ($10,180^k$) ; c'était la même pièce courte et puissante qui a été décrite au sujet d'expériences antérieures.

Les trois plaques destinées à supporter le feu de ces pièces à 200 yards (183^m) étaient boulonnées sur un but d'environ $3^m,66$ carré, la plaque supérieure était épaisse de 5^{in} 1/2 ($0^m,138$), celle du milieu de 7^{in} 1/2 ($0^m,190$), et la plus basse de 6^{in} 1/2 ($0^m,164$) sur la droite ; elles avaient en arrière 10^{in} ($0^m,254$) de teck solide, derrière lequel était la muraille d'un navire avec feuilles de tôle de $0^m,025$ et de $0^m,036$ garnies comme à l'ordinaire de cornières de membrures. L'autre moitié du but était tenu aux cornières en fer sans qu'il y eût ni teck ni feuilles de tôle en arrière. Il faut remarquer cependant que la plaque supérieure de 5^{in} 1/2, quoique représentant nominalement une section de nos navires perfectionnés le *Minotaur*, le *Northumberland* et l'*Agincourt*, était en réalité infiniment plus forte que tous les navires antérieurs qui n'avaient que $0^m,228$ de teck avec un bordé de tôle de 5/8 de pouce ou $0^m,015$, tandis que nous avons dit que ces plaques avaient en arrière $0^m,254$ de teck et un bordé de tôle de 2^{in} 1/2 ($0^m,063$) en deux feuilles placées en dedans de tout. Les plaques ont été faites et laminées par M. Brown, de Sheffield, et comme le résultat l'a prouvé elles étaient les plus beaux spécimens de plaques, laminées ou martelées qui aient jamais été essayés à Shoeburyness.

Le colonel Taylor conduisait les expériences : les dispositions pour tirer étaient comme d'habitude confiées aux soins du capitaine Anderson. Les trois premiers boulets tirés par le vieux 68 âme lisse avec la charge usuelle de 16 liv. ($7^k,254$) dirigée contre les trois sortes de plaques, ont été aussitôt suivis par trois boulets de 110 d'Armstrong avec des boulets spéciaux en acier pesant $30^k,604$ et tirés avec la même charge que le 68 à âme lisse. Le résultat

24

prouva l'inutilité ou plutôt la folie de faire des expériences de canons rayés à une distance aussi petite que 200 yards. Toutes les expériences de Shoeburyness tendent à prouver qu'entre les meilleures et les plus mauvaises formes de rayures, comme entre les meilleures formes de rayures et les anciennes âmes lisses, il y a à peine une différence appréciable entre les dommages causés par chaque sorte de canon lorsqu'ils ont des projectiles de même poids et des charges égales, et cette fois il n'y a pas eu de différence à cette règle, qui vaut la peine d'en parler. A l'endroit frappé par le 68, les marques du boulet variaient de 0^m,065 à 0^m,075 de profondeur; aux places du boulet d'acier d'Armstrong, la marque était dans un cas un peu plus profonde et la plaque montrait une fente perceptible d'environ 0^m,20 de long, quoique sa profondeur parût insignifiante; mais le pis de la chose, c'est que l'examen le plus minutieux n'a rien fait voir sur le derrière du but, pas même quelque chose d'enlevé ou de gâté à la peinture et sur les rivets qui pût montrer qu'un coup avait été reçu. Tous les artilleurs compétents à Shoeburyness, quelles que soient leurs autres opinions, s'accordent à dire que la distance d'essai des canons rayés est 1000 yards (915^m) : à cette distance la vitesse du projectile rond est réduite de moitié, tandis que le boulet du canon rayé vole encore avec sa plus grande vitesse.

Le boulet suivant a été tiré avec le 300 (156^k) de sir W. Armstrong, chargé avec un boulet conique en acier de 98^k,200, tiré avec 47 liv. (20^k,400) de poudre. Ce projectile étonnant frappa avec une vitesse de 426^m par seconde juste sur le milieu de la plaque de 7^{in} 1/2 (0^m,190) là où il y avait du bois derrière et enleva une pièce circulaire de fer de 0^m,254 de diamètre presque au travers de la plaque, qu'il courba presque en entier jusqu'à un pouce et demi (0^m,036), en faisant bâiller ses extrémités en dehors de plus de 0^m,025. La console massive en fer qui traverse horizontalement tout le derrière du but était courbée et brisée en plusieurs endroits, ainsi que les cornières intérieures : le bordé de 2^{in} 1/2 (0^m,063) était torturé et craqué, les têtes de rivets devenues gaies et plusieurs cassées et tombées tout à fait. L'examen montre que le but, considéré comme tel, avait éprouvé un choc sérieux, quoique eu égard à la bonne qualité étonnante du fer, il y avait peu de cassures réelles ou de fentes excepté là seulement où le boulet avait frappé, et où toute la plaque de 7^{in} 1/2 (0^m,190) était poussée en dedans et ne paraissait plus tenir que par le bois placé derrière. Si l'objet frappé avait été un navire, il aurait éprouvé une voie d'eau des plus sérieuses et une ou deux visites aussi brutales près de la même place, auraient suffi pour le couler à pic. Il n'est pas toutefois possible d'établir des comparaisons entre aucun des navires cuirassés actuels et ce but, car aucun navire allant à la mer ne serait capable de porter les masses de fer sur lesquelles on a tiré ici, une batterie flottante le pourrait seule. Ce dernier boulet d'acier rebondit du but et en l'examinant on le trouva moins endommagé qu'aucun des boulons ou boulets longs qui aient été tirés à pareilles distances, pendant la longue suite de ces expériences.

Le boulet suivant fut un succès marqué pour sir William, c'était son 300 (136^k) chargé d'un obus de fonte de fer de 286^{lib} (130^k,579) et chargé de 11^{lib} (4^{k}987) de poudre. Il a été tiré avec la charge habituelle de 45^{lib} (20^k,405) et il frappa au milieu de la plaque de 5^{iu} 1/2 avec une vitesse de 406^m par seconde. Il se fraya une route à travers, laissant un trou grossier et rond d'environ 0^m,254 de diamètre, et il éclata en dedans, jetant le teck en petits fragments, y mettant le feu, cassant beaucoup de têtes de rivets et déchirant le bordé intérieur de 0^m,063, en le froissant en plis, comme si c'eût été du carton. Quand on se fut procuré de l'eau et que le feu fut éteint, il fut reconnu dans un coup d'œil que la question de la résistance que nos nouvelles et plus fortes frégates pourraient présenter à de telles pièces était une question résolue de la manière la plus désagréable. Les plus forts navires récemment construits seraient aussi faciles à détruire complétement avec cette artillerie, que si elles étaient seulement en bois. Même dans l'état actuel du but, avec un bordé de tôle de 2^m 1/2 en dedans de tout, il était pénétré, brisé de telle sorte qu'il n'y avait pas de doutes à avoir, et qu'un navire tel que le *Warrior* qui aurait reçu un tel coup aurait été coulé; car s'il l'avait reçu à la flottaison, l'on n'aurait pu porter remède à un trou pareil pendant une affaire. A côté du but était une grande pile de baux de bois, et leur examen, après l'explosion de l'obus, donna des preuves terribles de sa toute-puissance de destruction. Il y avait à peine un pouce de toute sa surface qui ne fût pas profondément pénétré par des fragments de l'obus de toutes sortes de formes et de dimensions, depuis 0^{k}453 ou plus jusqu'à des morceaux pas plus gros qu'une balle. Des hommes qui eussent été placés près de cette pile de bois auraient été non-seulement tués, mais déchirés en morceaux. En tous points, cet obus, tant pour sa pénétration que pour son étonnante puissance destructive en éclatant, s'est montré le plus grand succès obtenu contre des armures de fer de toutes sortes.

Le 150 (68^k) de M. Withworth a été essayé ensuite avec un obus en acier à tête plate de 68^k,42 et une charge intérieure de 2^k,72 de poudre. Cet obus a frappé à peu près à 0^m,126 du point où l'obus Armstrong avait éclaté et détruit le contre-fort de teck. L'obus Withworth passa au travers de la plaque et éclata au milieu des débris des éclats en arrière. Il paraît qu'une grande partie de sa charge s'est échappée en avant du but. Certainement, l'explosion n'ajouta pas le moindrement au dommage causé par sir William, il ne mit même pas le feu au bois, quoique, d'après la fumée qui sortit, on crut un moment qu'il en était ainsi. Il fut à regretter pour beaucoup de raisons que ce coup fût dirigé aussi près du mal fait antérieurement, car il n'y avait plus de bois derrière pour montrer l'effet qui eût été réellement produit. Tel qu'a été ce coup, il était impossible de dire qu'il eût fait plus de mal qu'il n'y en avait avant son passage, et le trou fait dans la plaque était petit, nettement coupé comme avec un poinçon ; ce qui montre combien il serait facile de tamponner les trous des projectiles les plus destructeurs de M. Withworth. Ses amis ont prétendu qu'il avait aussi bien traversé la plaque avec un obus de 156^{lib} (50^k,73) et 25^{lib} (11^k,355) de poudre, que M. Armstrong avec un obus de 200^{lib} (90^k,68) et 45^{lib} (20^k,403) de poudre. C'était vrai, mais cela prouve seulement qu'il est plus facile de faire un petit trou dans une plaque que d'en percer un grand.

A cause de la paille dont on a parlé, on n'a pas fait d'autres essais avec la pièce qui avait ce défaut, et le canon de M. Lynall Thomas a été le compétiteur. Malheureusement, par suite de quelque méprise, ce canon était mal pointé, et son premier boulet de 330^{lib} (149^{k}60) manqua le but, frappa le sol à gauche, traversa un banc de terre et vola au delà de la rivière avec un affreux cri effrayant à entendre. Il donna sur son passage une preuve de sa force étonnante, en projetant la terre en l'air en nuage obscur, comme si une mine profonde avait éclaté sous le sol. Le boulet suivant, pesant 307^{lib} (138^k,74) tiré avec 22^k,67 (9^k,975) de poudre, frappa la partie creuse du but, là où il avait 7^{in} 1/2 d'épaisseur, et il l'emboutit, c'est-à-dire courba la plaque; mais, comme on le remarqua sur place, il ne fit pas un dommage proportionné à son énorme poids et à sa charge de poudre. Le troisième coup fut plus heureux. C'était un boulet d'acier de 330^{lib} (149^k,62); avec la charge précédente, il frappa sur le bord de la plaque de 7^{in} 1/2, c'est-à-dire à sa partie la plus faible, et fit une empreinte brisée (*broken indentation*) à la profondeur de 0^m,266, suffisante pour produire la plus alarmante voie d'eau dans le flanc d'un navire. La vitesse d'arrivée de ces deux derniers boulets était moindre que celle d'aucun des autres essayés, ce qui fut attribué au pas très-exagéré employé dans la méthode de rainure à nervure (*Ribbed rifling*) adoptée par M. Thomas. L'effet local de cette pièce, en considérant la grande longueur de l'âme et le poids de la charge, n'a pas réalisé ce qu'on en attendait ce jour-là. Il y a cependant lieu d'observer que M. Thomas était satisfait et disait qu'il se faisait fort d'être capable de percer n'importe quelle partie du but pendant les prochains essais.

Sir William Armstrong fit alors feu avec son canon de 300 (136^k), et se servant d'un boulet rond de fonte de fer pesant 144 liv. (65^k,289) et une charge de 45 liv. (20^q,400). La vitesse finale avec laquelle ce boulet frappa la plaque de 7^{in} 1/2 dans la partie de derrière, était la plus grande qu'on eût atteint; elle atteignit 1,636^p (499^m) par seconde, et le dommage produit a été presque exactement en raison de sa vitesse; non-seulement sa brèche a été plus grande et plus profonde que toute autre; mais du côté intérieur il cassa la feuille verticalement et horizontalement, produisant une fente en croix de près de 0^m,05, à l'ouverture sans compter que le but a été ébranlé jusque dans ses fondations. Ce boulet et celui en acier de M. Thomas avaient tellement endommagé toute cette structure massive, tant dans ses liaisons que dans ses plaques, qu'il était inutile de faire d'autres expériences. Le fer lui-même là où il était le plus déchiré, se tenait encore réuni d'une manière étonnante. Mais M. Thomas avait arraché quelques-unes des têtes massives des boulons à vis, et l'effet du travail de toute la journée avait été de courber tellement les plaques et de détruire ce qui était derrière, qu'il n'y avait réellement plus de parties qui présentassent de quoi essayer encore la résistance, tant il était évident que quelques boulets de plus, dans le genre du dernier, auraient fait écrouler toute la masse sur le terrain. Le feu fut donc cessé, laissant l'honneur du succès de l'attaque au-dessus de tous les doutes, au boulet et à l'obus de sir W. Armstrong.

Le résultat pratique prouvé par les expériences de ce jour paraissait être celles-ci : 1° les plaques de 7^{in} 1/2 (0^m,19), ou plus épaisses, peuvent être fabriquées avec autant de perfection, comme qualité et force, que celles de 4 1/2 (0^m,113); 2° que nous avons maintenant fait des canons au feu desquels nos plus forts navires blindés ne pourraient résister et devant lesquels ils ne flotteraient pas dix minutes. Une batterie flottante pour le service des ports, mais capable d'aller d'un port à l'autre, peut être mise à l'abri d'une manière sûre avec des plaques de 12^{in} (0^m,305) et armée avec quatre canons de 300 tels que ceux de sir William Armstrong qui ont fait tant de mal mardi dernier. Qu'elle serait au-dessus de tout et un objet de terreur pour les navires blindés actuels, autant que ceux-ci le sont maintenant pour les bâtiments en bois. Pour se mettre en garde contre la visite de tels navires venant de quelques parties de la Manche à nos arsenaux et nos dock-yards; il faut évidemment que les canons pour la terre et le service des ports soient augmentés même au-dessus de leurs proportions colossales actuelles. Il n'y a pas un an que sir W. Armstrong étonnait et alarmait la vieille école d'artillerie en paraissant à Shoeburyness avec un canon de 300. Quoique les pièces de 300 soient à bien dire peu communes maintenant, sir Armstrong prenant encore les devants a fait une pièce pesant 24^t 24.300^k, lançant un boulet rayé de 600 liv. (272^k) ou un obus de 500 (226^k,7) portant une charge intérieure de 25 liv. (11^k,335) de poudre, qui entameront, perceront et tordront toutes les plaques forgées et laminées jusqu'à présent, et avant que douze mois soient écoulés nous verrons au moins, si ce n'est plus, des canons de 1,000 liv. (453^k). Tel est le genre de pièce dont l'expérience montre chaque jour la nécessité, celle dont nous avons réellement besoin pour nos ports de mer, les têtes de nos brise-lames, les entrées de nos ports et les bancs des rivières importantes : des canons qui puissent enfoncer leurs obus à travers les plaques les plus épaisses que nous puissions faire en Angleterre, et il n'est pas probable qu'il nous en vienne de plus épaisses de l'extérieur. Des canons qui puissent briser les armures d'un poids tel, que même les navires pour la défense seule des ports ne puissent flotter en les portant. Nous ne devons pas nous considérer comme en sûreté tant que nous n'aurons pas de pareils canons. Dans le cas d'une guerre avec l'une des puissances continentales nous ne serions pas préservés, sans cela nous verrions arriver de ces batteries blindées qui marchent lentement et sont à moitié submergées, et qui certainement rôderaient en temps calme le long de notre côte, allant de port en port, d'arsenal en arsenal, détruisant et défiant tout.

Nous avons tenu à donner le document précédent à cause de son importance et de sa réaction inévitable sur les questions maritimes actuelles; en effet, si la pratique confirme l'emploi de ces nouveaux canons, comme il est permis de le croire, puisqu'ils ne se chargent point par la culasse (voy. page 72), il en résulte que le navire de mer devient tout à fait impossible, sous peine d'être submergé ou de rester presque aussi vulnérable que l'ancien vaisseau en bois. Que le navire de défense lui-même augmente tellement de tirant d'eau et de poids (voir page 131 et la note) que son rôle est tout à fait borné à ne presque pas bouger, que c'est à peine s'il oserait s'exposer à quelque distance au large pendant la belle saison. Cette impossibilité de flotter sur les vagues amènera probablement à un résultat des plus extraordinaires à cause de son origine. C'est qu'en devenant si redoutables, les armes à feu produiraient presque la paix sur la surface étendue des mers à cause des fréquentes agitations de ses eaux, qui deviennent un obstacle naturel plus puissant que la force des canons et d'autant plus difficile à surmonter que l'épaisseur des cuirasses est augmentée. De plus, la rapidité de marche et surtout les qualités nautiques reprennent en partie leurs avantages et représentent les légers arabes de Salah-Edin devant les lourds chevaliers de Richard. Il y a aussi lieu d'établir que ces terribles canons rendent à la terre une grande partie de sa force, relativement à la mer et tendent à rétablir les choses comme avant les cuirasses (voy. page 10). Enfin qu'avec toutes les différences de force des canons, de résistance des plaques, de puissance des machines et de qualités nautiques, on retombe dans une variété de combinaisons et d'appréciations qui équivaut à l'incertitude sur les moyens à employer et annonce de nouveaux changements dans les navires de combat. Ce désordre de combinaisons peut être d'un jour à l'autre augmenté par quelque découverte industrielle: M. Sainte-Claire Deville n'a qu'à nous donner le volume d'aluminium à une valeur presque égale à celle du fer et l'admirable légèreté de son métal permettrait aussitôt de rendre aux cuirasses leur force et de réduire de nouveau l'artillerie à l'impuissance. Un chimiste peut, d'un jour à l'autre, changer les conditions maritimes, aussi bien que le plus terrible inventeur de canons.

L'après-midi du 13 mars 1863 à Schoeburyness nous présage-t-elle l'apparition d'une cinquième marine et de ses dépenses?

TABLE ALPHABÉTIQUE.

D

E

F

ERRATA.

Pages.	Lignes.	Au lieu de :	Lisez :
VIII	9	Madagascar,	Magellan.
13	5	feuilles de 12^{mm},	feuilles de 10^{mm}.
32	28	*fig.* 11,	*fig.* 10.
56	20	*Ononday.*	*Onondaga.*
64	19	places de rouille.	plans de rouille.
103	13	Devonport,	Deptford.
165	7	planche VI,	planche VII.
173	10	et l'on y arrive.	et si on arrive.
188	8	dont la figure 2,	dont la figure 11.
198	22	flottantes,	frottantes.
214	32	0^m,150,	0^m,150
221	4	tête bielle,	tête de bielle.
255	12	de se fondre,	de se fendre.
257	17	comme marine,	comme marin.
269	23	n'en souhaitait,	n'en souhaite.
274	9	4 centimètres,	4 kilogrammes.

TABLE DES PLANCHES

ET DES PAGES DU TEXTE OU IL EST QUESTION DE LEURS DIVERSES FIGURES.

Paris. — Imprimé par E. Thunot et Cᵉ, 26, rue Racine.